研究生力学丛书 Mechanics Series for Graduate Students

粘性流体力学（第2版）

Viscous Fluid Mechanics (Second Edition)

章梓雄 董曾南 编著

清华大学出版社
北京

内 容 简 介

本书系统讲述了以水为代表的不可压缩粘性流体力学的基本理论。全书共12章。前5章为粘性流体力学的基本理论与方程。第6～8章为紊流的基本理论与方程。第9～12章分别讲述各种典型的紊流流动，包括射流、尾流、圆管紊流、紊流平板边界层及明槽紊流等。附录为场论与张量基本运算知识。

本书可作为水利、水电、土木、环境、流洋、港口、海岸、船舶、机械及其他以流体特别是液体为对象的工程专业研究生粘性流体力学课程的教材或教学参考书，也可作为有关专业教师、科研和工程技术人员的参考用书。

图书在版编目(CIP)数据

粘性流体力学/章梓雄，董曾南编著. --2版. --北京：清华大学出版社，2011.6
(2025.1重印)
(研究生力学丛书)
ISBN 978-7-302-24736-4

Ⅰ. ①粘… Ⅱ. ①章… ②董… Ⅲ. ①粘性流体-流体力学-研究生-教材
Ⅳ. ①O357

中国版本图书馆CIP数据核字(2011)第021432号

责任编辑：石 磊 洪 英
责任校对：王淑云
责任印制：杨 艳

出版发行：清华大学出版社
网 址：https://www.tup.com.cn，https://www.wqxuetang.com
地 址：北京清华大学学研大厦A座 **邮 编**：100084
社总机：010-83470000 **邮 购**：010-62786544
投稿与读者服务：010-62776969，c-service@tup.tsinghua.edu.cn
质 量 反 馈：010-62772015，zhiliang@tup.tsinghua.edu.cn
印 装 者：三河市春园印刷有限公司
经 销：全国新华书店
开 本：170mm×230mm **印 张**：23.5 **字 数**：407千字
版 次：2011年6月第2版 **印 次**：2025年1月第15次印刷
定 价：66.00元

产品编号：036534-05

作者简介

章梓雄(Allen T. Chwang)

原籍浙江,1944年11月生于上海。1965年毕业于香港珠海学院,1967年于加拿大Saskatchewan大学获硕士学位,1971年于美国加州理工学院(California Institute of Technology)获博士学位。2003年当选中国科学院院士。曾任美国衣阿华大学教授,香港大学机械工程系主任、何东机械工程讲座教授、非线性力学中心主任,中山大学工学院院长;清华大学、西安交通大学、天津大学、大连理工大学、四川大学、武汉大学客座教授,上海交通大学、复旦大学顾问教授,河海大学、北京航空航天大学、中国科学院力学研究所名誉教授;美国土木工程师学会、美国机械工程师学会、英国机械工程师学会、香港工程师学会资深会员;香港工程院院士。

多年来从事粘性流动、波浪理论、非线性水波、两物体相互作用的水动力学问题、水下声学、海港设计等方面的研究工作。发表论文二百余篇,合编有《非粘性流体力学》、《粘性流体力学》。

2007年6月13日于香港去世。

作者简介

董曾南

原籍天津，1932年11月生。1955年毕业于清华大学水利工程系。现为清华大学水利水电工程系教授(已退休)。曾任清华大学水利水电工程系主任、系学术委员会主任、博士生导师、清华大学学术委员会委员；中国科学院与清华大学合办工程力学研究班教师、班秘书；中国水利学会理事、名誉理事、水力学专业委员会副主任；国家教委工科力学教学指导委员会委员；《中国科学》、《科学通报》、《水利学报》等期刊编委，《中国大百科全书——水利卷》编委；高速水力学国家重点实验室学术委员会副主任；中国水利名词审定委员会委员，国际水利工程与研究协会(International Association of Hydraulic Engineering and Research，IAHR)理事、副主席。

多年来从事水力学、流体力学的教学和科学研究工作。曾为密云水库、三门峡水利枢纽工程、苏州河挡潮闸、三峡水利枢纽工程等多项重要水利工程进行水工模型试验研究。在水工水力学、明槽紊流、明流边界层等方面发表论文50篇。曾获国家教委科技进步奖二等奖3项、三等奖1项，北京市普通高校优秀教学成果奖一等奖1项；1993年被评为“北京市优秀教师”。主编《水力学》上册、由高等教育出版社出版；合编《非粘性流体力学》、《粘性流体力学》，由清华大学出版社出版。

再版前言

本书第1版自1998年出版以来，得到了与流体力学相关的工程专业的国内外华人读者的欢迎。2000年经教育部审定通过，推荐为“研究生教学用书”。广泛用作国内各高等学校博士生入学考试的指定参考书。12年来连续印刷五次，发行8500册。

2009年10月，清华大学出版社原总编辑张兆祺教授向我提出希望这本书能够修订再版。张教授也是流体力学方面的专家，很感激她对这本书的赞赏与厚爱。但考虑到我本人因患老年黄斑变性导致视力减退，而且本书的合作编著者章梓雄院士已经离我们而去，修订本书会使我常常想起我们过去的交往而心生悲痛，因此犹疑再三。在出版社和很多朋友的支持和鼓励下，考虑到广大读者，特别是年轻读者的需求，乃下决心用一年多的时间来完成这一心愿。

本书是一本粘性流体力学的基础性教材。12年来粘性流体力学在研究与应用上有了很大进步，无论是计算方面还是试验方面都日新月异，更有一些新的学科出现，但是万变不离其宗，这个“宗”就是粘性流体力学的基础理论和基本规律。我们追求的是通过本书帮助读者对粘性流体力学的基本理论和方法有更透彻、更准确的理解，从而喜欢它，应用它。从这个角度出发，本次修订并未对本书的章节结构作大的变动，而是根据十多年来教学使用和读者研习中的体验，对各章内容再进一步精雕细刻，使之更臻完善。希望通过这一次再版为读者提供一本从内容到形式都更加精美的书籍。愿年轻学子通过研读本书而更加喜爱流体力学这门学问，能学习和体验大师们在推动流体力学发展中的创造性思维。

令人悲痛的是本书的合作编著者章梓雄院士于2007年6月13日突然于香港去世。我与章教授自1983年春天我去美国衣阿华(Iowa)大学水力学研究所做访问学者时相识。他在名片上把Iowa译成“爱我华”，使我第一次体会到他内心对祖国与民族的热爱与眷恋。后来我在他的指导下完成了"透水平板引起的波陷现象(wave trapping)"的研究。一年的时间里从相识、相知到成为学术上的挚友。1984年我离开美国回国前,他曾真情流露地向我表示希望能对中国的流体力学发展和教育作出贡献。1985年我第一次邀他访问清华大学水利系,此后他多次回到祖国讲学并指导研究。章教授自1985年以来在国内多所大学设立了流体力学奖学金。1991年他受聘香港大学,与国内流体力学界的交流更加深入和紧密。实至名归,2003年章梓雄教授当选为中国科学院院士。这对他是很大的激励,他把提升国内海洋科技与工程作为自己的使命,多方奔走,陆续在青岛、大连、上海、广州召开研讨会,然后于2006年在北京召开香山会议,讨论加强中国海洋科技与工程的战略。可惜天不假年,2007年因脑部突然出血而去世。本书的再版,也算做对他的一个纪念吧。

本书修订过程中得到了清华大学余锡平、贺五洲、李玉柱、付旭东教授和北京航空航天大学王晋军教授和其他同仁的支持和帮助。余锡平教授在清华大学水利系为研究生讲授流体力学课程时曾使用本书多年。此次修订余锡平教授审阅了修订后的全部书稿,并作了多处补充与修改,在这里特对他表示真挚的谢意。

这次修订征求了章梓雄教授的夫人Gladys和女儿Anna的意见,得到了她们的支持。并且我们乐于把稿费捐给清华大学水利系作为鼓励研究生学习流体力学的奖学金。

我还想借这个机会表达对我妻子邓秀君女士的衷心谢意。近五十年来我们荣辱与共,同甘共苦,共同度过了人生的跌宕起伏。1994年我开始着手写本书第1版,后来写《非粘性流体力学》,到现在对本书第1版进行修订,由于她的支持与帮助才得以使我尽享了写作的快乐。

董曾南

2011年2月

第 1 版序言

本书是章梓雄和董曾南两位教授在粘性流体力学专业特有心得之余的精心之作。本书汇集两位作者多年教学和科研的经验，自成一个丰硕严密而有独到的体系，对此专业发展的来龙去脉，有扼要的阐述。内容着重物理概念的启迪，宛宛道来，深入浅出，如步坦道。而定解要求，严谨有序。引导读者入门扣问之例凡多。在应用上结合所有相关专业所需，普及地在基础应用和工程技术上建立了一个结实的基石。

粘性流体力学是一个历史悠久而又富有新生命力的学科。它与人们日常生活、健康和行旅无不息息相关。早在纪元前希腊学者阿基米德即建立了液体载物的浮力理论，其领先远超越于力学建基之始。二千二百年前在李冰父子创导下，我国也建有利溉舒洪的都江堰，这个伟大工程当时确已掌握现今的水利学原则和近代的工程设计理论。在流体粘性效应的问题上，不乏先进接连攻关，终难胜克，足证其艰困之甚。直到 1904 年德国流体力学大师普朗特对粘性流在高雷诺数时绕过流线型物体的边界层引介了定解程序，并对在粘性效应下流体之流线自钝体分离时给了确切的准则。这两个重要文献被广誉为开创了基础应用(基础和应用并重等价)学说之突破首例。该学说之所以能兼顾基础和应用，乃缘于有深入剖析的物理概念，然后始能建立严密的定解程序和数学方法。对于该边界层理论的全面发展和有紊流情形下之现象，本书述之，不惮其详，由此建立了基本理论，以备预作将来该学科在新方向发展中的启源点。

近数年代里，由于工业发展的迫切需求，已促进不少新学科的萌芽滋长。诸如能源发展；海洋、大气和陆地交应干扰和持恒；农渔牧业的生物科技新探索；城市、河流和山岳的环境保护；疾病防治的医疗科学以及自然灾害之消减和救援等都赋予流体力学新的使命。由此而有地球流体力学、海洋动力学、生物流体力学、环境流体力学、微型电气机械流体力学等新的综合学科的建立和发展。这些新田园中都需要在新的条件下作更深入的粘性流体力学的研究。欲求在新工作中能得心应手,自然先要对已有的基础理论能全面掌握,这是本书作者的主要目的之一。

在这些基础上,两位作者希望此书能有助水力学教师们提升理论修养,有益于有关专业从事科研参考之用,看来必能如愿以偿。由于本书着重物理概念的了解和启发,写得循循善诱,似乎益可嘉惠自学的读者,协助提高怡然领悟之乐趣。

吴耀祖

1996 年腊月.

* 吴耀祖是美国科学院院士,美国加州理工学院教授。

第 1 版前言

流体之有粘性乃不争之事实。但是，在流体力学的发展历史上，由于考虑流体运动中的粘性作用而使流动问题的解决变得十分复杂与困难，因而曾经把流体作为无粘性，即理想流体来处理。对于工程中的某些问题，特别是当处理某些粘性影响并不显著的流动问题，如波浪运动、远离固体壁面的流动等，这样的处理可以得到相当满意的解答。但是对于更多的与流体有关的工程问题，忽略粘性则会导致与真实流动完全不同的结果，如历史上著名的达朗贝尔佯谬（d'Alembert paradox）。在水利、水电、土木、环境工程中的流体流动问题，多需考虑流体的粘性，从而粘性流体力学是这些领域的科技人员必须具备的基础理论知识。

粘性流体力学的有关教科书或专著众多，而且其中不乏优秀的作品。但专门为水利、水电、土木、环境或其他以水为对象的工程专业研究生作为学习流体力学的教科书或教学参考书而编写者则尚付阙如，本书就是为此目的而编著。同时本书也可供有关学科高等学校教师及相关专业科技人员作为奠定粘性流体力学基础，提高理论修养的一本参考书。本书的特点在于密切结合相关专业要求，研究以水为代表的不可压缩流体的粘性流动为主。对于专业中常常遇到的具有自由水面的明槽流动给予了特别的注意。作者们根据多年科学研究和教学工作经验，使本书形成了一个严密完整的理论体系，思路清晰，并着重于物理概念的深入阐述，易于为读者所接受。本书并对粘性流动中最为重要的紊流流动给予了特别的重视。作者希望本书能为读者在工程技术中应用现代粘性流体力学的成果打下牢固的基础。

流体力学是一门古老的科学。但在近二百多年的时间里，随着人类社会和生产的进步，很多著名流体力学家的不懈努力，使流体力学得到了巨大的发展。人们在学习粘性流体力学的过程中往往会被人类智慧放射的光芒所激动。希望本书能展现其中的一部分，使读者不仅能学习到工程实践中极为有用的一些粘性流体力学的知识,而且能使读者感受到严谨治学的乐趣。

本书共12章。第1章与第2章介绍粘性流动的基本概念与基本方程。第3～5章介绍边界层理论。第6～8章阐述紊流的基本理论与方程。第9～12章则分别讨论工程中最常见的一些紊流流动。本书是在章梓雄(Allen T. Chwang)、董曾南分别在美国衣阿华大学(University of Iowa)和清华大学多年讲授有关课程的讲稿、讲义和研究成果的基础上编著的。作者有志于把流体力学的近代发展和工程实践中普遍应用的水力学密切结合起来,以期提高水力学研究的理论水平,并有利于解决众多的现代工程技术中的流体流动问题。这也是近代流体力学和水力学发展中一个重要的趋势。

清末民初的著名国学家王国维先生(1877—1927)曾留有名句,谓“古今之成大事业、大学问者,必须经过三种之境界:昨夜西风凋碧树,独上高楼,望尽天涯路。衣带渐宽终不悔,为伊消得人憔悴。众里寻他千百度,蓦然回首,那人却在,灯火阑珊处。”望有志于作学问者能从中得到重大的启迪。

美国科学院院士、加州理工学院教授吴耀祖(T. Yaotsu Wu)先生对本书的写作给予了热情的鼓励和帮助。吴先生并亲为作序,使本书蓬荜增辉。清华大学贺五洲副教授通读了全部书稿,并提出不少有益的建议。作者在这里向他们表示衷心的感谢。

本书成书过程中虽数易其稿,但因粘性流体力学内容博大精深,而作者才疏学浅,难免有错误和不足之处,还望广大读者给以批评指正。

章梓雄
董曾南 共识
1996年12月

目　录

第 1 章

粘性流动的基本概念与方程

本章将阐述粘性流动(viscous flow)的一些基本概念,并以圆柱绕流和管道流动为例说明粘性流动的特点及其与理想流动的本质性差异。最后导出粘性流动的基本方程式——纳维-斯托克斯方程。

1.1 粘性流体流动

1.1.1 引言

人类在上古时代使用的武器从石块和棍棒发展到流线型的矛和带有羽毛的箭,说明人类对粘性流体的阻力已经早有认识并在实践中加以应用。但是对流体粘性理性的认识则可以说是从 1687 年牛顿(Isac Newton,1642—1727)著名的粘性流动试验开始。牛顿发现了几乎所有的普通流体,像水与空气等,其阻力与流速梯度成线性关系。为了纪念牛顿,这样的流体称为牛顿流体。

历史上,流体力学一直沿着理论的和实验的两个不同的途径发展。理论流体力学由于 1755 年欧拉(Leonhard Euler,1707—1783)方程的提出,对于不考虑粘性的理想流体流动(ideal fluid flow)的理论解已逐渐达到完美的程度。遗憾的是理想流动的解往往与试验结果和真实流动相差甚远,以至相反。1752 年,达朗贝尔(Jean Le Rond d'Alembert,1717—1783)发表了著名的达朗贝尔佯谬(d'Alembert paradox),指出在一个无界、理想不可压缩流体中,物体作匀速直线运动时的阻力为零。稍后拉普拉斯(Pierre-Simon Laplace,1749—1827)、拉格朗日(Joseph-Louis Lagrange,1736—1813)等人把理想流体运动的研究推向了新的高峰。但是,达朗贝尔佯谬的结论对从事实际工程的工程师来说是无法接受的,工程师们为了解决生产和技术发展中提出的流体运动问题而发展了高度经验性的一门流体力学的分支——水力学(hydraulics)。

理论流体力学进一步的发展是自1821年开始,纳维(Claude-Louis-Marie-Henri Navier,1785—1836)等人考虑将分子间的作用力加入到欧拉方程中去。1845年斯托克斯(George Gabriel Stokes,1819—1903)将这个分子间的作用力用粘性系数μ表示,并正式完成了纳维-斯托克斯方程,最终建立了粘性流体力学的基本方程,奠定了近代粘性流体力学的基础。但是,由于方程式的非线性,解此方程,在数学上碰到了很大的困难。因此,一直到19世纪末,理论的和实验的流体力学仍然各自独立地发展。

20世纪初,德国工程师普朗特(Ludwig Prandtl,1875—1953)由于提出边界层理论(boundary layer theory)而对流体力学,特别是粘性流体力学的发展做出了卓越的贡献。普朗特提出在雷诺数很大的情况下,粘性的作用主要局限在绕流物体或其他流动边界的固体壁面附近很薄的一层流动中,这个薄层称为边界层(boundary layer)。边界层外部流动则可按理想流动处理。这一设想在一定程度上克服了粘性流动求解中的数学困难。为解决流动阻力和能量损失这样重大的粘性流动问题提供了一条重要途径。边界层理论的提出也使理论和实验完美地统一起来,从而使流体力学的两个分支——理想流体力学和水力学逐渐结合和统一,使流体力学得到划时代的发展。

在诸多工程领域中,航空工程是首先应用边界层理论并在技术上取得重大突破的领域。随后造船、化工、机械等工程领域也都得益于边界层理论。近年来边界层理论也开始应用于解决水利、水电、环境及土木工程中的流动问题。

现代大型电子计算机的飞速发展,使计算流体力学得到很快的发展,已经成为解决粘性流动问题的重要手段。高新技术的发展也使得在流体力学研究中的实验技术和量测仪器日新月异。激光、超声、电子技术、图像采集与处理技术均已逐渐得到广泛应用。这些都为人类进一步深入观测和探索流动现象,特别是精细的、机理性的研究提供了强有力的手段。理论、计算和实验方法的结合正在不断地推动着流体力学取得新的突破。

当今世界面临的重大全球性问题中,全球气候变化问题、水资源短缺、环境保护、防灾减灾、空天利用、海洋开发等无不与流体力学有着密切的关系。相信在解决这些重大问题的过程中,粘性流体力学也会得到更加迅速的新发展。

1.1.2 粘性流动举例

为了说明粘性流动与理想流动的不同,并充分认识粘性流动的复杂性,首先研究二维圆柱体的绕流。

均匀流动绕过半径为r_0的二维圆柱是一个经典流体力学问题。对于不可压缩理想流体,圆柱绕流的精确解是均匀流与偶极子的叠加,流速分布用右手柱坐标

(r,θ,z)表示为

$$u_r = U_\infty \cos\theta\left(1 - \frac{r_0^2}{r^2}\right) \tag{1-1}$$

$$u_\theta = -U_\infty \sin\theta\left(1 + \frac{r_0^2}{r^2}\right) \tag{1-2}$$

式中，U_∞为无穷远处未受扰动的来流流速；u_r 为径向流速；u_θ 为圆周向流速，以逆时针方向为正。这种流动的流线可见图 1-1。

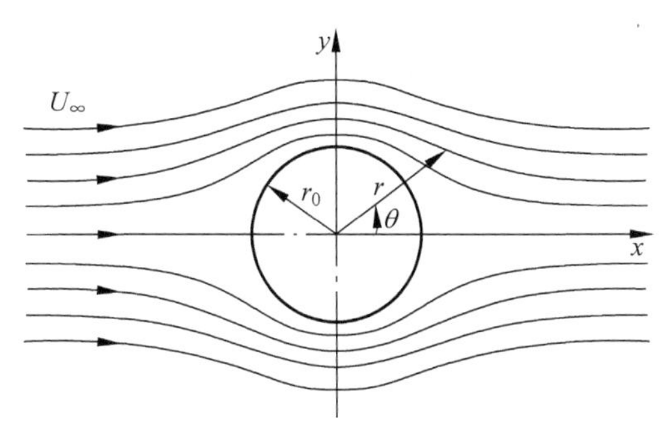

图 1-1　圆柱绕流

在圆柱表面，即 $r=r_0$ 处，

$$\begin{aligned} u_r &= 0 \\ u_\theta &= -2U_\infty \sin\theta \end{aligned} \tag{1-3}$$

可见在圆柱表面上流体与固体表面之间存在相对速度，即滑移(slip)。圆柱壁面压强可由伯努利(Daniel Bernoulli，1700—1782)方程"$p+\frac{\rho u^2}{2}=$常数"得到

$$p = p_\infty + \frac{\rho}{2}U_\infty^2(1-4\sin^2\theta) \tag{1-4}$$

式中，p_∞为无穷远处未受扰动流场的压强；ρ 为流体密度。或用无量纲压强系数(pressure coefficient)C_p 表示为

$$C_p = \frac{p - p_\infty}{\frac{1}{2}\rho U_\infty^2} = 1 - 4\sin^2\theta \tag{1-5}$$

由图 1-1 可看出流动的对称性。由式(1-5)及图 1-2 均可看出压强分布也是对称的。因此圆柱体所受到流体压强的合力在 x 方向和 y 方向均为零。圆柱体在流动方向没有产生阻力。这是达朗贝尔佯谬的一个特殊形式。

图 1-2 中还给出了粘性流体中圆柱绕流在不同雷诺数(Reynold number)时柱表面压强系数 C_p 的分布。可以看出对于粘性流体，流动甚为复杂。随着雷诺数 $Re=\frac{U_\infty d}{\nu}$($d$ 为圆柱直径，ν 为流体的运动粘度)的不同，绕流压强分布也不同。但

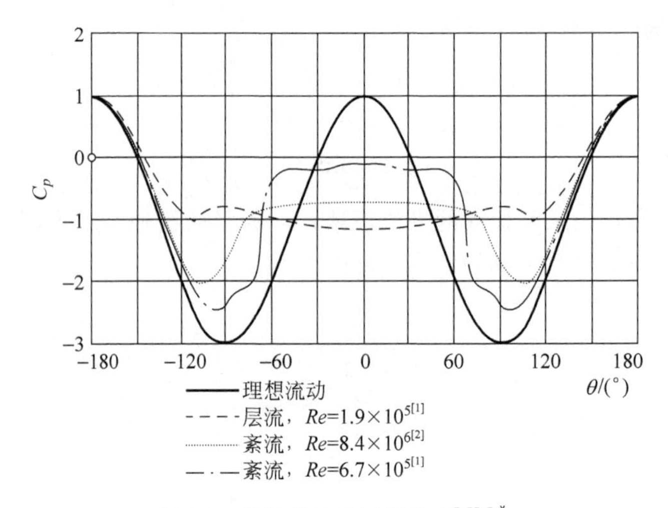

图 1-2 圆柱绕流的压强分布[1][2]*

它们与理想流动有一个共同的区别在于粘性流动中圆柱体的背流面 C_p 为负数。例如在下游驻点 $\theta=0°$处，理想流动压强系数 $C_p=+1$，而层流时 $C_p=-1.1$，紊流时当 $Re=8.4\times10^6$，$C_p=-0.7$，而当 $Re=6.7\times10^5$ 时，$C_p=-0.1$，均为负数。背流面压强小于迎流面压强，压强分布在流动方向上的不对称使圆柱受到流体给它的阻力，这个阻力称为压强阻力，阻力方向指向下游。由于绕流物体的压强分布与绕流物体形状有关，因此压强阻力也称为形状阻力(form drag)。

进一步的研究表明，圆柱表面的粘性流体流动在靠近尾部的某个区域将产生边界层分离(separation)，从而形成圆柱体下游一个由旋涡组成的尾流区(wake region)，如图 1-3 所示。尾流区的流动性质随雷诺数 $Re=\dfrac{U_\infty d}{\nu}$ 的变化而有所不同。图 1-4 为霍曼(F. Homann)[3] 1936 年的试验结果。当雷诺数很小时为层流尾流。随着雷诺数的增加在圆柱体表面产生边界层，边界层的分离使在圆柱体表面上下两侧产生旋涡的分离并形成尾流中的卡门涡街(Kármán vortex street)。当雷诺数不断增大，尾流中旋涡的形式不规则并破碎，演变为紊流尾流。圆柱的阻力如图 1-5 所示。可以看出当雷诺数 Re 很小($Re<0.5$)时，阻力系数(drag coefficient) $C_D=\dfrac{D}{\frac{1}{2}\rho U_\infty^2 A}$ (D 为阻力，ρ 为流体密度，A 为圆柱的迎流面积)将服从

* 本书中的插图凡引自其他文献或书籍，均在图中或图题后注明。引自参考书(参考书目附在本书最后)者用圆括弧()标明其序号。引自参考文献(均列在每章最后)者用方括弧[]标明其序号。作者在这里向有关出版者和作者表示感谢。本书中多次引用 H. Schlichting 所著 *Boundary Layer Theory* 一书中的插图，已蒙 McGraw-Hill 出版社慨允，特此致谢。

斯托克斯定律。此时阻力主要由圆柱壁面粘性切应力形成，是为摩擦阻力(friction drag)，它与来流速度U_∞成线性关系，C_D数值相当大，这种流动称为蠕动(creeping motion)。随着雷诺数的增加，柱面附近的流动形成层流边界层流动。在$Re\approx5$时产生边界层的分离，由柱面压强分布不对称所引起的压强阻力在总阻力(圆柱表面摩擦阻力与压强阻力之和)中所占的比例大大增加。当$Re\approx200$时尾流中形成卡门涡街，此时压强阻力占总阻力的90%左右，阻力系数开始与雷诺数无关，而是与U_∞的平方成正比。

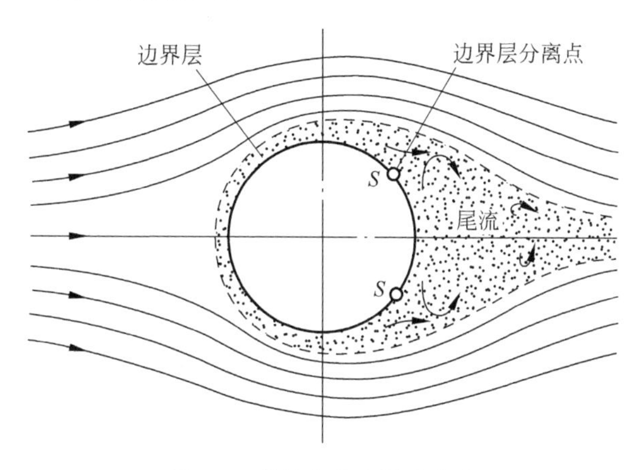

图 1-3　粘性流体中圆柱绕流

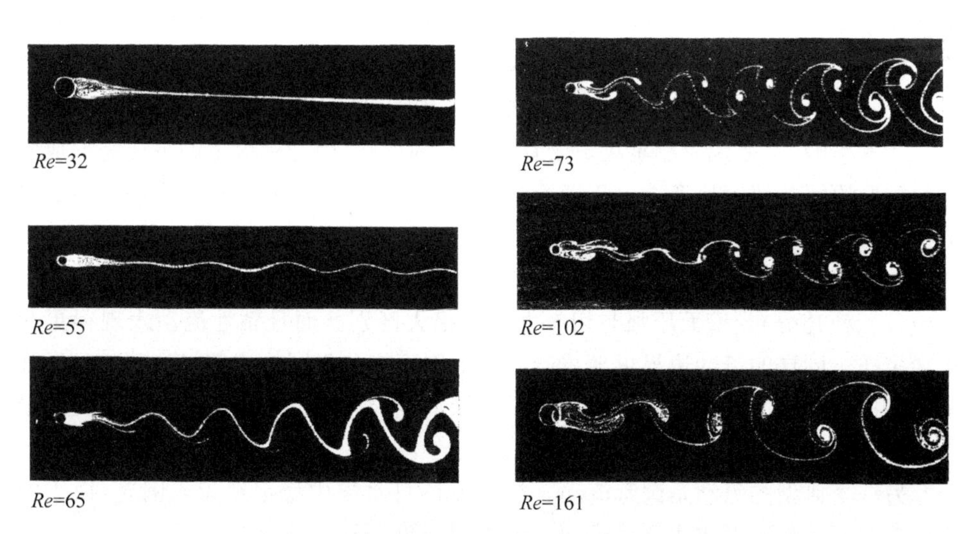

图 1-4　不同雷诺数时圆柱绕流的尾流变化[3]

当$Re=3\times10^5$时发生所谓阻力危机(drag crisis)的现象，这是由于在这个雷诺数附近时边界层流动由层流转变为紊流。形成紊流边界层后，分离推迟，分离点

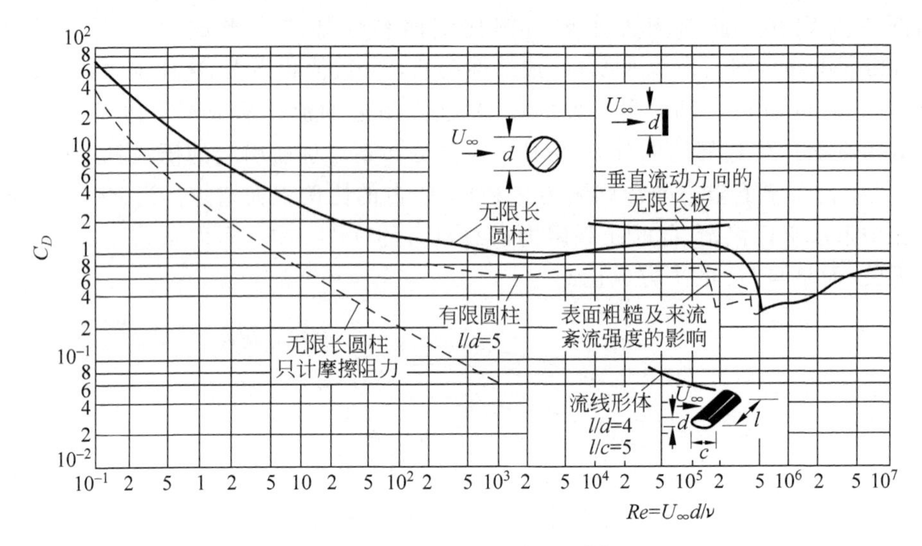

图 1-5　圆柱绕流阻力规律[23]

向下游移动从而使尾流区缩小,因而压强阻力大大降低,总阻力也相应降低的缘故。在 $Re=5\times10^5$ 时 C_D 降至 0.3 左右。如果来流紊流度较高或柱面比较粗糙,则阻力危机提前发生。

绕流物体的阻力问题在流体力学的发展史中是一个引人感兴趣的问题。古希腊哲学家亚里士多德(Aristotle,公元前 384—前 322)曾经认为绕流物体尾部的负压可使空气冲入从而推动物体前进。这当然是一个错误的观点。法国科学家迪·比亚(Du Buat,1734—1809)发现绕流物体的阻力,与其说主要是决定于物体迎流面形状的影响,不如说主要是决定于物体尾部的形状,因为尾流中的负压是形成阻力的重要原因。迪·比亚这一正确论断在当时并不被人们所理解。直到边界层理论提出后才从理论上与实践上使圆柱绕流阻力这一历史疑案得到真正的解决。

由这个例子可以看出理想流动与粘性流动的明显不同。它们的流谱(flow pattern)、流速分布、壁面压强与切应力均有很大区别。而且粘性流动表现得更为复杂多样。同样的流动边界可随雷诺数的不同而有着不同的流谱、流速分布、压强分布、阻力规律、层流与紊流边界层的形成及其与绕流物体壁面的分离、尾流的形成与发展等。

另一个典型的流动是圆管流动。粘性流体自水罐中稳定地流入圆管,由于流体粘性在管壁附近形成边界层流动。边界层厚度顺流向逐渐增加,并由层流边界层(laminar boundary layer)经过转捩(transition)发展为紊流边界层(turbulent boundary layer)。当边界层厚度发展到管道中心,整个管道中均成为边界层流动。再经过一个短距离的调整,形成"充分发展紊流"(fully developed turbulent flow),

此后管道内的流速分布剖面将不再变化，如图 1-6(b)所示。由管道进口到充分发展紊流（或称充分发展管流，fully developed pipe flow）这一段称为进口段。

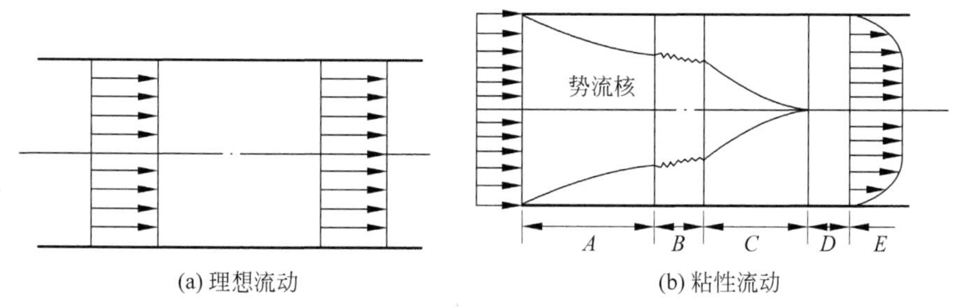

(a) 理想流动　　(b) 粘性流动

图 1-6　圆管流动

A—层流边界层；B—转捩段；C—紊流边界层

D—调整段；E—充分发展紊流；A+B+C+D —进口段

可以想见如果是理想流体，则流动情况将十分简单。管内各点流速均应相同，如图 1-6(a)所示。

在管道进口段粘性流动中，存在一个不受粘性影响的流动区域，称为势流核（potential flow core）。

1.1.3　流体的粘性

对流体粘性研究的一个最重要的结论就是粘性把流动中流体的应力与变形速率联系起来。牛顿最初由平行平板间粘性流动的试验得到

$$\tau_{yx} = \mu \frac{U}{h} \tag{1-6}$$

如图 1-7 所示，τ_{yx} 表示法线为 y 方向的平面上 x 方向的切应力，μ 为流体的粘性系数，也称粘度(viscosity)。它取决于流体的种类、温度和压强。对于工程中经常遇到的流动状态而言，压强对粘度的影响可以忽略。上层平板以速度 U 相对于下层平板运动，通过粘性带动两板之间的流体形成一个 $u(y)$ 的流速分布。

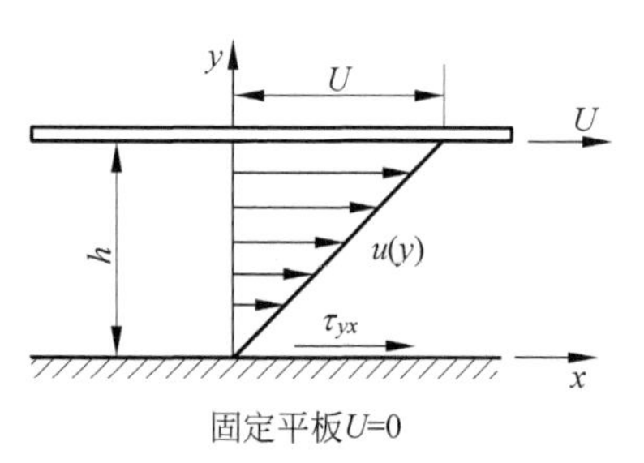

图 1-7　平行平板间粘性流动

μ 的单位可由式(1-6)导出：

$$[\mu] = \left[\frac{\mathrm{N} \cdot \mathrm{s}}{\mathrm{m}^2}\right] \equiv \mathrm{Pa} \cdot \mathrm{s}$$

式中，Pa 为应力单位，相当于 $\mathrm{N/m^2}$，即 $1\mathrm{m}^2$ 面积上受到 1N 力的作用。式(1-6)用局部参数表示的形式为

$$\tau = \mu \frac{\mathrm{d}u}{\mathrm{d}y} \tag{1-7}$$

上式称为牛顿切应力公式。在粘性流体力学中经常用到另一个表示流体粘性的系数 ν:

$$\nu=\frac{\mu}{\rho}$$

ν 称为运动粘性系数,或称运动粘度(kinematic viscousity),单位为 m^2/s。实验表明,液体的粘度 μ 随温度的升高而迅速减小。液体密度随温度升降的变化甚微,因此液体的运动粘度也随温度的升高而减小;气体的粘度随温度变化的规律则表现出相反的趋势。

日常生活和工程实践中最常遇到的流体其切应力与剪切变形速率符合式(1-7)的线性关系,称为牛顿流体(Newtonian fluid)。切应力与变形速率不成线性关系者称非牛顿流体(non-Newtonian fluid)。图 1-8(a)中绘出了切应力 τ 与变形速率(rate of strain)ε 的关系曲线。其中符合式(1-7)的线性关系者为牛顿流体。其他为非牛顿流体,非牛顿流体中又因其切应力与变形速率关系的特点分为膨胀性流体(dilatant fluid),拟塑性流体(pseudoplastic fluid),具有屈服应力的理想宾厄姆流体(ideal Bingham fluid)和塑性流体(plastic fluid)等。通常油脂、油漆、牛奶、牙膏、血液、泥浆等均为非牛顿流体。非牛顿流体的研究在化纤、塑料、石油、化工、食品及很多轻工业中有着广泛的应用。图 1-8(b)还显示出对于有些非牛顿流体,其粘滞特性具有时间效应,即剪切应力不仅与变形速率有关而且与作用时间有关。当变形速率保持常量,切应力随时间增大,这种非牛顿流体称为震凝性流体(rheopectic fluid)。当变形速率保持常量而切应力随时间减小的非牛顿流体则称为触变性流体(thixotropic fluid)。对于非牛顿流体的研究始自 1867 年。第二次世界大战后,随着工业的发展,非牛顿流体力学也得到迅速的发展。

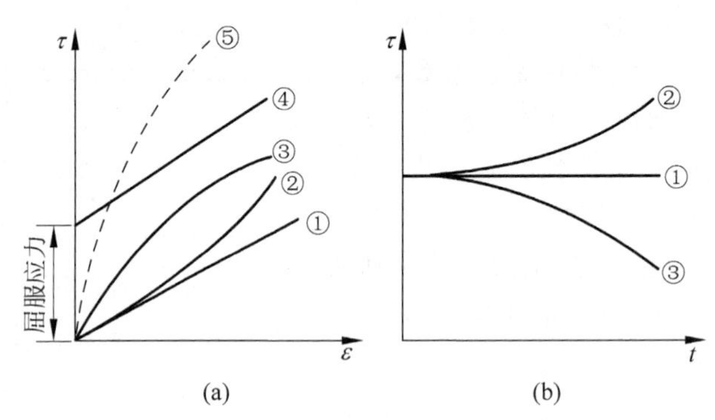

图 1-8 粘性流体切应力特性[10]

(a)	(b)
① 牛顿流体	① 切应力与时间无关
② 膨胀性流体	② 震凝性流体
③ 拟塑性流体	③ 触变性流体
④ 理想宾厄姆流体	变形速率保持常量
⑤ 塑性流体	

1.2　粘性流动的基本方程式

1.2.1　研究流体运动的两种方法

在固体力学中常可跟随一个质点去描述它的运动，例如图 1-9 所示。其

位置向量：$\boldsymbol{x}(t)$

速度向量：$\boldsymbol{u}=\dfrac{\mathrm{d}\boldsymbol{x}}{\mathrm{d}t}$

加速度向量：$\boldsymbol{a}=\dfrac{\mathrm{d}\boldsymbol{u}}{\mathrm{d}t}=\dfrac{\mathrm{d}^2\boldsymbol{x}}{\mathrm{d}t^2}$

但在流体力学中，跟随一个流体质点去描述它的运动常常是困难的。考虑到流体是充满运动空间的连续介质，一般有两种描述运动的方法。

(1) 拉格朗日法

跟随流体质点去研究流体运动的方法为拉格朗日法。在这种方法中独立变量为$\boldsymbol{\xi}$，t。$\boldsymbol{\xi}$是作为识别流体质点的标志，多以时间 $t=t_0$ 时该质点所在位置表示，如图 1-10 所示。用公式表示即

$$\boldsymbol{x}(\boldsymbol{\xi},t_0)=\boldsymbol{\xi}=\boldsymbol{\xi}(\xi_1,\xi_2,\xi_3)$$

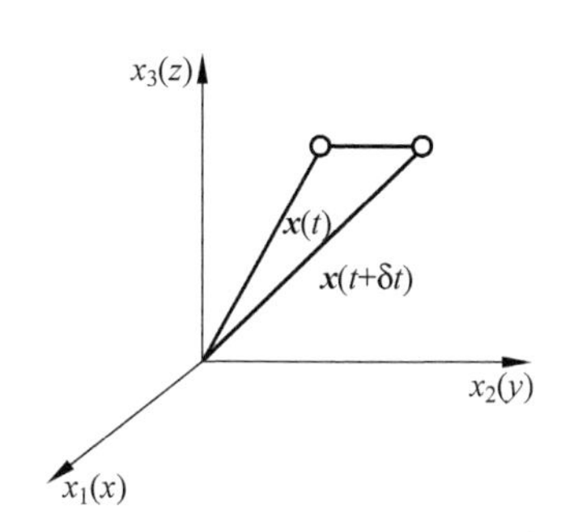

图 1-9　流体质点运动描述

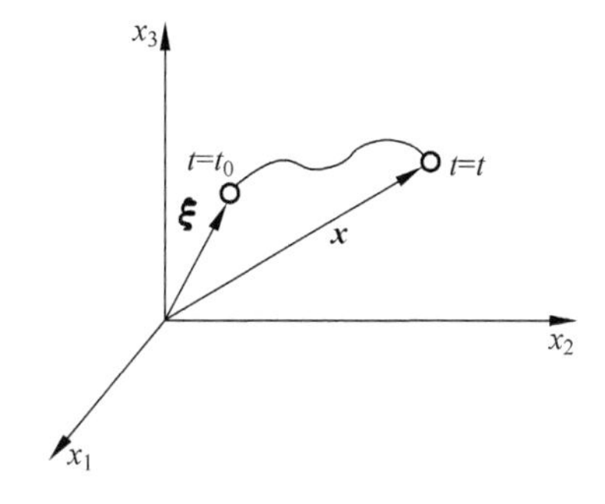

图 1-10　拉格朗日法描述流体质点运动

也可用其他的标志方法，但从一个流体质点到另一个流体质点，表征识别标志的函数必须是连续的。在拉格朗日法中：

位置向量：$\boldsymbol{x}(x_1,x_2,x_3)=\boldsymbol{x}(\boldsymbol{\xi},t)$

速度向量：$\boldsymbol{u}(u_1,u_2,u_3)=\left(\dfrac{\partial \boldsymbol{x}}{\partial t}\right)_{\boldsymbol{\xi}}$

加速度向量：$\boldsymbol{a}(a_1,a_2,a_3)=\left(\dfrac{\partial^2 \boldsymbol{x}}{\partial t^2}\right)_{\boldsymbol{\xi}}$

下标$\boldsymbol{\xi}$表示是$\boldsymbol{\xi}$所标志的流体质点。

(2) 欧拉法

欧拉(Euler)法着眼于从空间坐标去研究流体运动。但需注意,一切流体运动的力学属性均是流体质点的属性而不是空间点的属性。流体质点位于空间点上从而流体质点的运动属性为时间和不依赖于时间的空间坐标的函数。此时独立变量为 $\boldsymbol{x}(x_1,x_2,x_3),t$。

速度向量:$\boldsymbol{u}=\boldsymbol{u}(\boldsymbol{x},t)$

加速度向量:$\boldsymbol{a}=\boldsymbol{a}(\boldsymbol{x},t)$

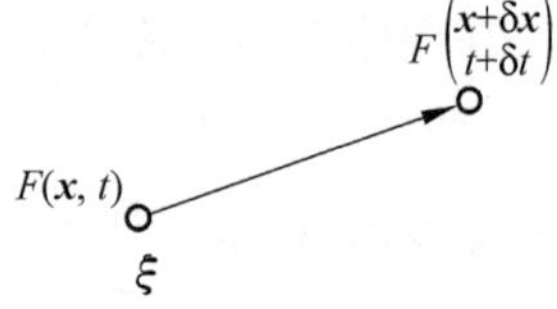

图 1-11　欧拉空间场中运动属性的描述

研究欧拉空间场中某一运动属性 F 的变化率必须跟踪一个固定的流体质点,如图 1-11 所示。F 可以代表速度、密度、温度等流体运动的各种力学属性。考虑到

$$F(\boldsymbol{x},t)=F[\boldsymbol{x}(\boldsymbol{\xi},t),t]$$

F 的变化率可表示为

$$\begin{aligned}\frac{\mathrm{d}F}{\mathrm{d}t}&=\frac{\mathrm{d}}{\mathrm{d}t}F[\boldsymbol{x}(\boldsymbol{\xi},t),t]\\&=\left(\frac{\partial F}{\partial t}\right)_{\boldsymbol{x}}+\left(\frac{\partial F}{\partial x_1}\right)_{x_2,x_3,t}\left(\frac{\partial x_1}{\partial t}\right)_{\boldsymbol{\xi}}\\&\quad+\left(\frac{\partial F}{\partial x_2}\right)_{x_1,x_3,t}\left(\frac{\partial x_2}{\partial t}\right)_{\boldsymbol{\xi}}+\left(\frac{\partial F}{\partial x_3}\right)_{x_1,x_2,t}\left(\frac{\partial x_3}{\partial t}\right)_{\boldsymbol{\xi}}\end{aligned}$$

式中各项的下标表示:在该项的微分过程中下标所表示的量保持恒定不变。$\frac{\mathrm{d}F}{\mathrm{d}t}$ 称为 F 的物质导数(material derivative)或称随体导数,它是以欧拉空间坐标所表示的流体质点的运动属性对时间的全导数。

$$\frac{\mathrm{d}F}{\mathrm{d}t}=\left(\frac{\partial F}{\partial t}\right)_{\boldsymbol{x}}+\left(\frac{\partial F}{\partial x_i}\right)_{x_j,t}\left(\frac{\partial x_i}{\partial t}\right)_{\boldsymbol{\xi}}$$

注意 $j\neq i$。写为向量的形式,物质导数为

$$\frac{\mathrm{d}F}{\mathrm{d}t}=\frac{\partial F}{\partial t}+u_i\frac{\partial F}{\partial x_i}=\frac{\partial F}{\partial t}+(\boldsymbol{u}\cdot\nabla)F \tag{1-8}$$

这里应用了爱因斯坦求和约定(Einstein summation convention)(见附录中"7. 张量的表示法,二阶张量")。物质导数表示式中第一项 $\frac{\partial F}{\partial t}$ 为 F 的当地变化率,即在某一点 $\boldsymbol{x}$ 处 F 随时间 t 的变化率,是由流动的不恒定性引起的。第二项 $(\boldsymbol{u}\cdot\nabla)F$ 表示即使是恒定流动,流体质点随着时间而改变它的空间位置从而导致 F 的变化,称为迁移变化率,它是由流场的不均匀性引起的。这样,跟踪一个给定流体质点物理量 F 的拉格朗日变化率 $\frac{\mathrm{d}F}{\mathrm{d}t}$ 就以欧拉导数 $\frac{\partial F}{\partial t}$ 与 $\frac{\partial F}{\partial x_i}$ 的形式表示出来。在流体力学中欧拉法应用得更加广泛。

(3) 两种流动描述方法之间的关系

欧拉方法在数学处理上的最大困难是方程式中加速度项的非线性,而拉格朗

日方法中的加速度项则为线性。但是直接应用拉格朗日型的基本方程解决流体力学问题是困难的,因此在处理流动问题时,常常必须用欧拉法表述拉格朗日观点下的物理本质,这里就必须研究拉格朗日与欧拉两种系统之间的变换关系。为此引入雅可比行列式(Jacobian)(见附录中“12.雅可比行列式”),

$$J(t)=\det\left|\frac{\partial x_i}{\partial \xi_j}\right| \tag{1-9}$$

拉格朗日变量$\boldsymbol{\xi}$与欧拉变量$\boldsymbol{x}$可以互换的唯一条件是

$$J(t)\neq 0,\infty$$

雅可比行列式的时间导数为

$$\frac{\mathrm{d}J}{\mathrm{d}t}=\frac{\partial u_i}{\partial x_i}J=(\nabla\cdot\boldsymbol{u})J \tag{1-10}$$

1.2.2 雷诺输运方程

首先介绍系统(system)和控制体(control volume)的概念。系统为包含着确定不变的流体质点的集合。它随流体的流动而流动,体积和形状可能变化但所包含的流体质点不变。控制体为相对于空间坐标系固定不变的一个体积,流体质点随时间流入和流出这个空间体积。拉格朗日法着眼点是系统而欧拉法则着眼于控制体去研究流体运动。

为了从守恒定律推导流体力学的基本方程,需研究一个系统在空间的运动,从而需解决系统的有关物理量在欧拉空间运动中对时间的全导数问题。用欧拉导数表示一个流体系统的拉格朗日变化率,即雷诺输运方程(Reynolds transport equation)。

设在流动中取定一个系统。系统在流动过程中$t=t$时所占据的空间作为控制体$V(t)$。系统在$t=t_0$时所占据的控制体$V_0=V(t_0)$作为识别这一系统的标志。令$\mathrm{d}V_0=\mathrm{d}\xi_1\mathrm{d}\xi_2\mathrm{d}\xi_3$,$\mathrm{d}V(t)=\mathrm{d}x_1\mathrm{d}x_2\mathrm{d}x_3$,则由附录中12知:

$$\mathrm{d}V(t)=\mathrm{d}x_1\mathrm{d}x_2\mathrm{d}x_3=J\mathrm{d}\xi_1\mathrm{d}\xi_2\mathrm{d}\xi_3=J\mathrm{d}V_0 \tag{1-11}$$

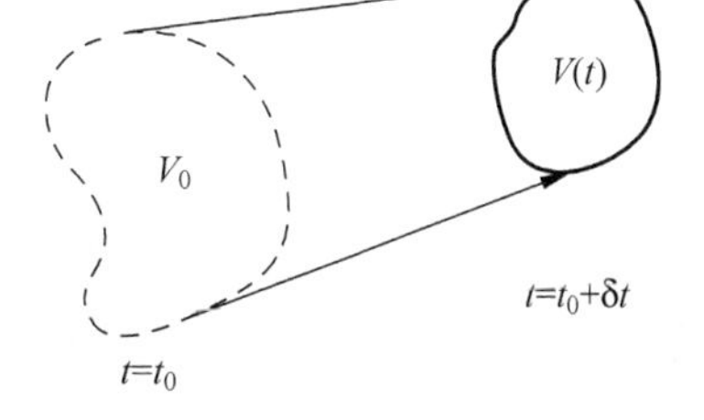

图 1-12　流动中取定的系统图

系统所具有的某种运动要素如质量、动量或能量等对时间的全导数可由以下推导得出。式中F代表该运动要素的体积分布密度。

$$\frac{\mathrm{d}}{\mathrm{d}t}\iiint_{V(t)}F\mathrm{d}V=\frac{\mathrm{d}}{\mathrm{d}t}\iiint_{V_0}FJ\,\mathrm{d}V_0$$

$$=\iiint_{V_0}\frac{\mathrm{d}}{\mathrm{d}t}(FJ)\mathrm{d}V_0$$

$$
\begin{aligned}
&=\iiint_{V_0}\left(J\frac{\mathrm{d}F}{\mathrm{d}t}+F\frac{\mathrm{d}J}{\mathrm{d}t}\right)\mathrm{d}V_0\\
&=\iiint_{V_0}\left[J\frac{\mathrm{d}F}{\mathrm{d}t}+F(\nabla\cdot\boldsymbol{u})J\right]\mathrm{d}V_0\\
&=\iiint_{V_0}\left[\frac{\mathrm{d}F}{\mathrm{d}t}+F(\nabla\cdot\boldsymbol{u})\right]J\,\mathrm{d}V_0\\
&=\iiint_{V(t)}\left[\frac{\mathrm{d}F}{\mathrm{d}t}+F(\nabla\cdot\boldsymbol{u})\right]\mathrm{d}V\\
&=\iiint_{V(t)}\left[\frac{\partial F}{\partial t}+(\boldsymbol{u}\cdot\nabla)F+F(\nabla\cdot\boldsymbol{u})\right]\mathrm{d}V\\
&=\iiint_{V(t)}\left[\frac{\partial F}{\partial t}+\nabla\cdot(F\boldsymbol{u})\right]\mathrm{d}V\\
&=\iiint_{V(t)}\frac{\partial F}{\partial t}\mathrm{d}V+\iiint_{V(t)}\nabla\cdot(F\boldsymbol{u})\mathrm{d}V
\end{aligned}
$$

由高斯公式(见附录中式(15)):

$$
\frac{\mathrm{d}}{\mathrm{d}t}\iiint_{V(t)}F\mathrm{d}V=\iiint_{V(t)}\frac{\partial F}{\partial t}\mathrm{d}V+\iint_{S(t)}F\boldsymbol{u}\cdot\boldsymbol{n}\mathrm{d}S \tag{1-12}
$$

可见系统对时间的全导数,即系统的物质导数是由两部分组成的,其中,$\iiint_{V(t)}\frac{\partial F}{\partial t}\mathrm{d}V$ 是由于流场中 F 的不恒定性所引起的整个控制体内所含物理量 $\iiint_{V(t)}F\mathrm{d}V$ 在单位时间内的增量。$\iint_{S(t)}F\boldsymbol{u}\cdot\boldsymbol{n}\mathrm{d}S$ 表示在单位时间内,流体通过控制体表面 $S(t)$ 而引起的控制体内物理量 $\iiint_{V(t)}F\mathrm{d}V$ 的变化,也就是系统由一个位置流动到另一个位置时,由于流场的不均匀性而引起的 $\iiint_{V(t)}F\mathrm{d}V$ 的迁移变化率。可以看出,雷诺输运方程(1-12) 与式(1-8) 所表示的物质导数从本质上讲是相同的,只不过雷诺输运方程是以系统的流动作为研究的对象而物质导数是研究流体质点的运动,因此可以说输运方程是流体质团(系统) 的物质导数。

1.2.3 连续方程

连续方程(continuity equation)是质量守恒原理在流体运动中的表现形式。系统的质量为

$$
m=\iiint_{V(t)}\rho\mathrm{d}V
$$

质量守恒要求:

$$
\frac{\mathrm{d}m}{\mathrm{d}t}=\frac{\mathrm{d}}{\mathrm{d}t}\iiint_{V(t)}\rho\,\mathrm{d}V=0 \tag{1-13}
$$

上式即拉格朗日型的积分形式的连续方程。应用输运方程：

$$\frac{\mathrm{d}}{\mathrm{d}t}\iiint_{V(t)}\rho\mathrm{d}V=\iiint_{V(t)}\left[\frac{\partial\rho}{\partial t}+\nabla\cdot(\rho\boldsymbol{u})\right]\mathrm{d}V=0 \tag{1-14}$$

或写为

$$\iiint_{V(t)}\frac{\partial\rho}{\partial t}\mathrm{d}V=-\iint_{S(t)}\rho\boldsymbol{u}\cdot\boldsymbol{n}\mathrm{d}S \tag{1-14'}$$

上式为欧拉型的积分形式的连续方程。式中，$\iint_{S(t)}\rho\boldsymbol{u}\cdot\boldsymbol{n}\mathrm{d}S$ 为通过控制体表面积的物质通量或质量流量。此式对于流动中的任何一个体积都是适用的，即 $V(t)$是任意选取的，因此得

$$\frac{\partial\rho}{\partial t}+\nabla\cdot(\rho\boldsymbol{u})=0 \tag{1-15}$$

为微分形式的欧拉型连续方程式，也可写作

$$\frac{\mathrm{d}\rho}{\mathrm{d}t}+\rho\nabla\cdot\boldsymbol{u}=0 \tag{1-16}$$

$\frac{\mathrm{d}}{\mathrm{d}t}$表示物质导数，$\frac{\mathrm{d}}{\mathrm{d}t}=\frac{\partial}{\partial t}+\boldsymbol{u}\cdot\nabla$。不可压缩流体(incompressible fluid) $\frac{\mathrm{d}\rho}{\mathrm{d}t}=0$ 即流体微团沿其迹线流动时密度保持不变，从而不可压缩流体的连续方程可写为

$$\rho\nabla\cdot\boldsymbol{u}=0$$

由于 $\rho\neq0$，不可压缩流体的连续方程还可写为

$$\nabla\cdot\boldsymbol{u}=0,\ \text{或}\ \frac{\partial u_1}{\partial x_1}+\frac{\partial u_2}{\partial x_2}+\frac{\partial u_3}{\partial x_3}=0 \tag{1-17}$$

1.2.4　雷诺第二输运方程

在雷诺输运方程中，以(ρF)替代 F，则

$$\begin{aligned}\frac{\mathrm{d}}{\mathrm{d}t}\iiint_{V(t)}(\rho F)\mathrm{d}V&=\iiint_{V(t)}\left[\frac{\mathrm{d}(\rho F)}{\mathrm{d}t}+(\rho F)(\nabla\cdot\boldsymbol{u})\right]\mathrm{d}V\\&=\iiint_{V(t)}\left[\rho\frac{\mathrm{d}F}{\mathrm{d}t}+F\frac{\mathrm{d}\rho}{\mathrm{d}t}+\rho F(\nabla\cdot\boldsymbol{u})\right]\mathrm{d}V\end{aligned}$$

上式等号右侧第二、三两项可写为 $F\left[\frac{\mathrm{d}\rho}{\mathrm{d}t}+\rho(\nabla\cdot\boldsymbol{u})\right]$，由连续方程(1-16)知此项为零。因此，

$$\frac{\mathrm{d}}{\mathrm{d}t}\iiint_{V(t)}(\rho F)\mathrm{d}V=\iiint_{V(t)}\rho\frac{\mathrm{d}F}{\mathrm{d}t}\mathrm{d}V \tag{1-18}$$

上式即雷诺第二输运方程。

1.2.5　动量方程

动量方程(momentum equation)是动量守恒原理在流体运动中的表现形式。

运动着的流体微团的动量可表示为

$$\boldsymbol{u}\mathrm{d}m = \rho\boldsymbol{u}\mathrm{d}V$$

动量守恒原理要求流体系统的动量变化率等于作用于该系统上的全部外力之和,即

$$\frac{\mathrm{d}}{\mathrm{d}t}\iiint_{V(t)}\rho\boldsymbol{u}\mathrm{d}V = \sum F$$

作用于流体上的外力 F 包括:

(1) 体积力(body force)(或称质量力):是作用于流体质量上的非接触力,如地心引力等。这种力可以穿透到流体的内部而作用于每一流体质点上。体积力可表示为 $\rho\boldsymbol{f}V$,其中 $\boldsymbol{f}$ 为单位质量力,$\rho\boldsymbol{f}$ 为单位体积力。

(2) 面积力(surface force):为流体或固体通过接触面施加在另一部分流体上的力。它是流体在运动过程中作用在流体内部假想的面积上的由于流体的变形和相互作用而在流体内部产生的各种应力,或者是流动的固体边界对流动所施加的面积力。设单位面积上的面积力为 $\boldsymbol{p}$,它是空间坐标 $\boldsymbol{x}$、时间 t 和作用面外法线方向 $\boldsymbol{n}$ 的函数,$\boldsymbol{n}$ 为单位法线向量。令

$$\boldsymbol{p} = (p_1, p_2, p_3) \tag{1-19}$$

$$\boldsymbol{n} = (n_1, n_2, n_3) \tag{1-20}$$

式中,下标 1,2,3 分别表示在 x_1, x_2, x_3 轴上的分量。流场中某一坐标点处,某一时刻 t 时的流体面积力,由于它是向量 $\boldsymbol{n}$ 的一个向量函数,所以可写为 9 项:

$$\left.\begin{aligned} p_1 &= \sigma_{11}n_1 + \sigma_{21}n_2 + \sigma_{31}n_3 \\ p_2 &= \sigma_{12}n_1 + \sigma_{22}n_2 + \sigma_{32}n_3 \\ p_3 &= \sigma_{13}n_1 + \sigma_{23}n_2 + \sigma_{33}n_3 \end{aligned}\right\} \tag{1-21}$$

一点的应力状态如图 1-13 所示,常用应力张量(stress tensor)σ_{ij} 来表示,σ_{ij} 的下标 i 表示作用面的外法线方向,j 表示面积力的方向。σ_{ij} 为空间点坐标及时间 t 的函数。

$$\sigma_{ij} \equiv \boldsymbol{\sigma} \equiv \begin{pmatrix} \sigma_{11} & \sigma_{12} & \sigma_{13} \\ \sigma_{21} & \sigma_{22} & \sigma_{23} \\ \sigma_{31} & \sigma_{32} & \sigma_{33} \end{pmatrix} \tag{1-22}$$

式(1-21)写为张量形式为(见附录中“11.二阶张量的代数运算”)

$$\boldsymbol{p} = \boldsymbol{n}\cdot\boldsymbol{\sigma} \tag{1-23}$$

或

$$p_i = \sigma_{ji}n_j \tag{1-24}$$

式(1-23)表明面积力可以表示为受力面积外法线单位向量 $\boldsymbol{n}$ 与该点应力张量 $\boldsymbol{\sigma}$ 的点积。

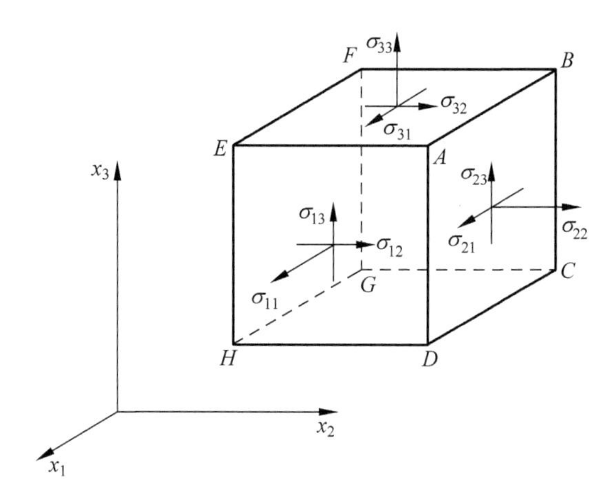

图 1-13　流体中一点的应力状态

于是动量方程式可写为

$$\frac{\mathrm{d}}{\mathrm{d}t}\iiint_{V(t)}\rho\boldsymbol{u}\,\mathrm{d}V=\iiint_{V(t)}\rho\boldsymbol{f}\,\mathrm{d}V+\iint_{S(t)}\boldsymbol{p}\,\mathrm{d}S$$

上式即拉格朗日型积分形式的动量方程,等号右侧第一项为体积力,第二项为面积力。由雷诺第二输运方程,此式改写为

$$\iiint_{V(t)}\rho\frac{\mathrm{d}\boldsymbol{u}}{\mathrm{d}t}\mathrm{d}V=\iiint_{V(t)}\rho\boldsymbol{f}\,\mathrm{d}V+\iint_{S(t)}\boldsymbol{n}\cdot\boldsymbol{\sigma}\,\mathrm{d}S$$

上式即欧拉型积分形式的动量方程。此式也可写作

$$\iiint_{V(t)}\rho\frac{\mathrm{d}u_i}{\mathrm{d}t}\mathrm{d}V=\iiint_{V(t)}\rho f_i\,\mathrm{d}V+\iint_{S(t)}n_j\sigma_{ji}\,\mathrm{d}S$$

由高斯公式,上式等号右侧第二项的面积分写为体积分的形式:

$$\iint_{S(t)}n_j\sigma_{ji}\,\mathrm{d}S=\iiint_{V(t)}\frac{\partial\sigma_{ji}}{\partial x_j}\mathrm{d}V$$

从而动量方程写为

$$\iiint_{V(t)}\rho\frac{\mathrm{d}u_i}{\mathrm{d}t}\mathrm{d}V=\iiint_{V(t)}\rho f_i\,\mathrm{d}V+\iiint_{V(t)}\frac{\partial\sigma_{ji}}{\partial x_j}\mathrm{d}V \tag{1-25}$$

由于 $V(t)$是任取的一个控制体体积,可得微分形式的欧拉型动量方程为

$$\rho\frac{\mathrm{d}u_i}{\mathrm{d}t}=\rho f_i+\frac{\partial\sigma_{ji}}{\partial x_j} \tag{1-26}$$

上式的向量形式可写为

$$\rho\frac{\mathrm{d}\boldsymbol{u}}{\mathrm{d}t}=\rho\boldsymbol{f}+\nabla\cdot\boldsymbol{\sigma} \tag{1-27}$$

这里并未考虑作用力的物理性质而只是考虑了力作用于流体的方式即体积力与面积力的形式。

式(1-26)中物质导数展开后为

$$\rho\frac{\partial u_i}{\partial t}+\rho u_j\frac{\partial u_i}{\partial x_j}=\rho f_i+\frac{\partial\sigma_{ji}}{\partial x_j} \tag{1-28}$$

以 u_i 乘连续方程(1-15)

$$u_i\left(\frac{\partial\rho}{\partial t}+\frac{\partial(\rho u_j)}{\partial x_j}\right)=0 \tag{1-29}$$

式(1-28)加式(1-29),得

$$\frac{\partial(\rho u_i)}{\partial t}=\rho f_i-\frac{\partial}{\partial x_j}(\rho u_i u_j-\sigma_{ji}) \tag{1-30}$$

式中,$\rho u_i u_j-\sigma_{ji}=\pi_{ij}$ 称为动量通量张量(momentum flux tensor),为一对称张量,所以式(1-30)又可写为

$$\frac{\partial(\rho\boldsymbol{u})}{\partial t}=\rho\boldsymbol{f}-\nabla\cdot\boldsymbol{\pi} \tag{1-31}$$

现在来证明应力张量 σ_{ij} 为对称张量,即 $\sigma_{ij}=\sigma_{ji}$。由动量矩守恒原理

$$\frac{\mathrm{d}}{\mathrm{d}t}\iiint_{V(t)}\boldsymbol{x}\times(\rho\boldsymbol{u})\mathrm{d}V=\text{外力矩之和} \tag{1-32}$$

式中,×表示叉乘。在流体上作用的有体积力和表面力。力矩之和应为 $\iiint_{V(t)}\boldsymbol{x}\times(\rho\boldsymbol{f})\mathrm{d}V+\iint_{S(t)}\boldsymbol{x}\times(\boldsymbol{n}\cdot\boldsymbol{\sigma})\mathrm{d}S$。应用雷诺第二输运方程,式(1-32)左侧可表示为

$$\begin{aligned}\frac{\mathrm{d}}{\mathrm{d}t}\iiint_{V(t)}\boldsymbol{x}\times(\rho\boldsymbol{u})\mathrm{d}V&=\frac{\mathrm{d}}{\mathrm{d}t}\iiint_{V(t)}\rho(\boldsymbol{x}\times\boldsymbol{u})\mathrm{d}V\\&=\iiint_{V(t)}\rho\frac{\mathrm{d}}{\mathrm{d}t}(\boldsymbol{x}\times\boldsymbol{u})\mathrm{d}V\\&=\iiint_{V(t)}\rho\left[\left(\frac{\mathrm{d}\boldsymbol{x}}{\mathrm{d}t}\times\boldsymbol{u}\right)+\left(\boldsymbol{x}\times\frac{\mathrm{d}\boldsymbol{u}}{\mathrm{d}t}\right)\right]\mathrm{d}V\\&=\iiint_{V(t)}\rho\boldsymbol{x}\times\frac{\mathrm{d}\boldsymbol{u}}{\mathrm{d}t}\mathrm{d}V\end{aligned}$$

因式中 $\frac{\mathrm{d}\boldsymbol{x}}{\mathrm{d}t}\times\boldsymbol{u}=\boldsymbol{u}\times\boldsymbol{u}=0$。

式(1-32)等号右侧之表面力力矩可应用附录中“8. 单位张量 δ 和置换张量 ε_{ijk}”所述的置换张量(alternating tensor)ε_{ijk} 来表示两向量叉乘。

$$\begin{aligned}\iint_{S(t)}\boldsymbol{x}\times(\boldsymbol{n}\cdot\boldsymbol{\sigma})\mathrm{d}S&=\iint_{S(t)}\varepsilon_{ijk}x_j(\boldsymbol{n}\cdot\boldsymbol{\sigma})_k\mathrm{d}S\\&=\iint_{S(t)}\varepsilon_{ijk}x_j n_l\sigma_{lk}\mathrm{d}S\\&=\iiint_{V(t)}\varepsilon_{ijk}\frac{\partial(x_j\sigma_{lk})}{\partial x_l}\mathrm{d}V\end{aligned}$$

$$= \iiint_{V(t)} \varepsilon_{ijk} \left(\frac{\partial x_j}{\partial x_l} \sigma_{lk} + x_j \frac{\partial \sigma_{lk}}{\partial x_l} \right) \mathrm{d}V$$

式中，$\dfrac{\partial x_j}{\partial x_l}$可写为$\delta_{jl}$形式的单位张量。于是表面力力矩进一步可写为

$$\iiint_{V(t)} \varepsilon_{ijk} \left(\sigma_{jk} + x_j \frac{\partial \sigma_{lk}}{\partial x_l} \right) \mathrm{d}V = \iiint_{V(t)} \left(\varepsilon_{ijk} \sigma_{jk} + \varepsilon_{ijk} x_j \frac{\partial \sigma_{lk}}{\partial x_l} \right) \mathrm{d}V$$

而体积力力矩为

$$\iiint_{V(t)} (\boldsymbol{x} \times \rho \boldsymbol{f}) \mathrm{d}V = \iiint_{V(t)} \rho \varepsilon_{ijk} x_j f_k \mathrm{d}V \tag{1-33}$$

于是动量矩守恒方程可写为

$$\iiint_{V(t)} \rho \varepsilon_{ijk} x_j \frac{\mathrm{d}u_k}{\mathrm{d}t} \mathrm{d}V = \iiint_{V(t)} \rho \varepsilon_{ijk} x_j f_k \mathrm{d}V + \iiint_{V(t)} \left(\varepsilon_{ijk} \sigma_{jk} + \varepsilon_{ijk} x_j \frac{\partial \sigma_{lk}}{\partial x_l} \right) \mathrm{d}V \tag{1-34}$$

将动量方程(1-25)中i换为k，j换为l，方程式仍成立，

$$\iiint_{V(t)} \rho \frac{\mathrm{d}u_k}{\mathrm{d}t} \mathrm{d}V = \iiint_{V(t)} \rho f_k \mathrm{d}V + \iiint_{V(t)} \frac{\partial \sigma_{lk}}{\partial x_l} \mathrm{d}V \tag{1-35}$$

式(1-35)中每一项乘以$\varepsilon_{ijk} x_j$，则

$$\iiint_{V(t)} \rho \varepsilon_{ijk} x_j \frac{\mathrm{d}u_k}{\mathrm{d}t} \mathrm{d}V = \iiint_{V(t)} \rho \varepsilon_{ijk} x_j f_k \mathrm{d}V + \iiint_{V(t)} \varepsilon_{ijk} x_j \frac{\partial \sigma_{lk}}{\partial x_l} \mathrm{d}V \tag{1-36}$$

式(1-34)减式(1-36)，得

$$\iiint_{V(t)} \varepsilon_{ijk} \sigma_{jk} \mathrm{d}V = 0$$

$V(t)$为任意一个控制体体积，所以

$$\varepsilon_{ijk} \sigma_{jk} = 0$$

式中，令$i=1$，则$\sigma_{23}-\sigma_{32}=0$；同理$i=2$，$-\sigma_{13}+\sigma_{31}=0$；$i=3$，$\sigma_{12}-\sigma_{21}=0$；可见

$$\sigma_{ij} = \sigma_{ji} \tag{1-37}$$

可证明σ_{ij}为对称张量。由于$\rho u_i u_j$显然是对称张量，因此$\pi_{ij}=\rho u_i u_j-\sigma_{ij}$也是对称张量。

1.2.6　能量方程

能量方程(energy equation)是能量守恒原理在流体运动中的表现形式。令e代表单位质量流体所具内能，则ρe为单位体积流体所具内能。$\dfrac{1}{2}\rho \boldsymbol{u} \cdot \boldsymbol{u}$代表单位体积动能，从而单位体积流体所包含的总能量$E=\rho e+\dfrac{1}{2}\rho \boldsymbol{u} \cdot \boldsymbol{u}$。能量守恒原理可表示为

$$\frac{\mathrm{d}}{\mathrm{d}t}\iiint_{V(t)}\rho\left(e+\frac{1}{2}\boldsymbol{u}\cdot\boldsymbol{u}\right)\mathrm{d}V=\sum W+\sum Q$$

式中，$\sum W$ 表示单位时间内外力对系统作功之和；$\sum Q$ 为单位时间传入系统的全部热量。

单位时间内外力作功可表示为

$$\sum W=\iiint_{V(t)}\rho\boldsymbol{f}\cdot\boldsymbol{u}\mathrm{d}V+\iint_{S(t)}(\boldsymbol{n}\cdot\boldsymbol{\sigma})\cdot\boldsymbol{u}\mathrm{d}S$$

由高斯公式,表面力作功可写为体积分形式:

$$\iint_{S(t)}(\boldsymbol{n}\cdot\boldsymbol{\sigma})\cdot\boldsymbol{u}\mathrm{d}S=\iint_{S(t)}n_j\sigma_{ji}u_i\mathrm{d}S$$
$$=\iiint_{V(t)}\frac{\partial}{\partial x_j}(\sigma_{ji}u_i)\mathrm{d}V$$

式中,$i=1,2,3,j=1,2,3$。

单位时间内传入系统的全部热量为

$$\sum Q=\iiint_{V(t)}Q\mathrm{d}V-\iint_{S(t)}\boldsymbol{q}\cdot\boldsymbol{n}\mathrm{d}S$$

式中,等号右边第一项表示由辐射或化学能释放等因素而产生的系统内单位体积流体热量的增量；第二项中 $\boldsymbol{q}$ 为热通量(heat flux)向量,"—"号表示热的流通与外法线方向 $\boldsymbol{n}$ 相反,即热量进入系统。由于,

$$\iint_{S(t)}\boldsymbol{q}\cdot\boldsymbol{n}\mathrm{d}S=\iiint_{V(t)}\frac{\partial}{\partial x_i}q_i\mathrm{d}V$$

应用雷诺第二输运方程即得欧拉型能量方程的积分形式:

$$\frac{\mathrm{d}}{\mathrm{d}t}\iiint_{V(t)}\rho\left(e+\frac{1}{2}u_iu_i\right)\mathrm{d}V=\iiint_{V(t)}\rho\frac{\mathrm{d}}{\mathrm{d}t}\left(e+\frac{1}{2}u_iu_i\right)\mathrm{d}V$$
$$=\iiint_{V(t)}\left[\rho f_iu_i+\frac{\partial}{\partial x_j}(\sigma_{ji}u_i)+Q-\frac{\partial q_i}{\partial x_i}\right]\mathrm{d}V \quad (1\text{-}38)$$

能量方程的微分形式为

$$\rho\frac{\mathrm{d}e}{\mathrm{d}t}+\rho u_i\frac{\mathrm{d}u_i}{\mathrm{d}t}=\rho f_iu_i+u_i\frac{\partial\sigma_{ji}}{\partial x_j}+\sigma_{ji}\frac{\partial u_i}{\partial x_j}+Q-\frac{\partial q_i}{\partial x_i} \quad (1\text{-}39)$$

以 u_i 乘式(1-26),得

$$\rho u_i\frac{\mathrm{d}u_i}{\mathrm{d}t}=\rho f_iu_i+u_i\frac{\partial\sigma_{ji}}{\partial x_j} \quad (1\text{-}40)$$

由式(1-39)减式(1-40),得

$$\rho\frac{\mathrm{d}e}{\mathrm{d}t}=\sigma_{ji}\frac{\partial u_i}{\partial x_j}+Q-\frac{\partial q_i}{\partial x_i} \quad (1\text{-}41)$$

式中,$\sigma_{ji}\dfrac{\partial u_i}{\partial x_j}$为两个张量的双点积,$\boldsymbol{\sigma}:\nabla\boldsymbol{u}$,详见附录中"11. 二阶张量的代数运算"。$\nabla\boldsymbol{u}$ 为∇与 $\boldsymbol{u}$ 两个向量的并矢,为张量,见附录中"10. 并矢"。因此,式(1-41)又可写作

$$\rho\frac{\mathrm{d}e}{\mathrm{d}t}=\boldsymbol{\sigma}:\nabla\boldsymbol{u}+Q-\nabla\cdot\boldsymbol{q}\tag{1-42}$$

1.2.7 粘性流动中一点的偏应力张量

对于静止流体，一点处的面积力与作用面外法线方向平行，但方向相反，且单位面积上的作用力其大小与作用面法线方向无关，即不随方向变化的法向压应力——压强。

$$p_i=\sigma_{ji}n_j=-pn_i\tag{1-43}$$

式中，p 为流体静压强，也是热力学平衡态压力，其大小与作用面方向 n_i 无关，只是坐标 $\boldsymbol{x}$ 与时间 t 的标量函数，即 $p=p(\boldsymbol{x},t)$。所以，

$$\sigma_{ij}=-p\delta_{ij}\tag{1-44}$$

式中，δ_{ij} 为单位张量(Kronecker delta)(见附录中"8. 单位张量 δ 和置换张量 ε_{ijk}")。

理想流体中，不论流体是静止还是流动，式(1-44)的关系永远存在。也就是说，理想流体中面积力只有压力且一点的压强与作用面法线方向无关。但是对于粘性流体流动，则面积力不仅有法向压应力而且还有与作用面平行的切应力。流动中一点处的法向压应力不仅随空间坐标位置和时间而变化，而且也随作用面法线方向不同而变化。对于粘性流动，一点处的应力张量可写为

$$\sigma_{ij}=-p\delta_{ij}+\tau_{ij}\tag{1-45}$$

式中，τ_{ij} 表示由于流体粘性而产生的应力张量中与理想流体不同的那一部分，称为偏应力张量(deviatoric stress tensor)，也就是粘性流动与理想流动在面积力方面的偏离。式(1-45)中，σ_{ij}，δ_{ij} 均为对称张量，因此 τ_{ij} 也是对称张量。

$$\begin{aligned}\tau_{ij}&=\begin{pmatrix}\sigma_{11}&\sigma_{12}&\sigma_{13}\\\sigma_{21}&\sigma_{22}&\sigma_{23}\\\sigma_{31}&\sigma_{32}&\sigma_{33}\end{pmatrix}+p\begin{pmatrix}1&0&0\\0&1&0\\0&0&1\end{pmatrix}\\&=\begin{pmatrix}\sigma_{11}+p&\sigma_{12}&\sigma_{13}\\\sigma_{21}&\sigma_{22}+p&\sigma_{23}\\\sigma_{31}&\sigma_{32}&\sigma_{33}+p\end{pmatrix}\end{aligned}\tag{1-46}$$

由此，能量方程(1-41)中

$$\sigma_{ji}\frac{\partial u_i}{\partial x_j}=\sigma_{ij}\frac{\partial u_i}{\partial x_j}=(\tau_{ij}-p\delta_{ij})\frac{\partial u_i}{\partial x_j}=\tau_{ij}\frac{\partial u_i}{\partial x_j}-p\delta_{ij}\frac{\partial u_i}{\partial x_j}$$

于是，能量方程可写为以下形式：

$$\rho\frac{\mathrm{d}e}{\mathrm{d}t}=-p\nabla\cdot\boldsymbol{u}+\boldsymbol{\tau}:\nabla\boldsymbol{u}+Q-\nabla\cdot\boldsymbol{q}\tag{1-47}$$

式中，$\rho\frac{\mathrm{d}e}{\mathrm{d}t}$为流体内能随时间的变化率；$-p\nabla\cdot\boldsymbol{u}$ 为压缩功，是由于系统的体积

变化而导致压力作功；$\boldsymbol{\tau}:\nabla\boldsymbol{u}$ 或写为

$$\tau_{ij}\frac{\partial u_i}{\partial x_j}=\frac{1}{2}\left(\tau_{ij}\frac{\partial u_i}{\partial x_j}+\tau_{ji}\frac{\partial u_i}{\partial x_j}\right)=\tau_{ij}\left[\frac{1}{2}\left(\frac{\partial u_i}{\partial x_j}+\frac{\partial u_j}{\partial x_i}\right)\right]$$

注意，$\frac{\partial u_i}{\partial x_j}$是由对称的变形速率张量(rate of strain tensor)e_{ij}与反对称的转动张量(rotation tensor)ξ_{ij}所组成的一个非对称张量，$\frac{\partial u_i}{\partial x_j}\neq\frac{\partial u_j}{\partial x_i}$，将在1.2.9节中详细讨论。但$\tau_{ji}\frac{\partial u_i}{\partial x_j}=\tau_{ij}\frac{\partial u_j}{\partial x_i}$，这是因为此项中$i$与$j$均是哑标(dummy index)(见附录中"7.张量的表示法，二阶张量")，i写为j，j写为i，此项不变。$\tau_{ij}\frac{\partial u_i}{\partial x_j}$为粘性应力对剪切变形作功称为耗散功(dissipation)，以Φ表示，即

$$\Phi=\tau_{ij}\frac{\partial u_i}{\partial x_j}=\tau_{ij}\left[\frac{1}{2}\left(\frac{\partial u_i}{\partial x_j}+\frac{\partial u_j}{\partial x_i}\right)\right]=\tau_{ij}e_{ij}\tag{1-48}$$

它表示单位时间内单位体积流体中粘性力作功转化为内能的部分。耗散功使流动的机械能转化为热能从而流体内能增加，这种转化是不可逆的，Φ恒为正值。

1.2.8 粘性流动基本方程式

至此，粘性流体运动的基本方程式已初步建立。

(1) 连续方程

$$\frac{\mathrm{d}\rho}{\mathrm{d}t}+\rho\,\nabla\cdot\boldsymbol{u}=0\tag{1-16}$$

(2) 动量方程

$$\rho\frac{\mathrm{d}\boldsymbol{u}}{\mathrm{d}t}=\rho\boldsymbol{f}+\nabla\cdot\boldsymbol{\sigma}\tag{1-27}$$

由式(1-45)，

$$\begin{aligned}\nabla\cdot\boldsymbol{\sigma}&=\nabla\cdot(\boldsymbol{\tau}-p\boldsymbol{\delta})\\&=\nabla\cdot\tau-\nabla p\end{aligned}$$

于是动量方程为

$$\rho\frac{\mathrm{d}\boldsymbol{u}}{\mathrm{d}t}=\rho\boldsymbol{f}-\nabla p+\nabla\cdot\boldsymbol{\tau}\tag{1-49}$$

(3) 能量方程

$$\rho\frac{\mathrm{d}e}{\mathrm{d}t}=-p\,\nabla\cdot\boldsymbol{u}+\Phi+Q-\nabla\cdot\boldsymbol{q}\tag{1-50}$$

以上三组方程式中，未知量有$\rho,\boldsymbol{u},p,\boldsymbol{\tau},e,\boldsymbol{q}$共15个，而方程式只有5个，尚须补充：

(4) 状态方程

$$f(p,\rho,T)=0 \tag{1-51}$$

对于完全气体，

$$p=\rho RT$$

式中，T 为绝对温度；R 为摩尔气体常数。

(5) 内能公式

$$e=e(p,T) \tag{1-52}$$

对于完全气体，

$$\mathrm{d}e=c_V\mathrm{d}T$$

式中，c_V 为比定容热容(specific heat capacity at constant volume)。

(6) 傅里叶(Jean-Baptiste-Joseph Fourier，1768—1830)热传导公式

$$\boldsymbol{q}=-K\,\nabla T \tag{1-53}$$

式中，K 为导热系数(thermal conductivity)。

至此，共有 10 个方程式但未知量又较前增加了温度 T 而为 16 个。把偏应力张量与变形速率张量联系起来的本构方程即可补足这 6 个方程式。

1.2.9　变形速率张量

当流速场 $\boldsymbol{u}$ 给定，变形速率与流速场之间存在着运动学的关系。如图 1-14 所示，$P(\boldsymbol{x},t)$点处流速为 $\boldsymbol{u}(\boldsymbol{x},t)$，邻近一点 $Q(\boldsymbol{x}+\delta\boldsymbol{x},t)$点处流速为 $\boldsymbol{u}(\boldsymbol{x}+\delta\boldsymbol{x},t)$，应用泰勒级数(Taylor's series)展开，得

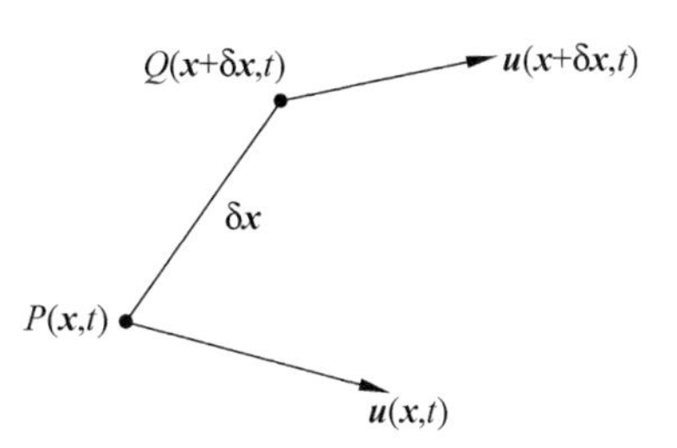

图 1-14　变形速率与流速场关系

$$\begin{aligned}u_i(\boldsymbol{x}+\delta\boldsymbol{x})&=u_i(\boldsymbol{x})+\left(\frac{\partial u_i}{\partial x_j}\right)_P\delta x_j\\&=u_i(\boldsymbol{x})+\delta u_i\end{aligned}$$

$$\begin{aligned}\delta u_i&=\frac{\partial u_i}{\partial x_j}\delta x_j\\&=\left(\frac{1}{2}\frac{\partial u_i}{\partial x_j}+\frac{1}{2}\frac{\partial u_i}{\partial x_j}+\frac{1}{2}\frac{\partial u_j}{\partial x_i}-\frac{1}{2}\frac{\partial u_j}{\partial x_i}\right)\delta x_j\\&=\frac{1}{2}\left(\frac{\partial u_i}{\partial x_j}+\frac{\partial u_j}{\partial x_i}\right)\delta x_j+\frac{1}{2}\left(\frac{\partial u_i}{\partial x_j}-\frac{\partial u_j}{\partial x_i}\right)\delta x_j\\&=e_{ij}\delta x_j+\xi_{ij}\delta x_j\end{aligned} \tag{1-54}$$

由此，张量$\frac{\partial u_i}{\partial x_j}$分解为一个对称张量 $e_{ij}=\frac{1}{2}\left(\frac{\partial u_i}{\partial x_j}+\frac{\partial u_j}{\partial x_i}\right)$和一个反对称张量 $\xi_{ij}=\frac{1}{2}\left(\frac{\partial u_i}{\partial x_j}-\frac{\partial u_j}{\partial x_i}\right)$，其中

$$
e_{ij}=\begin{bmatrix}
\dfrac{\partial u_1}{\partial x_1} & \dfrac{1}{2}\left(\dfrac{\partial u_1}{\partial x_2}+\dfrac{\partial u_2}{\partial x_1}\right) & \dfrac{1}{2}\left(\dfrac{\partial u_1}{\partial x_3}+\dfrac{\partial u_3}{\partial x_1}\right)\\
\dfrac{1}{2}\left(\dfrac{\partial u_2}{\partial x_1}+\dfrac{\partial u_1}{\partial x_2}\right) & \dfrac{\partial u_2}{\partial x_2} & \dfrac{1}{2}\left(\dfrac{\partial u_2}{\partial x_3}+\dfrac{\partial u_3}{\partial x_2}\right)\\
\dfrac{1}{2}\left(\dfrac{\partial u_3}{\partial x_1}+\dfrac{\partial u_1}{\partial x_3}\right) & \dfrac{1}{2}\left(\dfrac{\partial u_3}{\partial x_2}+\dfrac{\partial u_2}{\partial x_3}\right) & \dfrac{\partial u_3}{\partial x_3}
\end{bmatrix} \tag{1-55}
$$

为流体运动中流体微团的变形速率张量。

$$
\xi_{ij}=\begin{bmatrix}
0 & \dfrac{1}{2}\left(\dfrac{\partial u_1}{\partial x_2}-\dfrac{\partial u_2}{\partial x_1}\right) & \dfrac{1}{2}\left(\dfrac{\partial u_1}{\partial x_3}-\dfrac{\partial u_3}{\partial x_1}\right)\\
\dfrac{1}{2}\left(\dfrac{\partial u_2}{\partial x_1}-\dfrac{\partial u_1}{\partial x_2}\right) & 0 & \dfrac{1}{2}\left(\dfrac{\partial u_2}{\partial x_3}-\dfrac{\partial u_3}{\partial x_2}\right)\\
\dfrac{1}{2}\left(\dfrac{\partial u_3}{\partial x_1}-\dfrac{\partial u_1}{\partial x_3}\right) & \dfrac{1}{2}\left(\dfrac{\partial u_3}{\partial x_2}-\dfrac{\partial u_2}{\partial x_3}\right) & 0
\end{bmatrix} \tag{1-56}
$$

为流体微团的角转速张量(angular velocity tensor),或称转动张量。上述表达式中各项的物理意义如下:

(1) e_{ij}

考虑以 P 点为代表的流体微团,坐标原点位于 P 并跟随 P 点运动。这样可以把单纯位移的影响消掉。

(a) 在 e_{ij} 中,如果除 $e_{11}=\dfrac{\partial u_1}{\partial x_1}$ 外,其他各项均为零,如图 1-15 所示。经过 δt 时间 S 点相对 P 点由于流体微团变形而移至 S' 处。

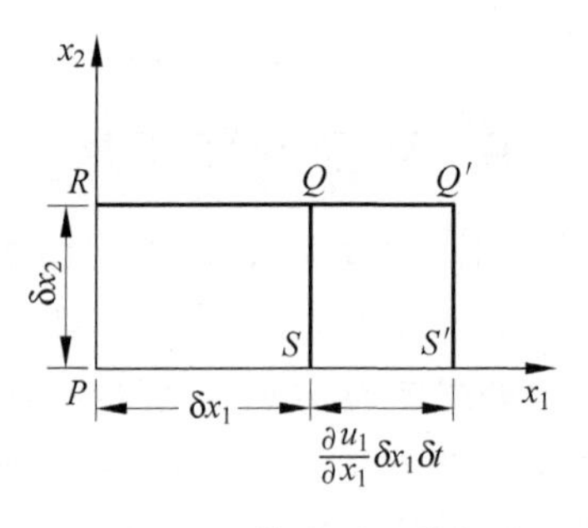

图 1-15 流体微团的线变形

$$SS'=\frac{\partial u_1}{\partial x_1}\delta x_1\delta t$$

可见 $\dfrac{\partial u_1}{\partial x_1}$ 为 PS 之间单位时间内单位长度的相对位移,称线变形速率。同理 $\dfrac{\partial u_2}{\partial x_2}$,$\dfrac{\partial u_3}{\partial x_3}$ 为 x_2,x_3 方向的线变形速率。

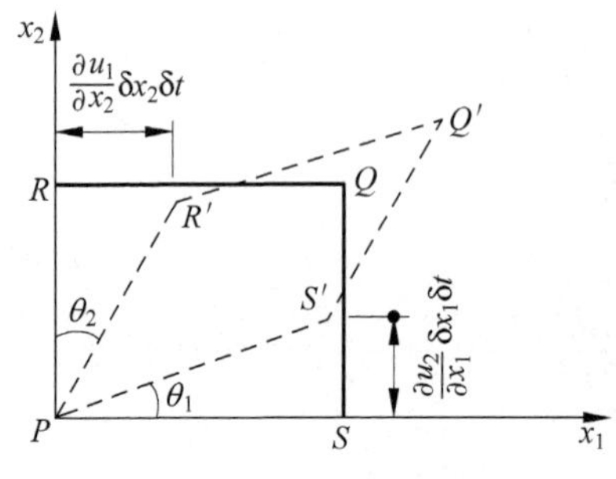

图 1-16 流体微团的角变形

$$
\begin{aligned}
e_{ii}&=\frac{\partial u_1}{\partial x_1}+\frac{\partial u_2}{\partial x_2}+\frac{\partial u_3}{\partial x_3}\\
&=\nabla\cdot\boldsymbol{u}=\frac{1}{J}\frac{\mathrm{d}J}{\mathrm{d}t}
\end{aligned} \tag{1-57}
$$

则为体积膨胀率。

(b) 角变形率

如图 1-16 所示,

$$\angle SPR-\angle S'PR'=\theta_1+\theta_2$$

$$\theta_1 = \frac{\partial u_2}{\partial x_1}\delta x_1 \delta t / \delta x_1 = \frac{\partial u_2}{\partial x_1}\delta t$$

$$\theta_2 = \frac{\partial u_1}{\partial x_2}\delta x_2 \delta t / \delta x_2 = \frac{\partial u_1}{\partial x_2}\delta t$$

于是，

$$\frac{\angle SPR - \angle S'PR'}{\delta t} = \frac{\partial u_1}{\partial x_2} + \frac{\partial u_2}{\partial x_1} = 2e_{12}$$

即

$$\left.\begin{aligned} e_{12} &= \frac{1}{2}\left(\frac{\partial u_1}{\partial x_2} + \frac{\partial u_2}{\partial x_1}\right) \\ e_{13} &= \frac{1}{2}\left(\frac{\partial u_1}{\partial x_3} + \frac{\partial u_3}{\partial x_1}\right) \\ e_{23} &= \frac{1}{2}\left(\frac{\partial u_2}{\partial x_3} + \frac{\partial u_3}{\partial x_2}\right) \end{aligned}\right\} \tag{1-58}$$

式中，e_{12}表示 x_1x_2 平面的角变形率；e_{13}表示 x_1x_3 平面的角变形率；e_{23}表示 x_2x_3 平面的角变形率。

(2) ξ_{ij}

定义涡量(vorticity)(即流速向量的旋度)$\boldsymbol{\Omega}$，

$$\Omega = \text{curl}\ \boldsymbol{u} = \nabla\times \boldsymbol{u} = \begin{vmatrix} \boldsymbol{e}_1 & \boldsymbol{e}_2 & \boldsymbol{e}_3 \\ \dfrac{\partial}{\partial x_1} & \dfrac{\partial}{\partial x_2} & \dfrac{\partial}{\partial x_3} \\ u_1 & u_2 & u_3 \end{vmatrix} = \varepsilon_{ijk}\frac{\partial u_k}{\partial x_j}\boldsymbol{e}_i \tag{1-59}$$

式中，$\boldsymbol{e}_1,\boldsymbol{e}_2,\boldsymbol{e}_3$ 分别为沿坐标轴 x_1,x_2,x_3 的单位向量；ε_{ijk}为置换张量，见附录中“8.单位张量 δ 和置换张量 ε_{ijk}”。

考虑到角转速向量$\boldsymbol{\omega} = \frac{1}{2}\boldsymbol{\Omega}$，因此

$$\left.\begin{aligned} \boldsymbol{\omega} &= \omega_1\boldsymbol{e}_1 + \omega_2\boldsymbol{e}_2 + \omega_3\boldsymbol{e}_3 \\ \omega_1 &= \frac{1}{2}\left(\frac{\partial u_3}{\partial x_2} - \frac{\partial u_2}{\partial x_3}\right) \\ \omega_2 &= \frac{1}{2}\left(\frac{\partial u_1}{\partial x_3} - \frac{\partial u_3}{\partial x_1}\right) \\ \omega_3 &= \frac{1}{2}\left(\frac{\partial u_2}{\partial x_1} - \frac{\partial u_1}{\partial x_2}\right) \end{aligned}\right\} \tag{1-60}$$

如流体微团在流动中没有变形，$\boldsymbol{e}_{ij}=0$，则由式(1-54)得

$$\delta u_i = \xi_{ij}\delta x_j$$

当 $i=1$，由式(1-56)，$\boldsymbol{\xi}_{11}=0$，所以

$$\delta u_1 = \xi_{12}\delta x_2 + \xi_{13}\delta x_3$$

$$= \frac{1}{2}\left(\frac{\partial u_1}{\partial x_2} - \frac{\partial u_2}{\partial x_1}\right)\delta x_2 + \frac{1}{2}\left(\frac{\partial u_1}{\partial x_3} - \frac{\partial u_3}{\partial x_1}\right)\delta x_3$$

$$= -\omega_3 \delta x_2 + \omega_2 \delta x_3 \tag{1-61}$$

由理论力学可知,图 1-17 中当刚体绕 $O\text{-}O'$ 轴转动时其上某一点 Q 之速度 $\delta \boldsymbol{u}$ 为

$$\delta \boldsymbol{u} = \boldsymbol{\omega} \times \delta \boldsymbol{x} = \begin{vmatrix} \boldsymbol{e}_1 & \boldsymbol{e}_2 & \boldsymbol{e}_3 \\ \boldsymbol{\omega}_1 & \boldsymbol{\omega}_2 & \boldsymbol{\omega}_3 \\ \delta \boldsymbol{x}_1 & \delta \boldsymbol{x}_2 & \delta \boldsymbol{x}_3 \end{vmatrix}$$

$$\delta u_i = \varepsilon_{ijk} \omega_j \delta x_k \tag{1-62}$$

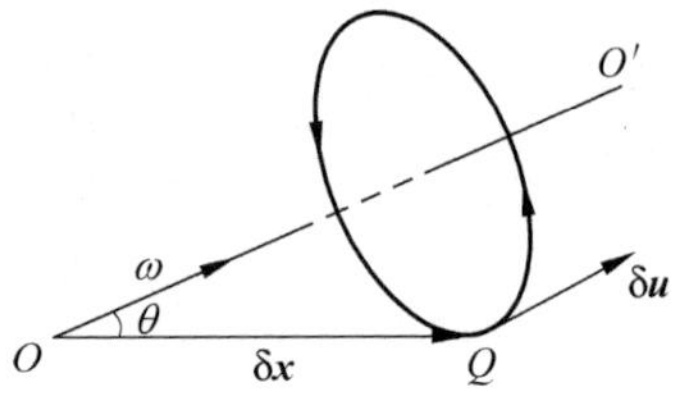

图 1-17 刚体的转动

可见由转动引起的 x_1 方向的速度为

$$\delta u_1 = \omega_2 \delta x_3 - \omega_3 \delta x_2$$

与式(1-61)完全相同。即 $\xi_{ij}\delta x_j = (\boldsymbol{\omega} \times \delta \boldsymbol{x})_i$,相当于具有角转速为$\boldsymbol{\omega}$ 的刚体转动,ξ_{ij} 表示流体微团的角转速。二阶反对称张量 ξ_{ij} 还可以写为

$$\xi_{ij} = \frac{1}{2}\begin{pmatrix} 0 & -\Omega_3 & \Omega_2 \\ \Omega_3 & 0 & -\Omega_1 \\ -\Omega_2 & \Omega_1 & 0 \end{pmatrix} = -\frac{1}{2}[\varepsilon_{ijk}\Omega_k] \tag{1-63}$$

于是得到亥姆霍兹速度分解定理(Helmholtz velocity decomposing theorem):流体运动中一点 P 与其邻近的 Q 点(见图 1-14),二者的速度差是由体积膨胀,剪切变形和转动三者组成。因此 Q 点的流速可分解为

$$u_i(\boldsymbol{x} + \delta \boldsymbol{x}) = u_i(\boldsymbol{x}) + e_{ij}\delta x_j + \xi_{ij}\delta x_j \tag{1-64}$$

1.2.10 本构方程

把应力张量 σ_{ij} 与变形速率张量 e_{ij} 联系起来的方程式称为本构方程(constitutive equation)。根据牛顿粘性切应力公式

$$\tau_{21} = \mu \frac{\mathrm{d}u_1}{\mathrm{d}x_2} \tag{1-7}$$

斯托克斯提出了在牛顿流体中应力张量与变形速率张量之间一般关系的三项假定:

(1) 在静止流体中,切应力为零。正应力的数值为流体静压强 p,即热力学平衡态压强。

(2) 应力张量 σ_{ij} 与变形速率张量 e_{ij} 之间为线性关系。

(3) 流体是各向同性(isotropic)的,也就是说流体的物理性质与方向无关,只是坐标位置的函数。应力张量与变形速率张量的关系也与方向无关。

实验证明,与人类生活密切相关的水和空气都是牛顿流体。本节只限于讨论牛顿流体中应力张量与变形速率张量的关系。

在式(1-45)中，δ_{ij}为单位张量，p为流体的平衡态压强，因此应力张量中只有偏应力张量τ_{ij}为未知量。τ_{ij}为一对称张量，当流体静止时或在均匀流动中，τ_{ij}为零。因此粘性应力张量τ_{ij}只依赖于流体质点附近的瞬时流速分布情况，即只依赖于当地流速梯度$\frac{\partial u_i}{\partial x_j}$。流速梯度张量$\frac{\partial u_i}{\partial x_j}$是由变形速率张量$e_{ij}$与转动张量$\xi_{ij}$所组成。但转动对粘性应力张量$\tau_{ij}$并无影响，因此把偏应力张量$\tau_{ij}$与变形速率张量$e_{kl}$联系起来的本构关系应为

$$\tau_{ij} = A_{ijkl}e_{kl} \tag{1-65}$$

τ_{ij}与e_{kl}均为对称张量，各有六个独立的分量。τ_{ij}中每一个分量均可表示为e_{kl}的六个分量的线性组合，因而联系二者的系数A_{ijkl}应有36个分量，均为待定值。它们依赖于当地的热力学状态，而与e_{kl}无关。

由斯托克斯的第三项假定，流体为各向同性，坐标系方向的选择将不影响处理流体运动的结果。A_{ijkl}为一各向同性四阶张量。偶数阶的各向同性张量均可写为单位张量乘积的组合[①]，即

$$A_{ijkl} = \lambda\delta_{ij}\delta_{kl} + \mu\delta_{ik}\delta_{jl} + \mu'\delta_{il}\delta_{jk} \tag{1-66}$$

式中，λ,μ,μ'为标量。由于A_{ijkl}为对称张量，i与j对调，k与l对调应不变，因此必然得到$\mu=\mu'$，于是，

$$\begin{aligned} A_{ijkl} &= \lambda\delta_{ij}\delta_{kl} + \mu(\delta_{ik}\delta_{jl} + \delta_{il}\delta_{jk}) \\ \tau_{ij} &= [\lambda\delta_{ij}\delta_{kl} + \mu(\delta_{ik}\delta_{jl} + \delta_{il}\delta_{jk})]e_{kl} \\ &= \frac{1}{2}[\lambda\delta_{ij}\delta_{kl} + \mu(\delta_{ik}\delta_{jl} + \delta_{il}\delta_{jk})]\left(\frac{\partial u_k}{\partial x_l} + \frac{\partial u_l}{\partial x_k}\right) \end{aligned} \tag{1-67}$$

利用除非$l=k$，否则$\delta_{kl}=0$的关系，式中等号右侧第一项的l均以k代替，可写为

$$\frac{1}{2}\lambda\delta_{ij}\delta_{kl}\left(\frac{\partial u_k}{\partial x_l} + \frac{\partial u_l}{\partial x_k}\right) = \lambda\delta_{ij}\frac{\partial u_k}{\partial x_k} = \lambda\delta_{ij}\ \nabla\cdot\boldsymbol{u}$$

同样如以i代替k，j代替l，则式中等号右侧第二项为

$$\frac{1}{2}\mu\delta_{ik}\delta_{jl}\left(\frac{\partial u_k}{\partial x_l} + \frac{\partial u_l}{\partial x_k}\right) = \frac{1}{2}\mu\left(\frac{\partial u_i}{\partial x_j} + \frac{\partial u_j}{\partial x_i}\right)$$

以i代替l，j代替k，则式中等号右侧第三项为

$$\frac{1}{2}\mu\delta_{il}\delta_{jk}\left(\frac{\partial u_k}{\partial x_l} + \frac{\partial u_l}{\partial x_k}\right) = \frac{1}{2}\mu\left(\frac{\partial u_j}{\partial x_i} + \frac{\partial u_i}{\partial x_j}\right)$$

从而式(1-67)写为

$$\tau_{ij} = \lambda\delta_{ij}\frac{\partial u_k}{\partial x_k} + \mu\left(\frac{\partial u_i}{\partial x_j} + \frac{\partial u_j}{\partial x_i}\right) = \lambda\delta_{ij}\ \nabla\cdot\boldsymbol{u} + 2\mu e_{ij} \tag{1-68}$$

于是牛顿流体的本构方程式可写为

---

① 王甲升.张量分析及其应用.北京：高等教育出版社.1987.90

$$\sigma_{ij}=-p\delta_{ij}+\lambda\delta_{ij}\nabla\cdot\boldsymbol{u}+2\mu e_{ij} \tag{1-69}$$

上式表示应力张量可由一个二阶的变形速率张量表示。系数 μ 为粘度,λ 为第二粘度,均只能由试验得到。

当流体静止时,$\tau_{ij}=0$,p 即为流体静压强,此时由式(1-45)可得 $\sigma_{11}=-p$,$\sigma_{22}=-p$,$\sigma_{33}=-p$,故

$$\sigma_{ii}=-3p$$

或

$$p=-\frac{1}{3}\sigma_{ii}$$

将上式引申至粘性流动中,如果定义在流动着的粘性流体中一点的压强为

$$\bar{p}=-\frac{1}{3}\sigma_{ii} \tag{1-70}$$

称为一点处的平均压强,于是可得

$$-3\bar{p}=\sigma_{ii}=-3p+3\lambda\nabla\cdot\boldsymbol{u}+2\mu\nabla\cdot\boldsymbol{u}$$

$$p-\bar{p}=\left(\lambda+\frac{2}{3}\mu\right)\nabla\cdot\boldsymbol{u}=\mu_v\nabla\cdot\boldsymbol{u} \tag{1-71}$$

由上式可知,除非 μ_v 或$\nabla\cdot\boldsymbol{u}$为零,否则粘性流动中一点的平均压强$\bar{p}$与静水压强或热力学平衡态压强并不相同。$\mu_v$ 称为容积粘度(bulk viscosity),$\mu_v=\lambda+\frac{2}{3}\mu$。这里所以用 σ_{ii}来定义$\bar{p}$是因为 σ_{ii}是应力张量的不变量。对于单原子气体,$\mu_v=0$,因而 $\lambda=-\frac{2}{3}\mu$,而且$\bar{p}=p$。而对于双原子气体或多原子流体 μ_v 不是零,但一般都是很小的数值,如果采用斯托克斯假设则 $\mu_v\equiv 0$。对于理想流体($\tau_{ij}=0$)和不可压缩流体($\nabla\cdot\boldsymbol{u}=0$),同样都可从式(1-71)得知$\bar{p}=p$。

对于不可压缩的粘性流动,由于$\nabla\cdot\boldsymbol{u}=0$,因此,

$$\sigma_{ij}=-p\delta_{ij}+2\mu e_{ij} \tag{1-72}$$

从而得到三个坐标轴方向的正应力为

$$\left.\begin{aligned}\sigma_{11}&=-p+2\mu e_{11}=-p+2\mu\frac{\partial u_1}{\partial x_1}\\ \sigma_{22}&=-p+2\mu e_{22}=-p+2\mu\frac{\partial u_2}{\partial x_2}\\ \sigma_{33}&=-p+2\mu e_{33}=-p+2\mu\frac{\partial u_3}{\partial x_3}\end{aligned}\right\} \tag{1-73}$$

可见不同方向上的正应力具有不同的数值,但式(1-73)的三个分式相加后仍然得到

$$\bar{p}=-\frac{1}{3}\sigma_{ii} \tag{1-70}$$

1.2.11　纳维-斯托克斯方程

微分形式的动量方程为

$$\rho \frac{\mathrm{d}u_i}{\mathrm{d}t} = \rho f_i + \frac{\partial \sigma_{ji}}{\partial x_j} \tag{1-26}$$

式中，σ_{ji}有六个未知量，如果用本构关系将 σ_{ji} 与变形速率张量 e_{ji} 联系起来，可以在粘性流动的基本方程式中增加六个方程式从而使基本方程封闭。

当容积粘度 $\mu_v=0$，$\lambda=-\frac{2}{3}\mu$ 时，由牛顿流体本构方程(1-69)得到

$$\sigma_{ij} = -\left(p + \frac{2}{3}\mu\, \nabla\cdot \boldsymbol{u}\right)\delta_{ij} + 2\mu e_{ij} \tag{1-74}$$

将式(1-74)代入式(1-26)，得

$$\rho \frac{\mathrm{d}u_i}{\mathrm{d}t} = \rho f_i - \frac{\partial}{\partial x_i}\left(p + \frac{2}{3}\mu\, \nabla\cdot \boldsymbol{u}\right) + \frac{\partial}{\partial x_j}\left[\mu\left(\frac{\partial u_i}{\partial x_j} + \frac{\partial u_j}{\partial x_i}\right)\right] \tag{1-75}$$

上式即牛顿流体的运动方程，称为纳维-斯托克斯方程(Navier-Stokes equation)，简称 N-S 方程。这一方程于 1821 年由法国力学家纳维提出，1845 年英国力学家斯托克斯完成最终的型式。如果 μ 为常数，

$$\begin{aligned}\rho \frac{\mathrm{d}u_i}{\mathrm{d}t} &= \rho f_i - \frac{\partial p}{\partial x_i} - \frac{2}{3}\mu \frac{\partial}{\partial x_i}(\nabla\cdot \boldsymbol{u}) \\ &\quad + \mu \frac{\partial^2 u_i}{\partial x_j \partial x_j} + \mu \frac{\partial}{\partial x_i}(\nabla\cdot \boldsymbol{u}) \\ &= \rho f_i - \frac{\partial p}{\partial x_i} + \mu\left[\frac{\partial^2 u_i}{\partial x_j \partial x_j} + \frac{1}{3}\frac{\partial}{\partial x_i}(\nabla\cdot \boldsymbol{u})\right]\end{aligned} \tag{1-76}$$

对于不可压缩流动，$\nabla\cdot\boldsymbol{u}=0$，

$$\rho \frac{\mathrm{d}u_i}{\mathrm{d}t} = \rho f_i - \frac{\partial p}{\partial x_i} + \mu \frac{\partial^2 u_i}{\partial x_j \partial x_j} \tag{1-77}$$

或写为向量形式：

$$\rho \frac{\mathrm{d}\boldsymbol{u}}{\mathrm{d}t} = \rho \boldsymbol{f} - \nabla p + \mu \nabla^2 \boldsymbol{u} \tag{1-78}$$

式中，$\nabla^2 = \left(\frac{\partial^2}{\partial x_1^2} + \frac{\partial^2}{\partial x_2^2} + \frac{\partial^2}{\partial x_3^2}\right)$称为拉普拉斯算子(Laplacian)。对于不可压缩的理想流体，$\nabla\cdot\boldsymbol{u}=0$，$\mu=0$，

$$\rho \frac{\mathrm{d}\boldsymbol{u}}{\mathrm{d}t} = \rho \boldsymbol{f} - \nabla p \tag{1-79}$$

为欧拉方程(Euler equation)。

对于能量方程，如将式(1-45)代入式(1-41)，得

$$\rho \frac{\mathrm{d}e}{\mathrm{d}t} = (\tau_{ij} - p\delta_{ij})\frac{\partial u_i}{\partial x_j} + Q - \frac{\partial q_i}{\partial x_i}$$

$$= -p\,\nabla\cdot\boldsymbol{u} + \boldsymbol{\tau} : \nabla\boldsymbol{u} + Q - \nabla\cdot\boldsymbol{q}$$

由式(1-53),$\nabla\cdot\boldsymbol{q} = -\frac{\partial}{\partial x_i}\left(K\frac{\partial T}{\partial x_i}\right)$,又由式(1-48),

$$\Phi = \tau_{ij}\frac{\partial u_i}{\partial x_j} = (\lambda\delta_{ij}\,\nabla\cdot\boldsymbol{u} + 2\mu e_{ij})\frac{\partial u_i}{\partial x_j}$$

$$= \lambda(\nabla\cdot\boldsymbol{u})^2 + \mu e_{ij}\frac{\partial u_i}{\partial x_j} + \mu e_{ij}\frac{\partial u_i}{\partial x_j}$$

$$= \lambda(\nabla\cdot\boldsymbol{u})^2 + \mu e_{ij}\frac{\partial u_i}{\partial x_j} + \mu e_{ji}\frac{\partial u_j}{\partial x_i}$$

$$= \lambda(\nabla\cdot\boldsymbol{u})^2 + \mu e_{ij}\left(\frac{\partial u_i}{\partial x_j} + \frac{\partial u_j}{\partial x_i}\right)$$

$$= \lambda\Delta^2 + 2\mu e_{ij}e_{ij}$$

由上式也可证明Φ永为正值。式中,$\Delta = \nabla\cdot\boldsymbol{u}$为速度向量的散度。从而能量方程可以写为

$$\rho\frac{\mathrm{d}e}{\mathrm{d}t} = -p\Delta + \lambda\Delta^2 + 2\mu e_{ij}e_{ij} + Q + \frac{\partial}{\partial x_i}\left(K\frac{\partial T}{\partial x_i}\right) \tag{1-80}$$

1.2.12 纳维-斯托克斯方程的边界条件和初始条件

在建立N-S方程后,为了求解粘性流动的流场,必须在联立连续方程之后,给定流动问题的初始条件和边界条件。流体运动的控制方程,包括连续方程和N-S方程对于任何流动都是相同的。但是自然界和工程问题中的流动却千差万别,其原因在于定义域几何形状的差异和相应边界条件的不同。

从数学上讲N-S方程是对流-扩散型偏微分方程,它和连续方程联立后构成的定解问题性质比较复杂,但一般情况下其运动学边界条件应是在一个封闭边界上的狄利克雷(Peter Gustav Lejeune Dirichlet,1805—1859)条件,即在边界Γ上,$u=f_1$。或诺伊曼(Carl Cottfried von Neumann,1832—1925)条件,即在边界Γ上,$\frac{\partial u}{\partial n}=f_2$。或者是两种条件混合而成的,在边界$\Gamma$上,$u+h\frac{\partial u}{\partial n}=f_3$。式中,$f_1$,$f_2$,$f_3$,$h$均为已知函数,$n$为边界面外法线方向坐标。

从物理方面讲边界条件的给定要看这个边界是流体界面,固体界面还是气体界面。在连续介质假定下,由试验所确定的粘性流动的边界条件为:在流体与固体边界的交界面处流体与固体界面之间除不能穿透外更有无相对滑移。当然从分子的尺度来看滑移是可能的,但这种滑移只限于其厚度只有一个分子平均自由程量级的薄层内。在边界条件确定后,对于非恒定流动还必须明确初始条件才能得

到流动方程唯一的解。

在固体边界处，如果固体边界的速度为 $\boldsymbol{U}$，则流动的边界条件为

$$\boldsymbol{u} = \boldsymbol{U} \tag{1-81}$$

流速如分解为沿固体壁面法线与切线方向的两个分速，则法线方向分速

$$u_n = U_n \tag{1-82}$$

称为无穿透条件(no transmission condition)。而切线方向分速

$$u_t = U_t \tag{1-83}$$

称为无滑移条件(no slip condition)。在无穷远处，流场应与未扰动流体的状态相衔接，如未扰动流体为静止状态，则当 $\boldsymbol{x}\to\infty$ 时，

$$\boldsymbol{u} \to 0 \tag{1-84}$$

如果流场中考虑热效应，则一般边界条件为：在边界处，温度 T 为常数或边界温度梯度 $\dfrac{\partial T}{\partial n}$ 为常数，n 为边界外法线方向。

除上述流体与固体分界面上的条件以外还会遇到两种不同流体的分界面。如两种流体均为液体，则在分界面两侧其速度、压强与温度均相等，即

$$\boldsymbol{u}_1 = \boldsymbol{u}_2, \quad p_1 = p_2, \quad T_1 = T_2 \tag{1-85}$$

式中，下标 1,2 分别指两种液体。摩擦力和通过分界面的热传导量也相等，即

$$\tau = \mu_1 \left(\frac{\partial u}{\partial n}\right)_1 = \mu_2 \left(\frac{\partial u}{\partial n}\right)_2 \tag{1-86}$$

$$q = -K_1 \left(\frac{\partial T}{\partial n}\right)_1 = -K_2 \left(\frac{\partial T}{\partial n}\right)_2 \tag{1-87}$$

式中，K_1，K_2 分别为两种液体的导热系数。

如果两种流体分别是液体和气体，一般情况下最常见的液体和气体的分界面为液体与大气的分界面，称为自由水面(free surface)，其边界条件如下。

(1) 运动学条件：如图 1-18 所示，位于自由水面上的流体质点将永远位于自由水面，所以在 $x_3 = \eta$ 处，

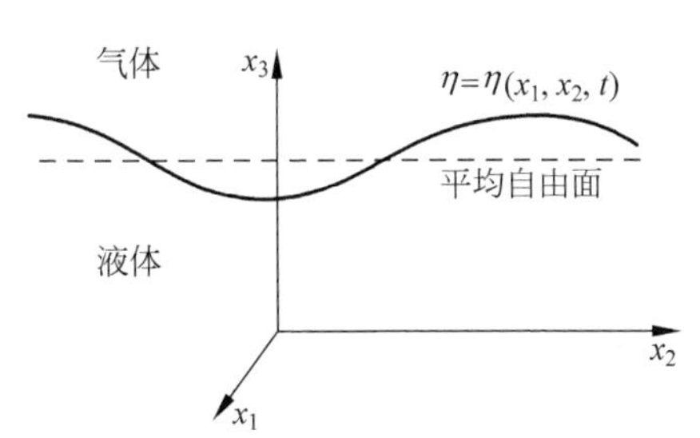

图 1-18　液体自由表面作为流动边界条件

$$\frac{\mathrm{d}}{\mathrm{d}t}(x_3 - \eta) = u_3 - \frac{\partial \eta}{\partial t} - \frac{\partial \eta}{\partial x_1}\frac{\mathrm{d}x_1}{\mathrm{d}t} - \frac{\partial \eta}{\partial x_2}\frac{\mathrm{d}x_2}{\mathrm{d}t} = 0$$

即

$$u_3 = \frac{\partial \eta}{\partial t} + \frac{\partial \eta}{\partial x_1}u_1 + \frac{\partial \eta}{\partial x_2}u_2 \tag{1-88}$$

式中，$x_3 = \eta(x_1, x_2, t)$ 表示自由水面的高度。上式说明自由水面上的流体质点在

平均自由面的垂直方向(x_3 方向)上的速度等于自由水面的垂直波动速度。在水面波为微幅波的假设下,$\frac{\partial \eta}{\partial x_1}$与$\frac{\partial \eta}{\partial x_2}$均很小,因此忽略式(1-88)等号右侧最后两项后可得到

$$u_3 = \frac{\partial \eta}{\partial t} \tag{1-89}$$

(2) 动力学条件：一般来说动力学边界条件是在两种流体的交界面处：①法向应力连续；②两个方向的切向应力连续。因此共有三个条件。对于气体与液体的交界面——自由水面,则切应力连续的条件可以忽略。但法向应力,包括压强和由表面张力而引起的液面压力则必须连续。如果忽略表面张力,则自由水面上液体的压强等于大气压强 p_a,即

$$p = p_a \tag{1-90}$$

有些情况下还需给定进出口断面上的速度、压强和温度的分布。

对于不恒定的粘性流动则需给出初始时刻($t=t_0$)时流场中各有关物理量的分布,即流动的初始条件。

1.3 明槽流动的纳维-斯托克斯方程

1.3.1 不可压缩粘性流体在无界流场内的流动

如果体积力只考虑重力,如图 1-19 所示无界流场中一点 P 处,单位体积流体的受力 $\rho \boldsymbol{f}$ 只有铅垂向的重力 ρg。平面坐标选用 xOz。O'-O' 为水准线。将体积力表示为

$$\rho \boldsymbol{f} = \boldsymbol{i}\rho g \sin\alpha - \boldsymbol{k}\rho g \cos\alpha \tag{1-91}$$

α 为Ox 轴与O'-O'所成夹角。坐标原点O的高程为h_0,P点的高程h:

$$h = h_0 + z\cos\alpha - x\sin\alpha \tag{1-92}$$

上式中各项乘以ρg,

$$\rho g h = \rho g h_0 + \rho g z \cos\alpha - \rho g x \sin\alpha \tag{1-93}$$

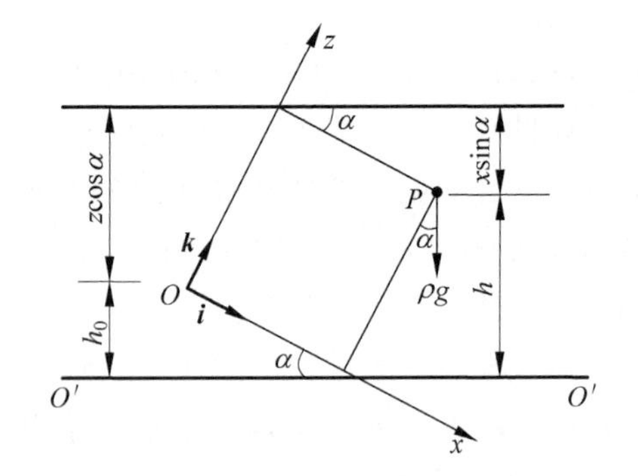

图 1-19　无界流场中的流动

$\rho g h$ 为一标量函数,取其梯度:

$$\text{grad}(\rho g h) = -\boldsymbol{i}\rho g \sin\alpha + \boldsymbol{k}\rho g \cos\alpha \tag{1-94}$$

比较式(1-91)与式(1-94),得

$$\rho \boldsymbol{f} = -\text{grad}(\rho g h) \tag{1-95}$$

($\rho g h$)为力势函数(force potential function)。可见,重力为有势力(potential force)。

$$\left.\begin{aligned}\rho f_x &= -\frac{\partial}{\partial x}(\rho g h)\\ \rho f_z &= -\frac{\partial}{\partial z}(\rho g h)\end{aligned}\right\} \tag{1-96}$$

因此,当体积力只考虑重力时,不可压缩流体二维流动的 N-S 方程为

$$\left.\begin{aligned}\frac{\partial u}{\partial t}+u\frac{\partial u}{\partial x}+w\frac{\partial u}{\partial z} &= -g\frac{\partial h}{\partial x}-\frac{1}{\rho}\frac{\partial p}{\partial x}+\nu\left(\frac{\partial^2 u}{\partial x^2}+\frac{\partial^2 u}{\partial z^2}\right)\\ \frac{\partial w}{\partial t}+u\frac{\partial w}{\partial x}+w\frac{\partial w}{\partial z} &= -g\frac{\partial h}{\partial z}-\frac{1}{\rho}\frac{\partial p}{\partial z}+\nu\left(\frac{\partial^2 w}{\partial x^2}+\frac{\partial^2 w}{\partial z^2}\right)\end{aligned}\right\} \tag{1-97}$$

式中,u,w 为 x 及 z 方向的流速。式(1-97)写为一般的分量方程式为

$$\frac{\partial u_i}{\partial t}+u_j\frac{\partial u_i}{\partial x_j}=-g\frac{\partial h}{\partial x_i}-\frac{1}{\rho}\frac{\partial p}{\partial x_i}+\nu\frac{\partial^2 u_i}{\partial x_j\partial x_j} \tag{1-98}$$

u_i 分别表示 u 和 w。

1.3.2 纳维-斯托克斯方程中的压强项改变为流体动压强

设流动中的压强 p 由两部分压强组成:流体静压强(static pressure)p_s 及流体动压强(dynamic pressure)p_d,流体动压强为流体流动所引起的压强与静水压强的偏离。

$$p = p_s + p_d$$

由流体静力学可知,见图 1-20,流场中某点 A 的流体静压强 p_s 满足下式:

$$p_s + \rho g z = 常数 \tag{1-99}$$

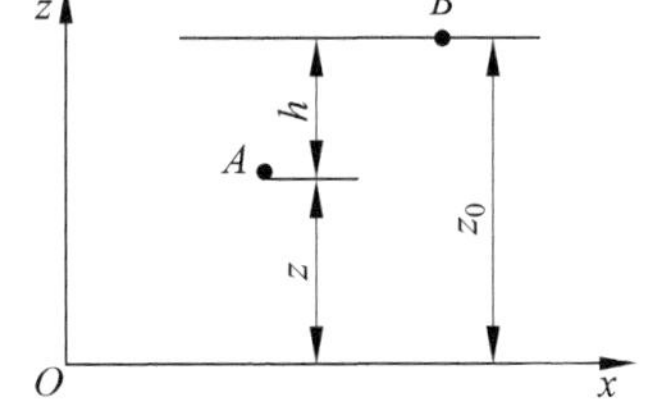

图 1-20　流场中 A 点静压强示意图

设一参考点 B 处静压强为 p_0,其垂直坐标位置 $z=z_0$,于是,

$$\begin{aligned}p_0+\rho g z_0 &= p_s+\rho g z = C\\ p_s &= C-\rho g z\\ &= p_0+\rho g z_0-\rho g z\\ &= p_0+\gamma h\end{aligned} \tag{1-100}$$

式中,$h=z_0-z$,$\gamma=\rho g$ 为流体重度或称容重(specific weight)。由式(1-95)及式(1-92),单位体积力为

$$\rho \boldsymbol{f} = -\operatorname{grad}(\rho g h) = -\rho g\,\nabla(h_0+z\cos\alpha-x\sin\alpha)$$

本节中取 z 为铅垂方向,此时,$\alpha=0$,

$$\rho \boldsymbol{f} = -\rho g\,\nabla(h_0+z) = -\rho g\,\nabla z = -\nabla(\rho g z) \tag{1-101}$$

N-S 方程中压强梯度项为

$$\begin{aligned}\nabla p &= \nabla(p_a+p_s) = \nabla[p_d+(C-\rho g z)]\\ &= \nabla p_d-\nabla(\rho g z)\end{aligned} \tag{1-102}$$

将式(1-101)、式(1-102)代入N-S方程式(1-78),得

$$\frac{\mathrm{d}\boldsymbol{u}}{\mathrm{d}t}=-\nabla(gz)-\frac{1}{\rho}\nabla p_{\mathrm{d}}+\frac{1}{\rho}\nabla(\rho gz)+\frac{1}{\rho}\mu\nabla^2\boldsymbol{u}$$

$$=-\frac{1}{\rho}\nabla p_{\mathrm{d}}+\nu\nabla^2\boldsymbol{u} \tag{1-103}$$

从而在N-S方程中重力项不再出现。

1.3.3 明槽水流纳维-斯托克斯方程

明槽水流是具有自由水面的水流运动。自由水面上作用有大气压强 p_{a},如使 $p_{\mathrm{a}}=0$,即在流动中只考虑相对压强。如图1-21,H 为水深,z_0 为槽底高程,$H+z_0$ 为水面高程。水中一点 P,坐标为(x,z),静水压强为

$$p_{\mathrm{s}}=\rho g[(H+z_0)-z]$$

动水压强为

$$p_{\mathrm{d}}=p-\rho g[(H+z_0)-z]$$

全压强 p 为

$$p=p_{\mathrm{d}}+p_{\mathrm{s}}=p_{\mathrm{d}}+\rho g[(H+z_0)-z] \tag{1-104}$$

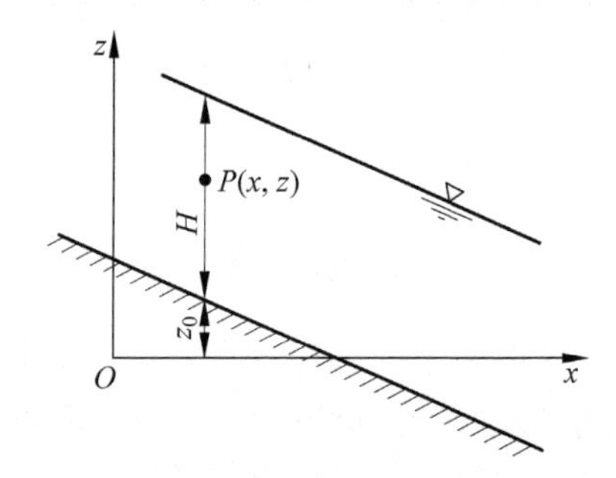

图1-21 明槽水流中点压强示意图

将式(1-101)、式(1-104)代入N-S方程式(1-78),得

$$\rho\frac{\mathrm{d}\boldsymbol{u}}{\mathrm{d}t}=-\nabla(\rho gz)-\nabla[p_{\mathrm{d}}+\rho g(H+z_0-z)]+\mu\nabla^2\boldsymbol{u}$$

$$=-\nabla p_{\mathrm{d}}-\nabla[\rho g(H+z_0)]+\mu\nabla^2\boldsymbol{u}$$

令水面高程$(H+z_0)=z_{\mathrm{s}}$,则

$$\frac{\mathrm{d}\boldsymbol{u}}{\mathrm{d}t}=-\frac{1}{\rho}\nabla p_{\mathrm{d}}-g\nabla z_{\mathrm{s}}+\nu\nabla^2\boldsymbol{u}$$

$$=-\frac{1}{\rho}\nabla(p_{\mathrm{d}}+\rho gz_{\mathrm{s}})+\nu\nabla^2\boldsymbol{u} \tag{1-105}$$

即明槽水流的N-S方程。

1.4 粘性流动的相似律

在N-S方程(1-98)中如果各物理量均以相应的具有某种特征的同类物理量度量之,则有量纲的物理量均可用相应的无量纲的物理量来表示,方程组也可以写为无量纲的物理方程组。

令 V_0、L_0、p_0、t_0、ρ_0、μ_0、g_0 分别代表流速、长度、压强、时间、密度、粘度、重力

加速度的特征量从而组成各物理量的无量纲量如下：

$$\left.\begin{aligned} x_i^0 &= \frac{x_i}{L_0} & \mu^0 &= \frac{\mu}{\mu_0} \\ u_i^0 &= \frac{u_i}{V_0} & g^0 &= \frac{g}{g_0} \\ t^0 &= \frac{t}{t_0} & \rho^0 &= \frac{\rho}{\rho_0} \\ p^0 &= \frac{p}{p_0} \end{aligned}\right\} \tag{1-106}$$

当质量力只考虑重力的作用，N-S 方程(1-98)中各项物理量改写为无量纲量，然后以$\frac{V_0^2}{L_0}$除各项得

$$\frac{L_0}{t_0 V_0}\frac{\partial u_i^0}{\partial t^0} + u_j^0 \frac{\partial u_i^0}{\partial x_j^0} = -\frac{g_0 L_0}{V_0^2} g^0 \frac{\partial h^0}{\partial x_i^0} - \frac{p_0}{\rho_0 V_0^2}\frac{1}{\rho^0}\frac{\partial p^0}{\partial x_i^0} + \frac{\mu_0}{\rho_0 V_0 L_0}\frac{\mu^0}{\rho^0}\frac{\partial^2 u_i^0}{\partial x_j^0 \partial x_j^0} \tag{1-107}$$

式中，由特征物理量组成了几个重要的无量纲量：

$$\frac{L_0}{t_0 V_0} = St \quad \text{称为斯特劳哈尔数(Strouhal number)} \tag{1-108}$$

$$\frac{V_0}{\sqrt{g_0 L_0}} = Fr \quad \text{称为弗劳德数(Froude number)} \tag{1-109}$$

$$\frac{\rho_0 V_0 L_0}{\mu_0} = Re \quad \text{称为雷诺数(Reynolds number)} \tag{1-110}$$

$$\frac{p_0}{\rho_0 V_0^2} = Eu \quad \text{称为欧拉数(Euler number)} \tag{1-111}$$

由此，式(1-107)可改写为

$$St\frac{\partial u_i^0}{\partial t^0} + u_j^0 \frac{\partial u_i^0}{\partial x_j^0} = -\frac{1}{Fr^2} g^0 \frac{\partial h^0}{\partial x_i^0} - Eu\frac{1}{\rho^0}\frac{\partial p^0}{\partial x_i^0} + \frac{1}{Re}\frac{\mu^0}{\rho^0}\frac{\partial^2 u_i^0}{\partial x_j^0 \partial x_j^0} \tag{1-112}$$

如果两个流动相似，则由无量纲量所表示的方程式应相同。因此对于两个流动而言，只有各个无量纲数 St、Fr、Re 和 Eu 分别相等，才是相似流动。

1.5 涡量方程

不可压缩流体 N-S 方程为式(1-78)：

$$\rho\frac{\mathrm{d}\boldsymbol{u}}{\mathrm{d}t} = \rho\boldsymbol{f} - \nabla p + \mu\nabla^2\boldsymbol{u} \tag{1-78}$$

或写为

$$\frac{\partial \boldsymbol{u}}{\partial t}+(\boldsymbol{u}\cdot\nabla)\boldsymbol{u}=\boldsymbol{f}-\frac{1}{\rho}\nabla p+\nu\nabla^2\boldsymbol{u}$$

式中,等号左侧第二项为速度的迁移项(convection term),可作如下变换:

x_1 方向迁移项 $u_1\frac{\partial u_1}{\partial x_1}+u_2\frac{\partial u_1}{\partial x_2}+u_3\frac{\partial u_1}{\partial x_3}$可写为

$$u_1\frac{\partial u_1}{\partial x_1}+u_2\frac{\partial u_2}{\partial x_1}+u_3\frac{\partial u_3}{\partial x_1}-u_2\left(\frac{\partial u_2}{\partial x_1}-\frac{\partial u_1}{\partial x_2}\right)+u_3\left(\frac{\partial u_1}{\partial x_3}-\frac{\partial u_3}{\partial x_1}\right) \tag{a}$$

x_2 方向迁移项 $u_1\frac{\partial u_2}{\partial x_1}+u_2\frac{\partial u_2}{\partial x_2}+u_3\frac{\partial u_2}{\partial x_3}$可写为

$$u_1\frac{\partial u_1}{\partial x_2}+u_2\frac{\partial u_2}{\partial x_2}+u_3\frac{\partial u_3}{\partial x_2}+u_1\left(\frac{\partial u_2}{\partial x_1}-\frac{\partial u_1}{\partial x_2}\right)-u_3\left(\frac{\partial u_3}{\partial x_2}-\frac{\partial u_2}{\partial x_3}\right) \tag{b}$$

x_3 方向迁移项 $u_1\frac{\partial u_3}{\partial x_1}+u_2\frac{\partial u_3}{\partial x_2}+u_3\frac{\partial u_3}{\partial x_3}$可写为

$$u_1\frac{\partial u_1}{\partial x_3}+u_2\frac{\partial u_2}{\partial x_3}+u_3\frac{\partial u_3}{\partial x_3}-u_1\left(\frac{\partial u_1}{\partial x_3}-\frac{\partial u_3}{\partial x_1}\right)+u_2\left(\frac{\partial u_3}{\partial x_2}-\frac{\partial u_2}{\partial x_3}\right) \tag{c}$$

(a),(b),(c)三式又可进一步写为

$$\frac{\partial}{\partial x_1}\left(\frac{u_1^2+u_2^2+u_3^2}{2}\right)-u_2\Omega_3+u_3\Omega_2 \tag{d}$$

$$\frac{\partial}{\partial x_2}\left(\frac{u_1^2+u_2^2+u_3^2}{2}\right)+u_1\Omega_3-u_3\Omega_1 \tag{e}$$

$$\frac{\partial}{\partial x_3}\left(\frac{u_1^2+u_2^2+u_3^2}{2}\right)-u_1\Omega_2+u_2\Omega_1 \tag{f}$$

式中,

$$\left.\begin{aligned}\Omega_1&=\frac{\partial u_3}{\partial x_2}-\frac{\partial u_2}{\partial x_3}\\ \Omega_2&=\frac{\partial u_1}{\partial x_3}-\frac{\partial u_3}{\partial x_1}\\ \Omega_3&=\frac{\partial u_2}{\partial x_1}-\frac{\partial u_1}{\partial x_2}\end{aligned}\right\} \tag{1-113}$$

分别代表在三个坐标轴方向的涡量。因此 N-S 方程可改写为

$$\frac{\partial \boldsymbol{u}}{\partial t}+\nabla\left(\frac{\boldsymbol{u}\cdot\boldsymbol{u}}{2}\right)-\boldsymbol{u}\times(\nabla\times\boldsymbol{u})=\boldsymbol{f}-\frac{1}{\rho}\nabla p+\nu\nabla^2\boldsymbol{u} \tag{1-114}$$

以∇叉乘此式,得

$$\frac{\partial(\nabla\times\boldsymbol{u})}{\partial t}-\nabla\times(\boldsymbol{u}\times\boldsymbol{\Omega})=\nabla\times\boldsymbol{f}+\nu\nabla^2(\nabla\times\boldsymbol{u}) \tag{1-115}$$

考虑到恒等式

$$\nabla\times(\boldsymbol{u}\times\boldsymbol{\Omega})=(\boldsymbol{\Omega}\cdot\nabla)\boldsymbol{u}+(\nabla\cdot\boldsymbol{\Omega})\boldsymbol{u}-(\boldsymbol{u}\cdot\nabla)\boldsymbol{\Omega}-(\nabla\cdot\boldsymbol{u})\boldsymbol{\Omega}$$

同时注意到涡量$\boldsymbol{\Omega}$取散度后可得

$$\nabla\cdot\boldsymbol{\Omega}=\nabla\cdot(\nabla\times\boldsymbol{u})=0 \tag{1-116}$$

为涡量的连续方程，可见涡量的连续方程与流速的连续方程具有完全相同的形式。因此对不可压缩流体，

$$\nabla\times(\boldsymbol{u}\times\boldsymbol{\Omega})=(\boldsymbol{\Omega}\cdot\nabla)\boldsymbol{u}-(\boldsymbol{u}\cdot\nabla)\boldsymbol{\Omega}$$

式(1-115)即可写为

$$\frac{\partial\boldsymbol{\Omega}}{\partial t}+(\boldsymbol{u}\cdot\nabla)\boldsymbol{\Omega}=(\boldsymbol{\Omega}\cdot\nabla)\boldsymbol{u}+\nabla\times\boldsymbol{f}+\nu\nabla^2\boldsymbol{\Omega}$$

或写为

$$\frac{\mathrm{d}\boldsymbol{\Omega}}{\mathrm{d}t}=(\boldsymbol{\Omega}\cdot\nabla)\boldsymbol{u}+\nabla\times\boldsymbol{f}+\nu\nabla^2\boldsymbol{\Omega} \tag{1-117}$$

上式称为亥姆霍兹涡量方程(Helmholtz vorticity equation)。上式等号左侧为涡量的物质导数，即涡量的当地变化率和迁移变化率之和。等号右侧第三项为粘性对涡量的扩散。运动粘度 ν 相当于扩散系数(coefficient of diffusion)。右侧第一项是在三维涡量方程中特有的一项，表示涡量与流体微团的变形的相互作用从而导致涡量的变化。$\frac{\partial u_i}{\partial x_j}$为流速梯度张量，根据式(1-54)可以分解为一个对称的变形速率张量 $e_{ij}=\frac{1}{2}\left(\frac{\partial u_i}{\partial x_j}+\frac{\partial u_j}{\partial x_i}\right)$和一个反对称的角转速张量 $\xi_{ij}=\frac{1}{2}\left(\frac{\partial u_i}{\partial x_j}-\frac{\partial u_j}{\partial x_i}\right)$，即

$$\frac{\partial u_i}{\partial x_j}=e_{ij}+\xi_{ij} \tag{1-118}$$

因而可将式(1-117)等号右侧第一项写为

$$(\boldsymbol{\Omega}\cdot\nabla)\boldsymbol{u}=\Omega_j\frac{\partial u_i}{\partial x_j}=\Omega_j e_{ij}+\Omega_j\xi_{ij}$$

由式(1-63)，$\xi_{ij}=-\frac{1}{2}\varepsilon_{ijk}\Omega_k$，所以，

$$(\boldsymbol{\Omega}\cdot\nabla)\boldsymbol{u}=\Omega_j\frac{\partial u_i}{\partial x_j}=\Omega_j e_{ij}-\frac{1}{2}\varepsilon_{ijk}\Omega_k\Omega_j$$

在$-\frac{1}{2}\varepsilon_{ijk}\Omega_k\Omega_j$ 项中，j 与 k 均为哑标，因而可以任意替换，即可写成

$$-\frac{1}{2}\varepsilon_{ijk}\Omega_k\Omega_j=-\frac{1}{2}\varepsilon_{ikj}\Omega_j\Omega_k \tag{g}$$

而按置换符号 ε_{ijk} 的运算规则，由 ε_{ijk} 改写为 ε_{ikj} 应改变一次符号，也就是说，

$$-\frac{1}{2}\varepsilon_{ijk}\Omega_k\Omega_j=\frac{1}{2}\varepsilon_{ikj}\Omega_j\Omega_k \tag{h}$$

要同时使(g)(h)成立，只有 $\Omega_j\xi_{ij}$ 项为零，于是，

$$(\boldsymbol{\Omega}\cdot\nabla)\boldsymbol{u}=\Omega_j\frac{\partial u_i}{\partial x_j}=\Omega_j e_{ij}$$

至于式(1-117)等号右侧第二项，如果流体中的力为有势力，$\boldsymbol{f}=\nabla\varphi$，$\varphi$ 为力势函

数。例如当流体中只有重力,则 $\boldsymbol{f}=\nabla(-gz)$,$z$ 为铅垂方向坐标,这种情况下 $\nabla\times\boldsymbol{f}=\nabla\times\nabla\varphi=0$。于是涡量方程可写为

$$\frac{\partial\Omega_i}{\partial t}+u_j\frac{\partial\Omega_i}{\partial x_j}=\Omega_j e_{ij}+\nu\frac{\partial^2\Omega_i}{\partial x_j\partial x_j} \tag{1-119}$$

对于二维流动,$\boldsymbol{u}=(u_1,u_2,0)$,$\boldsymbol{\Omega}=(0,0,\Omega_3)$,因此三维涡量方程式(1-119)化为二维涡量方程时 $\Omega_j e_{ij}$ 项为零。得

$$\frac{\mathrm{d}\Omega_3}{\mathrm{d}t}=\nu\nabla^2\Omega_3 \tag{1-120}$$

对于无粘性流动,$\nu=0$,因而 $\frac{\mathrm{d}\Omega_3}{\mathrm{d}t}=0$。说明在质量力为有势的情况下不可压缩理想流体的二维流动中涡量为常量,不可能变化。式(1-120)还可写成以下形式:

$$\frac{\partial\Omega_3}{\partial t}+u_1\frac{\partial\Omega_3}{\partial x_1}+u_2\frac{\partial\Omega_3}{\partial x_2}=\nu\left(\frac{\partial^2\Omega_3}{\partial x_1^2}+\frac{\partial^2\Omega_3}{\partial x_2^2}\right) \tag{1-121}$$

将上式无量纲化,其中:

$$\Omega_3=\frac{V_0}{L_0}\left(\frac{\partial u_2^0}{\partial x_1^0}-\frac{\partial u_1^0}{\partial x_2^0}\right)=\frac{V_0}{L_0}\Omega_3^0$$

式中,V_0,L_0 为特征速度及特征长度。并令特征时间为 $t_0=\frac{L_0}{V_0}$,代入式(1-121),得

$$\frac{\partial\Omega_3^0}{\partial t^0}+u_1^0\frac{\partial\Omega_3^0}{\partial x_1^0}+u_2^0\frac{\partial\Omega_3^0}{\partial x_2^0}=\frac{\nu_0}{L_0V_0}\left(\frac{\partial^2\Omega_3^0}{\partial x_1^{02}}+\frac{\partial^2\Omega_3^0}{\partial x_2^{02}}\right)$$

即

$$\frac{\mathrm{d}\Omega^0}{\mathrm{d}t^0}=\frac{1}{Re}\nabla^{0^2}\Omega^0 \tag{1-122}$$

Ω 即 Ω_3。可见 $\frac{1}{Re}$ 相当扩散系数,即涡量的扩散与 $\frac{1}{Re}$ 有关。当 $Re\ll1$,即粘性占主导地位,此时 $\frac{1}{Re}\gg1$,涡量可扩散到整个流场。反之当 $Re\gg1$,即 $\frac{1}{Re}\ll1$,则涡量只在很小的范围内扩散,涡量扩散的范围所及即固体壁面附近的薄层流动——边界层。图1-22表示由于固体壁面的存在,粘性流动在固体壁面附近形成流速梯度从而产生涡量,它传播的范围决定于流动的雷诺数。固体壁面是涡量产生的源泉,在大雷诺数流动中涡量传播所及的流域即为边界层流动。

如果引用流函数(stream function)$\psi(x_1,x_2)$,$u_1=\frac{\partial\psi}{\partial x_2}$,$u_2=-\frac{\partial\psi}{\partial x_1}$,则连续方程自动满足。

$$\Omega=\left(\frac{\partial u_2}{\partial x_1}-\frac{\partial u_1}{\partial x_2}\right)=-\nabla^2\psi \tag{1-123}$$

二维流动的涡量方程(1-120)可写为

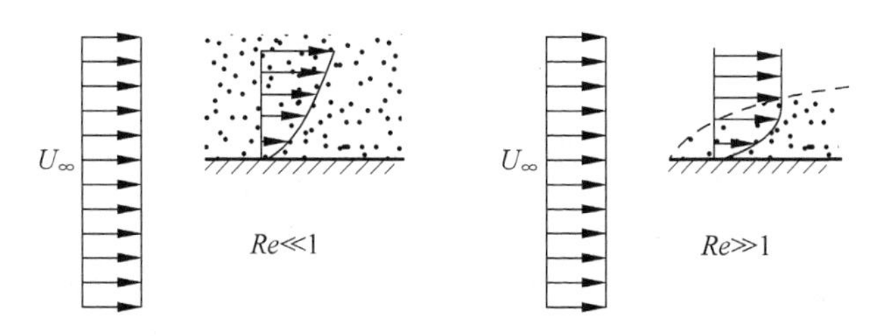

图 1-22　固体壁面附近粘性流动

$$\frac{\partial \nabla^2 \psi}{\partial t} + \frac{\partial \psi}{\partial x_2}\frac{\partial \nabla^2 \psi}{\partial x_1} - \frac{\partial \psi}{\partial x_1}\frac{\partial \nabla^2 \psi}{\partial x_2} = \nu \nabla^4 \psi \tag{1-124}$$

式(1-123)称为泊松方程(Poisson equation),式(1-124)则为涡量传递方程(vorticity transport equation),它只包含一个未知变量 ψ。式(1-124)等号左侧为惯性项,右侧为粘性项。它是流函数的 4 阶偏微分方程。由于它的非线性,数学上求解是很困难的。近年来一些学者对某些流动问题求得数值解。特别是大型电子计算机的应用使得这方面有了进一步的发展。图 1-23 及图 1-24 分别示出圆柱绕流尾流中的流谱。流动雷诺数 $Re=9500$,无量纲时间 $t=\dfrac{t'U_\infty}{R}=3.2$,式中,$t'$ 为运动开始算起的时间,U_∞ 为未扰动来流流速,R 为圆柱半径。图 1-23 为数值计算的结果,图 1-24 为试验中流动显示的结果。可见计算与试验符合良好。另一个计算与

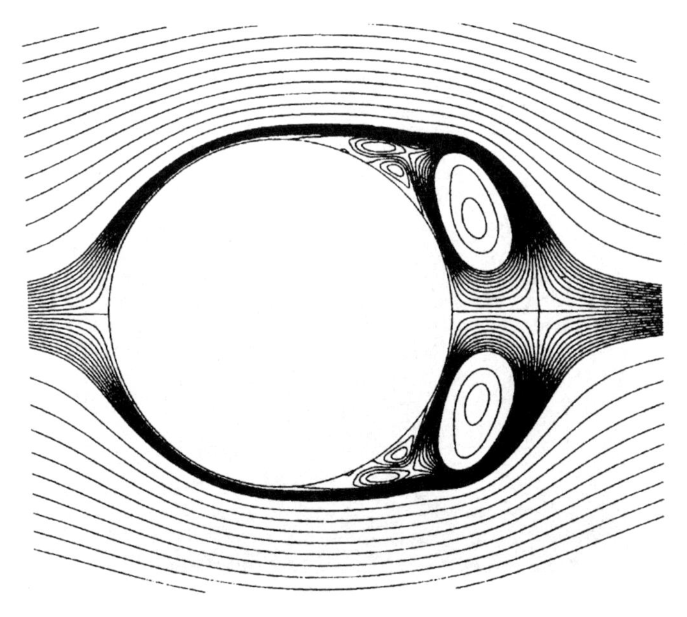

图 1-23　圆柱绕流的计算流谱,$Re=9500$,$t=3.2$[4]

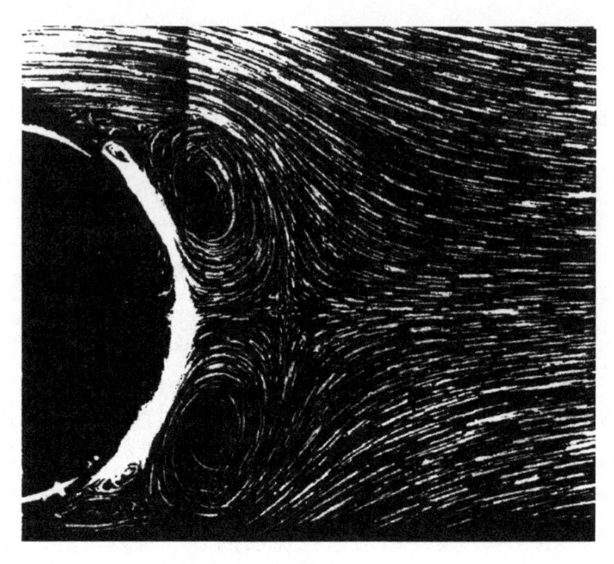

图 1-24　圆柱绕流尾流的流动显示,$Re=9500$,$t=3.2$[5]

试验符合的例子是一个绕过垂直放置矩形平板的尾流[6],雷诺数为$\frac{U_\infty h}{\nu}=6000$,$h$为板高,$h/d=1.6$,$d$ 为板厚。从运动开始算起的时间 t',这里 $t=\frac{t'U_\infty}{h}=2.78$。图 1-25 为试验中流动显示的结果,图 1-26 为计算结果。

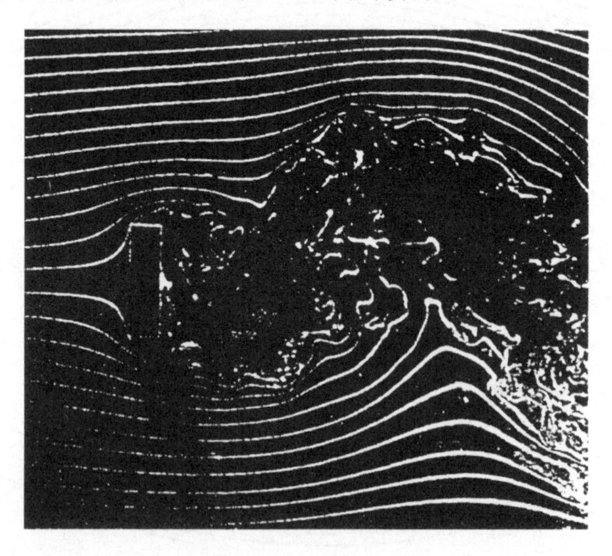

图 1-25　垂直平板尾流流动显示,$Re=\frac{U_\infty h}{\nu}=6000$,$h/d=1.6$,$t=2.78$[6]

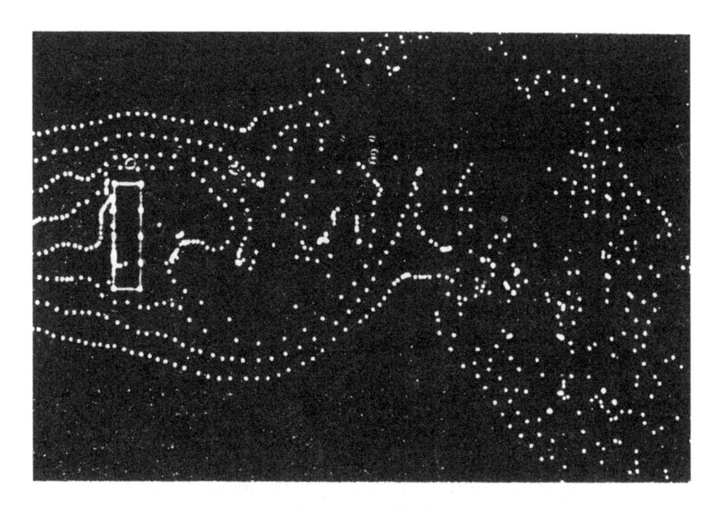

图 1-26　垂直平板尾流计算结果，$Re=\frac{U_{\infty}h}{\nu}=6000$，$h/d=1.6$，$t=2.78$[6]

参考文献

[1] Flachsbart O. Winddruck auf Gasbehälter. Rep. of AVA in Göttingen. IVth series. 1932. 134～138

[2] Roshko A. Experiments on the flow past a circular cylinder at very high Reynolds numbers. JFM，1961，10：345～356

[3] Homann F. Einfluss grosser Zähigkeit bei strömung um Zylinder Forschg. Ing Wes，1936，7：1～10

[4] Ling G，Chwang A T，Niu J. Transition features of near-wake flow behind a circular cylinder. Proceeding of 6th International Offshore and Polar Engineering Conference. Los Angeles. USA. 1996

[5] Bouard R，Coutanceau M. The early stage of development of the wake behind an impulsively started cylinder for $40<Re<10^4$. JFM，1980，101

[6] Fromm J E，Harlow F H. Numerical solutions of the problem of vortex street development. Physics of fluid，1963，6：975～982

第 2 章

纳维-斯托克斯方程的解

纳维-斯托克斯方程为一组非线性二阶偏微分方程组，一般情况下在数学上求其精确解(exact solution)是非常困难的。只有在某些特殊流动情况下，例如当非线性的迁移项为零的某些情况下，可以求得精确解。本章中将给出一些典型的 N-S 方程精确解的例子。

粘性流动，在雷诺数很小和很大的两种极端情况下，可以寻求 N-S 方程的近似解(approximate solution)。当雷诺数很小，$Re \ll 1$ 时，流动中的惯性项较粘性项小很多，从而可以忽略惯性项而得到线性的运动方程。反之，当雷诺数很大，$Re \gg 1$ 时，此时粘性影响只局限于固体壁面附近很薄的一层流动中。这是大雷诺数粘性流动一个极为重要的特性。这样的薄层流动即边界层流动。而边界层以外的流动可以不考虑粘性，按理想流动处理。

随着电子计算机的发展，寻求 N-S 方程的数值解(numerical solution)已越来越受重视。

2.1 平行流动

平行流动(parallel flow)是流动中最简单的一种情形。在平行流动中只有一个流速分量是不等于零的量，所有流体质点均沿一个方向流动。设三个坐标方向的分速度为 u,v,w。平行流动中 $v=0,w=0$。由连续方程 $\frac{\partial u}{\partial x}+\frac{\partial v}{\partial y}+\frac{\partial w}{\partial z}=0$ 可知 $\frac{\partial u}{\partial x}\equiv 0$，也就是说流速分量 u 在 x 方向并不变化。

$$\left.\begin{aligned} u &= u(y,z,t) \\ v &= 0 \\ w &= 0 \end{aligned}\right\} \tag{2-1}$$

N-S 方程在 y,z 两个坐标方向的分量方程：

$$\frac{\partial v}{\partial t}+u\frac{\partial v}{\partial x}+v\frac{\partial v}{\partial y}+w\frac{\partial v}{\partial z}=-\frac{1}{\rho}\frac{\partial p}{\partial y}+\nu\nabla^2 v$$

$$\frac{\partial w}{\partial t}+u\frac{\partial w}{\partial x}+v\frac{\partial w}{\partial y}+w\frac{\partial w}{\partial z}=-\frac{1}{\rho}\frac{\partial p}{\partial z}+\nu\nabla^2 w$$

由于 $v=0,w=0$，得出 $\frac{\partial p}{\partial y}=0,\frac{\partial p}{\partial z}=0$，因此流体动压强 p 只是 x 的函数。N-S 方程在 x 方向的分量方程：

$$\frac{\partial u}{\partial t}+u\frac{\partial u}{\partial x}+v\frac{\partial u}{\partial y}+w\frac{\partial u}{\partial z}=-\frac{1}{\rho}\frac{\partial p}{\partial x}+\nu\nabla^2 u$$

其中三个迁移项均为零，故

$$\frac{\partial u}{\partial t}=-\frac{1}{\rho}\frac{\mathrm{d}p}{\mathrm{d}x}+\nu\left(\frac{\partial^2 u}{\partial y^2}+\frac{\partial^2 u}{\partial z^2}\right) \tag{2-2}$$

为 u 的线性二阶偏微分方程。

2.1.1　库埃特流动

平行流动中最简单的例子为如图 2-1 所示的由上下两平行平板所组成的槽道内充满了粘度为 μ 的不可压缩流体的恒定流动。上平板以速度 U 相对于下平板运动。由于流体具有粘性，运动平板将带动槽中流体流动。两平板间距离为 h。设槽道中同时存在 x 方向压强梯度 $\frac{\mathrm{d}p}{\mathrm{d}x}$。流动为恒定，$\frac{\partial u}{\partial t}=0$，且流动为二维，在 z 方向没有变化。这种流动称为库埃特流动(Couette flow)。式(2-2)可写为

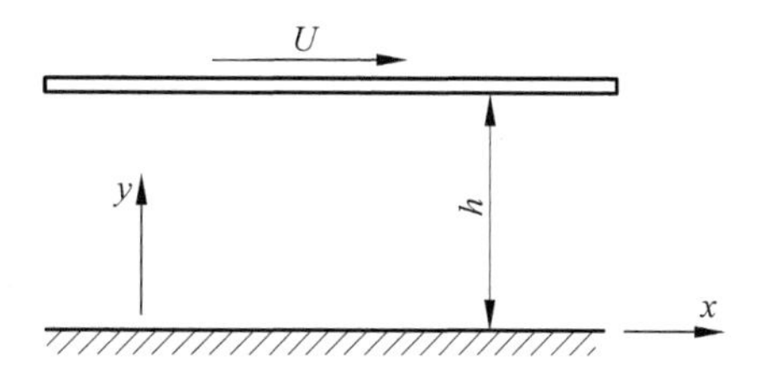

图 2-1　平行平板间流动

$$\frac{\mathrm{d}p}{\mathrm{d}x}=\mu\frac{\mathrm{d}^2 u}{\mathrm{d}y^2} \tag{2-3}$$

边界条件：

$$\left.\begin{aligned} y=0;\quad u=0\\ y=h;\quad u=U\end{aligned}\right\} \tag{2-4}$$

式(2-3)为 x 方向的 N-S 方程，它说明 $\frac{\mathrm{d}p}{\mathrm{d}x}$ 只能是 y 的函数而与 x 无关。而由 y 方向的 N-S 方程 $\frac{\partial p}{\partial y}=0$ 可见压强只能是 x 的函数，$\frac{\mathrm{d}p}{\mathrm{d}x}$ 只能与 x 有关而与 y 无关。为同时满足这两方面要求，$\frac{\mathrm{d}p}{\mathrm{d}x}$ 只能等于常数，即 $\frac{\mathrm{d}p}{\mathrm{d}x}=$ 常数。积分式(2-3)，得

$$\mu u = \frac{\mathrm{d}p}{\mathrm{d}x}\frac{y^2}{2} + C_1 y + C_2$$

代入边界条件确定积分常数 C_1,C_2 后得

$$u = \frac{y}{h}U - \frac{h^2}{2\mu}\frac{\mathrm{d}p}{\mathrm{d}x}\frac{y}{h}\left(1 - \frac{y}{h}\right) \tag{2-5}$$

沿断面积分式(2-5)可得流量公式:

$$Q = \int_0^h u\mathrm{d}y = \frac{Uh}{2} - \frac{h^3}{12\mu}\frac{\mathrm{d}p}{\mathrm{d}x} \tag{2-6}$$

令 $P = -\frac{h^2}{2\mu U}\frac{\mathrm{d}p}{\mathrm{d}x}$ 为表示压强梯度的无量纲数,则式(2-5)改写为

$$\frac{u}{U} = \frac{y}{h} + P\frac{y}{h}\left(1 - \frac{y}{h}\right) \tag{2-7}$$

参数 P 取不同数值则流速分布曲线不同,分别绘于图 2-2 中。

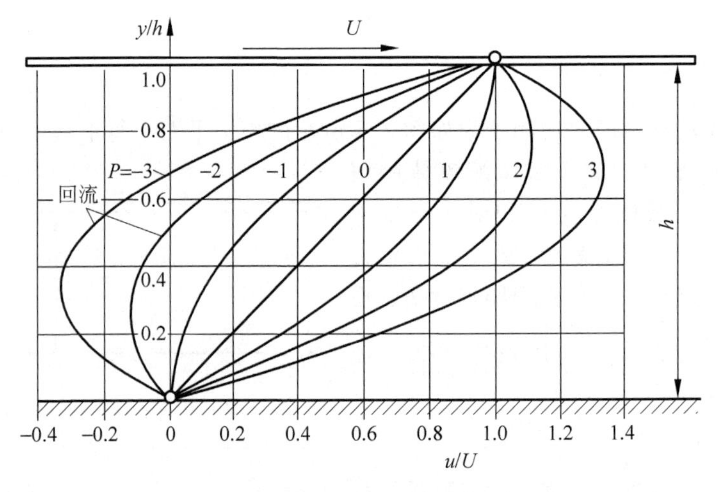

图 2-2 库埃特流动[4]

(1) 当 $P=0$,即压强梯度$\frac{\mathrm{d}p}{\mathrm{d}x}=0$(因 h,μ,U 均不为零),此时

$$\frac{u}{U} = \frac{y}{h}, \quad u = \frac{y}{h}U$$

说明流速为线性分布。这种流动称为简单库埃特流动,槽道中不存在压强梯度 $\frac{\mathrm{d}p}{\mathrm{d}x}$,流动只是由上平板带动而引起的。

(2) 当 $P>0$,即$\frac{\mathrm{d}p}{\mathrm{d}x}<0$,压强沿流动方向逐渐降低,称为顺压梯度(favourable pressure gradient)。在整个流域内流速为正值,如图 2-2 中 $P=1,2,3$ 的情形。

(3) 当 $P=-1$,

$$\frac{u}{U}=\frac{y}{h}-\frac{y}{h}\left(1-\frac{y}{h}\right)$$

令 $U^{\circ}=\frac{u}{U}$,$y^{\circ}=\frac{y}{h}$,即以 U 为流速尺度、h 为长度尺度,将流速 u 和坐标 y 均化为无量纲量,字母右上方的"◦"表示为无量纲量。则上式可写为

$$u^{\circ}=y^{\circ 2} \tag{2-8}$$

为一抛物线。在 $y^{\circ}=0$ 处,$\frac{\mathrm{d}u^{\circ}}{\mathrm{d}y^{\circ}}=2y^{\circ}=0$,所以流速分布曲线在此与 y 轴相切。$P=\frac{h^2}{2\mu U}\left(-\frac{\mathrm{d}p}{\mathrm{d}x}\right)=-1$,所以,

$$\frac{\mathrm{d}p}{\mathrm{d}x}=\frac{2\mu U}{h^2} \tag{2-9}$$

为不产生回流的极限压强梯度值。$\frac{\mathrm{d}p}{\mathrm{d}x}>0$ 称逆压梯度(adverse pressure gradient)。

(4) 当 $P<-1$,$\frac{\mathrm{d}p}{\mathrm{d}x}>\frac{2\mu U}{h^2}$,逆压梯度超过式(2-9)的极限,在下壁面附近流速将为负值,产生回流(back flow),如图 2-2 中 $P=-2,-3$ 的流速分布曲线。

(5) 当 $P=-3$,

$$Q=\frac{Uh}{2}+\frac{Uh}{6}P=0$$

说明逆压梯度对流量的作用与上平板拖动所形成的流量已达平衡状态。当 $P<-3$ 则逆压梯度作用更强,使槽中流量变为负值,$Q<0$。

2.1.2 泊肃叶流动

由压强梯度推动的管、槽中的不可压缩粘性流体的流动称为泊肃叶流动(Poiseuille flow)。如图 2-3 所示的二维槽道中的恒定流动,z 方向为无穷长,流动为二维的。基本方程为

$$\frac{\mathrm{d}p}{\mathrm{d}x}=\mu\frac{\mathrm{d}^2u}{\mathrm{d}y^2} \tag{2-3}$$

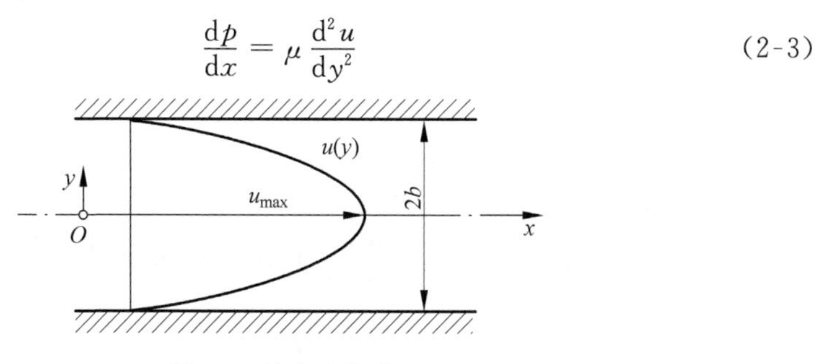

图 2-3　泊肃叶流动

边界条件为

$$\left.\begin{aligned} y &= +b;\quad u = 0 \\ y &= -b;\quad u = 0 \end{aligned}\right\} \tag{2-10}$$

积分之,可得其解为

$$u = -\frac{1}{2\mu}\frac{\mathrm{d}p}{\mathrm{d}x}(b^2 - y^2) \tag{2-11}$$

流速为抛物线分布。断面平均流速 u_{m} 为

$$u_{\mathrm{m}} = \frac{1}{2b}\int_{-b}^{b} u\,\mathrm{d}y = -\frac{b^2}{3\mu}\frac{\mathrm{d}p}{\mathrm{d}x}$$

槽道的单宽流量 q 为

$$q = u_{\mathrm{m}} \cdot 2b = -\frac{2b^3}{3\mu}\frac{\mathrm{d}p}{\mathrm{d}x}$$

N-S 方程精确解中最具实际意义的流动之一是管道内部流动,特别是圆管流动。由于管道进口的一段距离内粘性流动有一个边界层发展的过程,流速在剖面上的分布沿程变化,本节只研究进口段以后充分发展了的管道流动。层流的圆管流动如图 2-4 所示。如采用圆柱坐标(r,θ,x),此时 $u_r=0$,$u_\theta=0$,只有 x 方向的流速 $u_x=u(r,\theta)$存在。由圆柱坐标中的连续方程

$$\frac{\partial u_r}{\partial r} + \frac{u_r}{r} + \frac{1}{r}\frac{\partial u_\theta}{\partial \theta} + \frac{\partial u_x}{\partial x} = 0 \tag{2-12}$$

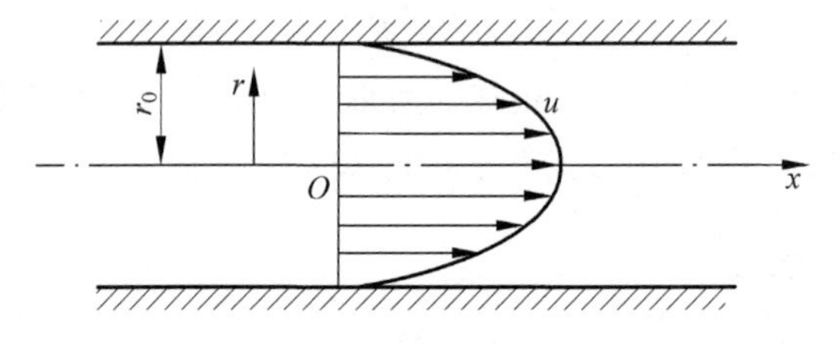

图 2-4 层流的圆管流动

可得

$$\frac{\partial u}{\partial x} = 0$$

不可压缩粘性流体的 N-S 方程在圆柱坐标中写为

$$\frac{\mathrm{d}u_r}{\mathrm{d}t} - \frac{u_\theta^2}{r} = -\frac{1}{\rho}\frac{\partial p}{\partial r} + f_r + \nu\left(\nabla^2 u_r - \frac{u_r}{r^2} - \frac{2}{r^2}\frac{\partial u_\theta}{\partial \theta}\right)$$

$$\frac{\mathrm{d}u_\theta}{\mathrm{d}t} + \frac{u_r u_\theta}{r} = -\frac{1}{\rho r}\frac{\partial p}{\partial \theta} + f_\theta + \nu\left(\nabla^2 u_\theta + \frac{2}{r^2}\frac{\partial u_r}{\partial \theta} - \frac{u_\theta}{r^2}\right)$$

$$\frac{\mathrm{d}u_x}{\mathrm{d}t} = -\frac{1}{\rho}\frac{\partial p}{\partial x} + f_x + \nu\,\nabla^2 u_x$$

式中，$\frac{\mathrm{d}}{\mathrm{d}t}=\frac{\partial}{\partial t}+u_r\frac{\partial}{\partial r}+\frac{u_\theta}{r}\frac{\partial}{\partial\theta}+u_x\frac{\partial}{\partial x}$。如果式中的压强表示流体动压强，则质量力 f 项消失。

对于恒定的圆管流动，N-S 方程简化为

$$-\frac{1}{\rho}\frac{\partial p}{\partial r}=0 \tag{a}$$

$$-\frac{1}{\rho}\frac{\partial p}{r\partial\theta}=0 \tag{b}$$

$$-\frac{1}{\rho}\frac{\partial p}{\partial x}+\nu\frac{\partial^2 u}{\partial r^2}+\nu\frac{\partial u}{r\partial r}=0 \tag{c}$$

由(a)，(b)两式可知，p 只与 x 坐标有关而与 r，θ 两坐标无关。设

$$\frac{\mathrm{d}p}{\mathrm{d}x}=f_1(x)$$

由(c)式，

$$\frac{\mathrm{d}p}{\mathrm{d}x}=\mu\left(\frac{\partial^2 u}{\partial r^2}+\frac{1}{r}\frac{\partial u}{\partial r}\right)=f(r)$$

可见$\frac{\mathrm{d}p}{\mathrm{d}x}$只能是一常数。令$\frac{\mathrm{d}p}{\mathrm{d}x}=-C$，(c)式改写为

$$r\frac{\mathrm{d}^2 u}{\mathrm{d}r^2}+\frac{\mathrm{d}u}{\mathrm{d}r}=-\frac{1}{\mu}Cr$$

积分之：

$$r\frac{\mathrm{d}u}{\mathrm{d}r}=-\frac{1}{\mu}C\frac{r^2}{2}+C_1$$

当 $r=0$ 时，$\frac{\mathrm{d}u}{\mathrm{d}r}$有界，因此，$r\frac{\mathrm{d}u}{\mathrm{d}r}=0$，从而 $C_1=0$。再积分上式：

$$u=-\frac{1}{4\mu}Cr^2+C_2$$

当 $r=r_0$ 时，$u=0$，因此，$C_2=\frac{1}{4\mu}Cr_0^2$。流速分布公式为

$$u=\frac{1}{4\mu}C(r_0^2-r^2) \tag{2-13}$$

管道中心处 $r=0$，此处流速最大，写为 $u_{\max}$：

$$u_{\max}=C\frac{r_0^2}{4\mu} \tag{2-14}$$

沿断面积分式(2-13)可得流量 Q：

$$Q=\pi r_0^2 u_m=C\frac{\pi r_0^4}{8\mu} \tag{2-15}$$

从而可计算断面平均流速 u_{m}：

$$u_{\mathrm{m}}=C\frac{r_0^2}{8\mu} \tag{2-16}$$

这就是圆形管道粘性流动恒定情况下 N-S 方程的精确解,但它只是在圆管流动为层流时即 $Re=\frac{u_{\mathrm{m}}d}{\nu}<2300$ 时成立。其中,d 为圆管直径。当 $Re>2300$,流动可能变为紊流,流动情况将完全与层流不同。

引入沿程水头损失系数 λ,层流管流的沿程水头损失 h_{f} 可确定如下:

$$h_{\mathrm{f}}=\lambda\frac{L}{d}\frac{u_{\mathrm{m}}^{2}}{2g} \tag{2-17}$$

对于水平放置的管道,沿程水头损失主要表现为压强水头的变化,因此上式可写为

$$-\mathrm{d}\left(\frac{p}{\gamma}\right)=\lambda\frac{\mathrm{d}x}{d}\frac{u_{\mathrm{m}}^{2}}{2g}$$

$$-\mathrm{d}p=\lambda\frac{\mathrm{d}x}{d}\frac{\rho u_{\mathrm{m}}^{2}}{2}$$

$$-\frac{\mathrm{d}p}{\mathrm{d}x}=\lambda\frac{1}{d}\frac{\rho u_{\mathrm{m}}^{2}}{2}$$

将式(2-16)的断面平均流速代入上式得

$$\lambda=\frac{64\nu}{u_{\mathrm{m}}d}=\frac{64}{Re},\quad Re=\frac{u_{\mathrm{m}}d}{\nu} \tag{2-18}$$

图 2-5 表明 λ 的理论计算值与试验值符合良好。

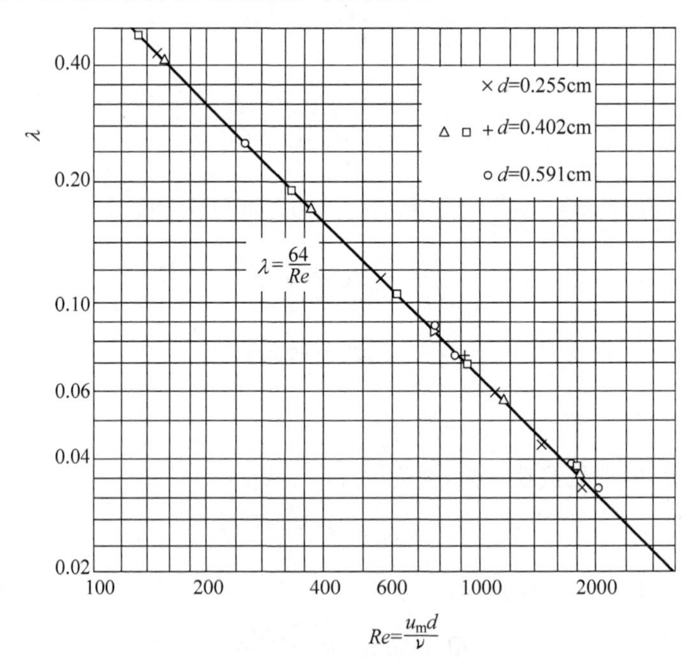

图 2-5 λ 的理论计算与试验值[4]

2.2 运动平板引起的流动

2.2.1 突然加速平板引起的流动(斯托克斯第一问题)

对于非恒定的平行流动,最简单的例子是一个在半无限空间中静止的平板突然起动,沿其自身平面加速至某一固定速度 U_0 从而带动其周围原来处于静止的不可压缩粘性流体运动。设板长为无穷,N-S 方程化简为线性方程:

$$\frac{\partial u}{\partial t}=\nu\frac{\partial^2 u}{\partial y^2} \tag{2-19}$$

上式为经典的热传导方程,两个自变量为 y,t。因为是平行流动,$v=w=0$,$u=u(y,t)$。由连续方程知$\frac{\partial u}{\partial x}\equiv 0$,且整个流场中压强为常数,$p=p_0=$常数,坐标系如图 2-6 所示。

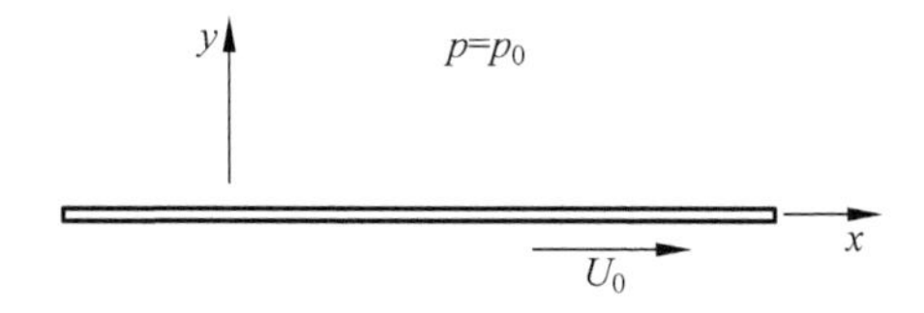

图 2-6　斯托克斯第一问题

初始和边界条件为

$$\left.\begin{aligned} t\leqslant 0,\quad & u=0 \\ t>0,\quad & u=U_0 \quad (y=0) \\ & u=0 \quad (y\to\infty) \end{aligned}\right\} \tag{2-20}$$

此问题由斯托克斯解得。令

$$\eta=\frac{y}{2\sqrt{\nu t}} \tag{2-21}$$

为无量纲纵坐标,并假定

$$u=U_0 f(\eta)$$

则式(2-19)变为常微分方程

$$f''+2\eta f'=0 \tag{2-22}$$

边界条件变为

$$\eta=0;\quad f=1$$

$$\eta=\infty;\quad f=0$$

常微分方程(2-22)的解为

$$u=U_0\operatorname{erfc}\eta \tag{2-23}$$

$$\mathrm{erfc}\eta = 1 - \mathrm{erf}\eta = 1 - \frac{2}{\sqrt{\pi}}\int_0^{\eta}\exp(-z^2)\mathrm{d}z$$

erf 为误差函数，erfc 为补偿误差函数(complementary error function)，其数值可查有关手册。当 $\eta=1.82$，$\frac{u}{U_0}=\mathrm{erfc}\eta=0.01$，这说明平板突然加速至 U_0 由于粘性而带动周围流体运动形成的流速场中，只有在 $\eta\leqslant 1.82$ 的薄层流动内流速大于 U_0 的百分之一，而在 $\eta>1.82$ 以上的流层流速只有 U_0 的百分之一以下，可以看作没有影响或影响很小。由此可见平板通过流体粘性而带动的流体运动只发生在 $\eta\leqslant 1.82$ 的薄层以内。这部分流层可称为边界层，其厚度为 δ。

$$\delta = 2\sqrt{\nu t}\cdot\eta = 3.64\sqrt{\nu t}$$

图 2-7 表示 $\frac{u}{U_0}$ 沿 η 的分布。由图还可看出，对于流场中的某给定点 y 处，其流速随时间的增加而增大，当 $t\to\infty$ 时该点流速可达到 U_0。

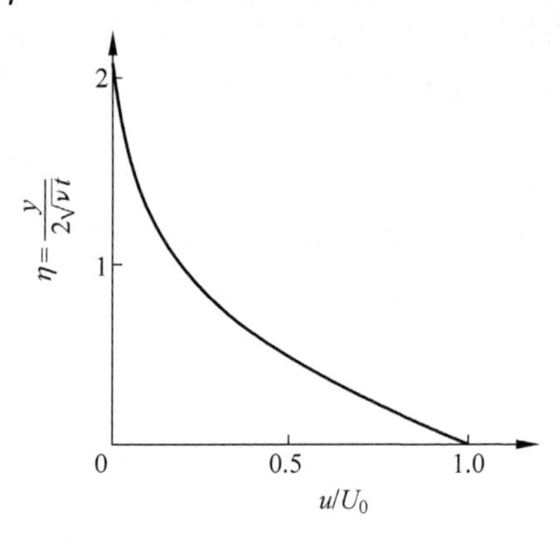

图 2-7 $\frac{u}{U_0}$ 沿 η 分布[4]

2.2.2 振动平板引起的流动(斯托克斯第二问题)

无限平板沿自身平面作简谐振动通过粘性而带动周围原来处于静止的流体所形成的流动，如图 2-8 所示。平板上部半无限流场内N-S方程可写为

$$\frac{\partial u}{\partial t} = \nu\frac{\partial^2 u}{\partial y^2} \tag{2-19}$$

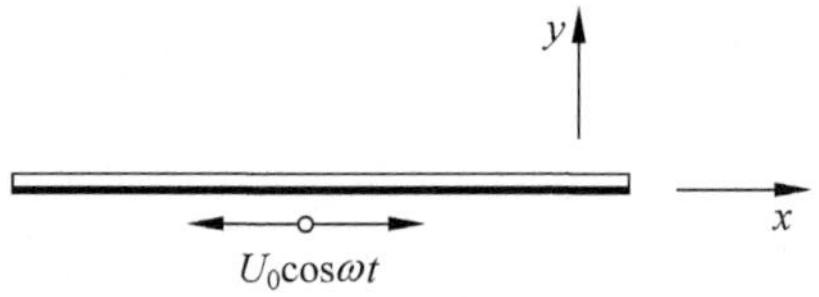

图 2-8 斯托克斯第二问题

平板壁面处的流体质点由于无滑移条件而跟随平板振动，因而边界条件为

$$\left.\begin{aligned} &y=0;\quad u(y,t)=u(0,t)=U_0\cos\omega t\\ &y=\infty;\quad u=0 \end{aligned}\right\} \tag{2-24}$$

热传导方程(2-19)的解为

$$u(y,t) = U_0\mathrm{e}^{-ky}\cos(\omega t - ky)$$

式中，$k=\sqrt{\frac{\omega}{2\nu}}$为波数(wave number)。令 $\eta=ky=\sqrt{\frac{\omega}{2\nu}}y$，式(2-19)的解也可写为

$$u(y,t)=U_0\mathrm{e}^{-\eta}\cos(\omega t-\eta) \tag{2-25}$$

为一个按指数衰减的简谐振动(harmonic vibration)。流场的振动频率与平板的频率相同，为 ω，振幅为 $U_0\mathrm{e}^{-\eta}$。在 $y=0$ 处振幅最大，与平板相同为 U_0，随 y 值的增加振幅按指数规律衰减。距壁面 y 处的流速与平板振动的相位差为 η。流场中相距

$$\lambda=\frac{2\pi}{k}=2\pi\sqrt{2\nu/\omega} \tag{2-26}$$

的两个流层速度相位相同。此距离 λ 即为流体振荡的波长(wave length)，也称为粘性波的穿透深度(depth of penetration)。如仍以$\frac{u}{U_0}=0.01$为考虑粘性影响的界限，

$$u=U_0\mathrm{e}^{-\eta}=0.01U_0$$

可得 $\eta=4.61$，其相应的厚度即边界层厚度(boundary layer thickness)δ：

$$\delta=4.61/k=4.61\sqrt{\frac{2\nu}{\omega}} \tag{2-27}$$

斯托克斯第一问题说明粘性流动中固体壁面对流动的影响范围即边界层厚度 δ 与流体的运动粘性系数 ν 和时间 t 乘积的平方根成正比。可以看出平板运动对周围流体的影响是通过流体粘性传播的并且其传播要有一定的时间。斯托克斯第二问题说明平板的振动向流体内部传播也是通过流体的粘性，而且与振动频率 ω 有关，$\omega\sim\frac{1}{t}$(符号“～”表示两个量之间存在一定的比例关系)，可见 $\delta\sim\sqrt{\nu t}$，与斯托克斯第一问题的结论相同。图2-9表示几个特定相位的流动状况。

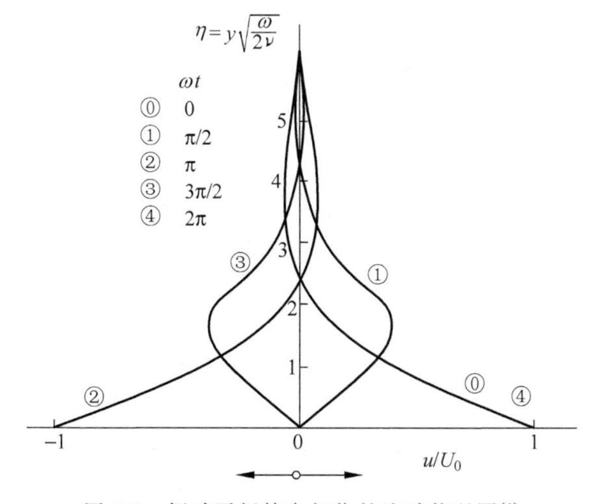

图2-9 振动平板特定相位的流动状况图[4]

2.3 平面驻点流动(希门茨流动)

如图 2-10 的平面驻点流动,在平面有势流动中 x、y 两个方向的流速分别为

$$U = ax \tag{2-28a}$$

$$V = -ay \tag{2-28b}$$

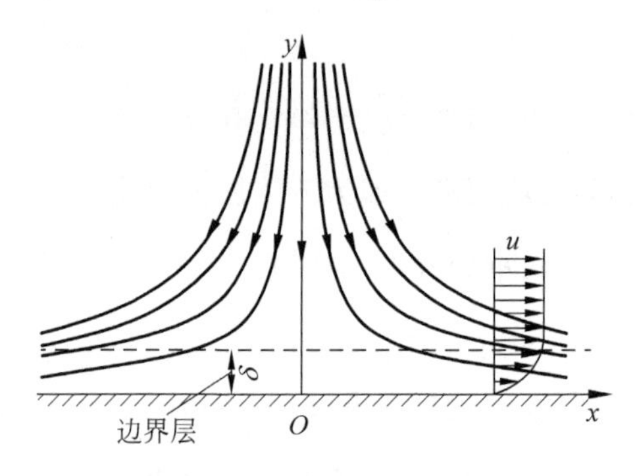

图 2-10 平面驻点流动

于是由伯努利方程,可得压强分布为

$$p = p_0 - \frac{1}{2}\rho a^2(x^2 + y^2) \tag{2-28c}$$

式中,p_0 为驻点压强。式(2-28)中的流速与压强均满足势流方程,并且像所有的势流解一样,它们也是不可压缩粘性流动运动方程的精确解。因为从控制方程看,二者的主要差别在于不可压缩粘性流动的运动方程中多一粘性项 $\nu\nabla^2\boldsymbol{u}$。而对于势流有 $\boldsymbol{u}=\nabla\varphi$,$\varphi$ 为流速的势函数。所以,

$$\nabla^2\boldsymbol{u} = \nabla^2(\nabla\varphi) = \nabla(\nabla^2\varphi) = 0$$

这就是说,N-S 方程中的粘性项对于势流而言恒等于零。但是尽管势流解也同时满足不可压缩粘性流动的运动方程,却不能满足“无滑移”这个粘性流动的边界条件。

对于平面驻点流动,为了满足粘性流动的无滑移条件,1911 年,希门茨(K. Himenz)在德国哥廷根大学提出的论文中首次给出它的精确解。在粘性流动中,希门茨假定:

$$\begin{cases} u = xf'(y) \\ v = -f(y) \end{cases} \tag{2-29}$$

$$p_0 - p = \frac{1}{2}\rho a^2[x^2 + F(y)] \tag{2-30}$$

式中,p_0 表示驻点(stagnation point)$x=0, y=0$ 处的压强;p 则为任意点(x,y)处

的压强；a 仍为式(2-28c)中的常数。由于式(2-29)的假定，连续方程将自动满足，由平面运动的 N-S 方程可确定 f 与 F 两个函数。将式(2-29)、式(2-30)代入恒定的 N-S 方程

$$u\frac{\partial u}{\partial x}+v\frac{\partial u}{\partial y}=-\frac{1}{\rho}\frac{\partial p}{\partial x}+\nu\left(\frac{\partial^2 u}{\partial x^2}+\frac{\partial^2 u}{\partial y^2}\right)$$

$$u\frac{\partial v}{\partial x}+v\frac{\partial v}{\partial y}=-\frac{1}{\rho}\frac{\partial p}{\partial y}+\nu\left(\frac{\partial^2 v}{\partial x^2}+\frac{\partial^2 v}{\partial y^2}\right)$$

中得

$$f'^2-ff''=a^2+\nu f''' \tag{2-31}$$

$$ff'=\frac{1}{2}a^2F'-\nu f'' \tag{2-32}$$

边界条件可由①$y=0, u=0, v=0$；②$y=\infty, u=U=ax$；③驻点处 $x=0, y=0$，压强 $p=p_0$，三个条件得到

$$\left.\begin{aligned}&y=0;\quad f'=0,\quad f=0\\&y=\infty;\quad f'=a\\&x=0,y=0;\quad F=0\end{aligned}\right\} \tag{2-33}$$

首先从式(2-31)由相应的边界条件求得 f。作变量置换，令

$$\eta=\alpha y,\quad f(y)=A\varphi(\eta) \tag{2-34}$$

则

$$\left.\begin{aligned}f'&=\frac{\partial f}{\partial y}=\frac{\partial A\varphi}{\partial\eta}\frac{\partial\eta}{\partial y}=A\varphi'\alpha\\f''&=\frac{\partial^2 f}{\partial y^2}=\frac{\partial(A\varphi'\alpha)}{\partial\eta}\frac{\partial\eta}{\partial y}=A\alpha^2\varphi''\\f'''&=\frac{\partial^3 f}{\partial y^3}=\frac{\partial(A\alpha^2\varphi'')}{\partial\eta}\frac{\partial\eta}{\partial y}=A\alpha^3\varphi'''\end{aligned}\right\} \tag{2-35}$$

代入式(2-31)，得

$$\alpha^2A^2(\varphi'^2-\varphi\varphi'')=a^2+\nu A\alpha^3\varphi''' \tag{2-36}$$

如果使 $\alpha^2A^2=a^2=\nu A\alpha^3$，则使方程大大简化，这就必须使

$$\left.\begin{aligned}A&=\frac{a}{\alpha}\\\alpha&=\sqrt{a/\nu}\\A&=\sqrt{a\nu}\end{aligned}\right\} \tag{2-37}$$

式中，a 为由势流解所得到的常数，ν 为流体的运动粘度，均为已知。由此，式(2-34)可改写为

$$\eta=\sqrt{\frac{a}{\nu}}y,\quad f(y)=\sqrt{a\nu}\varphi(\eta) \tag{2-38}$$

于是方程(2-31)简化为

$$\varphi''' + \varphi\varphi'' - \varphi'^2 + 1 = 0 \tag{2-39}$$

边界条件为

$$\begin{aligned} &\eta = 0; \quad \varphi = 0, \quad \varphi' = 0 \\ &\eta = \infty; \quad \varphi' = 1 \end{aligned} \tag{2-40}$$

方程(2-39)仍然是非线性的,难以求得解析解。希门茨[1]首先求得它的数值解,以后霍华斯(L. Howarth)[2]又对计算作了改进,表2-1和图 2-11 给出了霍华斯求解的平面驻点流动和弗勒塞林(N. Fröessling)[3]求解的轴对称驻点流动的结果。

表 2-1(4)

平面驻点流动				轴对称驻点流动			
$\eta=\sqrt{\frac{a}{\nu}}y$	φ	$\frac{d\varphi}{d\eta}=\frac{u}{U}$	$\frac{d^2\varphi}{d\eta^2}$	$\sqrt{2}\zeta=\sqrt{\frac{2a}{\nu}}z$	φ	$\frac{d\varphi}{d\zeta}=\frac{u}{U}$	$\frac{d^2\varphi}{d\zeta^2}$
0	0	0	1.2326	0	0	0	1.3120
0.2	0.0233	0.2266	1.0345	0.2	0.0127	0.1755	1.1705
0.4	0.0881	0.4145	0.8463	0.4	0.0487	0.3311	1.0298
0.6	0.1867	0.5663	0.6752	0.6	0.1054	0.4669	0.8910
0.8	0.3124	0.6859	0.5251	0.8	0.1799	0.5833	0.7563
1.0	0.4592	0.7779	0.3980	1.0	0.2695	0.6811	0.6283
1.2	0.6220	0.8467	0.2938	1.2	0.3717	0.7614	0.5097
1.4	0.7967	0.8968	0.2110	1.4	0.4841	0.8258	0.4031
1.6	0.9798	0.9323	0.1474	1.6	0.6046	0.8761	0.3100
1.8	1.1689	0.9568	0.1000	1.8	0.7313	0.9142	0.2315
2.0	1.3620	0.9732	0.0658	2.0	0.8627	0.9422	0.1676
2.2	1.5578	0.9839	0.0420	2.2	0.9974	0.9622	0.1175
2.4	1.7553	0.9905	0.0260	2.4	1.1346	0.9760	0.0798
2.6	1.9538	0.9946	0.0156	2.6	1.2733	0.9853	0.0523
2.8	2.1530	0.9970	0.0090	2.8	1.4131	0.9912	0.0331
3.0	2.3526	0.9984	0.0051	3.0	1.5536	0.9949	0.0202
3.2	2.5523	0.9992	0.0028	3.2	1.6944	0.9972	0.0120
3.4	2.7522	0.9996	0.0014	3.4	1.8356	0.9985	0.0068
3.6	2.9521	0.9998	0.0007	3.6	1.9769	0.9992	0.0037
3.8	3.1521	0.9999	0.0004	3.8	2.1182	0.9996	0.0020
4.0	3.3521	1.0000	0.0002	4.0	2.2596	0.9998	0.0010
4.2	3.5521	1.0000	0.0001	4.2	2.4010	0.9999	0.0006
4.4	3.7521	1.0000	0.0000	4.4	2.5423	0.9999	0.0003
4.6	3.9521	1.0000	0.0000	4.6	2.6837	1.0000	0.0001

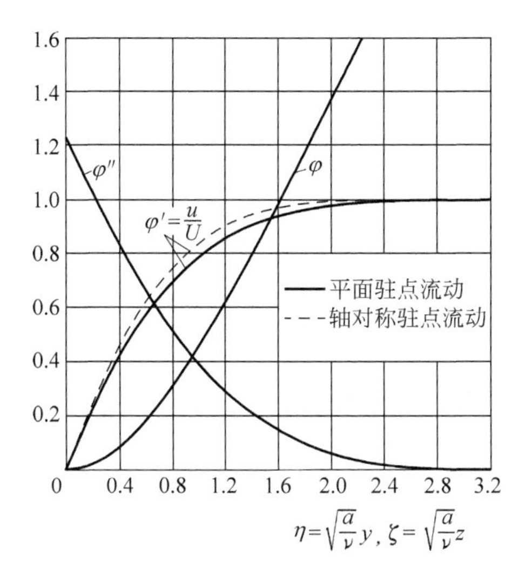

图 2-11　平面驻点流动和轴对称驻点流动解[4]

粘性流动与势流流动流速的比值为$\dfrac{u}{U}$。由式(2-28)知 $x=\dfrac{U}{a}$，由式(2-29)知 $u=xf'(y)$，结合式(2-34)、式(2-37)得

$$u=\frac{U}{a}A\,\frac{\partial\varphi}{\partial\eta}\frac{\partial\eta}{\partial y}=\frac{U}{a}\,\frac{a}{\alpha}\varphi'\alpha=U\varphi'(\eta)$$

即

$$\frac{u}{U}=\varphi'(\eta) \tag{2-41}$$

由图 2-11 可见，$\varphi'(\eta)$从 $\eta=0$ 开始呈线性增长，随着 η 的增加，偏离斜直线，当 $\eta\geqslant 2.8$ 以后渐近于 1。在 $\eta=2.4$ 左右 $\varphi'=0.99$，即此时粘性流动的流速已接近势流流速，只相差百分之一。同样如以这一点距固体壁面的距离作为边界层的厚度 δ，则

$$\delta=\frac{\eta}{\alpha}=\eta\sqrt{\frac{\nu}{a}}=2.4\sqrt{\frac{\nu}{a}} \tag{2-42}$$

而 $a=\dfrac{U}{x}$具有$\dfrac{1}{t}$的量纲，所以同样可以看出 $\delta\sim\sqrt{\nu t}$，像在 2.2 节中得到的结论一样。

解式(2-32)可得压强 p。由式(2-32)可得

$$F(y)=\frac{1}{a^2}(2\nu f'+f^2) \tag{2-43}$$

由式(2-30)、式(2-43)、式(2-38)可得

$$\frac{\partial p}{\partial y}=-\rho a\sqrt{a\nu}\,(\varphi''+\varphi\varphi') \tag{2-44}$$

由表2-1可见,在边界层内φ,φ',φ''都只是1的数量级,因而沿壁面法线的压强梯度$\frac{\partial p}{\partial y}\sim\rho a\sqrt{a\nu}$,当$\nu$很小时,压强梯度也很小。还要指出的是,无量纲流速分布$\frac{u}{U}$和从式(2-42)计算的边界层厚度δ均与x无关,就是说它们沿x轴并不发生变化。

2.4 重力作用下的平行流动

如图2-12所示为在两个倾斜的无穷的平行平板之间的粘性流动,下平板固定,上平板在x方向以速度u运动。垂直和展向流速$v=w=0$,由连续方程得$\frac{\partial u}{\partial x}\equiv 0$。当只考虑重力作用,N-S方程可写为

$$0=\rho g\sin\alpha-\frac{\partial p}{\partial x}+\mu\frac{\partial^2 u}{\partial y^2} \quad (2\text{-}45\text{a})$$

$$0=-\rho g\cos\alpha-\frac{\partial p}{\partial y} \quad (2\text{-}45\text{b})$$

$$0=-\frac{\partial p}{\partial z} \quad (2\text{-}45\text{c})$$

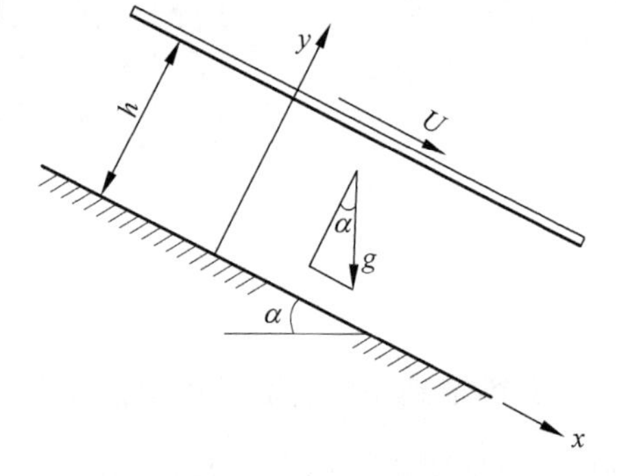

图2-12 倾斜的无穷平行平板间流动

由式(2-45c)知 $p=p(x,y)$,压强与z无关,由式(2-45b)得

$$\frac{\partial p}{\partial y}=-\rho g\cos\alpha \quad (2\text{-}46)$$

倾斜的平行平板之间的粘性流动与2.1.1节中所述的库埃特流动的不同在于沿流动方向有质量力作用。如令

$$p_e=p+\rho g y\cos\alpha-\rho g x\sin\alpha \quad (2\text{-}47)$$

则由

式(2-45a):
$$\frac{\partial p_e}{\partial x}=\frac{\partial p}{\partial x}-\rho g\sin\alpha=\mu\frac{\partial^2 u}{\partial y^2} \quad (2\text{-}48\text{a})$$

式(2-45b):
$$\frac{\partial p_e}{\partial y}=\frac{\partial p}{\partial y}+\rho g\cos\alpha=0 \quad (2\text{-}48\text{b})$$

式(2-45c):
$$\frac{\partial p_e}{\partial z}=\frac{\partial p}{\partial z}=0 \quad (2\text{-}48\text{c})$$

式(2-48)从形式上来看与库埃特流动的基本方程式相同,只不过是把p换成了p_e。为同时满足式(2-48a)和式(2-48b)的要求,像库埃特流动中一样,必然有

$$\frac{\mathrm{d}p_e}{\mathrm{d}x}=\mu\frac{\partial^2 u}{\partial y^2}=-C_1 \quad (2\text{-}49)$$

C_1为一常数。边界条件为

$$\left.\begin{aligned} y = 0; \quad u = 0 \\ y = h; \quad u = U \end{aligned}\right\} \tag{2-50}$$

式(2-49)的解为

$$u = U\frac{y}{h} + \frac{C_1 h^2}{2\mu}\frac{y}{h}\left(1 - \frac{y}{h}\right) \tag{2-51}$$

由式(2-48a)可以看出，$\frac{\partial p_e}{\partial x}$与$\frac{\partial p}{\partial x}$只差$-\rho g\sin\alpha$，当坡度一定时，$\rho g\sin\alpha$为常数，所以$\frac{\partial p}{\partial x}$亦为常数，令

$$\frac{\partial p}{\partial x} = -C$$

从而

$$-C_1 = \frac{\mathrm{d}p_e}{\mathrm{d}x} = \frac{\partial p}{\partial x} - \rho g\sin\alpha = -C - \rho g\sin\alpha$$

式(2-51)可写为

$$u = U\frac{y}{h} + \frac{(\rho g\sin\alpha + C)h^2}{2\mu}\frac{y}{h}\left(1 - \frac{y}{h}\right) \tag{2-52}$$

这就是倾斜平行平板间粘性流动的解。

如果上平板处是一自由水面，如图 2-13 所示之流动，控制方程仍为式(2-49)，边界条件则为

$$\left.\begin{aligned} y = 0; \quad & u = 0 \\ y = h; \quad & \frac{\mathrm{d}u}{\mathrm{d}y} = 0 \end{aligned}\right\} \tag{2-53}$$

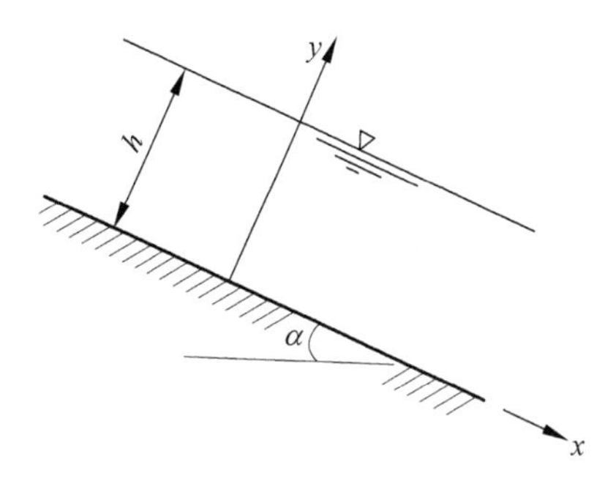

图 2-13　具有自由水面流动

因为在自由表面处$\tau = \mu\frac{\mathrm{d}u}{\mathrm{d}y} = 0$。积分式(2-49)：

$$\frac{\mathrm{d}u}{\mathrm{d}y} = -\frac{C_1}{\mu}y + k_1$$

k_1 为积分常数。再积分得

$$u = -\frac{C_1}{2\mu}y^2 + k_1 y + k_2$$

k_2 为积分常数。代入边界条件式(2-53)得

$$k_2 = 0$$

$$-\frac{C_1}{\mu}h + k_1 = 0, \quad 得\ k_1 = \frac{C_1}{\mu}h$$

所以方程(2-49)的解为

$$u=\frac{C_1}{2\mu}y^2+\frac{C_1 h}{\mu}y=\frac{C_1 h^2}{2\mu}\left(2-\frac{y}{h}\right)\frac{y}{h} \tag{2-54}$$

但在具有自由水面的流动中，$\frac{\partial p}{\partial x}=-C=0$，即

$$C_1=\rho g\sin\alpha$$

从而

$$u=\frac{\rho g\sin\alpha h^2}{2\mu}\frac{y}{h}\left(2-\frac{y}{h}\right) \tag{2-55}$$

流量

$$\begin{aligned}Q&=\int_0^h u\mathrm{d}y=\frac{\rho g\sin\alpha h^3}{2\mu}\int_0^h\left[2\left(\frac{y}{h}\right)-\left(\frac{y}{h}\right)^2\right]\mathrm{d}\left(\frac{y}{h}\right)\\&=\frac{\rho g\sin\alpha h^3}{2\mu}\left[\left(\frac{y}{h}\right)^2-\frac{1}{3}\left(\frac{y}{h}\right)^3\right]_0^h\\&=\frac{\rho g h^3\sin\alpha}{3\mu}\end{aligned} \tag{2-56}$$

2.5 平行平面间的脉冲流动

平行平面间的脉冲流动(pulsating flow)是另一个可以得到 N-S 方程精确解的非恒定流动，它对研究血液流动是有意义的。图 2-14 两个固定的平行平面位于 $y=\pm a$ 处，x 方向的压强梯度随时间振动，于是 x 方向的流速也将随压强梯度而振动。在 y,z 方向流速均为零，即 $v=0$，$w=0$，从而由连续方程可得$\frac{\partial u}{\partial x}\equiv 0$。于是

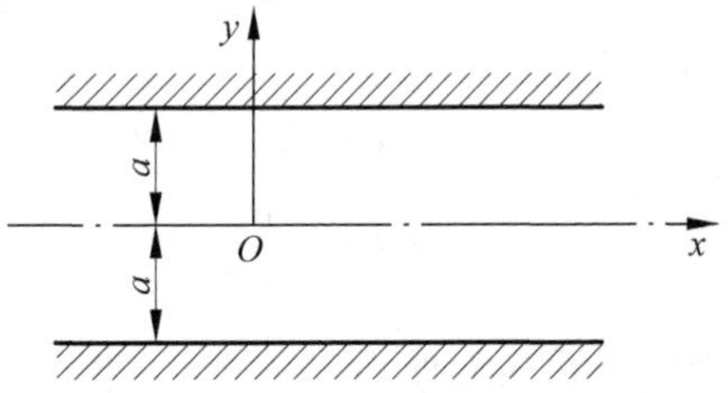

图 2-14 平行平面间的脉冲流动

$$\boldsymbol{u}=(u(y,t),0,0)$$

N-S 方程简化为

$$\frac{\partial u}{\partial t}=-\frac{1}{\rho}\frac{\partial p}{\partial x}+\nu\frac{\partial^2 u}{\partial y^2} \tag{2-57}$$

边界条件为

$$y=\pm a;\quad u=0 \tag{2-58}$$

假定压强梯度的振动为以下形式：

$$\frac{\partial p}{\partial x}=-\rho P(t)=-\rho A\cos\omega t \tag{2-59}$$

式中，A 为实数常数，代表振动幅度，ω 表示振动频率，则式(2-57)改写为

$$\frac{\partial u}{\partial t} = P(t) + \nu \frac{\partial^2 u}{\partial y^2} = A\cos\omega t + \nu \frac{\partial^2 u}{\partial y^2} \tag{2-60}$$

若流速 u 可表示为

$$u(y,t) = \mathrm{Re}[f(y)\mathrm{e}^{\mathrm{i}\omega t}] \tag{2-61}$$

式中,“Re[]”表示括弧中量的实数部分。代入式(2-60),得

$$\mathrm{Re}[\mathrm{i}\omega f\mathrm{e}^{\mathrm{i}\omega t}] = \mathrm{Re}[A\mathrm{e}^{\mathrm{i}\omega t}] + \nu\mathrm{Re}\left[\frac{\mathrm{d}^2 f}{\mathrm{d}y^2}\mathrm{e}^{\mathrm{i}\omega t}\right]$$

从而 $\mathrm{i}\omega f = A + \nu f''$,或写为

$$f'' - \frac{\mathrm{i}\omega}{\nu} f = -\frac{A}{\nu} \tag{2-62}$$

为函数 f 的非齐次线性方程。这个常微分方程的解是由一个常数的特解和齐次方程的通解所组成的,即 $f(y) = f_1(y) + f_2(y)$,其中特解为

$$f_1(y) = \frac{A}{\mathrm{i}\omega} = -\mathrm{i}\frac{A}{\omega}$$

齐次方程的通解为

$$f_2(y) = M\cosh\left[(1+\mathrm{i})\sqrt{\frac{\omega}{2\nu}}y\right] + N\sinh\left[(1+\mathrm{i})\sqrt{\frac{\omega}{2\nu}}y\right]$$

式中,M 和 N 为待恒定数。由边界条件 $u(a,t)=0$,$u(-a,t)=0$,可得出

$$0 = -\mathrm{i}\frac{A}{\omega} + M\cosh\left[(1+\mathrm{i})\sqrt{\frac{\omega}{2\nu}}a\right] + N\sinh\left[(1+\mathrm{i})\sqrt{\frac{\omega}{2\nu}}a\right]$$

$$0 = -\mathrm{i}\frac{A}{\omega} + M\cosh\left[(1+\mathrm{i})\sqrt{\frac{\omega}{2\nu}}a\right] - N\sinh\left[(1+\mathrm{i})\sqrt{\frac{\omega}{2\nu}}a\right]$$

从而定出常数 M 与 N:

$$M = -\frac{\mathrm{i}A}{\omega\cosh\left[(1+\mathrm{i})\sqrt{\frac{\omega}{2\nu}}a\right]}$$

$$N = 0$$

于是方程(2-62)的解为

$$f(y) = \frac{\mathrm{i}A}{\omega}\left[\frac{\cosh(1+\mathrm{i})\sqrt{\frac{\omega}{2\nu}}y}{\cosh(1+\mathrm{i})\sqrt{\frac{\omega}{2\nu}}a} - 1\right]$$

流速 $u(y,t)$:

$$u(y,t) = \mathrm{Re}\left\{\frac{\mathrm{i}A}{\omega}\left[\frac{\cosh(1+\mathrm{i})\sqrt{\frac{\omega}{2\nu}}y}{\cosh(1+\mathrm{i})\sqrt{\frac{\omega}{2\nu}}a} - 1\right]\mathrm{e}^{\mathrm{i}\omega t}\right\} \tag{2-63}$$

可以看出,流速与压强梯度具有相同的振动频率 ω,但存在随 y 而变化的相位差。壁面附近的振幅与中心处振幅不同,由边界条件可看出在壁面处振幅趋近于零。

2.6 奇异摄动法举例

奇异摄动法(singular perturbation)是应用数学的一个重要方法,在力学中有着广泛的应用。当工程科学问题中出现无量纲的小参数时,利用摄动法作渐近展开,往往可以得到简单而有效的结果,并有助于对该科学问题得到深刻而透彻的理解。

首先研究一个二阶常微分方程:

$$\varepsilon y'' + y' = x \tag{2-64}$$

式中,ε 为小参数,也称摄动量(disturbance),$0<\varepsilon\ll 1$;“$'$”及“$''$”分别表示对自变量 x 的一阶和二阶导数。边界条件为

$$y(0) = 0 \tag{2-65a}$$

$$y(1) = 1 \tag{2-65b}$$

假设该微分方程的解可以展开为 ε 的幂级数(power series):

$$y = \sum_{n=0}^{\infty} \varepsilon^n y_n(x) \tag{2-66}$$

将幂级数解代入式(2-64),得

$$\varepsilon[y_0'' + \varepsilon y_1'' + \varepsilon^2 y_2'' + \cdots] + [y_0' + \varepsilon y_1' + \varepsilon^2 y_2' + \cdots] = x$$

按 ε 的幂次排列,此方程式可写为

$$(y_0' - x) + (y_0'' + y_1')\varepsilon + (y_1'' + y_2')\varepsilon^2 + \cdots = 0$$

视所研究问题需求的精度确定所取小参数 ε 的幂次。令 ε 的各次幂的系数为零,得到关于 y_n 的递推方程(recurrence formula)。

$$\varepsilon^0: \qquad y_0' = x \tag{2-67a}$$

$$\varepsilon^n: \quad y_n' = - y_{n-1}'' \quad (n \geqslant 1) \tag{2-67b}$$

积分式(2-67a),得

$$y_0 = \frac{1}{2}x^2 + C \tag{2-68}$$

由边界条件式(2-65a)可定积分常数 $C=0$,但由式(2-65b)则得积分常数 $C=\dfrac{1}{2}$。这是由于方程式被降阶,不能同时满足两个边界条件所致。由式(2-67b)知,当 $n=1$ 时,

$$\varepsilon^1: \qquad y_1' = - y_0'' \tag{2-69}$$

对式(2-68)进行微分，得

$$y_0' = x, \quad y_0'' = 1$$

代入式(2-69)，得

$$y_1' = -1$$

积分之，得

$$y_1 = -x + C_1$$

还可依此类推，由 ε^2，ε^3，…各项系数得到有关方程。对于式(2-68)，如果满足式(2-65a)的边界条件，积分常数 $C=0$，方程式应为 $y_0 = \frac{1}{2}x^2$，如图 2-15(a)所示，此时不能满足 $x=1$ 处的边界条件式(2-65b)。若满足边界条件式(2-65b)，积分常数 $C=\frac{1}{2}$，则式(2-68)应写为 $y_0 = \frac{1}{2}x^2 + \frac{1}{2}$，此时不能满足 $x=0$ 处的边界条件式(2-65a)，如图 2-15(b)所示。

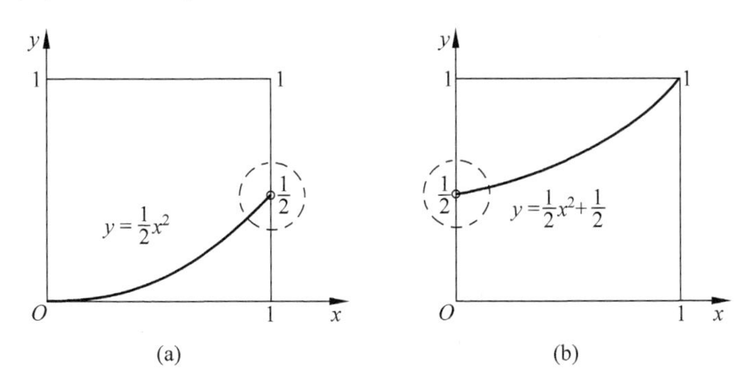

图 2-15　方程(2-64)的两个不同边界条件

可见幂级数解不能在域内一致有效，因此是奇异摄动问题。可以把区域分成两部分，将 $x>0$ 的区域称为外部区域，外部区域中的解称为外部解。假设 $C=\frac{1}{2}$，则幂级数式(2-66)可写为

$$y_{\text{outer}} = \left(\frac{1}{2}x^2 + \frac{1}{2}\right) + \varepsilon y_1 + \varepsilon^2 y_2 + \cdots \tag{2-70}$$

y_{outer}为方程(2-64)的外部展开(outer expansion)或外部解。它在除去 $x=0$ 边界附近以外的区域是适用的。由 ε^0 项的系数为 0 而得到的方程(2-67a)，其解为 y_0，y_0 是方程(2-64)解中的首项(leading term)。在整个解中 y_0 占有重要的位置，而由依次得到的其他递推公式的解 $y_1, y_2, \cdots, y_n$ 则由于均将乘以 ε^n 的小量而变为很小的数值，因此在整个解中不具有重要意义，其取舍视问题所要求的精确度而定。下面来尝试确立 $x=0$ 附近的解。使用一个尺度的变化将 $x=0$ 附近的坐标放大，在 $x=0$ 点的邻域内引进伸展变量 ξ，令

$$x = \varepsilon^p \xi, \quad p > 0$$

如果 $\xi \sim O(1)$,则 $x \sim \varepsilon^p$。引进伸展变量后方程(2-64)改写为

$$\varepsilon^{1-2p} \frac{\mathrm{d}^2 y}{\mathrm{d}\xi^2} + \varepsilon^{-p} \frac{\mathrm{d}y}{\mathrm{d}\xi} = \varepsilon^p \xi \tag{2-71}$$

p 的选择应使二阶导数不能忽略,例如

(1) 选取:$1-2p=p$,则 $p=\frac{1}{3}$,于是一阶项:

$$\varepsilon^{-p} \frac{\mathrm{d}y}{\mathrm{d}\xi} = \varepsilon^{-\frac{1}{3}} \frac{\mathrm{d}y}{\mathrm{d}\xi}$$

而二阶项为

$$\varepsilon^{1-2p} \frac{\mathrm{d}^2 y}{\mathrm{d}\xi^2} = \varepsilon^{1-\frac{2}{3}} \frac{\mathrm{d}^2 y}{\mathrm{d}\xi^2} = \varepsilon^{\frac{1}{3}} \frac{\mathrm{d}^2 y}{\mathrm{d}\xi^2}$$

ε 为小参数,所以一阶项的系数大大超过二阶项的系数,二阶项的地位变得不重要,与上述对 p 的选择要求不符。

(2) 选取:$1-2p=-p$,则 $p=1$,方程(2-71)可写为

$$\frac{\mathrm{d}^2 y}{\mathrm{d}\xi^2} + \frac{\mathrm{d}y}{\mathrm{d}\xi} = \varepsilon^2 \xi \sim O(\varepsilon^2) \tag{2-72}$$

假设 y 的内部展开(inner expansion)为

$$y_{\text{inner}} = y_0(\xi) + \varepsilon y_1(\xi) + \varepsilon^2 y_2(\xi) + \cdots \tag{2-73}$$

如只考虑首项 y_0,代入式(2-72):

$$\frac{\mathrm{d}^2 y_0}{\mathrm{d}\xi^2} + \frac{\mathrm{d}y_0}{\mathrm{d}\xi} = 0 \tag{2-74}$$

边界条件为

$$y_0(0) = 0$$

对于 $x=1, y=1$ 的边界条件式(2-65b)可以放宽要求,因为 $x=1$ 相当 $\xi=\frac{1}{\varepsilon}$,在 ξ 坐标上是相当远的距离了。式(2-74)的解为

$$y_0(\xi) = a(1-\mathrm{e}^{-\xi}) \tag{2-75}$$

于是方程(2-64)的解可由两部分表示:

外部解:
$$y_{\text{outer}} = \frac{1}{2} + \frac{1}{2}x^2 + \varepsilon y_1 + \varepsilon^2 y_2 + \cdots \tag{2-76}$$

内部解:
$$y_{\text{inner}} = a(1-\mathrm{e}^{-\xi}) + \varepsilon y_1(\xi) + \varepsilon^2 y_2(\xi) + \cdots \tag{2-77}$$

如图 2-16 所示。图 2-16(a)为内部解,图 2-16(b)为外部解。式(2-76)的 y_{outer} 和式(2-77)的 y_{inner} 是同一方程(2-64)的两个不同区域的展开式。使 $\xi \gg 1$ 和 $x \ll 1$ 是可能的,例如当 $\xi=\varepsilon^{-\frac{1}{2}}$ 时,则 $x=\varepsilon\xi=\varepsilon^{\frac{1}{2}}$。在两个展开式的重叠区域,必须有

$$\lim_{\xi \to \infty} y_{\text{inner}} = \lim_{x \to 0} y_{\text{outer}} \tag{2-78}$$

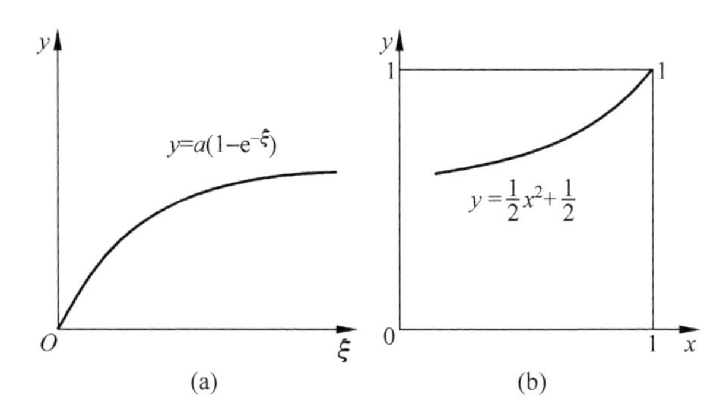

图 2-16 方程(2-64)的内部解和外部解

此即为匹配条件，从而使得两个区域的解可以互相衔接。当 $\xi\to\infty$，$y=a(1-e^{-\xi})=a$，当 $x\to 0$，$y=\frac{1}{2}+\frac{1}{2}x^2=\frac{1}{2}$，因此只有 $a=\frac{1}{2}$，外部解与内部解可以匹配(matching)。于是方程(2-64)的解为

$$y_{\text{outer}}=\frac{1}{2}+\frac{1}{2}x^2+O(\varepsilon),\quad \text{适用于 } x\gg\varepsilon$$

$$y_{\text{inner}}=\frac{1}{2}(1-e^{-\xi})+O(\varepsilon),\text{适用于 } \xi\gg 1,\text{即}$$

$x\ll\varepsilon$ 图 2-17 为这个解的示意图。$0\leqslant x<\varepsilon$ 区域为“边界层”。

组合的解为

$$y=\frac{1}{2}+\frac{1}{2}x^2-\frac{1}{2}e^{-x/\varepsilon}+O(\varepsilon)\quad(2\text{-}79)$$

这个解在 $0\leqslant x\leqslant 1$ 域内处处适用，误差为 ε 的量级。由于粘性流动所具有的边界层性质，这种方法在粘性流动的研究中具有重要作用。

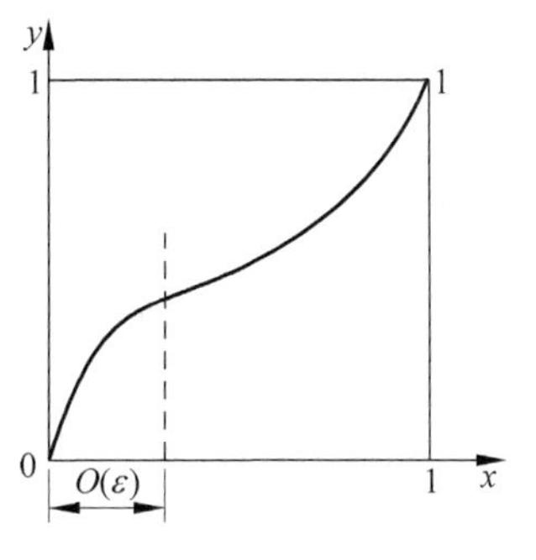

图 2-17 方程(2-64)解的示意图

2.7 低雷诺数流动

对于某些目前尚不能求得 N-S 方程精确解的流动问题，可以求其近似解。所谓近似解，指其解析表达式只是近似地满足流动的基本方程式。本节讨论低雷诺数流动，以其惯性力相对粘性力而言甚小因而可近似地忽略 N-S 方程中非线性的惯性项，从而得到线性的运动方程。低雷诺数流动在工程实践中是有实际意义的，如泥沙的沉降，地下渗流，微生物的游动，润滑以至某些人体器官的生理现象等。

流动雷诺数

$$Re = \frac{\rho UL}{\mu} \tag{2-80}$$

决定于流体的物性包括密度 ρ 和粘度 μ 和流动的特征物理量包括特征速度 U 及特征长度 L。低雷诺数流动一般指 $Re \ll 1$ 的流动。如果长度尺度较大,例如研究尺度较大的物体在流体中的运动则其速度必须甚小,因此有时称这种情况下的流体运动为极慢流动或蠕动。对于尺度甚小的物体,例如微生物或细菌,则其运动速度可以较大,如细菌在水或空气中游动的速度可达其自身长度尺度的10倍甚至100倍。对于其速度与物体自身长度尺度相近的运动,例如人在水中游泳的情形,此时 $\frac{U}{L} \approx 1$,则与低雷诺数流动完全不同。

2.7.1 斯托克斯方程

最基本的低雷诺数流动的近似解法是斯托克斯近似,雷诺数表征惯性力与粘性力之比,因此在低雷诺数流动中假定惯性项可以忽略。在N-S方程中如压强项考虑为流体动压强,则N-S方程简化为

$$0 = -\nabla p + \mu \nabla^2 \boldsymbol{u} \text{ 或 } \nabla p = \mu \nabla^2 \boldsymbol{u} \tag{2-81}$$

$$\nabla \cdot \boldsymbol{u} = 0 \tag{2-82}$$

其边界条件为

在物面上, $u = U$, U 为物面运动速度

$|\boldsymbol{x}| \to \infty$ 处, $u \to 0$, $p \to p_\infty$

式(2-81)称为斯托克斯方程。与连续方程(2-82)联立共有4个分量方程式和4个未知量,流速 u_1, u_2, u_3 和压强 p。通过斯托克斯近似,N-S方程变为线性方程。$\boldsymbol{x}$ 为位置向量。

上述斯托克斯方程可以通过更为严格的方式推导出来,因为考虑高阶修正时必须利用这种方法,因此下面给出这个推导的过程。首先对各变量进行无量纲化。

自变量: $\boldsymbol{x}^\circ = \frac{\boldsymbol{x}}{L}$, $t^\circ = \frac{Ut}{L}$,称为斯托克斯变量

因变量: $\boldsymbol{u}^\circ = \frac{\boldsymbol{u}}{U}$, $p^\circ = \frac{p - p_\infty}{\mu U/L}$

式中,变量右上角的"∘"表示该量为无量纲量; U,L 为特征速度(例如自由来流速度 U_∞)与特征长度(例如绕流物体的直径或某种几何尺度)。将这些无量纲量代入N-S方程(1-103)及连续方程(1-17)中,得无量纲方程式如下:

$$\frac{U^2}{L}\left[\frac{\partial \boldsymbol{u}^\circ}{\partial t^\circ} + (\boldsymbol{u}^\circ \cdot \nabla^\circ)\boldsymbol{u}^\circ\right] = -\frac{\nu U}{L^2}\nabla^\circ p^\circ + \frac{\nu U}{L^2}\nabla^{\circ 2}\boldsymbol{u}^\circ$$

每一项均以 $\frac{\nu U}{L^2}$ 除之,并使 $Re = \frac{UL}{\nu}$,则得

$$\begin{cases} Re\dfrac{\mathrm{d}\boldsymbol{u}^{\circ}}{\mathrm{d}t^{\circ}} = -\nabla^{\circ}p^{\circ} + \nabla^{\circ 2}\boldsymbol{u}^{\circ} & (2\text{-}83) \\ \nabla^{\circ}\cdot\boldsymbol{u}^{\circ} = 0 & (2\text{-}84) \end{cases}$$

当雷诺数 $Re \to 0$，则得

$$\begin{cases} \nabla^{\circ}p^{\circ} = \nabla^{\circ 2}\boldsymbol{u}^{\circ} & (2\text{-}85) \\ \nabla^{\circ}\cdot\boldsymbol{u}^{\circ} = 0 & (2\text{-}84) \end{cases}$$

此即无量纲的斯托克斯方程。严格说来，只有当 $Re=0$ 时斯托克斯方程才成立，但当 $Re \ll 1$ 时斯托克斯方程是 N-S 方程很好的近似方程。

式(2-83)中，Re 相当于一个小参数，由此式所表示的 N-S 方程，其内部展开式可以写为

$$\boldsymbol{u} = \boldsymbol{u}_0 + \delta_1(Re)\boldsymbol{u}_1 + \delta_2(Re)\boldsymbol{u}_2 + \cdots \tag{2-86}$$

$$p = p_0 + \delta_1(Re)p_1 + \delta_2(Re)p_2 + \cdots \tag{2-87}$$

$\boldsymbol{u}_0$ 和 p_0 是 N-S 方程(2-83)内部展开式的首项，即为斯托克斯方程的解。$Re\dfrac{\mathrm{d}\boldsymbol{u}^{\circ}}{\mathrm{d}t}$ 在整个域内均为小量，但当 $r \to \infty$ 时除外，因而这是一个奇异摄动问题。引入当地雷诺数 Re_r 可清楚地看出这一点，令

$$Re_r = \frac{Ur}{\nu} = \frac{UL}{\nu}\left(\frac{r}{L}\right) = Re\left(\frac{r}{L}\right) \tag{2-88}$$

因此当 $Re \to 0$，对于任意固定的 r 值，$Re_r \to 0$。

但当 $r \to \infty$，对于任意固定的 Re 值，不管它是多么小，总有 $Re_r \to \infty$。这时内部展开式不再成立。r 表示所考虑的点距离坐标原点的垂直距离。

因此对于一个无界流场，斯托克斯方程的解只适用于绕流物体的附近，$r_\nu < \dfrac{\nu}{U}$ 的距离之内。r_ν 称为粘性长度尺度(viscous length scale)，此时 $Re_r < \left(\dfrac{UL}{\nu}\right)\left(\dfrac{\nu}{UL}\right) = 1$。对于更大的范围则必须加以修正，例如下面将要讨论的奥辛修正。

式(2-81)和式(2-82)也可用另外的形式表示，以使流速和压强分别用不同的方程式表示，从而速度场和压强场可以分别计算。由式(2-81)取散度，并应用式(2-82)得

$$\nabla^2 p = 0 \tag{2-89}$$

说明压强 p 为一调和函数。对式(2-81)应用拉普拉斯算子 ∇^2 $(\nabla p = \mu\nabla^2\boldsymbol{u})$ 并应用式(2-89)，可得

$$\nabla^4\boldsymbol{u} = 0 \tag{2-90}$$

所以 $\boldsymbol{u}$ 为双调和函数。

式(2-89)和式(2-90)分别给出压强和流速的控制方程，可分别计算。但是付出的代价是二阶微分方程变为四阶微分方程。

斯托克斯方程的求解有两种途径,一是应用控制方程及相应的边界条件对于所感兴趣的几何边界求解其边值问题。另外一个途径就是从斯托克斯方程为线性方程这一点出发,建立控制方程的一些基本解,再由这些基本解的叠加去求解某些流动问题,可参阅章梓雄(Allen T. Chwang)和吴耀祖(Theodore Y. Wu)的论文[4]。2.7.2节中将给出斯托克斯方程的一些最简单而典型的基本解。

2.7.2 斯托克斯方程的一些基本解

1. 均匀流(uniform flow)

斯托克斯方程最简单的基本解即为均匀流。可以看出对于一个速度向量和压强均为常量的流动,式(2-81)和式(2-82)必然满足。也就是说,当

$$\boldsymbol{u}=\boldsymbol{U} \tag{2-91}$$

$$p=\text{常数} \tag{2-92}$$

即假定来流流速$\boldsymbol{U}$为常向量。坐标系可根据流动问题选择。则式(2-91)所表示的速度场和式(2-92)所表示的压强场满足斯托克斯方程。这个速度场和压强场中不产生力和力矩的作用。

2. 偶极子(doublet)

在2.3节中曾经指出,由于对于势流而言N-S方程中的粘性项恒等于零,所以任一势流解同时也必然是N-S方程的精确解。对于N-S方程的斯托克斯近似来说,认为方程中的惯性项趋近于零。如果考虑它的势流解,那么方程中的粘性项恒等于零,这时压强项也必然为零,即$\nabla p=0$或$p=$常数,所以当一个N-S方程的势流解如其压强为常量时,这个解也就是斯托克斯方程的解。

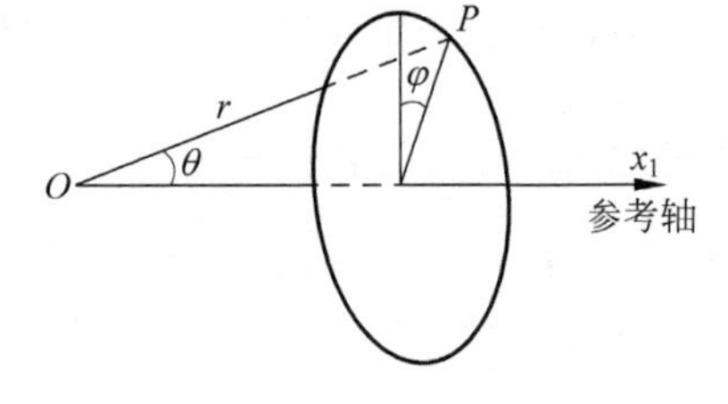

图2-18 三维轴对称势流

对于三维轴对称势流,如采用图2-18所示的球坐标(r,θ,φ),则位于原点的偶极子所引起的流动中:

$$\varphi(\boldsymbol{r})=-A\boldsymbol{\alpha}\cdot\nabla\left(-\frac{1}{r}\right)=-A\frac{\boldsymbol{\alpha}\cdot\boldsymbol{r}}{r^3} \tag{2-93}$$

流速则为

$$\boldsymbol{u}=\nabla\varphi=-A\left[\frac{\boldsymbol{\alpha}}{r^3}-\frac{3(\boldsymbol{\alpha}\cdot\boldsymbol{r})\boldsymbol{r}}{r^5}\right] \tag{2-94}$$

式中,$\boldsymbol{r}$为流场中点位置向量,$\boldsymbol{r}=x_1\boldsymbol{e}_1+x_2\boldsymbol{e}_2+x_3\boldsymbol{e}_3$,$r=|\boldsymbol{r}|=\sqrt{x_1^2+x_2^2+x_3^2}$;$A$为偶极强度;$\boldsymbol{\alpha}$为偶极矩方向的单位向量。这个流速场要满足斯托克斯方程则必须

压强为常数,即

$$p = \text{常数} \tag{2-95}$$

偶极子同样不施加任何力或力矩于周围的流体。

3. 斯托克斯极子(stokeslet)

前述两种基本流动中压强分布均为常数,但在斯托克斯流动中一般情况下压强并非常数而应该是拉普拉斯方程(2-89)的非平凡解(nontrivial solution)。斯托克斯极子就是这样的一个例子。它的流速则应由式(2-81)解出。

由式(2-81),$\nabla^2 \boldsymbol{u} = \dfrac{1}{\mu}\nabla p$,可得

$$\boldsymbol{u} = \frac{p\boldsymbol{r}}{2\mu} + \boldsymbol{u}'$$

式中,$\boldsymbol{u}'$是满足拉普拉斯方程$\nabla^2 \boldsymbol{u}' = 0$的解。压强 p 是调和函数,满足三维拉普拉斯方程$\nabla^2 p = 0$。它的一个基本解是 $p = -\dfrac{1}{r}$。这个基本解所对应的流速 $u \sim \ln r$,当 $r \to \infty$ 时 $u \nrightarrow 0$,因此这个基本解不适用。p 的另一个基本解是

$$p = 2C\mu\boldsymbol{\alpha} \cdot \nabla\left(-\frac{1}{r}\right) = 2C\mu\,\frac{\boldsymbol{\alpha} \cdot \boldsymbol{r}}{r^3} \tag{2-96}$$

与此压强场所对应的流速场可通过式(2-81)得到

$$\boldsymbol{u} = \frac{p\boldsymbol{r}}{2\mu} + \boldsymbol{u}' = \frac{C(\boldsymbol{\alpha} \cdot \boldsymbol{r})\boldsymbol{r}}{r^3} + \boldsymbol{u}' \tag{2-97}$$

由连续方程可确定 $\boldsymbol{u}'$,

$$\begin{aligned}\nabla \cdot \boldsymbol{u} &= C\frac{\boldsymbol{\alpha} \cdot \boldsymbol{r}}{r^3}\nabla \cdot \boldsymbol{r} + C\boldsymbol{r} \cdot \nabla\left(\frac{\boldsymbol{\alpha} \cdot \boldsymbol{r}}{r^3}\right) + \nabla \cdot \boldsymbol{u}' \\ &= C\frac{\boldsymbol{\alpha} \cdot \boldsymbol{r}}{r^3} + \nabla \cdot \boldsymbol{u}' \\ &= 0\end{aligned}$$

可知

$$\nabla \cdot \boldsymbol{u}' = -C\frac{\boldsymbol{\alpha} \cdot \boldsymbol{r}}{r^3}$$

解出

$$\boldsymbol{u}' = C\frac{\boldsymbol{\alpha}}{r}$$

最后得到流速向量 $\boldsymbol{u}$ 为

$$\boldsymbol{u} = C\left[\frac{\boldsymbol{\alpha}}{r} + \frac{(\boldsymbol{\alpha} \cdot \boldsymbol{r})\boldsymbol{r}}{r^3}\right] \tag{2-98}$$

式(2-96)与式(2-98)表示斯托克斯方程的一个基本解,它是一个位于原点的奇点(singular point),称为斯托克斯极子。式中,C 表示斯托克斯极子的强度;$\boldsymbol{\alpha}$ 为极

矩方向的单位向量。

由斯托克斯极子所引起的流动的涡量$\boldsymbol{\Omega}$为

$$\Omega = \nabla\times \boldsymbol{u} = 2C\frac{\boldsymbol{\alpha}\times \boldsymbol{r}}{r^3} \tag{2-99}$$

已知流场中压强和流速的分布,则流场中的应力张量σ_{ij}可以得出。在直角坐标系中:

$$\begin{aligned}\sigma_{ij} &=- p\delta_{ij} + \mu\left(\frac{\partial u_i}{\partial x_j}+\frac{\partial u_j}{\partial x_i}\right)\\ &=- 6C\mu\alpha_k\frac{x_i x_j x_k}{r^5}\end{aligned} \tag{2-100}$$

下面研究作用在斯托克斯极子上的力,这个力是应力的面积分:

$$F_i = \int_{S_b}\sigma_{ij}n_j\mathrm{d}S \tag{2-101}$$

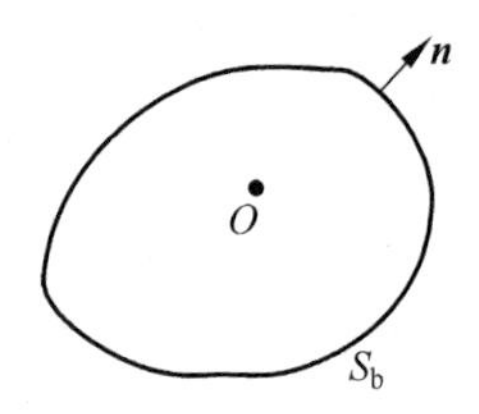

图 2-19　斯托克斯极子

设O点为斯托克斯极子,围绕O点的任一曲面S_b。因为在流动中没有其他的奇点,如图2-19所示,为简单起见选择曲面为球面,$n_j=\frac{x_j}{r}$,则

$$\begin{aligned}F_i &=- 6C\mu\alpha_k\int_{S_b}\frac{x_i x_j x_k}{r^5}\left(\frac{x_j}{r}\right)\mathrm{d}S\\ &=- 6C\mu\alpha_k\int_{S_b}\frac{x_i x_k}{r^4}\mathrm{d}S\\ &=- 6C\mu\alpha_k\int_{S_b}n_i n_k\mathrm{d}\omega\\ &=- 6C\mu\alpha_k\left(\frac{4}{3}\pi\delta_{ik}\right)^{①}\\ &=- 8\pi C\mu\alpha_i\end{aligned} \tag{2-102}$$

对于球面,$\mathrm{d}S=r^2\mathrm{d}\omega$,$\omega$为立体角。

$$\boldsymbol{F} =- 8\pi C\mu\,\boldsymbol{\alpha} \tag{2-103}$$

说明流体作用在斯托克斯极子上的力与斯托克斯极子的极矩方向相反。

2.7.3　绕过球体的均匀流动

如图2-20所示的均匀来流U_∞绕过以O为球心、r_0为半径的球体的流动。将球心取为坐标原点,使用球坐标系(r,θ,φ)。流动为轴对称流动,与经度(或回转角)φ无关,因而归结为子午面上的二维问题。如取U_∞的方向为直角坐标系的x_1

① $\int n_i n_k\mathrm{d}\omega=\frac{4}{3}\pi\delta_{ik}$为恒等式,详见参考书目(9),p252。

方向，在势流中均匀流绕过球体的流动为均匀流与偶极子的叠加。由式(2-94)，

$$\boldsymbol{u} = U_{\infty}\boldsymbol{e}_1 - A\left[\frac{\boldsymbol{\alpha}}{r^3} - \frac{3(\boldsymbol{\alpha}\cdot\boldsymbol{r})\boldsymbol{r}}{r^5}\right] \tag{2-104}$$

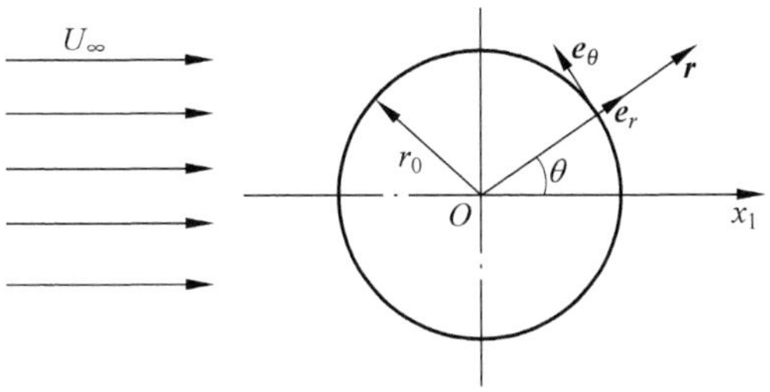

图 2-20　绕球体的均匀流动

设偶极矩方向为 x_1 方向，$\boldsymbol{\alpha} = \boldsymbol{e}_1$。边界条件为

$$r = r_0;\quad \boldsymbol{u}\cdot\boldsymbol{r} = 0\quad \text{(无穿透条件)} \tag{2-105a}$$

$$r\to\infty;\quad \boldsymbol{u} = U_{\infty}\boldsymbol{e}_1 \tag{2-105b}$$

由式(2-104)，

$$\boldsymbol{u}\cdot\boldsymbol{r} = U_{\infty}x_1 - A\left(\frac{x_1}{r^3} - 3\frac{x_1\boldsymbol{r}\cdot\boldsymbol{r}}{r^5}\right)$$

$$= U_{\infty}x_1 + 2A\frac{x_1}{r^3}$$

应用边界条件，当 $r=r_0$，$\boldsymbol{u}\cdot\boldsymbol{r} = U_{\infty}x_1 + 2A\dfrac{x_1}{r_0^3} = 0$，可以得到偶极强度 A：

$$A = -\frac{U_{\infty}r_0^3}{2}$$

于是圆球绕流的势流流场为

$$\boldsymbol{u} = U_{\infty}\boldsymbol{e}_1 + \frac{U_{\infty}r_0^3}{2}\left(\frac{\boldsymbol{e}_1}{r^3} - \frac{3x_1\boldsymbol{r}}{r^5}\right) \tag{2-106}$$

在斯托克斯流动中，即考虑流体粘性但雷诺数 Re 很小的流动情况，圆球绕流则为均匀流、偶极子与斯托克斯极子的叠加，由式(2-94)、式(2-98)可知当偶极矩方向为 x_1 轴方向，即来流方向时流场为

$$\begin{aligned}\boldsymbol{u} &= U_{\infty}\boldsymbol{e}_1 - A\left[\frac{\boldsymbol{\alpha}}{r^3} - \frac{3(\boldsymbol{\alpha}\cdot\boldsymbol{r})\boldsymbol{r}}{r^5}\right] + C\left[\frac{\boldsymbol{\alpha}}{r} + \frac{(\boldsymbol{\alpha}\cdot\boldsymbol{r})\boldsymbol{r}}{r^3}\right]\\ &= U_{\infty}\boldsymbol{e}_1 - A\left[\frac{\boldsymbol{e}_1}{r^3} - \frac{3x_1\boldsymbol{r}}{r^5}\right] + C\left[\frac{\boldsymbol{e}_1}{r} + \frac{x_1\boldsymbol{r}}{r^3}\right]\end{aligned} \tag{2-107}$$

边界条件为

$$\left.\begin{aligned}&r = r_0;\quad \boldsymbol{u} = 0\quad \text{(无穿透,无滑移)}\\ &r\to\infty;\quad \boldsymbol{u} = U_{\infty}\boldsymbol{e}_1\end{aligned}\right\} \tag{2-108}$$

将边界条件代入式(2-107)，当 $r=r_0$，

$$\boldsymbol{u} = U_\infty \boldsymbol{e}_1 - A\left[\frac{\boldsymbol{e}_1}{r_0^3} - \frac{3x_1 \boldsymbol{r}}{r_0^5}\right] + C\left[\frac{\boldsymbol{e}_1}{r_0} + \frac{x_1 \boldsymbol{r}}{r_0^3}\right] = 0$$

$$\left[U_\infty - \frac{A}{r_0^3} + \frac{C}{r_0}\right]\boldsymbol{e}_1 + \left[\frac{3A}{r_0^5} + \frac{C}{r_0^3}\right]x_1 \boldsymbol{r} = 0$$

必然,

$$U_\infty - \frac{A}{r_0^3} + \frac{C}{r_0} = 0$$

$$\frac{3A}{r_0^5} + \frac{C}{r_0^3} = 0$$

两式联立,可解出

$$C = -\frac{3U_\infty r_0}{4}$$

$$A = \frac{U_\infty r_0^3}{4}$$

从而圆球绕流的斯托克斯流动的流场为

$$\boldsymbol{u} = U_\infty \boldsymbol{e}_1 - \frac{U_\infty r_0^3}{4}\left[\frac{\boldsymbol{e}_1}{r^3} - \frac{3x_1 \boldsymbol{r}}{r^5}\right] - \frac{3U_\infty r_0}{4}\left[\frac{\boldsymbol{e}_1}{r} + \frac{x_1 \boldsymbol{r}}{r^3}\right] \tag{2-109}$$

其压强场由式(2-96)代入 C 值可得

$$p = 2C\mu \frac{\boldsymbol{\alpha} \cdot \boldsymbol{r}}{r^3} = 2\left(-\frac{3U_\infty r_0}{4}\right)\mu \frac{x_1}{r^3}$$

$$= -\frac{3}{2}\mu U_\infty r_0 \frac{x_1}{r^3} \tag{2-110}$$

圆球受到流体作用于它上面的力

$$\boldsymbol{F} = -8\pi C\mu\boldsymbol{\alpha}$$

$$= -8\pi\left(-\frac{3U_\infty r_0}{4}\right)\mu \boldsymbol{e}_1$$

$$= 6\pi\mu U_\infty r_0 \boldsymbol{e}_1 \tag{2-111}$$

说明受力方向与来流一致,为阻力。这就是著名的斯托克斯关于均匀流中球体阻力的公式,它只是在雷诺数很低的情况下成立。由以上讨论还可以看出,在圆球绕流的势流流场中由于不存在斯托克斯极子,因而圆球并不受到阻力的作用,这就是著名的达朗贝尔佯谬。

如果令

$$C_D = \frac{|F|}{\frac{1}{2}\rho U_\infty^2 A} \tag{2-112}$$

为阻力系数,则斯托克斯关于均匀流中球体的阻力系数为

$$C_D = \frac{24}{Re} \tag{2-113}$$

此时迎流面积 $A=\pi r_0^2$，雷诺数定义为 $Re=\dfrac{2r_0U}{\mu/\rho}$。从图 2-21 中可以看到只有在 $Re<1$ 的情况下斯托克斯阻力系数公式才与实验数据相符合。图中 $d=2r_0$ 为圆球直径。可以从重力与浮力和阻力相平衡来求泥沙在水中均匀沉降的速度称为沉速(settling velocity)，设 ρ_s 为泥沙颗粒的密度，d 为假定为圆形颗粒的泥沙的直径，

$$\frac{\pi d^3}{6}\rho_s g=\frac{\pi d^3}{6}\rho g+3\pi\mu\, ud$$

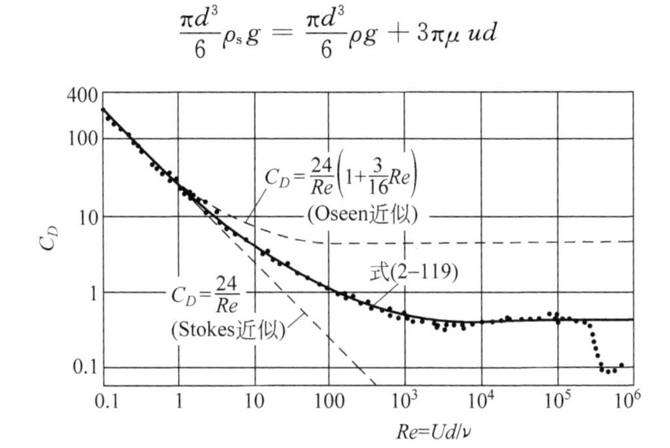

图 2-21　斯托克斯流动的解[5]

则沉速 u 为

$$u=\frac{(\rho_s-\rho)d^2g}{18\mu}$$

此式只适用于 $Re=\dfrac{Ud}{\nu}<1.0$ 的情况。

对斯托克斯流动的众多研究成果都表明，不同形状物体的阻力都是与来流流速(或物体在流体中运动的速度)，流体的粘性系数(或粘度)以及物体的特征尺度成正比，只是比例常数各有区别，例如，半径为 r_0 的薄圆盘所受的阻力为

当圆盘正面向前运动时，　$F=-16\mu Ur_0$　(2-114)

当圆盘侧缘向前运动时，　$F=-\dfrac{32}{3}\mu Ur_0$　(2-115)

可见尽管圆盘与圆球的形状有显著差别，但其阻力比圆球只分别低 15%和 43%。这一事实说明斯托克斯流动中绕流物体所受阻力对物体的形状不太敏感，因而对于与球形相差不多的沙粒、尘埃、细胞等完全可以用圆球的斯托克斯阻力公式估算其阻力。

2.7.4　奥辛近似

另一个低雷诺数的近似解为奥辛(C. W. Oseen)近似。图 2-21 中显示出当 $Re>1.0$ 时，斯托克斯近似解与实验数据将出现偏差，这是由于在斯托克斯近似中

假定迁移项为零,而事实上在远离物体处,迁移速度将接近自由流速。由本章前面给出纳维-斯托克斯方程的几个精确解已经看出,粘性的影响往往主要表现在物体壁面附近的薄层内,在物面附近粘性效应是主要的而惯性效应在某些情况下可以忽略不计,但随着与物面的距离加大,粘性作用逐渐下降。以至在一定距离处粘性力项终于下降到与惯性力项相同的数量级,甚至更小,在这些地方斯托克斯近似显然已经不再成立。为了解决这个矛盾,奥辛部分地考虑了 N-S 方程中的惯性项,但又不使它们成为非线性项,假定

$$u = U_\infty + u', \quad v = v', \quad w = w' \tag{2-116}$$

式中,U_∞ 为无穷远处自由流速;u',v',w' 为扰动速度,均较 U_∞ 甚小,这一假定在很接近物面处当然不成立。于是 N-S 方程的惯性项可以分解为两部分:

$$U_\infty \frac{\partial u'}{\partial x}, U_\infty \frac{\partial v'}{\partial x}, \cdots, \text{和 } u' \frac{\partial u'}{\partial x}, u' \frac{\partial v'}{\partial x}, \cdots$$

其中第二部分中的 $u'\dfrac{\partial u'}{\partial x}$ 等项为二阶小量,与第一部分各项相比可以忽略。这样,N-S 方程写为

$$\left.\begin{aligned}
\frac{\partial u'}{\partial t} + U_\infty \frac{\partial u'}{\partial x} &= -\frac{1}{\rho}\frac{\partial p}{\partial x} + \nu \nabla^2 u' \\
\frac{\partial v'}{\partial t} + U_\infty \frac{\partial v'}{\partial x} &= -\frac{1}{\rho}\frac{\partial p}{\partial y} + \nu \nabla^2 v' \\
\frac{\partial w'}{\partial t} + U_\infty \frac{\partial w'}{\partial x} &= -\frac{1}{\rho}\frac{\partial p}{\partial z} + \nu \nabla^2 w'
\end{aligned}\right\} \tag{2-117}$$

边界条件与 N-S 方程相同。奥辛使 N-S 方程线性化既不像斯托克斯那样使迁移速度为零,也不使用当地流速 u 而是使用自由流速度 U_∞,而自由流速度为常数。图 2-22 表示斯托克斯关于圆球在无界粘性流体中匀速直线运动所引起的流动的解答,图中绘出了流线图和速度分布。图 2-23 则为同样问题奥辛的解。从流线所表示的流型来看,斯托克斯解在圆球前后的流动对称,这是由于在斯托克斯近似方程中,变换速度和压强的符号,方程式仍变回原来的方程式,但在奥辛解中就不再是这样。图 2-22 及图 2-23 在绘制中均假定观察者距圆球甚远且相对于流动是静止的。

根据奥辛近似方程(2-117)的解可以求得圆球绕流的阻力系数为

$$C_D = \frac{24}{Re}\left(1 + \frac{3}{16}Re\right) \tag{2-118}$$

图 2-21 中同时绘出了奥辛近似。由图可见奥辛近似较之斯托克斯近似略有改善,可以应用到雷诺数 $Re=5$。由实验数据拟合得经验公式如下:

$$C_D = \frac{24}{Re} + \frac{6}{1+\sqrt{Re}} + 0.4 \quad (0 \leqslant Re \leqslant 2\times 10^5) \tag{2-119}$$

此式的误差在 $\pm 10\%$ 之间。

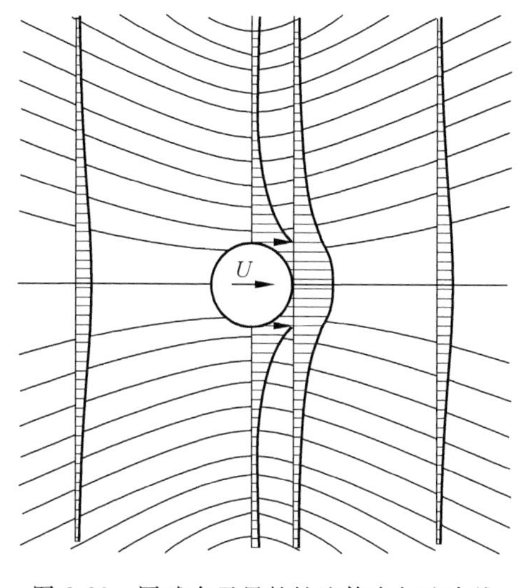

图 2-22　圆球在无界粘性流体中匀速直线运动的斯托克斯解[4]

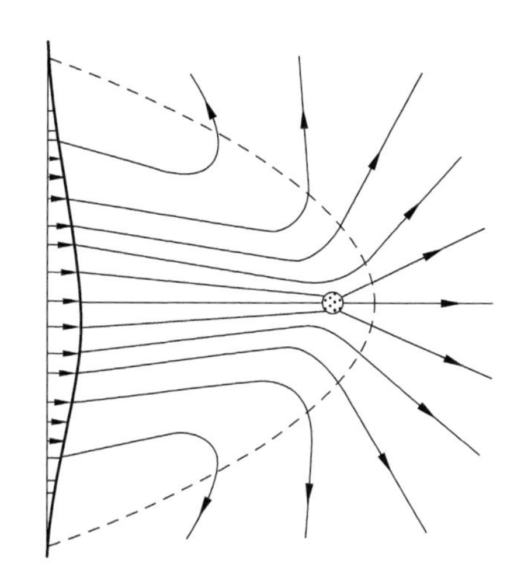

图 2-23　圆球在无界粘性流体中匀速直线运动的奥辛解[4]

2.8　边界层流动

2.7 节所讨论的低雷诺数流动为 N-S 方程的一种近似解，本节将讨论 N-S 方程的另外一种近似解，即雷诺数很大的情况下的流动。雷诺数的不断增加，意味着粘性对流动影响的不断减小。对于雷诺数很大的流动粘性作用达到可以忽略的程度，流动是否接近理想流体的流动呢？

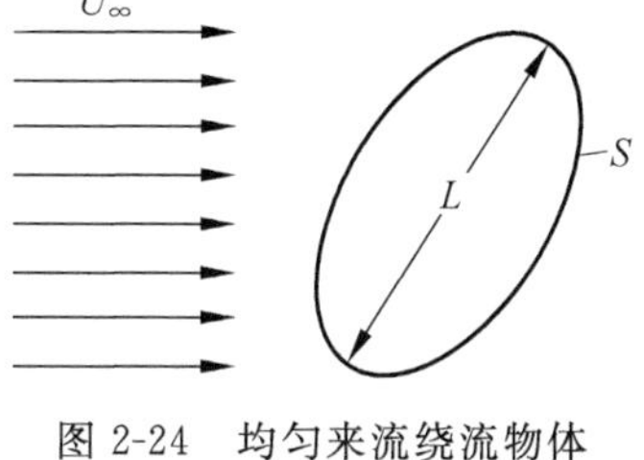

图 2-24　均匀来流绕流物体

例如考虑在均匀来流中绕流物体所形成的流场，如图 2-24 所示。N-S 方程和连续方程为

$$\frac{\partial \boldsymbol{u}}{\partial t}+(\boldsymbol{u}\cdot\nabla)\boldsymbol{u}=-\frac{1}{\rho}\nabla p+\nu\nabla^2\boldsymbol{u} \tag{1-103}$$

$$\nabla\cdot\boldsymbol{u}=0 \tag{1-17}$$

边界条件为：

在物体表面 S 上，　　　　$\boldsymbol{u}=0$

在无穷远处，　　　　　　$\boldsymbol{u}\to U_\infty\boldsymbol{e}_1$

定义雷诺数为 $Re=\dfrac{UL}{\nu}$。将 N-S 方程无量纲化，特征长度可取绕流物体的某一特征长度，例如平板的长度、球体的直径等，视问题而定。特征速度则取未受扰动的

无穷远处来流流速 U_∞。令

$$x_i^\circ=\frac{x_i}{L},\quad u_i^\circ=\frac{u_i}{U_\infty},\quad p^\circ=\frac{p-p_\infty}{\rho U_\infty^2},\quad t^\circ=\frac{U_\infty t}{L}$$

将这些无量纲量代入式(1-103)及式(1-17)中可得无量纲形式的N-S方程和连续方程:

$$\frac{\partial \boldsymbol{u}^\circ}{\partial t^\circ}+(\boldsymbol{u}^\circ\cdot\nabla^\circ)\boldsymbol{u}^\circ=-\nabla^\circ p^\circ+\frac{1}{Re}\nabla^{\circ 2}\boldsymbol{u}^\circ \tag{2-120}$$

$$\nabla^\circ\cdot\boldsymbol{u}^\circ=0 \tag{2-121}$$

边界条件为:

在物体表面 S 上, $\boldsymbol{u}^\circ=0$ (2-122)

在无穷远处, $\boldsymbol{u}^\circ=\boldsymbol{e}_1$ (2-123)

$\boldsymbol{e}_1$ 为无穷远来流 U_∞ 方向的单位向量。可见,在无量纲的 N-S 方程(2-120)中出现了雷诺数。当雷诺数趋于无穷大,$\lim\limits_{Re\to\infty}\boldsymbol{u}^\circ(\boldsymbol{x}^\circ,Re)=\boldsymbol{u}^\circ_{\mathrm{E}}$,$\lim\limits_{Re\to\infty}p(\boldsymbol{x}^\circ,Re)=p_{\mathrm{E}}$。$\boldsymbol{u}^\circ_{\mathrm{E}}$,$p_{\mathrm{E}}$ 为按欧拉方程(1-79)求解的速度及压强。于是方程(2-120)与式(2-121)变为

$$\frac{\partial \boldsymbol{u}^\circ_{\mathrm{E}}}{\partial t^\circ}+(\boldsymbol{u}^\circ_{\mathrm{E}}\cdot\nabla^\circ)\boldsymbol{u}^\circ_{\mathrm{E}}=-\nabla^\circ p_{\mathrm{E}} \tag{2-124}$$

$$\nabla^\circ\cdot\boldsymbol{u}^\circ_{\mathrm{E}}=0 \tag{2-125}$$

此即无量纲的欧拉方程。对于欧拉方程边界条件在无穷远处仍为 $\boldsymbol{u}^\circ_{\mathrm{E}}=\boldsymbol{e}_1$,但在物体表面上则不同于 N-S 方程的 $\boldsymbol{u}=0$(包括 $\boldsymbol{u}\cdot\boldsymbol{n}=0$ 的无穿透条件和 $\boldsymbol{u}\cdot\boldsymbol{s}=0$ 的无滑移条件,$\boldsymbol{n}$ 为沿物面法线方向单位向量,$\boldsymbol{s}$ 为沿物面切线方向单位向量),在欧拉方程中只有无穿透条件 $\boldsymbol{u}_{\mathrm{E}}\cdot\boldsymbol{n}=0$。欧拉方程的解即势流解。在实际的有粘性的流动中,N-S 方程的无滑移的边界条件并不会随着雷诺数的增大而消失。因此一阶的欧拉方程不能作为二阶的 N-S 方程在雷诺数很大情况下的近似方程。粘性流动中,在固体边界附近流速由壁面处的零很快增大为等于外界的滑移速度,因而在边界附近存在很大的流速梯度。

在本章讨论过的粘性流体中由平板运动所引起的流动如平面驻点流动等粘性流动的 N-S 方程精确解中都曾指出粘性的影响多呈现于固体壁面附近的一个薄层流体中。紧贴壁面的流体质点粘附于壁面,与壁面一起运动,与物体具有共同的速度。这个运动通过流体粘性向流体内部传递。如果以流速与未受壁面运动干扰的流速的差别限于1%以内为界,则流体薄层的厚度 $\delta\sim\sqrt{\nu t}$,此一薄层流动称为边界层。随着雷诺数 $Re=\dfrac{UL}{\nu}$ 的增加边界层厚度变薄,但不管雷诺数有多大却不可能使边界层消失。

在边界层内,由固体壁面的存在而产生的涡量将向外扩散,在 t 的时间内涡量

向外扩散的距离为$\sqrt{\nu t}$，即为边界层厚度 δ。而与此同时，涡量也被边界层内的流动带向下游。由 $\delta\approx\sqrt{\nu t}=\sqrt{\dfrac{\nu L}{U_\infty}}$，可得$\dfrac{\delta}{L}\approx\sqrt{\dfrac{\nu}{UL}}=\dfrac{1}{Re^{1/2}}$，即无量纲的边界层厚度$\delta^\circ\approx\dfrac{1}{Re^{1/2}}$。

粘性流动与理想流体流动还有一点重要的区别就是在粘性流动中往往存在绕流物体尾部的尾流区。形成较理想流体流动复杂得多的流动情况。

实质上，势流解就是 N-S 方程的外部展开，或称为欧拉展开(Euler expansion)的首项。N-S 方程(2-120)的外部展开为

$$\boldsymbol{u}^\circ_{\text{outer}}=\boldsymbol{u}^\circ_{\text{E}}+\delta_1\left(\frac{1}{Re}\right)\boldsymbol{u}^\circ_1+\delta_2\left(\frac{1}{Re}\right)\boldsymbol{u}^\circ_2+\cdots \tag{2-126}$$

$$p^\circ_{\text{outer}}=p^\circ_{\text{E}}+\delta_1\left(\frac{1}{Re}\right)p^\circ_1+\delta_2\left(\frac{1}{Re}\right)p^\circ_2+\cdots \tag{2-127}$$

$\boldsymbol{u}_\text{E}$，p_E 为欧拉方程的解，即势流解。

由于边界层的存在，在 N-S 方程的内部展开中可引用伸展变量为 η。当 $Re\to\infty$，$\dfrac{1}{Re}$可视为小参数即摄动参数。无量纲的 N-S 方程，式(2-120)即为式(2-64)类型的偏微分方程。可以应用奇异摄动的方法解决粘性流动的边界层问题。

令 $\xi=x^\circ$和 $\eta=y^\circ Re^{1/2}$为内部变量，如果 ξ，η 均为 1 的量级，连续方程$\dfrac{\partial u^\circ}{\partial x^\circ}+\dfrac{\partial v^\circ}{\partial y^\circ}=0$ 可写为

$$\frac{\partial u^\circ}{\partial\xi}+Re^{1/2}\frac{\partial v^\circ}{\partial\eta}=0$$

所以 u°与 $Re^{1/2}v^\circ$应为同一量级的物理量。为区分起见，在内部展开中无量纲量以“*”代替符号右上角的“°”，N-S 方程的内部展开(也称普朗特展开(Prandtl expansion))可写为

$$u^\circ_{\text{inner}}=u^*_\text{P}+\Delta_1\left(\frac{1}{Re}\right)u^*_1+\Delta_2\left(\frac{1}{Re}\right)u^*_2+\cdots \tag{2-128}$$

$$Re^{1/2}v^\circ_{\text{inner}}=v^*_\text{P}+\Delta_1\left(\frac{1}{Re}\right)v^*_1+\Delta_2\left(\frac{1}{Re}\right)v^*_2+\cdots \tag{2-129}$$

$$p^\circ_{\text{inner}}=p^*_\text{P}+\Delta_1\left(\frac{1}{Re}\right)p^*_1+\Delta_2\left(\frac{1}{Re}\right)p^*_2+\cdots \tag{2-130}$$

将普朗特展开式代入无量纲 N-S 方程(2-120)、式(2-121)中，使用内部变量 ξ，η 由展开式中首项所组成的方程式为

$$\frac{\partial u^*_\text{P}}{\partial\xi}+\frac{\partial v^*_\text{P}}{\partial\eta}=0 \tag{2-131}$$

$$u^*_\text{P}\frac{\partial u^*_\text{P}}{\partial\xi}+v^*_\text{P}\frac{\partial u^*_\text{P}}{\partial\eta}=-\frac{\partial p^*_\text{P}}{\partial\xi}+\frac{\partial^2u^*_\text{P}}{\partial\eta^2} \tag{2-132}$$

$$0=-\frac{\partial p_{\mathrm{P}}^{*}}{\partial \eta} \tag{2-133}$$

边界条件为

在物体表面 S 上， $u_{\mathrm{P}}^{*}=v_{\mathrm{P}}^{*}=0$

内部展开与外部展开的匹配原则为

$$\lim_{y\to 0} u_{\mathrm{E}}^{\circ}=\lim_{\eta\to\infty} u_{\mathrm{P}}^{*} \tag{2-134}$$

$$\lim_{y\to 0} v_{\mathrm{E}}^{\circ}=\lim_{\eta\to\infty} v_{\mathrm{P}}^{*}/Re^{1/2} \tag{2-135}$$

$$\lim_{y\to 0} p_{\mathrm{E}}^{\circ}=\lim_{\eta\to\infty} p_{\mathrm{P}}^{*} \tag{2-136}$$

式(2-132)即普朗特边界层方程。换写为有量纲的形式，式(2-131)、式(2-132)和式(2-133)写为

$$\frac{\partial u}{\partial x}+\frac{\partial v}{\partial y}=0 \tag{2-137}$$

$$u\frac{\partial u}{\partial x}+v\frac{\partial u}{\partial y}=-\frac{1}{\rho}\frac{\partial p}{\partial x}+\nu\frac{\partial^2 u}{\partial y^2} \tag{2-138}$$

$$p=p(x) \tag{2-139}$$

边界条件为：

在物体表面 S 上，$y=0$ 时，$u=0,v=0$。另外一个边界条件则为当 $\eta\to\infty$，$u_{\mathrm{P}}(x,\eta)\to U(x)$，而 $U(x)$ 指的是在 x 处物体壁面的势流流速，$u_{\mathrm{E}}(x,0)=U(x)$。$U(x)$ 是边界层理论中自由流速的严格定义。对于压强来说，当 $\eta\to\infty$ 时，$p_{\mathrm{P}}(x,\eta)=p_{\mathrm{E}}(x,0)=p(x)$，$p(x)$ 为 x 处壁面上的势流压强。

由此可见，欧拉方程是N-S方程的外部展开而普朗特边界层方程则是N-S方程的内部展开，且只考虑了展开式中的首项。根据问题的性质使用这种方法还可得高阶近似解。

德国工程师普朗特于1904年在Heidelberg举行的第三届国际数学学会上提出的论文指出，对于像水和空气这种粘性很小的流体，粘性对流动的影响只限于物面附近的边界层中。边界层以外的流动可以按理想流体流动处理。对于边界层这部分粘性流动，由于它在几何上的特点为一薄层流动，应用 $\delta/L\ll 1$ 的条件，把N-S方程简化为边界层微分方程，边界条件则仍不变。从而克服了数学上的巨大困难，使很多粘性流动问题得到了解答。

如果把流场和一个相应的温度场进行比较会得到更为感性的认识。假设在流场中有一绕流物体，物体的温度高于周围流体的温度，流场中温度分布将符合下列方程：

$$\rho c\left(\frac{\partial\theta}{\partial t}+u\frac{\partial\theta}{\partial x}+v\frac{\partial\theta}{\partial y}\right)=K\left(\frac{\partial^2\theta}{\partial x^2}+\frac{\partial^2\theta}{\partial y^2}\right) \tag{2-140}$$

式中，ρ 为密度；c 为流体比热容(specific heat capacity)；K 为流体的导热系数；$\theta=T-T_\infty$，T 为当地温度，T_∞ 为无穷远处未受扰动流体的温度。绕流物体的温度为 T_0，$T_0>T_\infty$。把式(2-140)与式(1-121)对比可见，$\theta\sim\Omega_3$，$\nu\sim\dfrac{K}{\rho c}$，因而温度场与流场相似。而绕流物体的温度场比流场的涡量场更为直观。可以想象热量的传播必然有一定的范围。其极限情况为流速 U_∞ 等于零的情况。这时物体的热量将均匀地向四面八方传播，而且只要有足够的时间，其影响可传至无穷远处。但当来流流速 U_∞ 增加，情况就不同了。很明显温度的传播只能被限制在物体壁面附近一个狭窄的区域内。随着流速 U_∞ 的增加，这部分温度升高的区域将越来越薄，而在物体的尾部热量可传播到无穷远处，如图 2-25 所示。涡量的传播与此相似。在来流流速小时，在物体周围的整个流场内存在由固体壁面产生的涡量。当来流流速加大，则涡量只存在于物体壁面附近的一个薄层和尾流之中，而流场的其他部分则是无涡的，因而可作为无粘性的有势流动处理。式(2-140)与式(1-121)在无穷远处的边界条件也是相同的，即 $y=\infty$，$\theta=0$ 与 $y=\infty$，$\Omega_3=0$ 是相同的。但在物体壁面处边界条件则略有不同，$y=0$，$\theta=T_0-T_\infty$，对于以物体表面为边界层坐标而言，不同点处 θ 值不变。但对于式(1-121)而言，不同 x_1 处由于流速分布不同，$\Omega_3=\left(\dfrac{\partial u_2}{\partial x_1}-\dfrac{\partial u_1}{\partial x_2}\right)$的值是不同的。所以严格说来二式的解并不完全一致。

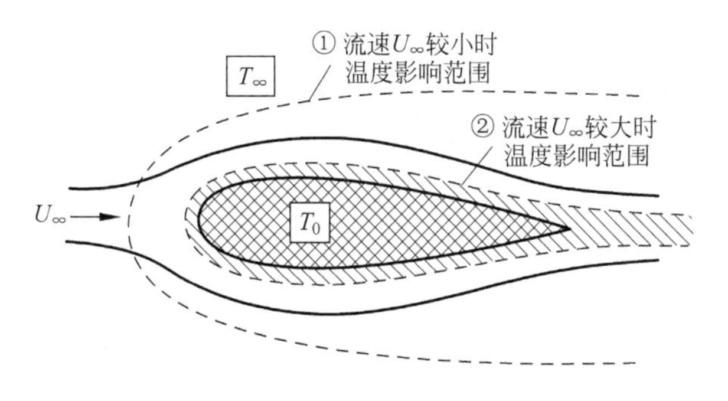

图 2-25　绕流物体温度场[4]

更为形象地说明边界层流动现象的例子可以是在物体表面分布有很多细孔，由细孔处向外喷射烟雾。当来流流速 U_∞ 为零，烟雾可喷射至无穷远处，整个流场为烟雾所弥漫。但随着 U_∞ 增加而来流将烟带向下游，在物体壁面附近烟雾只在一个薄层中存在。U_∞ 越大烟雾区越薄，这个烟雾区即相当于流动的边界层。

这样，在本章中讨论了 N-S 方程的两种近似解，一个是当雷诺数很小，粘性项占主导地位，惯性项可以忽略从而使 N-S 方程变为线性方程，但方程的阶数未变，是谓斯托克斯近似。这种流动称为蠕动。

另一种近似解是在工程中更为重要的边界层流动。当雷诺数很大,惯性项较之粘性项占有更重要的地位,但由于粘性流动的边界壁面处无滑移条件并不能随雷诺数的增加而消失。这时可将流动分为两个区域进行处理。一是边界层以外的广大流区按理想流体运动处理,可应用欧拉方程。而且由于一般情况下边界层很薄,它对外部势流的影响几乎可以忽略不计。因此在处理外部流动时几何边界完全可按原物体边界考虑。另外则是物体壁面附近的边界层流动。利用$\frac{\delta}{L}\ll 1$的几何条件将N-S方程简化为边界层微分方程。这样使得数学上对流动问题的求解大为简化。

在N-S方程的两种近似解中,普朗特提出的边界层方程解决了高雷诺数流动问题。高雷诺数流动表示的或者是流速很高,或者是尺度很大的运动,从而推动了航空、造船等一系列工业的进步,是20世纪初流体力学发展的重大事件。而另一种近似解,低雷诺数流动则是处理极低流速或极小尺度的流动。低雷诺数流动的控制方程是斯托克斯方程或奥辛方程,虽然这两个方程已经对N-S方程进行了线性化,但是当涉及不同的物体形状,或流动区域几何形状等复杂的流动情况时,其求解仍是非常困难的,使得应用传统的解析方法如边值方法(boundary value method)几乎无法求解。从理论上说奇点法提供了求解斯托克斯方程的强有力的手段,但是由于缺乏普遍情况下奇点类型及其分布密度的知识,所以它的发展也受到很大制约。

近年来由于高新科技和生物科技的惊人进展,开辟了一个知识经济的新时代。从流体力学的角度而言,人类面对的恰恰是尺度很小或流速很慢的一些流动。如微生物运动,生物细胞中的一些变异,微小探测器,芯片,血细胞在血管中的运动,微电子机械系统(MEMS)等。其中都有许多低雷诺数流动所须解决的问题。也许可以说20世纪初研究高雷诺数流动的普朗特边界层理论推动了一些大工业的发展,而20世纪末,人类面临解决更多细观问题从而提出了解决低雷诺数流动问题的迫切要求。低雷诺数流动研究的突破也许使人类在21世纪得到很多新的进步。

当然,进一步的发展也许是期待从根本上解决非线性问题,从而解决N-S方程对于任意雷诺数的普遍求解问题。

参考文献

[1] Hiemenz K. Die Grenzschicht an einem in den gleichförmigen Flüssigkeitsstrom eingetauchten geraden kreiszylinder. Thesis Göttingen 1911. Dingl. Polytech. J. 326, 321.1911

[2] Howarth L. On the calculation of the steady flow in the boundary layer near the surface of

a cylinder in a stream. ARC RM 1632,1935

[3] Fröessling N. Verdunstung, Wärmeübertragung und Geschwindigkeit-sverteilung bei zweidimensionaler und rotationssymmetrischer laminarer Grenzschichtströmung. Lunds. Univ. Arsskr. N. F. Afd. 2. 35,No. 4, 1940

[4] Allen T Chwang,T Yao-Tsu Wu. Hydrodynamics of low-Reynolds-number flow. Part 2. Singularity method for Stokes flows. JFM,1975,67: 787～815

第 3 章

边界层微分方程式

边界层是粘性流动中固体壁面附近粘性起主导作用的一薄层流体层。边界层理论的提出给出了在大雷诺数情况下 N-S 方程的近似求解方法。本章将进一步阐明边界层理论的有关概念并推导边界层微分方程式。

3.1 边界层的基本特征

为了说明边界层的基本特征，先讨论一个最典型的边界层流动——平板边界层。设一极薄平板(板厚→0)，顺流放置于均匀平行流动中，与未受扰动的来流流速 U_∞ 平行。如考虑为理想流动，可应用欧拉方程，这时由于没有粘性，平板对流动不施加任何影响，流体沿平板两侧滑移而过，整个流场仍为流速为 U_∞ 的均匀平行流动，如图 3-1(a)所示。但实际流体是有粘性的，粘性流体流经平板时，紧靠板面的流体质点粘附板上，其速度与平板壁面的运动速度相同，此处平板静止不动所以紧靠板面的流体质点其流速亦为零。通过粘性作用，即流体质点之间的内摩擦阻力作用，平板两侧的流体流速逐渐减慢，形成壁面附近很大的流速梯度。这一流动区域称为边界层，如图 3-1(b)所示。平板尾部将形成尾流。受平板的影响尾流中流速不再是均匀分布的。在一个相当远的距离之外，尾流流速可恢复为均匀分布。

通常定义当地流速 $u(x,y)$ 等于 $0.99U_{\mathrm{E}}$ 时的 y 值为边界层厚度 δ，这样定义的边界层厚度也称为边界层名义厚度(nominal thickness)。

$$u(x,\delta) = 0.99U_{\mathrm{E}} \tag{3-1}$$

U_{E} 为当地壁面处的由欧拉方程解得的势流流速。对于平板绕流而言，沿平板上各点势流流速均等于 U_∞，即 $U_{\mathrm{E}}=U_\infty$。从图 3-1 中可以看出，由式(3-1)定义的边界层厚度带有较大的随意性。因为流速自壁面为零向

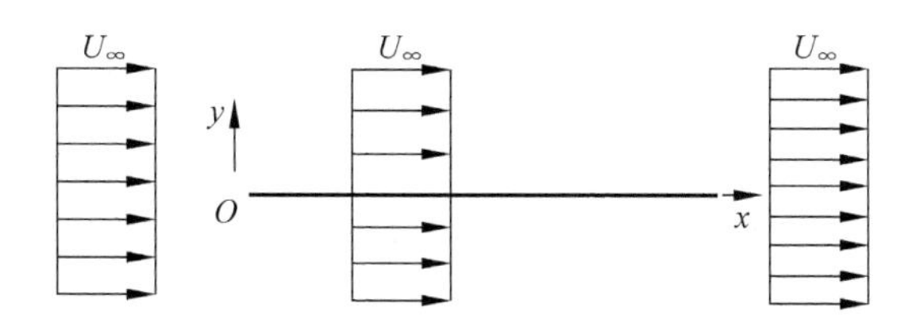

(a) 假想的理想流体流经平板的流动情形

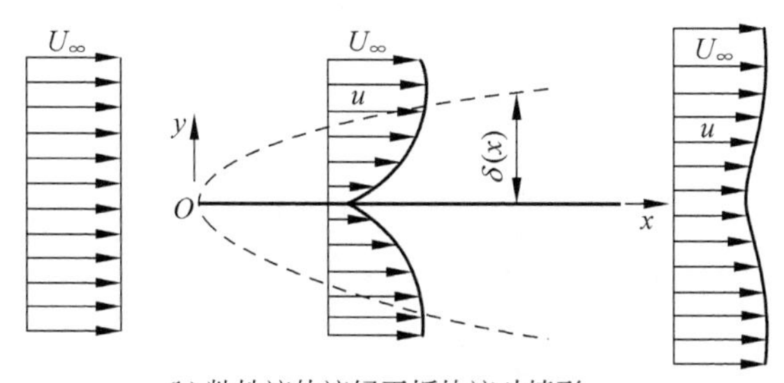

(b) 粘性流体流经平板的流动情形

图 3-1　流体流经平板的流动

外逐渐增加至 U_E，是一个渐变的过程，而且越向 U_E 逼近其流速梯度$\dfrac{\partial u}{\partial y}$越平缓。因此确定 $u=0.99U_E$ 的点时微小的误差就可能造成结果上很大的不同。且对边界层厚度的定义也因人而异，例如有人定义 $u=0.995U_E$ 时的 y 值为边界层厚度。3.3 节中将给出边界层厚度的其他定义。在边界层内，即 $y\leqslant\delta$ 时流速梯度$\dfrac{\partial u}{\partial y}$比较显著，粘性切应力 $\tau=\mu\dfrac{\partial u}{\partial y}$不容忽略。

边界层的厚度 δ 随雷诺数 Re 的变化而变化。第 2 章中已知 $\delta\sim\sqrt{\nu t}$，而 $t=\dfrac{L}{U}$，其中 L 为流动的水平尺度，所以 $\delta\sim\sqrt{\nu t}=\sqrt{\dfrac{\nu L}{U}}$。取无量纲形式：

$$\frac{\delta}{L}\sim\sqrt{\frac{\nu}{UL}}=\frac{1}{\sqrt{Re}} \tag{3-2}$$

可见边界层厚度随 Re 的增大而变薄。这一点还可以从在边界层中粘性项与惯性项应具有相同量级出发来考虑。惯性项 $\rho u\dfrac{\partial u}{\partial x}$，它具有 $\rho\dfrac{U^2}{L}$ 的量级。粘性项 $\mu\dfrac{\partial^2 u}{\partial y^2}$，具有 $\mu\dfrac{U}{\delta^2}$的量级，在边界层内：

$$\frac{\mu U}{\delta^2}\sim\frac{\rho U^2}{L}$$

因此,$\delta \sim \sqrt{\frac{\mu L}{\rho U}} = \frac{L}{\sqrt{Re}}$,即$\frac{\delta}{L} \sim \frac{1}{\sqrt{Re}}$,与式(3-2)相同。对于层流边界层,数学分析及实验结果都说明这个关系的正确性。但对于紊流边界层,尽管边界层厚度与流动的几何尺度相比仍是小量,但紊流边界层的厚度却比层流边界层厚很多。关于紊流边界层将在第 6 章以后详加阐述。

图 3-2 为一平板边界层流动可视化后的照片。来流为平行均匀流动。将铝粉撒入水中作为显示剂,铝粉微粒曝光的长度与流速成正比。由照片可见平板上下壁面处的流体速度为零,由壁面向外则流速逐渐增加,直至边界层外则流速与无穷远来流流速 U_∞ 相同。

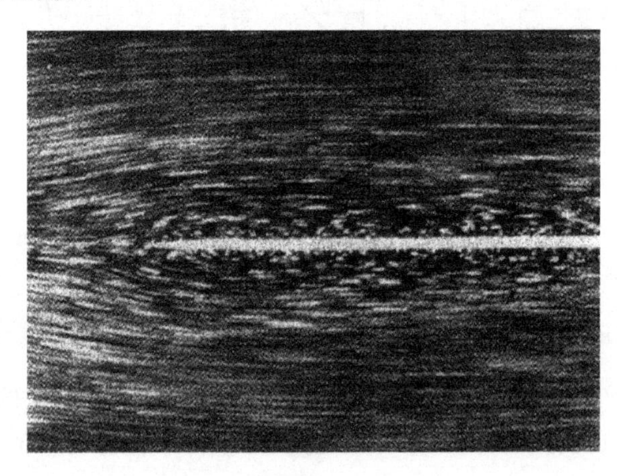

图 3-2　边界层流动显示[1]

将平板上各点处边界层外边缘点连接起来形成一条边界层的外边缘线如图 3-1(b)中虚线所示。边界层的厚度随距平板前缘的距离增加而增厚,说明边界层厚度沿流程逐渐发展,$\delta=\delta(x)$。注意这条外边缘线并不是流线。当来流为均匀平行流动,流动无涡,根据开尔文(Kelvin)定理整个流动应为无涡流动,即有势流动。但对于粘性流动由于平板壁面的存在,在边界层内产生流速梯度$\frac{\partial u}{\partial y}$,从而在平板壁面上产生涡量 $\Omega=-\frac{\partial u}{\partial y}$,涡量从壁面向外传播的范围所及就是边界层。边界层内的流动就不再是无涡流动了。可见粘性流动流场中的固体壁面是涡量产生的源泉。旋涡同时也被流动带向下游。旋涡向下游 x 方向传播的速度取决于来流流速 U_∞,而旋涡向 y 方向扩散的速度可以由

$$\frac{\mathrm{d}\delta}{\mathrm{d}t} \sim \frac{\mathrm{d}}{\mathrm{d}t}\sqrt{\nu t} = \frac{1}{2}\sqrt{\frac{\nu}{t}} \sim \sqrt{\frac{\nu}{t}}$$

看出,当雷诺数表示为

$$\frac{UL}{\nu}=\frac{U}{\nu/L}=\frac{U}{\nu/Ut}=\frac{U^2}{\nu/t}\sim\frac{U^2}{\left(\frac{\mathrm{d}\delta}{\mathrm{d}t}\right)^2}$$

时，说明雷诺数表示涡旋向下游传播速度的平方与 y 方向传播速度的平方之比。雷诺数越大，涡旋向 y 方向传播速度越小于向下游传播速度，边界层厚度越薄。图 3-3 为平板壁面产生旋涡并向 y 方向及下游 x 方向传播的示意图。由此可见，大雷诺数情况下，流场可分为两部分，一部分为无涡的势流，也可称为“外流”(outer flow)，另一部分为粘性起主导作用的有涡流动区域，即边界层流动。

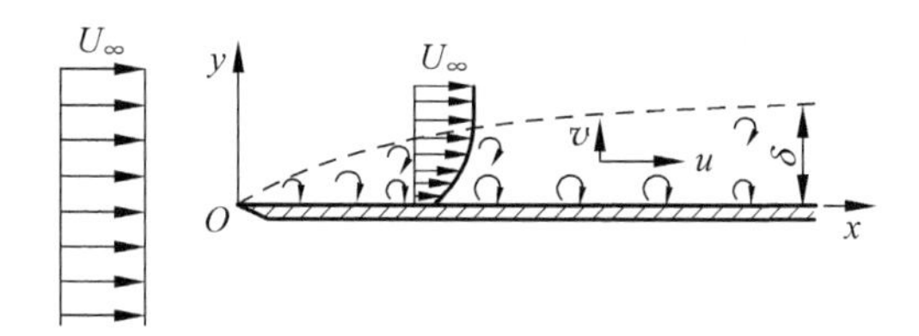

图 3-3　平板壁面旋涡产生及传播示意图

大雷诺数的流动绕过任何形状的物体都会发生边界层流动。图 3-4 表示一个翼型绕流的情况。图中并绘出尾流中的流速分布。尾流中同样也是有涡流动，它的旋涡是由主流流速将边界层内由固体壁面产生的旋涡带到尾流中去的。注意在非平板绕流的情况下，x 为某一数值处的当地势流流速 U_E 并不一定等于来流流速 U_∞，为简化起见以后也用 U 代替 U_E。

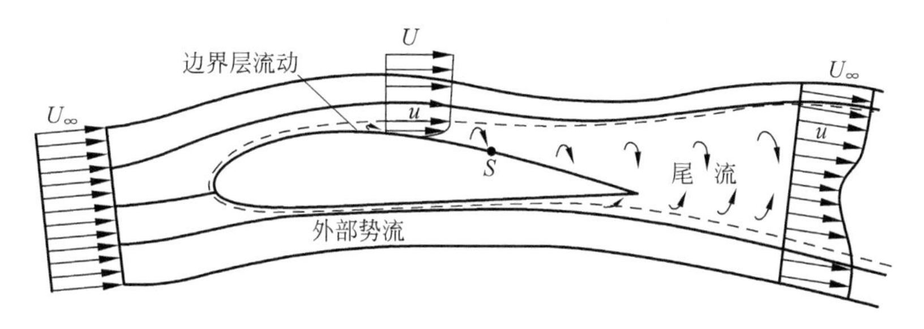

图 3-4　翼型绕流中有涡流动区域(边界层与尾流区)

在接近绕流物体的尾部，由于存在逆压强梯度，压强沿流程增加，从而使边界层自物体壁面分离并在物体下游形成尾流区。

在边界层研究中雷诺数有不同的定义，一般作为整个流动的雷诺数可定义为 $Re=\frac{U_\infty L}{\nu}$。式中，$U_\infty$ 为无穷远处未受扰动的来流流速；L 为绕流物体的某一特征长度，如平板的长度，圆柱或圆球的直径等。对于边界层而言，常定义

$$Re_x=\frac{U_\infty x}{\nu}\tag{3-3}$$

为边界层雷诺数，x 为沿边界层坐标自绕流物体前缘(leading edge)算起的距离。边界层坐标一般取 x 沿绕流物体表面向下游为正，y 则为当地绕流物体壁面外法线方向的坐标。边界层雷诺数还常定义为

$$Re_\delta = \frac{U_\infty \delta}{\nu} \tag{3-4}$$

由于 $\delta=\delta(x)$，因此 Re_x 与 Re_δ 之间有确定的数量关系。边界层中的流动也和其他流动如管流一样，当边界层雷诺数增大到一定数值后流动可从层流转变为紊流。由层流转变为紊流的点称为转捩点(transition point)。此点处的雷诺数为临界雷诺数(critical Reynolds number)。边界层的转捩是一个很重要的现象，因为层流边界层和紊流边界层在边界层厚度的发展规律、边界层内的流动结构及流速分布规律、壁面切应力等方面均不相同，因而在工程实践中必须首先明确边界层内的流动型态。

3.2 边界层微分方程式

2.8 节中已经对 N-S 方程使用普朗特展开方法推导了边界层微分方程式。由于边界层方程式的重要意义，本节中将使用量级分析的方法推导二维平面，二维弯曲壁面及轴对称曲面上的边界层微分方程式，从量级分析的角度使读者对边界层微分方程式有更深一层的理解。

3.2.1 二维平面边界层微分方程式

流场中一平直壁面，如图 3-1(b)所示，以平直壁面前缘为原点，取 x 轴沿平面指向下游，y 轴则与壁面垂直，二维流动的 N-S 方程对于边界层流动当然是适用而且是准确的。设考虑非恒定流动但不考虑质量力或者说考虑压强为流体动压强，N-S 方程可写为

$$\frac{\partial u}{\partial t} + u\frac{\partial u}{\partial x} + v\frac{\partial u}{\partial y} = -\frac{1}{\rho}\frac{\partial p}{\partial x} + \nu\left(\frac{\partial^2 u}{\partial x^2} + \frac{\partial^2 u}{\partial y^2}\right) \tag{3-5a}$$

$$\frac{\partial v}{\partial t} + u\frac{\partial v}{\partial x} + v\frac{\partial v}{\partial y} = -\frac{1}{\rho}\frac{\partial p}{\partial y} + \nu\left(\frac{\partial^2 v}{\partial x^2} + \frac{\partial^2 v}{\partial y^2}\right) \tag{3-5b}$$

$$\frac{\partial u}{\partial x} + \frac{\partial v}{\partial y} = 0 \tag{3-5c}$$

现在考虑边界层的特征，使方程(3-5)得以简化。首先将方程式无量纲化，选特征长度为 L，特征速度为 U，则

$$x_i^\circ = \frac{x_i}{L}, \quad u_i^\circ = \frac{u_i}{U}, \quad p^\circ = \frac{p}{\rho U^2}, \quad t^\circ = \frac{tU}{L}$$

为与各物理量对应的无量纲量。L 可以是流动中某一长度尺度，而 U 可以选取来

流流速。从而式(3-5)改写为

$$\frac{\partial u^\circ}{\partial t^\circ}+u^\circ\frac{\partial u^\circ}{\partial x^\circ}+v^\circ\frac{\partial u^\circ}{\partial y^\circ}=-\frac{\partial p^\circ}{\partial x^\circ}+\frac{1}{Re}\left(\frac{\partial^2 u^\circ}{\partial x^{\circ 2}}+\frac{\partial^2 u^\circ}{\partial y^{\circ 2}}\right) \tag{3-6a}$$

$$\frac{\partial v^\circ}{\partial t^\circ}+u^\circ\frac{\partial v^\circ}{\partial x^\circ}+v^\circ\frac{\partial v^\circ}{\partial y^\circ}=-\frac{\partial p^\circ}{\partial y^\circ}+\frac{1}{Re}\left(\frac{\partial^2 v^\circ}{\partial x^{\circ 2}}+\frac{\partial^2 v^\circ}{\partial y^{\circ 2}}\right) \tag{3-6b}$$

$$\frac{\partial u^\circ}{\partial x^\circ}+\frac{\partial v^\circ}{\partial y^\circ}=0 \tag{3-6c}$$

在边界层流动中，$\delta \ll L$，因此无量纲的边界层厚度 $\delta^\circ=\frac{\delta}{L}$ 是一个小量，即 $\delta^\circ \ll 1$。规定下列量级：

$$\frac{1}{\delta^{\circ 2}},\quad \frac{1}{\delta^\circ},\quad 1,\quad \delta^\circ,\quad \delta^{\circ 2}$$

使用符号“$\sim O()$”表示相当于某一量级，则

$$x^\circ=\frac{x}{L}\sim O(1),\qquad y^\circ=\frac{y}{L}\sim O(\delta^\circ)$$

$$u^\circ=\frac{u}{U}\sim O(1),\qquad \frac{\partial u^\circ}{\partial x^\circ}=\frac{\partial(u/U)}{\partial(x/L)}\sim O(1)$$

由连续方程(3-6c)可得

$$\frac{\partial v^\circ}{\partial y^\circ}\sim\frac{\partial u^\circ}{\partial x^\circ}\sim O(1)$$

因此

$$v^\circ\sim y^\circ\sim O(\delta^\circ)$$

同理

$$\frac{\partial^2 u^\circ}{\partial x^{\circ 2}}\sim O(1),\qquad \frac{\partial^2 u^\circ}{\partial y^{\circ 2}}\sim O\left(\frac{1}{\delta^{\circ 2}}\right)$$

由式(3-2)，$\frac{\delta}{L}\sim\frac{1}{\sqrt{Re}}$，所以

$$Re\sim O\left(\frac{1}{\delta^{\circ 2}}\right)$$

于是可以分析 N-S 方程(3-6)在边界层流动中各项的量级并注明如下：

$$\frac{\partial u^\circ}{\partial t^\circ}+u^\circ\frac{\partial u^\circ}{\partial x^\circ}+v^\circ\frac{\partial u^\circ}{\partial y^\circ}=-\frac{\partial p^\circ}{\partial x^\circ}+\frac{1}{Re}\left(\frac{\partial^2 u^\circ}{\partial x^{\circ 2}}+\frac{\partial^2 u^\circ}{\partial y^{\circ 2}}\right) \tag{3-6a}$$

$$1\qquad \underbrace{1\quad 1}_{1}\qquad \underbrace{\delta^\circ\ \frac{1}{\delta^\circ}}_{1}\qquad\qquad \delta^{\circ 2}\ \Big(\underset{\delta^{\circ 2}}{1}\qquad\quad \underset{1}{\frac{1}{\delta^{\circ 2}}}\Big)$$

$$\frac{\partial v^\circ}{\partial t^\circ}+u^\circ\frac{\partial v^\circ}{\partial x^\circ}+v^\circ\frac{\partial v^\circ}{\partial y^\circ}=-\frac{\partial p^\circ}{\partial y^\circ}+\frac{1}{Re}\left(\frac{\partial^2 v^\circ}{\partial x^{\circ 2}}+\frac{\partial^2 v^\circ}{\partial y^{\circ 2}}\right) \tag{3-6b}$$

$$\delta^\circ\qquad \underbrace{1\quad \delta^\circ}_{\delta^\circ}\qquad \underbrace{\delta^\circ\quad 1}_{\delta^\circ}\qquad\qquad \delta_0^2\ \Big(\underset{\delta^{\circ 3}}{\delta^\circ}\qquad\quad \underset{\delta^\circ}{\frac{1}{\delta^\circ}}\Big)$$

$$\frac{\partial u^\circ}{\partial x^\circ}+\frac{\partial v^\circ}{\partial y^\circ}=0 \tag{3-6c}$$

$$1 \quad\quad 1$$

在式(3-6a)中,$\frac{1}{Re}\frac{\partial^2 u^\circ}{\partial x^{\circ 2}}$与其他各项相比为高阶小量故可以忽略。在边界层流动中沿流动方向的压力梯度$\frac{\partial p}{\partial x}$应与惯性项有相同量级,即$\frac{\partial p^\circ}{\partial x^\circ}\sim O(1)$。由于 $x^\circ\sim O(1)$,故 $p^\circ\sim O(1)$。在式(3-6b)中,$\frac{1}{Re}\frac{\partial^2 v^\circ}{\partial x^{\circ 2}}$与其他各项相比为高阶小量可以忽略。$\frac{\partial p^\circ}{\partial y^\circ}$则由于 $p^\circ\sim O(1)$,$y^\circ\sim O(\delta^\circ)$而具有$\frac{1}{\delta^\circ}$的量级,显然较式中其他各项均大两个量级,为式中的首项。其他各项忽略,则式(3-6b)可写为

$$\frac{\partial p^\circ}{\partial y^\circ}=0$$

与式(2-133)当取普朗特内部展开式的首项时得到$\frac{\partial p_{\mathrm{P}}^*}{\partial \eta}=0$一样。二者都可得到压强只是 x 坐标的函数而与 y 坐标无关,即 $p=p(x)$而$\frac{\partial p}{\partial y}=0$的结论。这说明在边界层中压强沿 y 轴是均匀分布的。任一点处的压强均与边界层外边缘处压强相同。令 $p_{\mathrm{E}}(x)$代表边界层外边缘处的压强,它可由边界层外部的势流解得到。因此边界层内的压强分布是已知量,完全由外部势流决定。也可以说边界层内压强是由外部势流压强“印”在边界层上的。对于外部势流流动,$u=U$,则

$$\frac{\partial U}{\partial t}+U\frac{\partial U}{\partial x}=-\frac{1}{\rho}\frac{\partial p_{\mathrm{E}}}{\partial x} \tag{3-7}$$

如流动为恒定,可得到伯努利方程式(Bernoulli equation):

$$p_{\mathrm{E}}+\frac{1}{2}\rho U^2=\text{常数} \tag{3-8}$$

由以上讨论可见边界层中的压强项与其他物理量,例如流速不同,是已知量。由式(3-7)也可以看出$\frac{\partial p^\circ}{\partial x^\circ}$具有 1 的量级,故在式(3-6a)中压力项保留是正确的。此外在边界层内 y 向流速 v°的量级 $v^\circ=\frac{v}{U}\sim O(\delta^\circ)$是小量,$y$ 向流速 v 比 x 向流速小很多。经过这样简化后,把式(3-6a)、式(3-6b)、式(3-6c)恢复为有量纲形式,得

$$\frac{\partial u}{\partial t}+u\frac{\partial u}{\partial x}+v\frac{\partial u}{\partial y}=-\frac{1}{\rho}\frac{\partial p}{\partial x}+\nu\frac{\partial^2 u}{\partial y^2} \tag{3-9a}$$

$$\frac{\partial p}{\partial y}=0 \tag{3-9b}$$

$$\frac{\partial u}{\partial x}+\frac{\partial v}{\partial y}=0 \tag{3-9c}$$

式(3-9a)即沿平直壁面的二维不可压缩层流边界层微分方程式。由于它是普朗特于 1904 年首先提出的,因而也称为普朗特边界层微分方程式(Prandtl boundary layer equation)。它与连续方程(3-9c)联立,并考虑下述边界条件:

$$\left.\begin{array}{lll} y=0; & u=0, & v=0 \\ y=\infty; & u=U & \end{array}\right\} \tag{3-10}$$

即可描述边界层内的粘性流动。可见边界层微分方程是纳维-斯托克斯方程在边界层流动中的一个近似方程式。在解边界层方程时,外部势流解应先已得到,因而压强 p 为已知量,未知量只有流速 u 与 v。

边界层方程较之 N-S 方程是大大简化了。首先是 y 方向的方程不存在了,方程组只剩下 x 方向的动量方程(3-9a)和连续方程(3-9c)。此外在动量方程的粘性项部分舍掉了 $\frac{\partial^2 u}{\partial x^2}$,只剩有 $\frac{\partial^2 u}{\partial y^2}$,所以方程由椭圆型方程变为抛物线型方程,使问题的求解域由一个二维的无穷域变为一个半无限的长条域。对于前者必须在封闭的边界上给出边值条件,而对于后者则下游边界条件无需给出。但是边界层方程仍然是非线性的,数学上求解仍然是困难的,因此只能对一些简单情况求得方程式的精确解。

值得注意的是在平板的前缘部分,由于 $\delta/L \ll 1$ 的条件不能成立,因而边界层微分方程式不能应用,这个界限一般为 $Re_x \leqslant 25$。对于平板前缘部分可参考 PLK (Poincaré,Lighthill 和 Kuo(郭永怀))方法求解[2]。

3.2.2 沿二维弯曲壁面及轴对称曲面的边界层方程

为分析弯曲壁面上的边界层流动,采用一种特别规定的正交曲线坐标系——边界层坐标系。如图 3-5 所示,以弯曲壁面上的前驻点 O 为原点,以沿壁面指向下游为 x 坐标,自壁面算起沿壁面外法线为 y 坐标。边界层坐标系的拉梅系数可确定如下,边界层内一点 P 的坐标为

$$x = OP_0, \quad y = P_0 P$$

设邻近一点 Q,且 $PQ=\mathrm{d}s$。$\mathrm{d}s$ 在过 P 点的两条坐标线上的投影分别为

$$\begin{cases} \mathrm{d}s_1 = PN = h_1 \mathrm{d}x \\ \mathrm{d}s_2 = QN = h_2 \mathrm{d}y \end{cases}$$

式中,h_1,h_2 分别为与坐标 x,y 相应的拉梅系数。以 $R(x)$表示 P_0 点的壁面曲率半径,$\mathrm{d}\theta$ 表示 P_0 点与 Q_0 点壁面曲率半径之间的夹角。于是

$$\begin{cases} \mathrm{d}s_1 = PN = [R(x)+y]\mathrm{d}\theta = \left[1+\dfrac{y}{R(x)}\right]\mathrm{d}x \\ \mathrm{d}s_2 = QQ_0 - PP_0 = \mathrm{d}y \end{cases}$$

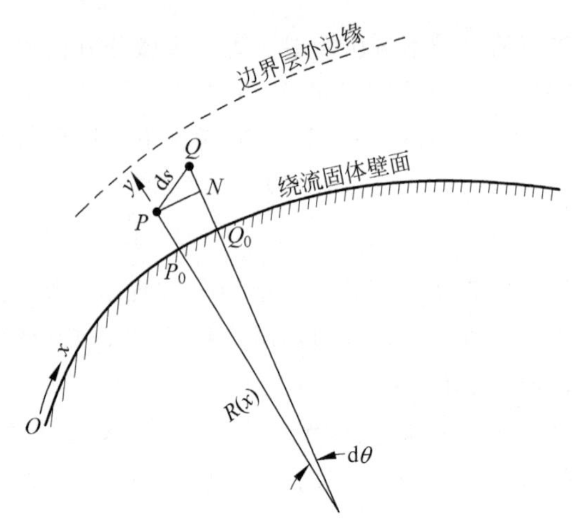

图 3-5　弯曲壁面边界层流动

从而可得

$$h_1 = 1 + \frac{y}{R(x)} = 1 + K(x)y \tag{3-11a}$$

$$h_2 = 1 \tag{3-11b}$$

式中,$K(x)=1/R(x)$为壁面曲率。与流动平面垂直的坐标为 z,相应的拉梅系数 $h_3=1$,这样正交曲线坐标系——边界层坐标可表示为

$$\left.\begin{aligned} &x_1 = x,\quad x_2 = y,\quad x_3 = z\left(\frac{\partial}{\partial z} = 0\right) \\ &h_1 = 1 + \frac{y}{R(x)},\quad h_2 = 1,\quad h_3 = 1 \end{aligned}\right\} \tag{3-12}$$

对于轴对称流动,如流体以零攻角(attack angle)绕旋成体流动,在流动的子午面内边界层坐标系的定义与二维弯曲壁面的流动相同。如图 3-6 仍以前驻点 O 为坐标原点,以沿壁面轮廓线自 O 点向下游为 x 轴,沿壁面外法线自壁面算起为 y 轴。与子午面正交的第三个坐标为经度或回转角 ϕ。边界层坐标表示为

$$\left.\begin{aligned} &x_1 = x,\quad x_2 = y,\quad x_3 = \phi\ \left(\frac{\partial}{\partial x_3} \equiv 0\right) \\ &h_1 = 1 + \frac{y}{R(x)},\quad h_2 = 1,\quad h_3 = r \end{aligned}\right\} \tag{3-13}$$

综合二维弯曲壁面流动与轴对称流动两种情形,边界层坐标系可归纳为

$$\left.\begin{aligned} &x_1 = x,\ x_2 = y,\ x_3 = \begin{cases} z & (\text{二维曲面}) \\ \phi & (\text{轴对称}) \end{cases} \quad \left(\frac{\partial}{\partial x_3} \equiv 0\right) \\ &h_1 = 1 + \frac{y}{R(x)},\ h_2 = 1,\ h_3 = r^k,\ k = \begin{cases} 0 & (\text{二维曲面}) \\ 1 & (\text{轴对称}) \end{cases} \end{aligned}\right\} \tag{3-14}$$

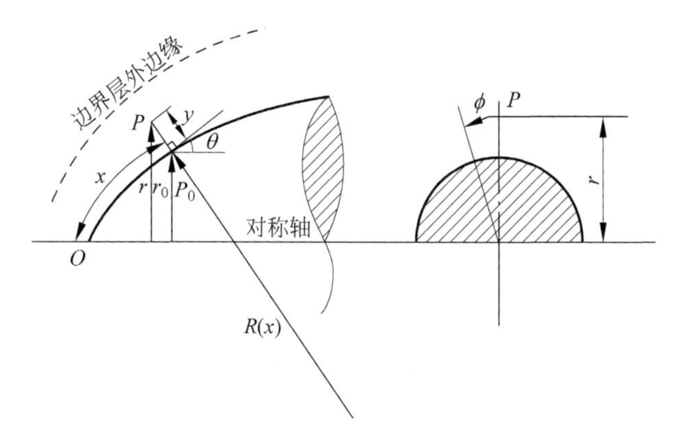

图 3-6　轴对称曲面边界层流动[5]

对于轴对称情况，$R(x)$为子午面内壁面轮廓线的曲率半径，r 为所论点到对称轴的距离，即回转半径。

在边界层坐标系中 N-S 方程的表达式可从方程的向量形式出发。连续方程写为

$$\nabla \cdot \boldsymbol{u} = 0 \tag{3-15a}$$

动量方程可从式(1-114)出发，涡量向量$\boldsymbol{\Omega} = \nabla \times \boldsymbol{u}$，又因

$$\nabla \times (\nabla \times \boldsymbol{u}) = \nabla \times \boldsymbol{\Omega} = \nabla(\nabla \cdot \boldsymbol{u}) - \nabla^2 \boldsymbol{u} = -\nabla^2 \boldsymbol{u}$$

所以得到

$$\frac{\partial \boldsymbol{u}}{\partial t} - \boldsymbol{u} \times \boldsymbol{\Omega} + \nabla\left(\frac{\boldsymbol{u} \cdot \boldsymbol{u}}{2}\right) = -\frac{1}{\rho} \nabla p - \nu \nabla \times \boldsymbol{\Omega} \tag{3-15b}$$

对于二维曲面或轴对称流动：

$$\boldsymbol{u} = u_1 \boldsymbol{e}_1 + u_2 \boldsymbol{e}_2$$

$$\boldsymbol{\Omega} = \Omega_3 \boldsymbol{e}_3$$

式中，$\boldsymbol{e}_1, \boldsymbol{e}_2, \boldsymbol{e}_3$ 分别为 x_1, x_2, x_3 方向的单位向量，因此，式(3-15)在一般正交曲线坐标系中有如下形式：

$$\frac{\partial}{\partial x_1}(h_2 h_3 u_1) + \frac{\partial}{\partial x_2}(h_3 h_1 u_2) = 0 \tag{3-16a}$$

$$\frac{\partial u_1}{\partial t} - u_2 \Omega_3 = -\frac{1}{h_1} \frac{\partial}{\partial x_1}\left[\frac{p}{\rho} + \frac{u_1^2 + u_2^2}{2}\right] - \frac{\nu}{h_2 h_3} \frac{\partial (h_3 \Omega_3)}{\partial x_2} \tag{3-16b}$$

$$\frac{\partial u_2}{\partial t} + u_1 \Omega_3 = -\frac{1}{h_2} \frac{\partial}{\partial x_2}\left[\frac{p}{\rho} + \frac{u_1^2 + u_2^2}{2}\right] + \frac{\nu}{h_3 h_1} \frac{\partial (h_3 \Omega_3)}{\partial x_1} \tag{3-16c}$$

其中，

$$\Omega_3 = \frac{1}{h_1 h_2}\left[\frac{\partial (h_2 u_2)}{\partial x_1} - \frac{\partial (h_1 u_1)}{\partial x_2}\right] \tag{3-17}$$

将边界层坐标系的有关拉梅系数代入,将式(3-16)及式(3-17)写成在边界层坐标系中的表达式,此时令 $u_1=u, u_2=v$,则

$$\Omega_3=\frac{R}{R+y}\frac{\partial v}{\partial x}-\frac{\partial u}{\partial y}-\frac{u}{R+y} \tag{3-18}$$

$$\frac{\partial}{\partial x}(r^k u)+\frac{\partial}{\partial y}\left[r^k\left(1+\frac{y}{R}\right)v\right]=0 \tag{3-19a}$$

$$\begin{aligned}&\frac{\partial u}{\partial t}+\frac{Ru}{R+y}\frac{\partial u}{\partial x}+v\frac{\partial u}{\partial y}+\frac{uv}{R+y}\\&=-\frac{R}{R+y}\frac{1}{\rho}\frac{\partial p}{\partial x}+\nu\left[-\frac{R}{R+y}\frac{\partial^2 v}{\partial x\partial y}+\frac{\partial^2 u}{\partial y^2}\right.\\&\quad+\frac{1}{R+y}\frac{\partial u}{\partial y}+\frac{R}{(R+y)^2}\frac{\partial v}{\partial x}-\frac{u}{(R+y)^2}\\&\quad\left.+\frac{1}{r^k}\frac{\partial r^k}{\partial y}\left(\frac{\partial u}{\partial y}+\frac{u}{R+y}-\frac{R}{R+y}\frac{\partial v}{\partial x}\right)\right]\end{aligned} \tag{3-19b}$$

$$\begin{aligned}&\frac{\partial v}{\partial t}+\frac{Ru}{R+y}\frac{\partial v}{\partial x}+v\frac{\partial v}{\partial y}-\frac{u^2}{R+y}\\&=-\frac{1}{\rho}\frac{\partial p}{\partial y}+\nu\left[-\frac{R}{R+y}\frac{\partial^2 u}{\partial x\partial y}-\frac{R}{(R+y)^2}\frac{\partial u}{\partial x}\right.\\&\quad+\frac{R^2}{(R+y)^2}\frac{\partial^2 v}{\partial x^2}+\frac{R}{(R+y)^2}\frac{\mathrm{d}R}{\mathrm{d}x}\left(\frac{u}{R+y}-\frac{R}{R+y}\frac{\partial v}{\partial x}+\frac{\partial v}{\partial x}\right)\\&\quad\left.-\frac{R}{r^k(R+y)}\frac{\partial r^k}{\partial x}\left(\frac{\partial u}{\partial y}+\frac{u}{R+y}-\frac{R}{R+y}\frac{\partial v}{\partial x}\right)\right]\end{aligned} \tag{3-19c}$$

对于二维曲面流动,$k=0$;轴对称流动,$k=1$。这就是不可压缩粘性流体流动在边界层坐标系中的连续方程和动量方程式。为限定本节讨论问题的范围,进一步作出下面假设:

(1) 对于二维曲面及轴对称旋成体两种情况均有 $R(x)$ 与长度尺度 L 应为同一数量级,即

$$R(x)\sim L \tag{3-20}$$

(2) 对于轴对称情形,假设 $r(x,y)$ 与 L 同数量级,也就是说 $r\gg\delta$,为粗回转体情况。或者 $\cos\theta\ll 1$,即 $\theta\approx\frac{\pi}{2}$,为轴对称钝头物体(blunt body)前驻点的情况。θ 为子午面上壁面轮廓线相对于对称轴的倾角,见图 3-6。

假设(1)限定本节将不讨论壁面 x 方向曲率过大的情形,由于 $\frac{y}{R}\sim\frac{\delta}{L}\sim\frac{1}{\sqrt{Re}}\sim O(\delta^{\circ})$,因而在边界层坐标系中第一个拉梅系数:

$$h_1=1+\frac{y}{R(x)}=1+O(\delta^{\circ})\approx 1 \tag{3-21}$$

假设(2)使得下述近似关系成立:

$$r(x,y)=r_0(x)+y\cos\theta\approx r_0(x) \tag{3-22}$$

$r_0(x)$表示相应壁面($y=0$)点到对称轴的距离。说明$r_0\gg\delta$因而在边界层内y方向各点回转半径的差别可以忽略。此假设限定不讨论壁面ϕ方向曲率过大的旋成体。在这样两个假设的条件下边界层坐标系中的N-S方程(3-19)可近似地简化如下：

$$\frac{\partial}{\partial x}(r_0^k u)+\frac{\partial}{\partial y}(r_0^k v)=0 \tag{3-23a}$$

$$\begin{aligned}&\frac{\partial u}{\partial t}+u\frac{\partial u}{\partial x}+v\frac{\partial u}{\partial y}+\frac{uv}{R}\\&=-\frac{1}{\rho}\frac{\partial p}{\partial x}+\nu\left[-\frac{\partial^2 v}{\partial x\partial y}+\frac{\partial^2 u}{\partial y^2}+\frac{1}{R}\frac{\partial u}{\partial y}+\frac{1}{R}\frac{\partial v}{\partial x}-\frac{u}{R^2}\right]\end{aligned} \tag{3-23b}$$

$$\begin{aligned}\frac{\partial v}{\partial t}+u\frac{\partial v}{\partial x}+v\frac{\partial v}{\partial y}-\frac{u^2}{R}=&-\frac{1}{\rho}\frac{\partial p}{\partial y}+\nu\left[-\frac{\partial^2 u}{\partial x\partial y}-\frac{1}{R}\frac{\partial u}{\partial x}\right.\\&\left.+\frac{\partial^2 v}{\partial x^2}+\frac{u}{R^2}\frac{\mathrm{d}R}{\mathrm{d}x}-\frac{1}{r_0^k}\frac{\mathrm{d}r_0^k}{\mathrm{d}x}\left(\frac{\partial u}{\partial y}-\frac{\partial v}{\partial x}+\frac{u}{R}\right)\right]\end{aligned}$$

$$k=\begin{cases}0 & (\text{二维曲面})\\1 & (\text{轴对称})\end{cases} \tag{3-23c}$$

在3.2.1节中已经熟悉边界层中有关物理量量级分析方法的基础上，本节将采用更为简捷的分析方法。在边界层中，x，u，p等为1的量级，y，v为δ的量级。已知雷诺数$Re=\dfrac{UL}{\nu}$具有$\dfrac{1}{\delta^2}$的量级，从而导出$\nu\sim O(\delta^2)$。由$p^\circ=\dfrac{p}{\rho U^2}$可知当$p$、$U$均为1的量级，$\rho\sim O(1)$。曲率半径$R$与回转半径$r_0$均可由前述假设与$L$为同一量级而得到$R\sim O(1)$，$r_0\sim O(1)$。由此，舍掉式(3-23)中高阶项后，得到二维曲面及轴对称曲面情况下的边界层方程：

$$\frac{\partial}{\partial x}(r_0^k u)+\frac{\partial}{\partial y}(r_0^k v)=0 \tag{3-24a}$$

$$\frac{\partial u}{\partial t}+u\frac{\partial u}{\partial x}+v\frac{\partial u}{\partial y}=-\frac{1}{\rho}\frac{\partial p}{\partial x}+\nu\frac{\partial^2 u}{\partial y^2} \tag{3-24b}$$

$$\frac{\partial p}{\partial y}=0 \tag{3-24c}$$

$$k=\begin{cases}0 & (\text{二维曲面})\\1 & (\text{轴对称})\end{cases}$$

式(3-24c)说明在弯曲壁面情况下，边界层内的压强沿厚度仍为均匀分布且均等于边界层外边缘处的势流压强。如果在式(3-23)的量级分析中不仅保留量级为$\dfrac{1}{\delta}$的$\dfrac{1}{\rho}\dfrac{\partial p}{\partial y}$项且保留量级为1的$\dfrac{u^2}{R}$项，即考虑压强项展开式中的二阶项，则得到$\dfrac{\partial p}{\partial y}=$

$\frac{\rho u^2}{R}=K\rho u^2, K=\frac{1}{R}$为曲率。这说明边界层内沿 y 方向的压差需要与流体的离心力平衡。

利用式(3-7)可将式(3-24)改写为

$$\frac{\partial}{\partial x}(r_0^k u)+\frac{\partial}{\partial y}(r_0^k v)=0 \tag{3-25a}$$

$$\frac{\partial u}{\partial t}+u\frac{\partial u}{\partial x}+v\frac{\partial u}{\partial y}=\frac{\partial U}{\partial t}+U\frac{\partial U}{\partial x}+\nu\frac{\partial^2 u}{\partial y^2} \tag{3-25b}$$

$$k=\begin{cases}0 & (\text{二维曲面})\\ 1 & (\text{轴对称})\end{cases}$$

此处 U 为边界层外边缘势流流速,可以由理想流体绕同一物面流动时的壁面处由欧拉方程解得的速度确定之。

由式(3-25)可见,绕二维曲面的边界层流动,其微分方程式与绕平面边界层流动的微分方程(3-9)相同。式(3-25)的边界条件也与平面边界层的边界条件相同。

$$\left.\begin{array}{l} y=0;\quad u=0,\quad v=0 \\ y\to\infty;\quad u=U \end{array}\right\} \tag{3-26}$$

3.3 边界层厚度

3.1 节中已经定义了边界层厚度为 $u=0.99U$ 处距固体壁面的法向距离,这个厚度也称为边界层的名义厚度,它的确定带有一定的随意性。本节中将给出边界层厚度几种更加严格的定义。

3.3.1 边界层位移厚度

在固体壁面附近的边界层中,由于流速受到壁面的阻滞而降低,使得在这个区域内所通过的流量较之理想流体流动时所能通过的流量减少,相当于边界层的固体壁面向流动内移动了 δ_1 距离后理想流体流动所通过的流量。这个距离 δ_1 称为边界层位移厚度(displacement thickness)。如图 3-7 中,相当于 OAB 面积的流量与相当于 BCD 面积的流量二者相等。根据定义:

$$\rho U\delta_1=\rho\int_0^\infty (U-u)\mathrm{d}y \tag{3-27}$$

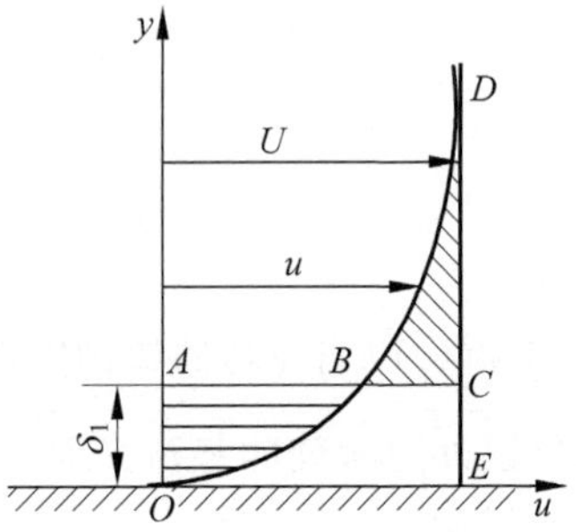

图 3-7　边界层位移厚度

所以,

$$\delta_1 = \int_0^\infty \left(1 - \frac{u}{U}\right) \mathrm{d}y \tag{3-28}$$

即为位移厚度的定义及计算公式。在明槽水流中，例如溢流坝面的流动，由于经坝面下泄的流量是一定的，因此随着边界层的发展，在边界层内流过的流量较之起始断面减小，而固体坝面又是固定不变的，因此必然迫使自由水面抬高一个位移厚度 δ_1 的距离。位移厚度的数值是确定的，积分上限如不取∞而取 δ，二者的结果差别很小，可做为近似。假想把固体壁面向外法线方向移动 δ_1 的距离从而得到一个“假想物面”。对于外部势流而言，无粘性理想流体绕假想物面的流动与粘性流体绕原固体壁面流动形成边界层后，边界层以外的势流流动二者相同。一般情况下边界层甚薄。作为近似可以以原固体壁面作为理想流动的边界，但如必须考虑由于边界层存在而导致假想物面的变化时，则必须经过一个迭代的计算过程。

3.3.2　边界层动量损失厚度

边界层内流速的降低不仅使通过的流体质量减少，而且也使通过的流体动量减少。边界层中实际通过的流体动量为 $\rho\int_0^\infty u^2 \mathrm{d}y$，如果这些质量通量具有的动量为 $\rho\int_0^\infty uU\mathrm{d}y$，则二者相差相当于将固体壁面向流动内部移动一个 δ_2 的距离，即

$$\begin{aligned}\rho U^2 \delta_2 &= \rho\int_0^\infty uU\mathrm{d}y - \rho\int_0^\infty u^2 \mathrm{d}y \\ &= \rho\int_0^\infty u(U-u)\mathrm{d}y \end{aligned} \tag{3-29}$$

即

$$\delta_2 = \int_0^\infty \frac{u}{U}\left(1 - \frac{u}{U}\right) \mathrm{d}y \tag{3-30}$$

δ_2 称为动量损失厚度或简称为动量厚度(momentum thickness)。

图 3-8 表示在边界层内 $\frac{u}{U}$，$\left(1-\frac{u}{U}\right)$ 及 $\frac{u}{U}\left(1-\frac{u}{U}\right)$的分布状况。图中水平阴影部分面积为位移厚度 δ_1，竖向阴影部分面积为动量损失厚度 δ_2。$\frac{u}{U}=0.99$ 处的 y 值为边界层厚度 δ。$y=\delta$ 与$\frac{u}{U}=1.0$ 和两坐标轴间所形成矩形的面积即边界层厚度 δ。由面积之比较可以得到

$$\delta_2 < \delta_1 < \delta$$

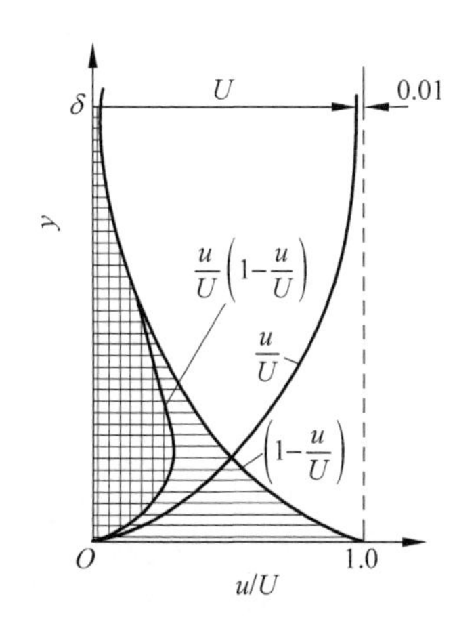

图 3-8　边界层内$\frac{u}{U}$，$\left(1-\frac{u}{U}\right)$，$\frac{u}{U}\left(1-\frac{u}{U}\right)$分布图

3.3.3 边界层能量损失厚度

边界层内的流速降低同样使流体的动能通量也减小了。能量损失厚度简称为能量厚度(energy thickness)定义为

$$\begin{aligned}\frac{1}{2}\rho U^3\delta_3 &= \frac{1}{2}\rho\int_0^\infty uU^2\,\mathrm{d}y - \frac{1}{2}\rho\int_0^\infty u^3\,\mathrm{d}y \\ &= \frac{1}{2}\rho\int_0^\infty (uU^2 - u^3)\,\mathrm{d}y \end{aligned} \tag{3-31}$$

即

$$\delta_3 = \int_0^\infty \frac{u}{U}\left(1 - \frac{u^2}{U^2}\right)\mathrm{d}y \tag{3-32}$$

由能量厚度可以计算流动的水头损失。边界层外的势流区不会有能量损失,能量损失完全产生于边界层内。单位宽度重量流体的动能损失为流速水头损失 $h_f(x)$,

$$h_f(x) = \frac{\frac{1}{2}\rho U^3\delta_3}{\rho g q} = \frac{U^3}{2gq}\delta_3 \tag{3-33}$$

式中,q 为二维流动时单位宽度过水断面的体积流量。

3.3.4 特例

为了形象地说明边界层几个厚度的关系,现对一个边界层内流速为线性分布的典型情况进行分析,如图 3-9 所示。设流速分布为

$$\frac{u}{U} = \frac{y}{\delta}$$

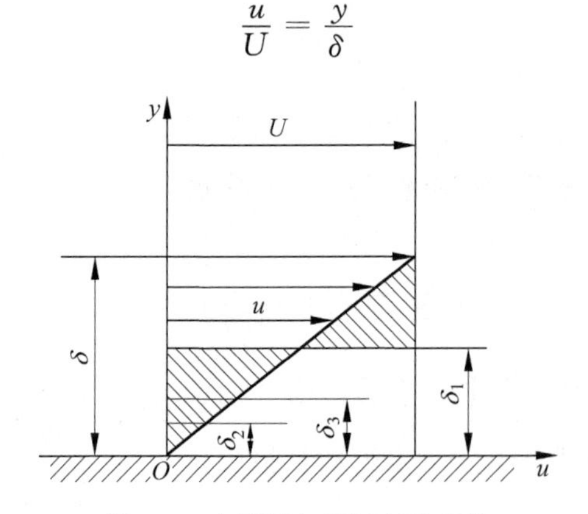

图 3-9 边界层各种厚度的比较

则

$$\delta_1 = \int_0^\delta \left(1 - \frac{u}{U}\right)\mathrm{d}y = \int_0^\delta \left(1 - \frac{y}{\delta}\right)\mathrm{d}y = \frac{1}{2}\delta$$

$$\delta_2 = \frac{1}{6}\delta$$

$$\delta_3 = \frac{1}{4}\delta$$

定义 $H_{12}=\frac{\delta_1}{\delta_2}$为边界层形状参数(shape factor)，则此例中 $H_{12}=3.0$。

3.4　边界层方程的相似性解

相似性解(similarity solution)是边界层方程求解的一个重要方法。当边界层方程具有相似性解时，其流速 $u(x,y)$的分布具有以下性质：如果把任意 x 断面的流速分布图形 $u \sim y$ 的坐标用有关尺度因素化为无量纲坐标，则任意 x 断面处无量纲的流速分布图形均相同。

在某一 x 位置，当地势流流速 $U(x)$显然可作为流速的尺度因素。取某一函数 $g(x)$作为 y 坐标的尺度因素。则相似性解存在的条件为

$$\frac{u(x,y)}{U(x)} = f(\eta), \quad \eta = \frac{y}{g(x)} \tag{3-34}$$

式(3-34)即为边界层方程的“相似性解”。采用无量纲坐标$\frac{u(x,y)}{U(x)}$和$\frac{y}{g(x)}$后，在任意 x 断面处流速分布图形$\frac{u(x,y)}{U(x)}=f(\eta)=f\left(\frac{y}{g(x)}\right)$均相同，即 $f(\eta)$不直接依赖于 x。即

$$\frac{u[x_1, g(x_1)\eta]}{U(x_1)} = \frac{u[x_2, g(x_2)\eta]}{U(x_2)} \tag{3-35}$$

图 3-10 所示为一平板边界层中的流速分布，采用 U_∞ 作为流速尺度因素，采用 $g(x)=\sqrt{\frac{\nu x}{U_\infty}}$ 作为坐标 y 的几何尺度因素，而$\sqrt{\frac{\nu x}{U_\infty}}$ 这个数值与边界层厚度成比例。由图看出不同雷诺数 $Re_x=\frac{U_\infty x}{\nu}$处流速分布均重合为一条曲线，说明平板边界层存在相似性解。图 3-10 中采用尼古拉兹(J. Nikuradse)的试验数据。

以后会看到，当边界层微分方程式存在相似性解时，可以把偏微分方程式组变化为一个常微分方程式，从而带来数学上很大的简化。问题在于什么情况下才存在相似性解。不可压缩流体二维恒定流动边界层微分方程可写为

$$u\frac{\partial u}{\partial x} + v\frac{\partial u}{\partial y} = U\frac{\mathrm{d}U}{\mathrm{d}x} + \nu\frac{\partial^2 u}{\partial y^2} \tag{3-9a}$$

$$\frac{\partial u}{\partial x} + \frac{\partial v}{\partial y} = 0 \tag{3-9c}$$

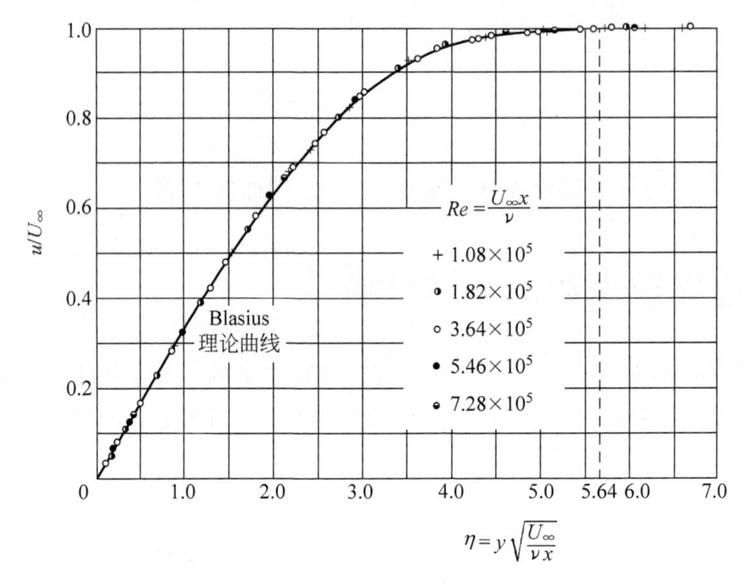

图 3-10　平板边界层流速分布[3]

边界条件为

$$\left.\begin{aligned} &y=0;\quad u=v=0\\ &y=\infty;\quad u=U(U=U(x)\ \text{为}\ x\ \text{点处壁面势流流速}) \end{aligned}\right\} \tag{3-36}$$

引进流函数 $\psi(x,y)$,则

$$u=\frac{\partial\psi}{\partial y},\quad v=-\frac{\partial\psi}{\partial x} \tag{3-37}$$

连续方程(3-9c)将自动满足。如果流函数可写为

$$\psi=U(x)g(x)f(\eta) \tag{3-38}$$

式中,$\eta=\frac{y}{g(x)}$,于是流速分量应为

$$u=\frac{\partial\psi}{\partial y}=\frac{\partial\psi}{\partial\eta}\frac{\partial\eta}{\partial y}=Uf' \tag{3-39}$$

$$\begin{aligned} v&=-\frac{\partial\psi}{\partial x}=-\left[U'gf+Ug'f-\frac{Uy}{g}g'f'\right]\\ &=-[U'gf+Ug'f-Ug'f'\eta] \end{aligned} \tag{3-40}$$

将式(3-39)、式(3-40)代入边界层微分方程(3-9a)中可得

$$f'''+\alpha ff''+\beta(1-f'^2)=0 \tag{3-41}$$

边界条件为

$$\eta=0;\quad f(0)=f'(0)=0 \tag{3-42}$$

$$\eta=\infty;\quad f'(\infty)=1 \tag{3-43}$$

方程(3-41)中：

$$\alpha = \frac{g}{\nu}\frac{\mathrm{d}}{\mathrm{d}x}(Ug) \tag{3-44}$$

$$\beta = \frac{g^2}{\nu}U' \tag{3-45}$$

只有当 α,β 均为常数,式(3-41)才是关于 $f(\eta)$ 的常微分方程,也就是说 f 只是 η 的函数,而这正是相似解所要求的。由式(3-44)及式(3-45)可得

$$2\alpha - \beta = \frac{1}{\nu}\frac{\mathrm{d}}{\mathrm{d}x}(g^2U) \tag{3-46}$$

积分此式得

$$(2\alpha - \beta)\nu x = g^2U \tag{3-47}$$

式(3-45)除以式(3-47),得

$$\frac{1}{U}\frac{\mathrm{d}U}{\mathrm{d}x} = \frac{\beta}{(2\alpha - \beta)x} \tag{3-48}$$

积分此式得

$$U = Cx^m \tag{3-49}$$

指数 m 为

$$m = \frac{\beta}{2\alpha - \beta} \tag{3-50}$$

在式(3-46)中,α,β 两个常数的公约数对结果并无影响,因而可令 $\alpha=1$,并不失去结果的普遍性,当 $\alpha=1$ 时,由式(3-50)得

$$\beta = \frac{2m}{m+1} \tag{3-51}$$

C 则为积分常数。式(3-49)说明,当势流流速 U 与 x^m 成比例时,边界层方程具有相似性解,此时流速分布函数 $f(\eta)$ 满足：

$$f''' + ff'' + \beta(1 - f'^2) = 0 \tag{3-52}$$

这个方程的解称为 Falkner-Skan 解。由 α 及 β 的关系同样可得到 $g(x)$ 的形式。由式(3-47)得

$$g^2 = (2 - \beta)\nu\frac{x}{U}$$

由式(3-51)得

$$g = \sqrt{\frac{2}{m+1}\frac{\nu x}{U}} \tag{3-53}$$

相似变量 η:

$$\eta = \frac{y}{g} = y\sqrt{\frac{m+1}{2}\frac{U}{\nu x}} \tag{3-54}$$

有了流速尺度因素 $U(x)$ 及 y 坐标的尺度因素 $g(x)$，流函数可写为

$$\psi = U(x)g(x)f(\eta)$$
$$= \sqrt{\frac{2}{m+1}\nu U x}\, f(\eta) \tag{3-55}$$

下面讨论几种简单的具有相似性解的流动情况：

(1) 绕过楔形物体驻点附近的流动

当楔形夹角为 $\pi\beta$，如图 3-11 所示，在前驻点附近势流的流速

$$U(x) = Cx^m \tag{3-49}$$

式中，C 为常数，表示楔形夹角的系数 β 与指数 m 的关系，即式(3-51)。

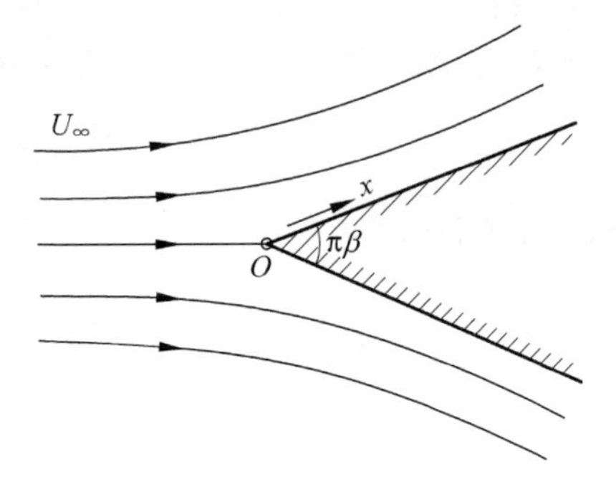

图 3-11 绕过楔形体流动

(2) 平面驻点流动

当 $\alpha=1$，如 $\beta=1$，则 $m=1$。式(3-49)

变为

$$U(x) = ax \tag{3-56}$$

此即平面驻点流动，可参考图 2-10。式(3-52)可写为

$$f''' + ff'' - f'^2 + 1 = 0$$

上式与式(2-39)完全相同。式(2-39)是 N-S 方程在平面驻点流动情况下寻求其准确解过程中得到的方程。这时由于 $\frac{U}{x}=a$，y 坐标的转换式(3-54)变为 $\eta = y\sqrt{\frac{a}{\nu}}$，与式(2-38)完全相同。

(3) 平板边界层流动

如 $\beta=0$，则 $m=0$。式(3-49)变为

$$U(x) = U_\infty \tag{3-57}$$

是当来流与平板平行时的平板绕流情况。

(4) 陡坡流动

如图 3-12 所示的陡坡流动或溢流坝面的流动，势流流速近似地可以下式表示：

$$U(x) = \sqrt{2gx\sin\theta}$$
$$= Cx^{1/2} \tag{3-58}$$

说明势流流速同样与 x 的 $m=\frac{1}{2}$ 次方成比例，这种流动的边界层方程也存在相似性解。

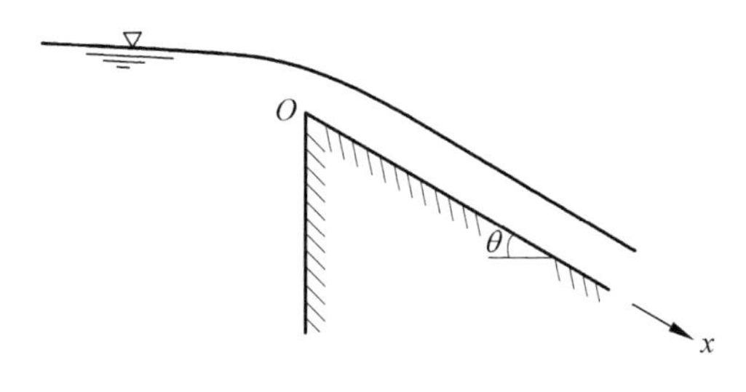

图 3-12　陡坡流动

3.5　边界层的分离现象

3.5.1　分离现象

3.1 节中初步讨论了平板边界层，这是边界层流动中最简单的一种。平板绕流情况下，整个势流流场中压强及流速均保持为常数。由于边界层内压强决定于边界层外缘的势流压强，因此整个边界层内压强也保持同一常数值。但当流动绕过曲线形固体壁面时，压强将沿流程变化。逆压强梯度区域将有可能产生边界层分离现象并在边界层分离后形成的尾流中产生回流或旋涡，招致很大的能量损失并增加了流动的阻力。

以圆柱绕流为例，如图 3-13 所示，在势流流动中流体质点从 D 至 E 是加速的，从 E 至 F 则是减速的。由伯努利方程可知压强由 D 到 E 顺流逐渐减小，即 $\frac{\mathrm{d}p}{\mathrm{d}x}<0$，为顺压强梯度；而由 E 至 F 则压强顺流递增，$\frac{\mathrm{d}p}{\mathrm{d}x}>0$，为逆压强梯度，至 F 点压强应恢复为与 D 点相同的值，即驻点压强 $\frac{\rho U_{\infty}^{2}}{2}$。压强变化如图 1-2 中实线所示，图 3-13 中同时绘有压强分布的示意图。对于粘性流动，则在圆柱壁面产生边界层流动，边界层内的流体质点在流动过程中由于粘性而损耗能量。流体质点由 D 至 E 压能的降低，一部分转化为动能（流速水头），一部分则因克服粘滞阻力而消耗。

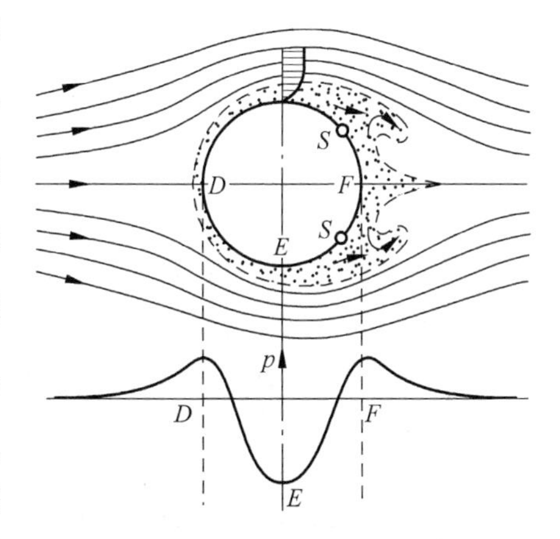

图 3-13　圆柱绕流流场示意图[4]

由 E 至 F 的流程中，当然要继续损失一部分能量，而一部分流速水头（动能）将恢复为压强水头（压能）。由于粘性而损失了一部分能量的流体质点将不能克服由 E 至 F 点的压强升高，而在某一点 S 处其动能消耗殆尽，固体壁面附近的流体质点的流速降为零。在 S 点处下游压强较高,因此在逆压强梯度作用下,此处将发生回流,并将边界层内相继流来的流体质点挤向主流,从而使边界层脱离固体壁面,形成边界层分离。S 点称为边界层分离点(separation point)。在分离点后面形成回流和尾流区。图 1-2 中表示了粘性流动中,无论是层流或者紊流,尾流中的压强均较理想流动为低而且均为负压。这就是钝形物体(bluff body)绕流形成压差阻力(形状阻力)的原因。尾流区的旋涡造成较大的能量损失。

图 3-14 表示了分离点及其上下游边界层中的流速分布情形。在分离点上游,整个沿 y 轴的流速分布图形(也称为速度剖面)中,流速均为正值,且在 $y=0$ 处,$\frac{\partial u}{\partial y}>0$。在分离点下游,壁面附近产生回流,回流区流速为负值,在 $y=0$ 处,$\frac{\partial u}{\partial y}<0$。在分离点 S 处,当$y=0$,$\frac{\partial u}{\partial y}=0$,这一条件可以作为分离点的定义。分离点处的流线与固体壁面所成的角度 α 与绕流雷诺数有关。

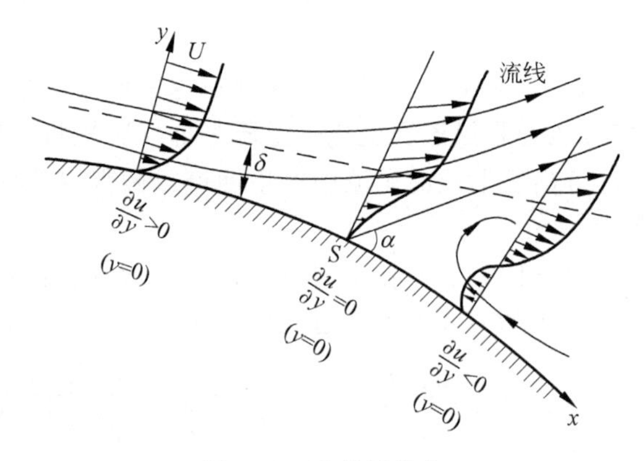

图 3-14　边界层分离

对于细长的流线形物体,如翼型,则由于在尾部逆压梯度很小,压强的恢复较为缓慢,因而分离点靠近尾部,从而压差阻力很小,甚至可以基本上没有分离现象的产生。由图 3-14 还可看出当边界层发生分离,边界层的厚度增加很多,一部分边界层内的流体质点挤入主流。由于边界层加厚,此处不再符合推导边界层微分方程式的条件,因此边界层微分方程式只能应用到分离点上游。另外,随着边界层厚度的变化,绕物体流动的势流流场也将发生变化。

3.5.2　边界层流速分布特点与分离现象

下面将从普朗特边界层微分方程出发分析边界层内流速分布的特点及分离现象的产生。

在固体壁面处：$y=0$;$u=0$,$v=0$。边界层微分方程(3-9a)写为

$$\nu\left(\frac{\partial^2 u}{\partial y^2}\right)_{y=0} = \frac{1}{\rho}\frac{\partial p}{\partial x} \tag{3-59}$$

可见壁面处流速剖面的曲率决定于顺流的压强梯度。另外在壁面处尚有

$$\left(\frac{\partial u}{\partial y}\right)_{y=0} = \frac{\tau_0}{\mu} \tag{3-60}$$

在边界层外边缘处：$y=\delta; u=U$。由伯努利方程

$$U\frac{\partial U}{\partial x} = -\frac{1}{\rho}\frac{\partial p}{\partial x}$$

边界层方程为

$$U\frac{\partial U}{\partial x} = U\frac{\partial U}{\partial x} + \nu\frac{\partial^2 U}{\partial y^2}$$

可知

$$\left(\frac{\partial^2 u}{\partial y^2}\right)_{y=\delta} = 0 \tag{3-61}$$

速度剖面(velocity profile)在边界层外缘附近凸向下游并将以$u=U$线为渐近线，曲率为零。同理

$$\left(\frac{\partial u}{\partial y}\right)_{y=\delta} = 0 \tag{3-62}$$

(1) 加速流区或顺压强梯度区

$$\frac{\partial p}{\partial x} < 0, \quad 即\left(\frac{\partial^2 u}{\partial y^2}\right)_{y=0} < 0$$

速度剖面在固体壁面附近为凸曲线，因此整个边界层内的流速分布曲线没有拐点，如图 3-15(a)所示。$\frac{\partial u}{\partial y}$则在 $y=0$ 处有最大值$\frac{\tau_0}{\mu}$。随着 y 的增加，$\frac{\partial u}{\partial y}$逐渐减小，至 $y=\delta$ 时$\frac{\partial u}{\partial y}\to 0$，如图 3-15(b)所示。$\frac{\partial^2 u}{\partial y^2}$则在 $y=0$ 处为最小值$\frac{1}{\mu}\frac{\partial p}{\partial x}$，至 $y=\delta$，$\frac{\partial^2 u}{\partial y^2}=0$，在整个边界层内为负值，如图 3-15(c)所示。加速流区不会产生分离现象。

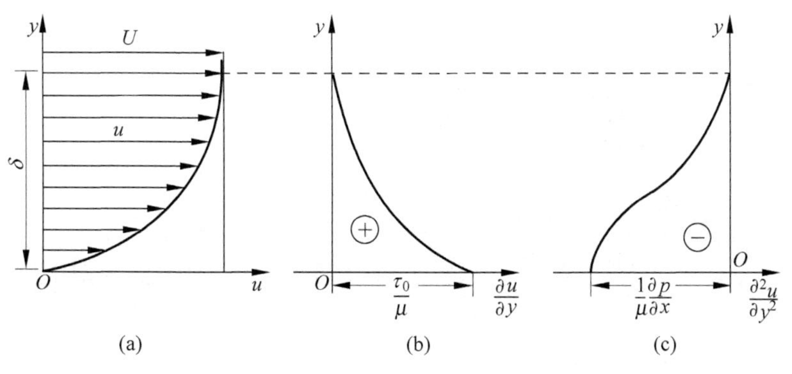

图 3-15　边界层内流速分布图

(2) 当势流流速为常数,压强顺流不变时

$$\frac{\partial p}{\partial x}=0,\quad 即\left(\frac{\partial^2 u}{\partial y^2}\right)_{y=0}=0$$

平板边界层就是这种情况。速度剖面在 $y=0$ 处为一拐点(point of inflexion,PI),但整个速度剖面为凸曲线,如图 3-16(a)所示。$\frac{\partial u}{\partial y}$为正值,由于$\left(\frac{\partial^2 u}{\partial y^2}\right)_{y=0}=0$,在 $y=0$ 时$\frac{\partial u}{\partial y}$的曲线与横轴垂直,在 y 等于某一数值 b_1 时,有一拐点,b_1 值由 $u(y)$的具体形式所决定,如图 3-16(b)所示。$\frac{\partial^2 u}{\partial y^2}$的曲线如图 3-16(c)所示,在 $y=b_1$ 时 $\frac{\partial^2 u}{\partial y^2}$有一极小值。

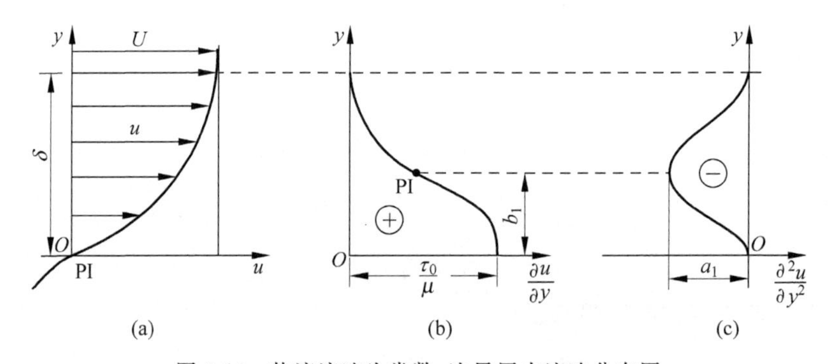

图 3-16 势流流速为常数,边界层内流速分布图

(3) 减速流区或逆压梯度区

$$\frac{\partial p}{\partial x}>0,\quad 即\left(\frac{\partial^2 u}{\partial y^2}\right)_{y=0}>0$$

速度剖面在固体壁面附近为凹曲线,而 $y\to\delta$ 时速度剖面为凸曲线,如图 3-17(a)所示,因此在边界层内速度剖面必然存在拐点。在逆压梯度区将有可能发生边界层分离。在分离点及其上下游,速度剖面各有其特点。

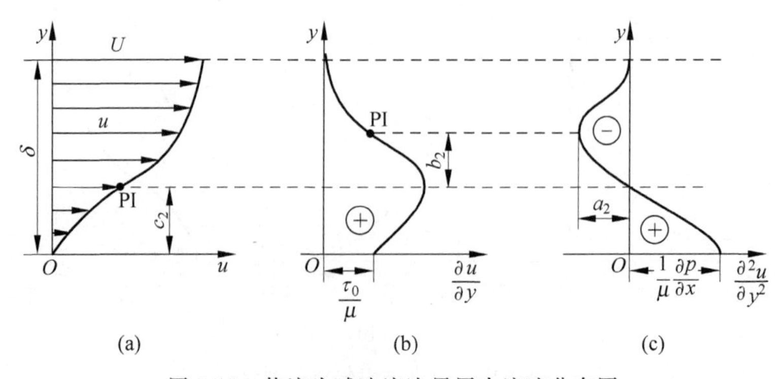

图 3-17 势流为减速流边界层内流速分布图

① 分离点上游

在分离点上游，

$$y=0,\quad \frac{\partial u}{\partial y}>0$$

设在 $y=c_2$ 时，速度剖面有一拐点，在 $y=c_2$ 上部的速度剖面形状与等速流的速度剖面图 3-16(a)相似。在 $y=c_2$ 下部速度分布为一凹曲线，如图 3-17(a)所示。在 $y=c_2$ 处，$\frac{\partial u}{\partial y}$曲线有一极大值，如图 3-17(b)所示。$\frac{\partial^2 u}{\partial y^2}$曲线在 $y=c_2$ 处为零，$y>c_2$ 时$\frac{\partial^2 u}{\partial y^2}$为负值，$y<c_2$ 时$\frac{\partial^2 u}{\partial y^2}$为正值，如图 3-17(c)所示。

② 分离点

在分离点处，

$$y=0,\quad \frac{\partial u}{\partial y}=0$$

在速度剖面中 $y=0$ 即固体壁面处流速分布曲线以 y 轴为切线，如图 3-18(a)所示。相应绘出$\frac{\partial u}{\partial y}$曲线图 3-18(b)及$\frac{\partial^2 u}{\partial y^2}$曲线，如图 3-18(c)所示。

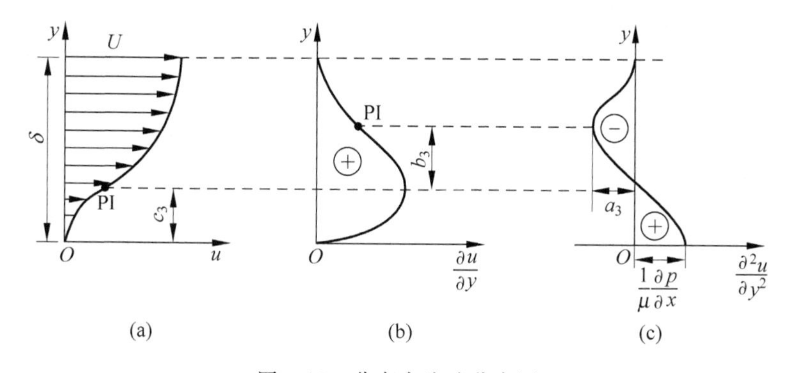

图 3-18　分离点流速分布图

③ 分离点下游

在分离点下游，

$$y=0,\quad \frac{\partial u}{\partial y}<0$$

流动在壁面附近将为反向流动，流速为负值，如图 3-19(a)所示。相应绘出$\frac{\partial u}{\partial y}$及$\frac{\partial^2 u}{\partial y^2}$曲线如图 3-19(b)，(c)所示。

对于层流边界层来说很难适应逆压强梯度，因此只要流动中有逆压强梯度存在必然发生分离现象。但是当边界层内的流动由层流转变为紊流，由于更强烈的

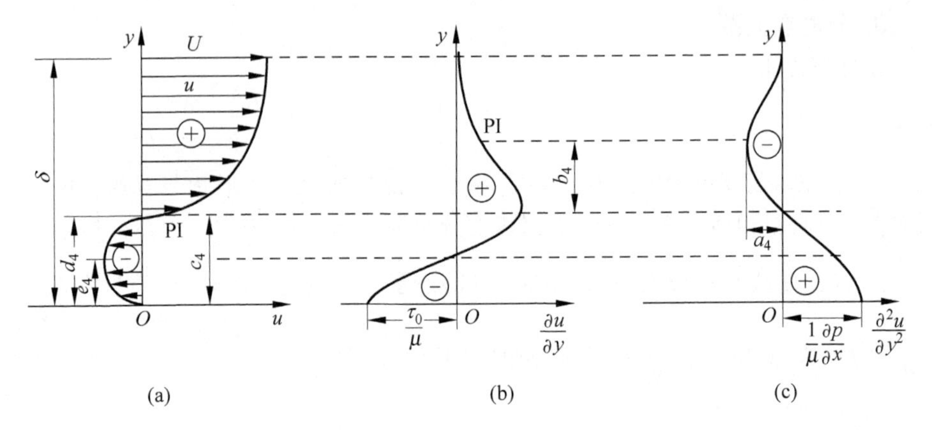

图 3-19 分离点下游流速分布图

动量交换,外层流速较高的流体与壁面附近流体的紊动掺混,带动了壁面附近陷于停滞的流体使其重新具有了一定的动量从而使得分离点向下游移动,减小尾流区,有利于减小压差阻力。逆压梯度的存在使得速度剖面存在拐点,以后将看到,具有拐点的速度剖面是不稳定的,更易于转变为紊流,从而推迟边界层的分离。

边界层分离后所形成的尾流区中流动通常是非恒定的。分离点处旋涡将周期性地自物体壁面脱离。旋涡流动将影响分离点附近的势流流场,从而影响压强分布。压强分布的变化将使分离点的位置呈现周期性的微小摆动。

由于边界层分离将造成能量损失和流动阻力的增加,因此人们总是试图避免这种现象的发生。防止边界层分离的措施很多,使绕流物体流线型化是其一种,设法保持逆压梯度在一定的限度之内,不使分离发生。此外边界层的吸出和向边界层内吹入高速流体都是避免边界层分离的措施。

参考文献

[1] Prandtl L, Tietjens O G. Applied Hydro-and Aeromechanics. New York: McGraw Hill,1934

[2] Kuo Y H. On the flow of an incompressible viscous fluid past a flat plate at moderate Reynolds numbers. J. Math. and Phys, 1953. 83～101

[3] Nikuradse J. Laminare Reibungsschichten an der Längsangestromten Platte, Monograph, Zentrale f. wiss. Berichtswesen, Berlin,1942

第 4 章

边界层微分方程式的精确解

对于具有很大雷诺数的粘性流动，可以近似地把整个流动分成两部分来处理：一是物体壁面附近的边界层流动，一是边界层外部的势流流动。边界层微分方程式就是纳维-斯托克斯方程在边界层特定的几何和流动条件下的近似方程，但由于边界层方程仍然是非线性偏微分方程式，因此它的求解仍十分困难。目前只是针对某些特定的流动问题才可能得到边界层微分方程的精确解，本章中将给出一些典型的例子。

4.1 绕顺流放置平板的边界层流动

均匀来流绕过一个厚度很薄(假定板厚度为零)的平板，平板顺流放置，即来流对平板的攻角为零，在平板两侧固体壁面附近产生的边界层流动是应用普朗特边界层微分方程式解决粘性流动问题的一个最简单而又十分重要的典型例子。从历史上来看这也是应用边界层微分方程式的第一个例子。布拉休斯(H. Blasius)[1] 1908 年在德国哥廷根大学普朗特指导下所做的博士论文中最先讨论了这一问题，其后又有一些学者对本问题进行了研究。

如图 4-1 所示，板厚为零的半无限长平板，平板前缘作为坐标原点，平板向下游伸展至无穷远。平板前端未扰动均匀来流流速为 U_∞，流速与平板平行。考虑恒定流情况，普朗特边界层微分方程式可写为

$$u\frac{\partial u}{\partial x}+v\frac{\partial u}{\partial y}=-\frac{1}{\rho}\frac{\mathrm{d}p}{\mathrm{d}x}+\nu\frac{\partial^2 u}{\partial y^2} \tag{4-1}$$

$$\frac{\partial u}{\partial x}+\frac{\partial v}{\partial y}=0 \tag{4-2}$$

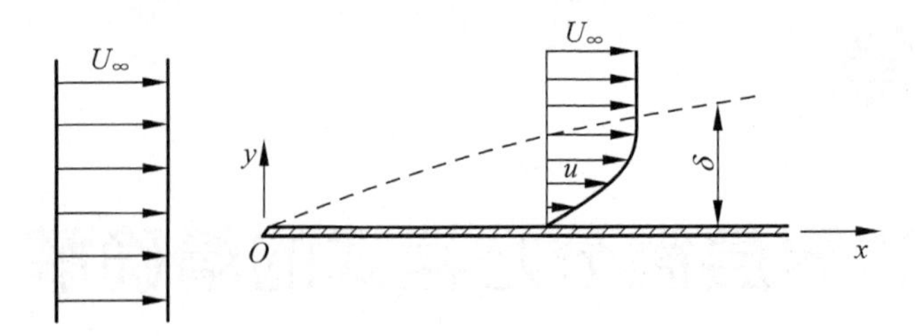

图 4-1　平板边界层

由绕平板流动的势流流动可知$\dfrac{\mathrm{d}p}{\mathrm{d}x}=0$,因此式(4-1)可写为

$$u\frac{\partial u}{\partial x}+v\frac{\partial u}{\partial y}=\nu\frac{\partial^2 u}{\partial y^2} \tag{4-3}$$

边界条件为

$$y=0;\quad u=0,\quad v=0 \tag{4-4a}$$

$$y=\infty;\quad u=U_\infty \tag{4-4b}$$

在平板边界层中由于假设为半无限长平板,整个流动问题中找不到一个 x 方向的特征长度,因此可以设想在任一 x 值处的流速分布图形都是相似的。由 3.4 节的讨论也已知平板边界层存在相似性解。选 $U(x)$ 与 $g(x)$ 作为流速和几何尺度因素,式(3-49)仍然成立。令

$$g(x)=Ax^n$$

则由式(3-45)及式(3-49)得

$$\beta=\frac{g^2}{\nu}U'=\frac{CA^2m}{\nu}x^{2n+m-1}=\text{常数}$$

于是 $n=\dfrac{1-m}{2}$,如令$\dfrac{CA^2}{\nu}=1$,则 $A=\sqrt{\dfrac{\nu}{C}}$,而 $\beta=m$。由式(3-44)得

$$\alpha=(m+n)\frac{A^2C}{\nu}x^{(m+2n-1)}=\text{常数}$$

从而可得

$$\alpha=m+n=\frac{1+m}{2}$$

有了 α,β 两个常数,方程(3-41)可写为

$$f'''+\left(\frac{1+m}{2}\right)ff''+m(1-f'^2)=0 \tag{4-5}$$

由此得到

$$g(x)=Ax^n=\sqrt{\frac{\nu}{C}}x^{\frac{1-m}{2}}=\sqrt{\frac{\nu x^{1-m}}{C}}=\sqrt{\frac{\nu x}{U(x)}} \tag{4-6}$$

$$\eta=\frac{y}{g(x)}=y\sqrt{\frac{U(x)}{\nu x}} \tag{4-7}$$

$$\psi=U(x)g(x)f(\eta)=\sqrt{\nu xU(x)}\,f(\eta) \tag{4-8}$$

在平板边界层中：

$$U(x)=Cx^m=U_\infty \tag{4-9}$$

也就是说，$C=U_\infty$，$m=0$。此时相似变量 $\eta=y\sqrt{\frac{U_\infty}{\nu x}}$，式(4-5)可写为

$$f'''+\frac{1}{2}ff''=0 \quad 或 \quad 2f'''+ff''=0 \tag{4-10}$$

根据式(4-8)，流函数 ψ 为

$$\psi=\sqrt{\nu xU_\infty}\,f(\eta) \tag{4-11}$$

而两个流速分量由式(3-39)、式(3-40)可知：

$$u=U_\infty f' \tag{4-12}$$

$$v=U_\infty g'(\eta f'-f)=\frac{1}{2}\sqrt{\frac{\nu U_\infty}{x}}(\eta f'-f) \tag{4-13}$$

方程(4-10)称为布拉休斯方程。解此方程可得 f，从而计算流函数 ψ，使流动问题得到解决。式(4-10)的边界条件为

$$\eta=0;\quad f'=0,\quad f=0 \tag{4-14a}$$

$$\eta=\infty;\quad f'=1 \tag{4-14b}$$

由此可见，通过引进相似变量 η 使流动问题中的自变量由 x，y 两个变为一个自变量 η，从而把偏微分方程式变为常微分方程式。通过引进流函数 ψ 将因变量 u，v 也由两个变为一个 ψ 而把由两个偏微分方程式组成的联立方程组变为一个单独的常微分方程式，因而数学上得到大大的简化。

式(4-10)为非线性三阶常微分方程式，有三个边界条件，完全可以得到确定的解。下面讨论三阶常微分方程(4-10)的求解。首先方程式的一个特解是

$$f=\eta+常数 \tag{4-15}$$

这个解对应于位势流，因为 $u=U_\infty f'$，由式(4-15)对 η 微分可得 $f'=1$，于是 $u=U_\infty$，而位势流中 $u=U_\infty$，$v=0$。式(4-10)的通解则只能用数值法或幂级数展开法求得。布拉休斯采用的方法是：在 $\eta=0$ 处用幂级数展开，在 $\eta\to\infty$ 时用渐近解(asymptotic solution)，然后将这两种形式的解在某一适当地点 $\eta=\eta_1$ 处相互匹配，从而得到整个流动问题的解。

在 $\eta=0$ 处，微分方程的幂级数解可写为

$$f(\eta)=A_0+A_1\eta+\frac{A_2}{2!}\eta^2+\frac{A_3}{3!}\eta^3+\cdots \tag{4-16}$$

式中，A_0，A_1，A_2，…为系数，可由边界条件确定。

$$f'(\eta) = A_1 + A_2\eta + \frac{A_3}{2!}\eta^2 + \cdots \tag{4-17a}$$

$$f''(\eta) = A_2 + A_3\eta + \frac{A_4}{2!}\eta^2 + \cdots \tag{4-17b}$$

$$f'''(\eta) = A_3 + A_4\eta + \frac{A_5}{2!}\eta^2 + \cdots \tag{4-17c}$$

当 $\eta=0$,边界条件为:$f=0$,$f'=0$,所以

$$A_0 = 0, \quad A_1 = 0 \tag{4-18}$$

将式(4-16)、式(4-17b)、式(4-17c)三式代入式(4-10)得

$$2\left(A_3 + A_4\eta + \frac{A_5}{2!}\eta^2 + \frac{A_6}{3!}\eta^3 + \cdots\right)$$
$$+\left(\frac{A_2}{2!}\eta^2 + \frac{A_3}{3!}\eta^3 + \cdots\right)\left(A_2 + A_3\eta + \frac{A_4}{2!}\eta^2 + \cdots\right) = 0$$

按 η 的幂次加以整理,得

$$2A_3 + 2A_4\eta + (2A_5 + A_2^2)\frac{\eta^2}{2!} + (2A_6 + 4A_2A_3)\frac{\eta^3}{3!} + \cdots = 0 \tag{4-19}$$

式中,η 为任意变量,为了使式(4-16)为方程(4-10)的一个解,必须使式(4-19)中各项系数均为零,因而:

$$\left.\begin{aligned} &2A_3 = 0, \quad 得\ A_3 = 0 \\ &2A_4 = 0, \quad 得\ A_4 = 0 \\ &2A_5 + A_2^2 = 0, \quad 得\ A_5 = -\frac{A_2^2}{2} \\ &2A_6 + 4A_2A_3 = 0, \quad 得\ A_6 = 0 \\ &A_7 = 0 \\ &A_8 = \frac{11}{4}A_2^3 \end{aligned}\right\} \tag{4-20}$$

同理可继续得到

可见除一部分 A 值为零以外,还有 $A_2, A_5, A_8, \cdots$ 等系数不等于零,但它们均是 A_2 的函数,因此只有 A_2 待定。但是还有一个边界条件 $\eta=\infty$;$f'=1$ 尚未使用。于是

$$f(\eta) = A_2\frac{\eta^2}{2!} + \left(\frac{-A_2^2}{2}\right)\frac{\eta^5}{5!} + \left(\frac{11A_2^3}{4}\right)\frac{\eta^8}{8!} + \cdots \tag{4-21}$$

建立了一个以 η^3 的次数变化的级数,级数的通式可以写为

$$f(\eta) = \sum_{n=0}^{\infty}\left(-\frac{1}{2}\right)^n \frac{C_n A_2^{n+1}}{(3n+2)!}\eta^{(3n+2)} \tag{4-22}$$

式中的系数 C_n 可由以下方法确定:

$$当\ n=0, \quad \left(-\frac{1}{2}\right)^0 \frac{C_0 A_2}{2!}\eta^2 = \frac{A_2}{2!}\eta^2$$

得

$$C_0 = 1$$

$$当\ n=1,\quad \left(-\frac{1}{2}\right)\frac{C_1 A_2^2}{5!}\eta^5 = \left(\frac{-A_2^2}{2}\right)\frac{\eta^5}{5!}$$

得

$$C_1 = 1$$

$$当\ n=2,\quad \left(-\frac{1}{2}\right)^2 \frac{C_1 A_2^3}{8!}\eta^8 = \frac{11}{4}\frac{A_2^3}{8!}\eta^8$$

得

$$C_2 = 11$$

可继续算出

$$C_3 = 375,\quad C_4 = 27897,\quad \cdots$$

此级数的收敛区间为 $\eta = 0 \sim 3$。当 $\eta = 3$，也就是 $y\sqrt{\frac{U_\infty}{\nu x}} = 3$，下面将会看到平板层流边界层的厚度 $\delta = 5\sqrt{\frac{\nu x}{U_\infty}}$。所以，$\eta = 3$ 相当于边界层厚度的 3/5 处。因此式(4-22)不适用于整个边界层。此外，式(4-22)级数在 $\eta \to \infty$ 时不收敛，不能应用"当 $\eta = \infty$，$f' = 1$"的边界条件，A_2 只得留待以后确定。

现在来看 $\eta = \infty$ 处的渐近解，设在 $\eta = \infty$ 处渐近展开式为

$$f = f_1 + f_2 + \cdots \tag{4-23}$$

并假设 $f_2 \ll f_1$，$f_3 \ll f_2$，…，即高阶渐近值与低阶渐近值相比是小量。如表示为 $f_2 = \varepsilon f_1$，$f_3 = \varepsilon f_2 = \varepsilon^2 f_1$，…，则

$$f = f_1(1 + \varepsilon + \varepsilon^2 + \cdots)$$

ε 为小量，$0 < \varepsilon \ll 1$。第一个渐近解即

$$f_1 = \eta - \beta \tag{4-24}$$

为位势流动，其中 β 为积分常数。此时 $f_1' = 1$，$f_1'' = 0$，$f_1''' = 0$。令 $f = f_1 + f_2$ 代入原方程(4-10)，

$$\begin{aligned} ff'' + 2f''' &= (f_1 + f_2)(f_1'' + f_2'') + 2(f_1''' + f_2''') \\ &= f_1 f_2'' + f_2 f_2'' + 2f_2''' \\ &= f_1(1+\varepsilon) f_2'' + 2f_2''' \\ &\approx f_1 f_2'' + 2f_2''' \end{aligned}$$

从而得到

$$f_1 f_2'' + 2f_2''' = 0$$

将式(4-24)代入，得

$$(\eta - \beta) f_2'' + 2f_2''' = 0 \tag{4-25}$$

上式即第二个渐近值 f_2 的方程，积分之，得

$$\ln f_2'' = \frac{1}{2}\beta\eta - \frac{1}{4}\eta^2 + C$$

积分常数 C 可采用变换,使 $C=-\frac{\beta^2}{4}+\ln\gamma$,$\gamma$ 为一新常数。则

$$\ln f_2''=\frac{1}{2}\beta\eta-\frac{1}{4}\eta^2-\frac{1}{4}\beta^2+\ln\gamma$$

$$=-\frac{1}{4}(\eta-\beta)^2+\ln\gamma$$

$$f_2''=\gamma e^{-\frac{1}{4}(\eta-\beta)^2}$$

再积分得

$$f_2'=\gamma\int_{\eta=\infty}^{\eta}e^{-\frac{1}{4}(\eta-\beta)^2}d\eta$$

再一次积分即得

$$f_2=\gamma\int_{\eta=\infty}^{\eta}d\eta\int_{\infty}^{\eta}\exp\left\{-\frac{1}{4}(\eta-\beta)^2\right\}d\eta$$

可以看出:$f'=f_1'+f_2'$,当 $\eta=\infty$,$f'=f_1'(\infty)+f_2'(\infty)$,而

$$f_1'(\infty)=\lim_{\eta\to\infty}\frac{\partial}{\partial\eta}(\eta-\beta)=1$$

$$f_2'(\infty)=\gamma\int_{\infty}^{\infty}d\eta\int_{\infty}^{\infty}\exp\left\{-\frac{1}{4}(\eta-\beta)^2\right\}d\eta=0$$

所以,$f'=1$,满足 $\eta=\infty$ 处的边界条件。这样得到方程(4-10)的二阶渐近解为

$$f=f_1+f_2=\eta-\beta+\gamma\int_{\infty}^{\eta}d\eta\int_{\infty}^{\eta}\exp\left\{-\frac{1}{4}(\eta-\beta)^2\right\}d\eta \tag{4-26}$$

当 $\eta\to\infty$,$f=\eta-\beta$ 为势流解。当 $\eta<\infty$,则 $f=f_1+f_2$ 为边界层内的二阶渐近解,这个解中包含了两个积分常数 β 与 γ 待定。还可以得出三阶渐近解 $f=f_1+f_2+f_3$,以至更高阶的渐近解,这里不再讨论。式(4-22)的级数解和式(4-26)的渐近解必须在某一点 $\eta=\eta_1$ 处互相匹配,即当 $\eta=\eta_1$ 时两个解应一致,用这个条件可确恒定数 A_2,β,γ。由

$$f(\eta_1)_{级数解}=f(\eta_1)_{渐近解}$$

$$f'(\eta_1)_{级数解}=f'(\eta_1)_{渐近解}$$

$$f''(\eta_1)_{级数解}=f''(\eta_1)_{渐近解}$$

可定出

$$A_2=0.332,\quad \beta=1.72,\quad \gamma=0.231$$

式(4-10)的布拉休斯微分方程除布氏本人外,还有一些学者陆续得到一些解答。1938 年霍华斯[2]得到的结果具有更好的准确度,表 4-1 中给出霍华斯的结果。由表中的 f 和 f' 值可通过式(4-12)、式(4-13)计算 u 和 v 的数值。在边界层外边缘处,例如从表(4-1)可看出当 $\eta=7.8$,$f'=\frac{u}{U_\infty}=1.0$ 时,垂向流速 v 为

$$v=\frac{1}{2}\sqrt{\frac{\nu U_\infty}{x}}(\eta f'-f)$$

$$=\frac{1}{2}(7.8-6.079\,23)\sqrt{\frac{\nu U_\infty}{x}}$$

$$=0.86U_\infty\sqrt{\frac{\nu}{U_\infty x}}$$

表　4-1[2]

$\eta=y\sqrt{\frac{U_\infty}{\nu x}}$	f	$f'=\frac{u}{U_\infty}$	f''
0	0	0	0.332 06
0.2	0.006 64	0.066 41	0.331 99
0.4	0.026 56	0.132 77	0.331 47
0.6	0.059 74	0.198 94	0.330 08
0.8	0.106 11	0.264 71	0.327 39
1.0	0.165 57	0.329 79	0.323 01
1.2	0.237 95	0.393 78	0.316 59
1.4	0.322 98	0.456 27	0.307 87
1.6	0.420 32	0.516 76	0.296 67
1.8	0.529 52	0.574 77	0.282 93
2.0	0.650 03	0.629 77	0.266 75
2.2	0.781 20	0.681 32	0.248 35
2.4	0.922 30	0.728 99	0.228 09
2.6	1.072 52	0.772 46	0.206 46
2.8	1.230 99	0.811 52	0.184 01
3.0	1.396 82	0.846 05	0.161 36
3.2	1.569 11	0.876 09	0.139 13
3.4	1.746 96	0.901 77	0.117 88
3.6	1.929 54	0.923 33	0.098 09
3.8	2.116 05	0.941 12	0.080 13
4.0	2.305 76	0.955 52	0.064 24
4.2	2.498 06	0.966 96	0.050 52
4.4	2.692 38	0.975 87	0.038 97
4.6	2.888 26	0.982 69	0.029 48
4.8	3.085 34	0.987 79	0.021 87
5.0	3.283 29	0.991 55	0.015 91

续表

$\eta=y\sqrt{\frac{U_\infty}{\nu x}}$	f	$f'=\frac{u}{U_\infty}$	f''
5.2	3.481 89	0.994 25	0.011 34
5.4	3.680 94	0.996 16	0.007 93
5.6	3.880 31	0.997 48	0.005 43
5.8	4.079 90	0.998 38	0.003 65
6.0	4.279 64	0.998 98	0.002 40
6.2	4.479 48	0.999 37	0.001 55
6.4	4.679 38	0.999 61	0.000 98
6.6	4.879 31	0.999 77	0.000 61
6.8	5.079 28	0.999 87	0.000 37
7.0	5.279 26	0.999 92	0.000 22
7.2	5.479 25	0.999 96	0.000 13
7.4	5.679 24	0.999 98	0.000 07
7.6	5.879 24	0.999 99	0.000 04
7.8	6.079 23	1.000 00	0.000 02
8.0	6.279 23	1.000 00	0.000 01
8.2	6.479 23	1.000 00	0.000 01
8.4	6.679 23	1.000 00	0.000 00
8.6	6.879 23	1.000 00	0.000 00
8.8	7.079 23	1.000 00	0.000 00

说明由于边界层的发展,边界层内部的部分流体质点被排挤向主流,从而产生垂向流速。在平板绕流的边界层问题中,$\frac{dp}{dx}=0$ 因而没有边界层分离的现象。

由表 4-1 可以引伸出以下几点结论。

(1) 边界层厚度

如果按边界层厚度的定义,即$\frac{u}{U_\infty}=0.99$ 处的 y 值即为边界层厚度 δ,则从表 4-1 可看出,当 $f'=\frac{u}{U_\infty}=0.991\,55$ 时,$\eta=5.0$,可定义此点为边界层外边缘点,由此,

$$\eta=\delta\sqrt{\frac{U_\infty}{\nu x}}=5.0$$

因此,

$$\delta = 5.0\sqrt{\frac{\nu x}{U_\infty}} = 5.0\frac{x}{\sqrt{\frac{U_\infty x}{\nu}}} = 5.0\frac{x}{\sqrt{Re_x}} \tag{4-27}$$

上式即层流平板边界层厚度 δ 的计算公式，可见边界层厚度随 x 的增加而增厚。

边界层位移厚度为

$$\begin{aligned}
\delta_1 &= \int_0^\infty \left(1-\frac{u}{U_\infty}\right)\mathrm{d}y \\
&= \sqrt{\frac{\nu x}{U_\infty}}\int_0^\infty (1-f')\mathrm{d}\eta \\
&= \sqrt{\frac{\nu x}{U_\infty}}[\eta - f(\eta)]_0^\infty \\
&= \sqrt{\frac{\nu x}{U_\infty}}\lim_{\eta\to\infty}[\eta - f(\eta)] \\
&= \beta\sqrt{\frac{\nu x}{U_\infty}} \\
&= 1.72\sqrt{\frac{\nu x}{U_\infty}} \\
&= 1.72\frac{x}{\sqrt{Re_x}}
\end{aligned} \tag{4-28}$$

用同样的方法可以计算边界层动量厚度：

$$\begin{aligned}
\delta_2 &= \int_0^\infty \frac{u}{U_\infty}\left(1-\frac{u}{U_\infty}\right)\mathrm{d}y \\
&= \sqrt{\frac{\nu x}{U_\infty}}\int_0^\infty f'(1-f')\mathrm{d}\eta \\
&= \sqrt{\frac{\nu x}{U_\infty}}\int_0^\infty (1-f')\mathrm{d}f \\
&= \sqrt{\frac{\nu x}{U_\infty}}\left[f(1-f')\Big|_0^\infty - \int_0^\infty (-ff'')\mathrm{d}\eta\right]
\end{aligned}$$

由于 $f(0)=0$，$\eta\to\infty$，$f'=1$，所以 $f(1-f')\Big|_0^\infty$ 为零。又由式(4-10)，$ff''=-2f'''$，因此，

$$\begin{aligned}
\delta_2 &= \sqrt{\frac{\nu x}{U_\infty}}[-2f''|_0^\infty] \\
&= \sqrt{\frac{\nu x}{U_\infty}}[2f''(0)]
\end{aligned}$$

$$=2A_2\sqrt{\frac{\nu x}{U_\infty}}$$

$$=0.664\,\frac{x}{\sqrt{Re_x}} \tag{4-29}$$

式中,$Re_x=\dfrac{U_\infty x}{\nu}$。可知平板边界层的边界层厚度约为位移厚度的 3 倍,为动量厚度的 7.5 倍。位移厚度和动量厚度也可由表 4-1 求出。

(2) 壁面摩擦阻力

对于平板绕流情况,由于压强顺流不变,$\dfrac{\mathrm{d}p}{\mathrm{d}x}=0$,因而不会发生边界层的分离,也就没有压差阻力,只有作用于壁面的摩擦阻力

$$D=b\int_{x=0}^{l}\tau_0\,\mathrm{d}x \tag{4-30}$$

式中,b 为板宽,l 为板长,壁面切应力 $\tau_0(x)$可由下式计算:

$$\tau_0(x)=\mu\left(\frac{\partial u}{\partial y}\right)_{y=0}=\mu\,\frac{\partial}{\partial y}(U_\infty f')$$

$$=\mu U_\infty\,\frac{\partial f'}{\partial \eta}\,\frac{\partial \eta}{\partial y}$$

$$=\mu U_\infty f''\sqrt{\frac{U_\infty}{\nu x}}$$

在壁面上,$\eta=0$,$f''(0)=A_2=0.332$,因此,

$$\tau_0(x)=0.332\mu U_\infty\sqrt{\frac{U_\infty}{\nu x}} \tag{4-31}$$

切应力系数(coefficient of shear stress)为 C_f,

$$C_f=\frac{\tau_0}{\frac{1}{2}\rho U_\infty^2}=\frac{0.332\mu U_\infty\sqrt{\frac{U_\infty}{\nu x}}}{\frac{1}{2}\rho U_\infty^2}=\frac{0.664}{\sqrt{Re_x}} \tag{4-32}$$

阻力可以下式计算:

$$D=b\int_0^l\tau_0\,\mathrm{d}x=0.664\rho U_\infty^2 b\sqrt{\frac{\nu l}{U_\infty}} \tag{4-33}$$

阻力系数为 C_D,

$$C_D=\frac{D}{\frac{1}{2}\rho U_\infty^2 bl}=\frac{1.328}{\sqrt{Re_l}},\quad Re_l=\frac{U_\infty l}{\nu} \tag{4-34}$$

由此可见表面摩擦阻力与 U_∞ 的 3/2 次方成正比,而在蠕动中阻力与 U_∞ 的一次方

成正比。阻力随$\sqrt{l}$而增加而不是与l成正比，这是由于下游部分的平板由于边界层逐渐变厚，速度梯度减小，因而切应力相应减小的缘故。在$x\to 0$时，切应力$\tau_0\to\infty$，这当然是不合理的。这也说明在平板首部边界层近似的前提是不成立的。

平板边界层的解经过很多试验结果的证实。最初的试验是由比格尔斯(J. M. Burgers)[3]于1924年在荷兰戴尔夫特(Delft)召开的第一届国际应用力学会议上发表的。最详尽的试验则是尼古拉兹于1942年发表的[4]。尼古拉兹发现平板边界层的形成受平板首部形状的影响很大。首部形状将引起绕平板流动的势流场存在一定的压强梯度。尼古拉兹所量测的平板边界层流速分布数据点绘于图3-10，由图3-10可见试验数据与布拉休斯理论解符合极好，这就很好地证明了平板边界层中不同x断面处速度分布剖面的相似性和布拉休斯理论解的正确性。图4-2根据利普曼(H. W. Liepmann)[5]和达万(S. Dhawan)[6]的资料得出切应力系数与Re_x的关系。对于层流平板边界层情况同时绘出了布拉休斯的理论解为一斜直线，它与三组试验数据符合良好。图4-3则是根据汉森(M. Hansen)[7]的试验数据绘出的边界层厚度随Re_x的发展，此图说明层流边界层中边界层厚度的发展规律与紊流边界层的情况完全不同。

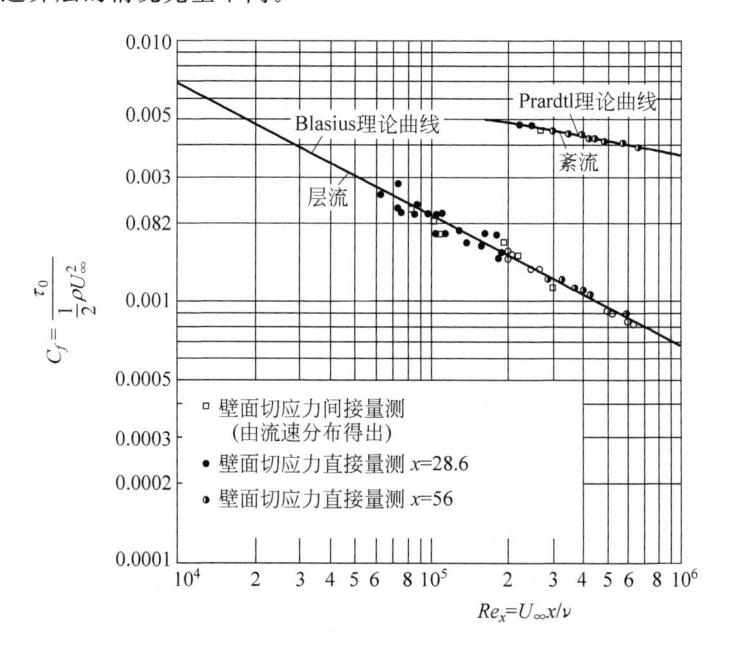

图 4-2 切应力系数与雷诺数关系(4)

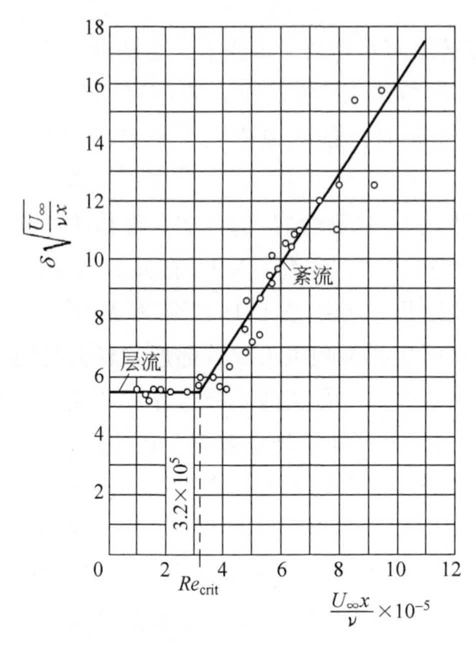

图 4-3 边界层厚度随雷诺数的增长[7]

4.2 绕过楔形体的边界层流动

3.4 节中讨论了边界层方程的相似性解并且证明了只要势流流场符合：

$$U(x) = Cx^m \tag{3-49}$$

则边界层方程具有相似性解。C 与 m 均为常数。如图 3-11 所示的二维半无限楔形体的绕流符合式(3-49)的条件，且 $\alpha=1,\beta=\frac{2m}{m+1}$。楔形体的夹角即为 $\beta\pi$。此时，相似变量 $\eta=y\sqrt{\frac{m+1}{2}\frac{U}{\nu x}}$，流函数 $\psi=\sqrt{\frac{2}{m+1}\nu Ux}\,f(\eta)$。流速分量分别为

$$u = \frac{\partial\psi}{\partial y} = Uf'(\eta) \tag{4-35}$$

$$v = -\frac{\partial\psi}{\partial x} = -\sqrt{\frac{m+1}{2}\nu Cx^{m-1}}\left\{f + \frac{m-1}{m+1}\eta f'\right\} \tag{4-36}$$

方程(3-52)的解首先由福克纳(V. G. Falkner)和斯坎(S. W. Skan)求得，后来由哈特里(D. R. Hartree)[8]改进。图 4-4 给出了哈特里的计算结果。由图 4-4 可见：

(1) 加速流情况

$m>0$，即 $\beta>0$，此时流速剖面中不出现拐点，整个速度剖面凸向下游。

(2) 减速流情况

$-1<m<0$，即 $\beta<0$，此时速度剖面中有拐点存在。速度剖面在紧靠壁面处凹

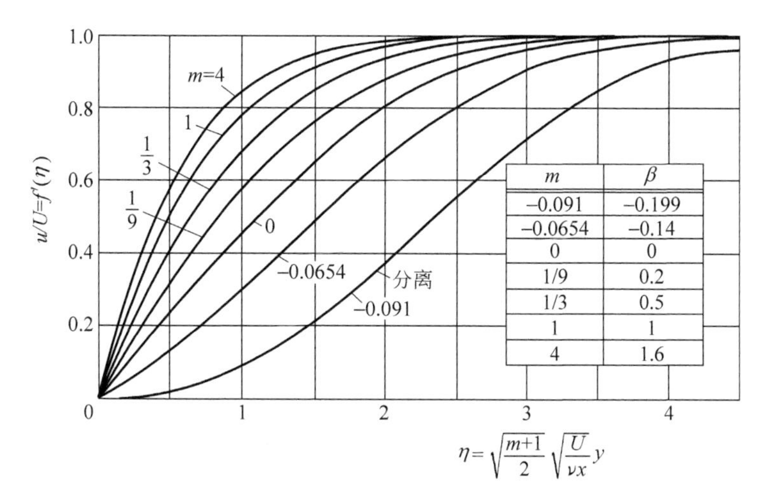

m	β
-0.091	-0.199
-0.0654	-0.14
0	0
1/9	0.2
1/3	0.5
1	1
4	1.6

图 4-4　层流边界层不同 m 值时相似性速度剖面[8]

向下游而在边界层外缘附近仍是凸向下游的。

(3) 当 $m=-0.091$，$\beta=-0.199$ 时，速度剖面在壁面处与 η 轴相切，即 $y=0$ 时，$\frac{\partial u}{\partial y}=0$，说明边界层开始产生分离现象。这个结果表明在层流边界层中为了避免分离现象的发生，只能承受很小的减速度。

图 4-4 中当 $m=0$，$\beta=0$ 时表示一顺流放置平板边界层情况，而 $m=1$，$\beta=1$ 则表示一平面驻点流动。对于圆柱绕流的情况，势流流速沿柱面分布为

$$U=2U_\infty\sin\theta=2U_\infty\sin\frac{x}{r_0} \tag{4-37}$$

式中，r_0 为圆柱的半径；x 表示自前驻点开始沿柱面的坐标。如将上式中的 $\sin\frac{x}{r_0}$ 展开为幂级数，则

$$U=2U_\infty\left[\frac{x}{r_0}-\frac{1}{3!}\left(\frac{x}{r_0}\right)^3+\cdots\right] \tag{4-38}$$

对于圆柱绕流前驻点附近，即$\frac{x}{r_0}$足够小的部分流动，上式可近似写为

$$U=\frac{2U_\infty}{r_0}x \tag{4-39}$$

显然，它相当于在式(3-49)中 $C=\frac{2U_\infty}{r_0}$，$m=1$。r_0 越大则 x 值可适当增加，即所考虑的区域可以加大。圆柱绕流边界层的相似性解将在 4.3 节中详述。表 4-2 给出福克纳-斯坎[9]关于绕过楔形体流动的 $f'(\eta)$值，这个表是后来由哈特里改进后得到的，可以根据此表计算边界层各种厚度及切应力。

表 4-2[9]

η \ β	−0.1988	−0.19	−0.18	−0.16	−0.14	−0.10	0	0.1	0.2	0.3
0.0	0.0000	0.0000	0.0000	0.0000	0.0000	0.0000	0.0000	0.0000	0.0000	0.0000
0.1	0.0010	0.0095	0.0137	0.0198	0.0246	0.0324	0.0469	0.0582	0.0677	0.0760
0.2	0.0040	0.0209	0.0293	0.0413	0.0507	0.0659	0.0939	0.1154	0.1334	0.1490
0.3	0.0089	0.0343	0.0467	0.0643	0.0781	0.1003	0.1408	0.1715	0.1970	0.2189
0.4	0.0158	0.0495	0.0659	0.0889	0.1069	0.1356	0.1876	0.2265	0.2584	0.2858
0.5	0.0248	0.0605	0.0868	0.1151	0.1370	0.1718	0.2342	0.2803	0.3177	0.3495
0.6	0.0358	0.0855	0.1094	0.1427	0.1684	0.2088	0.2806	0.3328	0.3747	0.4100
0.7	0.0487	0.1063	0.1338	0.1719	0.2010	0.2460	0.3266	0.3839	0.4294	0.4672
0.8	0.0636	0.1289	0.1598	0.2023	0.2347	0.2849	0.3720	0.4335	0.4816	0.5212
0.9	0.0803	0.1533	0.1874	0.2341	0.2694	0.3237	0.4167	0.4815	0.5312	0.5718
1.0	0.0991	0.1794	0.2166	0.2671	0.3050	0.3628	0.4606	0.5274	0.5782	0.6190
1.2	0.1423	0.2364	0.2791	0.3362	0.3784	0.4415	0.5453	0.6135	0.6640	0.7033
1.4	0.1927	0.2991	0.3463	0.4083	0.4534	0.5194	0.6244	0.6907	0.7383	0.7743
1.6	0.2498	0.3665	0.4170	0.4820	0.5284	0.5948	0.6967	0.7583	0.8011	0.8326
1.8	0.3126	0.4372	0.4896	0.5555	0.6016	0.6660	0.7610	0.8160	0.8528	0.8791
2.0	0.3802	0.5095	0.5621	0.6269	0.6712	0.7314	0.8167	0.8637	0.8940	0.9151
2.2	0.4509	0.5814	0.6327	0.6944	0.7354	0.7896	0.8633	0.9019	0.9260	0.9421
2.4	0.5230	0.6509	0.6995	0.7561	0.7927	0.8398	0.9011	0.9315	0.9500	0.9617
2.6	0.5946	0.7162	0.7605	0.8107	0.8422	0.8817	0.9306	0.9537	0.9612	0.9754
2.8	0.6635	0.7754	0.8146	0.8574	0.8836	0.9153	0.9529	0.9697	0.9792	0.9847
3.0	0.7278	0.8273	0.8607	0.8959	0.9168	0.9413	0.9691	0.9808	0.9873	0.9908
3.2	0.8158	0.8713	0.8986	0.9265	0.9425	0.9607	0.9804	0.9883	0.9924	0.9946
3.4	0.8364	0.9071	0.9286	0.9499	0.9616	0.9746	0.9880	0.9931	0.9957	0.9970
3.6	0.8789	0.9362	0.9515	0.9669	0.9752	0.9841	0.9929	0.9961	0.9976	0.9984
3.8	0.9132	0.9563	0.9681	0.9789	0.9845	0.9904	0.9959	0.9978	0.9987	0.9991
4.0	0.9399	0.9716	0.9798	0.9871	0.9907	0.9944	0.9978	0.9988	0.9993	0.9995
4.2	0.9598	0.9822	0.9876	0.9924	0.9946	0.9969	0.9988	0.9994	0.9996	0.9997
4.4	0.9741	0.9893	0.9927	0.9957	0.9970	0.9983	0.9994	0.9997	0.9998	0.9999
4.6	0.9839	0.9938	0.9959	0.9977	0.9984	0.9991	0.9997	0.9998	0.9999	0.9999
4.8	0.9904	0.9996	0.9978	0.9988	0.9992	0.9996	0.9999	0.9999		
5.0	0.9945	0.9981	0.9988	0.9994	0.9996	0.9998	0.9999			
5.2	0.9969	0.9990	0.9994	0.9997	0.9998	0.9999				
5.4	0.9984	0.9995	0.9997	0.9999	0.9999					
5.6	0.9992	0.9997	0.9999	0.9999						
5.8	0.9996	0.9999	0.9999							
6.0	0.9998	0.9999								
6.2	0.9999									
6.4	1.0000									

0.4	0.5	0.6	0.8	1.0	1.2	1.6	2.0	2.4	β/η
0.0000	0.0000	0.0000	0.0000	0.0000	0.0000	0.0000	0.0000	0.0000	0.0
0.0834	0.0903	0.0966	0.1080	0.1183	0.1276	0.1441	0.1588	0.1720	0.1
0.1862	0.1756	0.1872	0.2081	0.2266	0.2433	0.2726	0.2980	0.3206	0.2
0.2382	0.2558	0.2719	0.3003	0.3252	0.3475	0.3859	0.4186	0.4472	0.3
0.3097	0.3311	0.3506	0.3848	0.4144	0.4405	0.4849	0.5219	0.5537	0.4
0.3771	0.4015	0.4235	0.4619	0.4946	0.5231	0.5708	0.6096	0.6424	0.5
0.4403	0.4670	0.4907	0.5317	0.5662	0.5995	0.6446	0.6834	0.7155	0.6
0.4994	0.5276	0.5524	0.5947	0.6298	0.6596	0.7076	0.7449	0.7752	0.7
0.5545	0.5834	0.6086	0.6512	0.6859	0.7150	0.7610	0.7858	0.8235	0.8
0.6055	0.6344	0.6596	0.7015	0.7350	0.7629	0.8058	0.8376	0.8624	0.9
0.6526	0.6811	0.7056	0.7460	0.7778	0.8037	0.8432	0.8717	0.8934	1.0
0.7351	0.7615	0.7837	0.8194	0.8467	0.8682	0.8997	0.9214	0.9373	1.2
0.8027	0.8258	0.8449	0.8748	0.8968	0.9137	0.9375	0.9530	0.9640	1.4
0.8568	0.8860	0.8917	0.9154	0.9324	0.9450	0.9120	0.9726	0.9799	1.6
0.8988	0.9141	0.9264	0.9443	0.9569	0.9658	0.9775	0.9845	0.9892	1.8
0.9305	0.9421	0.9514	0.9644	0.9732	0.9793	0.9871	0.9914	0.9944	2.0
0.9537	0.9621	0.9689	0.9779	0.9841	0.9879	0.9928	0.9954	0.9970	2.2
0.9700	0.9760	0.9807	0.9867	0.9905	0.9931	0.9961	0.9976	0.9985	2.4
0.9812	0.9852	0.9884	0.9922	0.9946	0.9962	0.9980	0.9989	0.9993	2.6
0.9886	0.9913	0.9933	0.9956	0.9971	0.9980	0.9990	0.9994	0.9996	2.8
0.9933	0.9952	0.9962	0.9976	0.9985	0.9989	0.9995	0.9997	0.9998	3.0
0.9962	0.9974	0.9979	0.9987	0.9992	0.9995	0.9998	0.9999	0.9999	3.2
0.9979	0.9986	0.9989	0.9993	0.9996	0.9997	0.9999			
0.9989	0.9993	0.9995	0.9997	0.9998	0.9999				
0.9994	0.9994	0.9997	0.9998	0.9999					
0.9997	0.9999	0.9999	0.9999						
0.9999									
0.9999									

① 边界层名义厚度

对于给定的β值，当$f'(\eta)=\frac{u}{U}=0.99$时，可由表4-2查到相应的$\eta_\delta(\beta)$，此时的$y$值相应于名义厚度$\delta$。将$y=\delta,\eta=\eta_\delta(\beta)$代入式(3-54)，同时由式(3-49)，$U=Cx^m$，可得到名义厚度$\delta$如下：

$$\delta=\sqrt{\frac{2}{m+1}\frac{\nu}{C}}x^{\frac{1-m}{2}}\eta_\delta(\beta) \tag{4-40}$$

② 位移厚度

$$\begin{aligned}\delta_1&=\int_0^\infty\left(1-\frac{u}{U}\right)\mathrm{d}y\\&=\sqrt{\frac{2}{m+1}\frac{\nu}{C}}x^{\frac{1-m}{2}}\int_0^\infty(1-f')\mathrm{d}\eta\\&=\sqrt{\frac{2}{m+1}\frac{\nu}{C}}x^{\frac{1-m}{2}}A(\beta)\end{aligned} \tag{4-41}$$

$$A(\beta)=\int_0^\infty(1-f')\mathrm{d}\eta \tag{4-42}$$

③ 动量损失厚度

$$\begin{aligned}\delta_2&=\int_0^\infty\frac{u}{U}\left(1-\frac{u}{U}\right)\mathrm{d}y\\&=\sqrt{\frac{2}{m+1}\frac{\nu}{C}}x^{\frac{1-m}{2}}\int_0^\infty f'(1-f')\mathrm{d}\eta\\&=\sqrt{\frac{2}{m+1}\frac{\nu}{C}}x^{\frac{1-m}{2}}B(\beta)\end{aligned} \tag{4-43}$$

$$B(\beta)=\int_0^\infty f'(1-f')\mathrm{d}\eta \tag{4-44}$$

表4-3中给出了相应于不同β值的$\eta_\delta(\beta)$、$A(\beta)$和$B(\beta)$的函数值。

表 4-3

β	η_δ	$A(\beta)$	$B(\beta)$	$f''(0)$	β	η_δ	$A(\beta)$	$B(\beta)$	$f''(0)$
−0.1988	4.8	2.395	0.585	0.0000	0.30	3.0	0.911	0.386	0.7768
−0.19	4.7	2.007	0.577	0.0860	0.40	2.9	0.853	0.367	0.8542
−0.18	4.3	1.871	0.568	0.1285	0.50	2.7	0.804	0.350	0.9277
−0.16	4.1	1.708	0.552	0.1905	0.60	2.6	0.764	0.336	0.9960
−0.14	4.0	1.597	0.539	0.2395	0.80	2.5	0.699	0.312	1.120
−0.10	3.8	1.444	0.515	0.3191	1.00	2.4	0.648	0.292	1.233
0.00	3.5	1.217	0.470	0.4696	1.20	2.3	0.607	0.276	1.336
0.10	3.3	1.080	0.435	0.5870	1.60	2.1	0.544	0.250	1.521
0.20	3.1	0.984	0.408	0.6869	2.00	2.0	0.498	0.231	1.687

④ 壁面切应力

$$\tau_0 = \mu\frac{\partial u}{\partial y}\bigg|_{y=0} = \mu\sqrt{\frac{m+1}{2}\frac{C^3}{\nu}}x^{\frac{3m-1}{2}}f''(0,\beta) \tag{4-45}$$

$f''(0,\beta)$同样可查表 4-3。

由表 4-3 可以看出，随着 β 值的增加，即楔形体夹角的增大，η_δ 逐渐减小。同时 $A(\beta)$与 $B(\beta)$也逐渐减小，但对于任意的 β 值，总有

$$\eta_\delta(\beta) > A(\beta) > B(\beta) \tag{4-46}$$

也就是说在任何情况下

$$\delta > \delta_1 > \delta_2 \tag{4-47}$$

由表 4-3 还可看出随着 β 的减小 $f''(0)$也在减小，当 $\beta=-0.1988$（相应于 $m=-0.0904$）时，$f''(0)=0$，因而 $\tau_0=0$。这就是边界层开始发生分离现象的情况。

4.3　绕过柱体的边界层流动

布拉休斯首先研究了流动垂直于柱体轴线时，绕过柱体流动的层流边界层问题。与上节所研究的绕楔形体流动不同，势流流速的分布不再是物面边界层坐标 x 的幂函数形式如式(3-49)，而是假设为一个 x 的幂级数。边界层内的流速分布也用 x 的幂级数表示，级数各项的系数则为 y 坐标的函数。这样只要级数的项数取得足够多，就可以得到任意精确程度的边界层方程的级数解。因此级数解原则上可认为是边界层方程的精确解。该幂级数称为布拉休斯级数(Blasius series)。

本节将讨论绕过对称柱体的流动，所谓对称是指相对于一个与流动平行的轴而言柱体的形状是对称的。

对称柱体绕流的势流流速假设为

$$U(x) = a_1x + a_3x^3 + a_5x^5 + \cdots \tag{4-48}$$

式中，$a_1, a_3, a_5, \cdots$为已知系数，且仅与柱体形状有关；x 为沿柱体表面的边界层坐标，原点取在柱体上游驻点处，在柱体下表面 x 为负值。为了简化级数解的求解过程，霍华斯[10]引入一些变换，使幂级数的系数方程变得与柱体形状无关，并最后把有关函数制成表格，从而使绕柱体流动的边界层计算变得十分容易。

以无量纲变量 η 代替 y 坐标，

$$\eta = y\sqrt{\frac{a_1}{\nu}} \tag{4-49}$$

引进流函数 ψ，

$$\psi = \sqrt{\frac{\nu}{a_1}}\{a_1xf_1(\eta) + 4a_3x^3f_3(\eta) + 6a_5x^5f_5(\eta) + \cdots\} \tag{4-50}$$

于是流速分量:

$$u=\frac{\partial\psi}{\partial y}=\sqrt{\frac{\nu}{a_1}}\left\{a_1x\frac{\partial f_1}{\partial\eta}\frac{\partial\eta}{\partial y}+4a_3x^3\frac{\partial f_3}{\partial\eta}\frac{\partial\eta}{\partial y}+6a_5x^5\frac{\partial f_5}{\partial\eta}\frac{\partial\eta}{\partial y}+\cdots\right\}$$

$$=a_1xf'_1+4a_3x^3f'_3+6a_5x^5f'_5+\cdots$$

$$v=-\frac{\partial\psi}{\partial x}=-\sqrt{\frac{\nu}{a_1}}\{a_1f_1+12a_3x^2f_3+30a_5x^4f_5+\cdots\}$$

并可得出$\frac{\partial u}{\partial y}$,$\frac{\partial u}{\partial x}$,$\frac{\partial^2 u}{\partial y^2}$等,将这些式子代入边界层运动方程

$$u\frac{\partial u}{\partial x}+v\frac{\partial u}{\partial y}=U\frac{\mathrm{d}U}{\mathrm{d}x}+\nu\frac{\partial^2u}{\partial y^2}$$

中,可得到一个由 $x,x^3,x^5,\cdots$组成的方程式。方程式中各项系数则由 $f_1,f'_1,f''_1,f'''_1,f_3,f'_3,\cdots$组成。比较 x 同次幂项的系数,可得到一系列常微分方程式。现只取前两式:对于 x 项,得系数方程为

$$f_1'^2-f_1f''_1=1+f'''_1 \tag{4-51}$$

对于 x^3 项,得系数方程为

$$4f'_1f'_3-f_1f''_3-3f''_1f_3=1+f'''_3 \tag{4-52}$$

相应的边界条件为

$$\left.\begin{aligned}&\eta=0;\quad f_1=f'_1=0,\quad f_3=f'_3=0\\&\eta=\infty;\quad f'_1=1,\quad f'_3=\frac{1}{4}\end{aligned}\right\} \tag{4-53}$$

均为三阶常微分方程,且只有式(4-51)为非线性方程。其他方程均为线性,并包含了前一函数作为系数在方程中出现。解出 $f_1,f_3,\cdots$,则由式(4-50)可定出流函数 ψ,全部流场均可确定。

式(4-51)、式(4-52)以及边界条件式(4-53)中均未包含与柱体形状有关的 a_1,a_3,a_5 等系数。故与柱体形状无关。应用数值方法,各个具有相应边界条件的方程式均可逐个解出。式(4-51)为非线性方程式,但它与式(2-39)所示的平面驻点流动的微分方程式完全相同,平面驻点流动的解已由表 2-1 和图 2-11 给出。

下面以绕圆柱的平面流动为例来说明这个方法的应用。绕圆柱流动是一种对称流动。柱体形状和流动均对于 O-O 轴对称,如图 4-5 所示。

势流流速沿圆柱表面边界层坐标 x 的分布为

$$U(x)=2U_\infty\sin\phi=2U_\infty\sin\frac{x}{r_0}$$

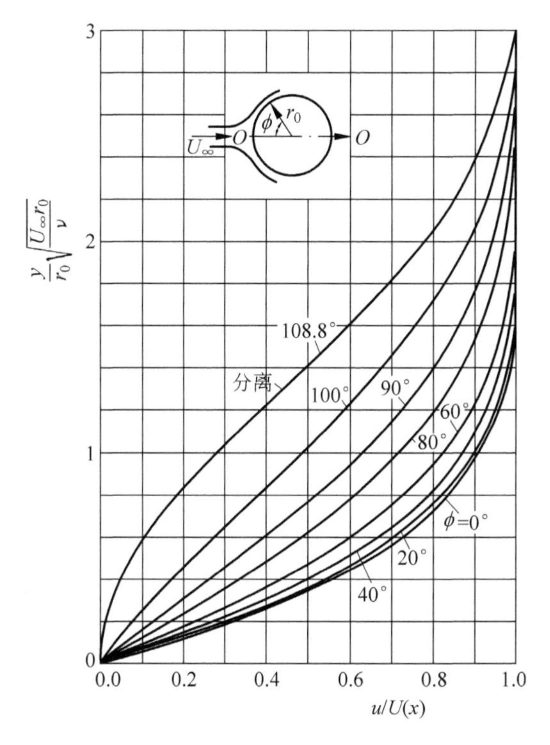

图 4-5　绕圆柱流动层流边界层断面流速分布图[4]

将 $\sin\frac{x}{r_0}$展开为幂级数：

$$\sin\frac{x}{r_0}=\frac{x}{r_0}-\frac{\left(\frac{x}{r_0}\right)^3}{3!}+\frac{\left(\frac{x}{r_0}\right)^5}{5!}-\cdots$$

因此，

$$U(x)=2U_\infty\left[\frac{x}{r_0}-\frac{1}{3!}\left(\frac{x}{r_0}\right)^3+\frac{1}{5!}\left(\frac{x}{r_0}\right)^5-\cdots\right] \tag{4-54}$$

与式(4-48)比较可得

$$a_1=2\frac{U_\infty}{r_0}$$

$$a_3=-\frac{2}{3!}\frac{U_\infty}{r_0^3}$$

$$a_5=\frac{2}{5!}\frac{U_\infty}{r_0^5}$$

图 4-6 中绘出绕圆柱流动沿柱面势流流速的分布，并给出用幂级数表示势流流速时，所取项数不同与理论值$\frac{U}{U_\infty}=2\sin\phi$ 的近似程度。图中 P_1 表示幂级数取至 x

项。只有在前驻点附近,即 ϕ 值很小的区域,仅取 x 项才能成立。P_3 则表示幂级数取至 x^3 项,其余依此类推。由图可见至少幂级数要取至 x^7 项才能得到较好的近似。

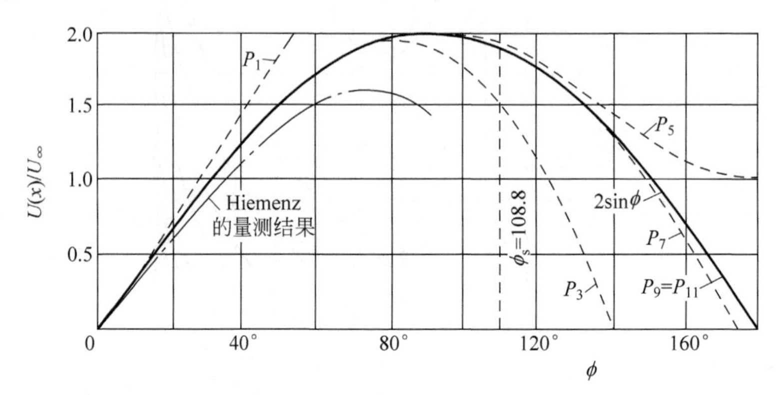

图 4-6 圆柱绕流时圆柱表面势流流速分布[5]

选择无量纲量 η,令

$$\eta = y\sqrt{\frac{a_1}{\nu}} = y\sqrt{\frac{2U_\infty}{r_0\nu}} = \frac{y}{r_0}\sqrt{Re} \tag{4-55}$$

式中,$Re=\dfrac{U_\infty d}{\nu}$;$d$ 为圆柱直径。于是可以得到边界层方程的解。图 4-5 中给出了绕圆柱流动柱面不同 ϕ 值处边界层内的流速分布。本图是在势流流速幂级数展开式取至 x^{11} 项而得出的。$\phi>90°$后,由于是逆压梯度区,速度剖面图形上出现拐点。壁面切应力 τ_0 的分布绘在图 4-7 中,当 $\tau_0=0$ 时为边界层分离点的位置,可见分离点位于

$$\phi_s = 108.8° \tag{4-56}$$

由图 4-5 可以看出,当 $\phi=108.8°$时,边界层内流速分布曲线在 $y=0$ 即靠近壁面处与垂直轴相切。当 ϕ 值再增加,则在壁面处产生回流如图 3-18 和图 3-19 所示。

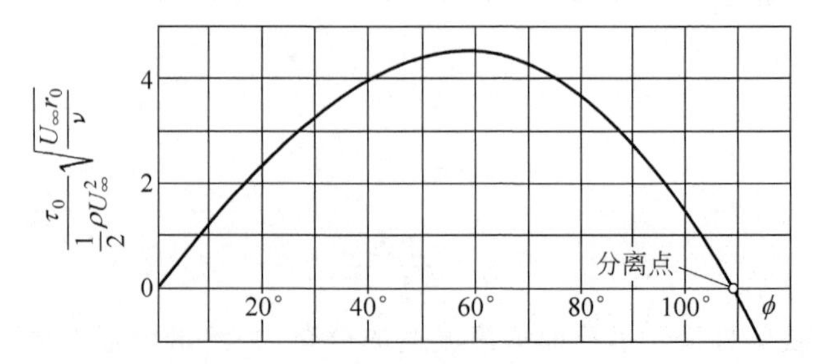

图 4-7 圆柱绕流壁面切应力分布[4]

实际上当边界层分离以后，圆柱体下游将形成较宽的尾流，从而影响势流场，以致边界层外缘处的势流流速与式(4-54)所表示的流速分布有较大差别。希门茨[11]对 $Re=\dfrac{U_\infty d}{\nu}=37\ 000$ 的情况下在水槽中测定圆柱体表面压强的分布，并得到其势流流速分布如图 4-6 所示。用幂级数表示，势流流速分布为

$$\frac{U}{U_\infty}=1.814\frac{x}{R}-0.271\left(\frac{x}{R}\right)^3-0.0471\left(\frac{x}{R}\right)^5 \tag{4-57}$$

根据这一速度分布计算边界层分离点位置在 $\phi=82°$ 处，而实验观察到圆柱绕流边界层分离点的位置在 $\phi=80.5°$，可见二者吻合良好。

4.4 顺流放置平板的尾流

边界层微分方程式不仅适用于固体壁面附近的边界层流动，也可用于以摩擦阻力占主导地位的流体内部的分层流动，例如绕流物体后面所形成的尾流或通过孔口流出的射流。本节首先讨论一顺流放置的平板下游的尾流。在平板尾端后面，原来在平板两侧流动的速度剖面合而为一个尾流的流速分布图形，如图 4-8 所示。越流向下游，这个流速剖面图形越宽，说明更多的流体被卷入尾流，但其断面平均流速则越接近外流的流速值。流速的减小值与平板阻力直接有关。尾流中距离物体相当远处的流速分布将与绕流物体形状无关，但在绕流物体下游距物体较近处尾流的情况则与绕流物体的形状密切相关，特别是与边界层分离的情况有密切关系。

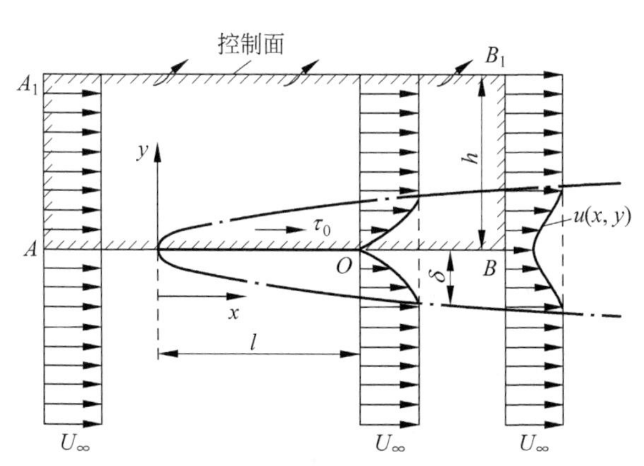

图 4-8　平板尾流(4)

可以应用动量方程由尾流流速分布计算绕流物体的阻力。在图 4-8 所示流场中绘出矩形的控制面 AA_1B_1B。对于平板绕流，在整个流场内包括各控制面上压

强为常数,因而在动量方程中不出现压强项。由于平板上下两侧流动的对称性,通过 AB 面没有流动。考虑到质量守恒,AA_1 面流入与 BB_1 面流出的流量差值将通过 A_1B_1 面的流动来平衡。A_1B_1 面设置在边界层以外未受物体扰动的势流流动中。表 4-4 给出通过各个控制面的流量与 x 方向的动量通量,从而可计算平板阻力。包括平板两侧的阻力为 $2D$:

$$2D = b\rho\int_{-\infty}^{\infty} u(U_\infty - u)\mathrm{d}y \tag{4-58}$$

式中,b 为平板宽度。此式不仅适用于平板尾流,对于任何对称形状绕流物体的尾流都是适用的,只是流速 u 的分布不同。

表 4-4

控制面	流　量	x 方向动量通量
AB	0	0
AA_1	$b\int_0^h U_\infty \mathrm{d}y$	$\rho b\int_0^h U_\infty^2 \mathrm{d}y$
BB_1	$-b\int_0^h u\mathrm{d}y$	$-\rho b\int_0^h u^2 \mathrm{d}y$
A_1B_1	$-b\int_0^h (U_\infty - u)\mathrm{d}y$	$-\rho b\int_0^h U_\infty (U_\infty - u)\mathrm{d}y$
全部控制面	Σ 流量$=0$	Σ 动量通量$=$平板阻力

一般情况下,下游控制断面应取在远离绕流物体的下游,这时断面上的压强与未受扰动流体的压强相同,但在平板绕流情况下,因为 $\dfrac{\mathrm{d}p}{\mathrm{d}x}=0$,所以在平板尾端后任一距离处取做下游控制断面均可。积分上下限取为 h 和取为 ∞ 是一样的,因为从 h 到 ∞ 处的流动对流量与动量均无影响。

式(4-58)还可利用动量损失厚度 δ_2 改写为

$$D = b\rho U_\infty^2 \delta_2 \tag{4-59}$$

下面研究尾流中的流速分布。假定 $u_1(x,y)=U_\infty - u(x,y)$ 表示流速亏值。一般来说,u_1 是比 U_∞ 小得多的量,因而 u_1 的二次方以上的项可以作为小量而加以忽略。平板绕流的边界层方程为

$$u\frac{\partial u}{\partial x} + v\frac{\partial u}{\partial y} = \nu\frac{\partial^2 u}{\partial y^2} \tag{4-60}$$

上式对于平板下游的尾流同样适用,因为在尾流中 $\delta \ll L$ 的条件仍然成立,在此,长度尺度 L 可取为平板长度 l。将 u_1 代入上式

$$(U_\infty - u_1)\frac{\partial(U_\infty - u_1)}{\partial x} + v\frac{\partial(U_\infty - u_1)}{\partial y} = \nu\frac{\partial^2(U_\infty - u_1)}{\partial y^2}$$

式中，垂向流速 v 与 U_∞ 相比也是小量，忽略二阶以上的小量项后可得

$$U_\infty \frac{\partial u_1}{\partial x} = \nu \frac{\partial^2 u_1}{\partial y^2} \tag{4-61}$$

边界条件为

$$\left.\begin{aligned} y = 0; \quad & \frac{\partial u_1}{\partial y} = 0 \\ y = \infty; \quad & u_1 = 0 \end{aligned}\right\} \tag{4-62}$$

与布拉休斯在解决平板边界层问题中所采用的方法相似，这里同样取相似变量为 η：

$$\eta = y\sqrt{\frac{U_\infty}{\nu x}}$$

假设

$$u_1 = U_\infty C\left(\frac{x}{l}\right)^{-\frac{1}{2}} g(\eta) \tag{4-63}$$

式中，l 为板长，u_1 与 x 的 $\left(-\frac{1}{2}\right)$ 次方相关，这是因为在利用式(4-58)计算平板阻力时，所得平板阻力应与 x 无关。忽略二阶小量，平板阻力的计算公式为

$$\begin{aligned} 2D &= b\rho U_\infty \int_{-\infty}^{\infty} u_1 \mathrm{d}y \\ &= b\rho U_\infty^2 C\sqrt{\frac{\nu l}{U_\infty}} \int_{-\infty}^{\infty} g(\eta)\mathrm{d}\eta \end{aligned} \tag{4-64}$$

现将式(4-63)代入式(4-61)中并全部除以 $CU_\infty^2 \left(\frac{x}{l}\right)^{-\frac{1}{2}} x^{-1}$ 即可得下列常微分方程式：

$$g'' + \frac{1}{2}\eta g' + \frac{1}{2} g = 0 \tag{4-65}$$

边界条件为

$$\left.\begin{aligned} \eta = 0; \quad & g' = 0 \\ \eta = \infty; \quad & g = 0 \end{aligned}\right\} \tag{4-66}$$

式(4-65)积分两次可得

$$g = \exp\left(-\frac{1}{4}\eta^2\right) \tag{4-67}$$

代入式(4-63)中即可得出尾流的流速分布：

$$u_1 = U_\infty C\left(\frac{x}{l}\right)^{-\frac{1}{2}} \exp\left(-\frac{1}{4}\eta^2\right)$$

式中，常数 C 值可以由式(4-64)计算所得平板阻力应与布拉休斯对于平板边界层

所计算的阻力相同而得出。布拉休斯平板边界层阻力公式为

$$2D = 1.328 b\rho U_\infty^2 \sqrt{\frac{\nu l}{U_\infty}} \tag{4-33}$$

由式(4-64)可得

$$\begin{aligned}2D &= b\rho U_\infty^2 C \sqrt{\frac{\nu l}{U_\infty}} \int_{-\infty}^{\infty} g(\eta)\,\mathrm{d}\eta \\ &= b\rho U_\infty^2 C \sqrt{\frac{\nu l}{U_\infty}} \int_{-\infty}^{\infty} \exp\left(-\frac{1}{4}\eta^2\right)\mathrm{d}\eta \\ &= b\rho U_\infty^2 C \sqrt{\frac{\nu l}{U_\infty}} \cdot 2\sqrt{\pi}\end{aligned} \tag{4-68}$$

比较式(4-33)与式(4-68)得

$$C = \frac{0.664}{\sqrt{\pi}}$$

从而可确定绕流平板尾流中的流速分布为

$$\frac{u_1}{U_\infty} = \frac{0.664}{\sqrt{\pi}}\left(\frac{x}{l}\right)^{-\frac{1}{2}} \exp\left\{-\frac{1}{4}\frac{y^2 U_\infty}{x\nu}\right\} \tag{4-69}$$

图4-9中绘出了尾流流速分布图形,可以看出这个图形与高斯(C. F. Gauss)误差分布函数曲线是一致的。托尔明(W. Tollmien)证明这个公式可用于$x>3l$,因为距离平板尾端太近时u_1不一定是小量了。图4-10则给出了顺流放置平板的尾流中距平板尾端不同距离各断面的流速分布图形。需要指出的是几乎所有的尾流均属于紊流状态,这是由于所有尾流中的速度剖面图形均有拐点出现,而今后将述及存在拐点是使流动极为不稳定的因素,层流将转变为紊流。即使在平板末端仍为层流边界层流动,但尾流中还是可能变为紊流。

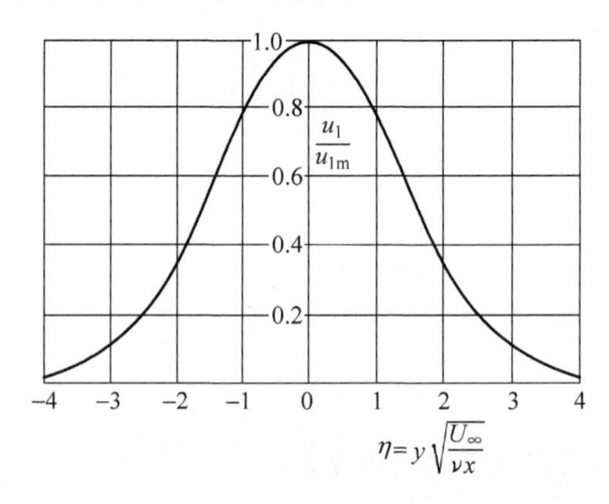

图4-9 平板后尾流中的流速分布(u_{1m}为尾流中心处流速亏值)[4]

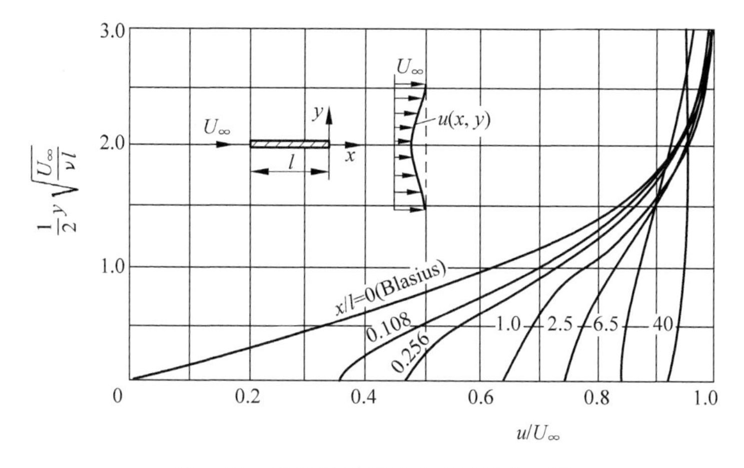

图 4-10　平板层流尾流中的流速分布[5]

4.5　平面层流射流

射流和尾流一样是没有固体壁面存在而可以用边界层微分方程求解的例子。同样在射流中射流的厚度 b 与长度 L 相比是小量，沿 y 方向的流速梯度 $\frac{\partial u}{\partial y}$ 很大而在 x 方向流速变化较小，也是一个薄而长的粘性占主导作用的流动区域可称为自由剪切层。本节中只研究平面射流(plane jet)，假定射流是从一个狭缝中射出，如图 4-11 所示。射流射入的空间充满了与射流相同的流体。在流动的过程中，由于粘性作用，射流将与周围的流体在接触面相混合，带动部分周围的流体共同流动，从而使射流厚度向下游逐渐增加。实际中射流多为紊流，一般当雷诺数 $Re=\frac{2u_0 b_0}{\nu}$ 大于 30 即为紊动射流(turbulent jet)，$2b_0$ 为射流出口处的厚度，u_0 为射流出口处的流速。但因为层流射流的解是研究紊动射流的基础，这里首先给出层流射流(laminar jet)的研究结果。

坐标的选择以射流出口狭缝中心为原点，沿射流对称轴线指向下游为 x 轴，垂向为 y 轴。射流越向下游，其厚度扩展而中心流速则减小。为简化起见，假定狭缝出口厚度为 0，则由于射流的流量为一有限量，射流的出口流速应为∞。在射流中周围流体中压强为常量，压强梯度 $\frac{\mathrm{d}p}{\mathrm{d}x}=0$。像在平板边界层的情况一样，射流内部压强也是常量。在 x 方向，射流将不会受到外力的作用，因为既无压差也无阻力。从而可知动量通量沿 x 方向也无变化，即

$$J=\rho\int_{-\infty}^{\infty}u^2\,\mathrm{d}y=\text{常数} \tag{4-70}$$

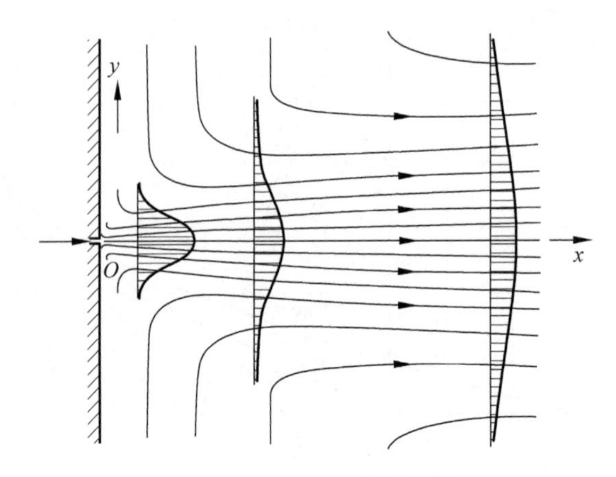

图 4-11　平面层流射流[12]

这是对射流流动的一个积分形式的补充条件。普朗特边界层微分方程式可写为

$$u\frac{\partial u}{\partial x}+v\frac{\partial u}{\partial y}=\nu\frac{\partial^2 u}{\partial y^2} \tag{4-71}$$

$$\frac{\partial u}{\partial x}+\frac{\partial v}{\partial y}=0 \tag{4-72}$$

边界条件为

$$\left.\begin{aligned} &y=0;\quad v=0,\quad \frac{\partial u}{\partial y}=0\\ &y=\infty;\quad u=0 \end{aligned}\right\} \tag{4-73}$$

还可以看到在平面层流射流中,就像在半无穷平板边界层中一样,找不到一个特征长度。可以想见平面射流存在相似性解。假定

$$u(x,y)\sim f\left(\frac{y}{b}\right) \tag{4-74}$$

式中,b 为在一定意义下的射流厚度,并假定 $b\sim x^q$,假定流函数具有下述形式:

$$\psi=x^p f\left(\frac{y}{b}\right)=x^p f\left(\frac{y}{x^q}\right) \tag{4-75}$$

式中,p,q 为两个待定的常数,可由式(4-70)和在边界层微分方程式中惯性项与粘性项应为同一量级这两个条件来确定。由式(4-75)可得

$$u=\frac{\partial \psi}{\partial y}=x^{p-q}f'$$

$$v=-\frac{\partial \psi}{\partial x}=qyx^{p-q-1}f'-px^{p-1}f$$

$$\frac{\partial u}{\partial x}=-qyx^{p-2q-1}f''+(p-q)x^{p-q-1}f'$$

$$\frac{\partial u}{\partial y}=x^{p-2q}f''$$

$$\frac{\partial^2 u}{\partial y^2} = x^{p-3q} f'''$$

代入式(4-70)得

$$J = \rho\int_{-\infty}^{\infty} (x^{p-q} f')^2 \mathrm{d}y$$

$$= \rho\int_{-\infty}^{\infty} x^{2p-q} f'^2 \mathrm{d}\left(\frac{y}{x^q}\right)$$

$$= 常数$$

所以，必须 $x^{2p-q}=1$，即

$$2p - q = 0 \tag{a}$$

再将 $u,v,\frac{\partial u}{\partial x},\frac{\partial u}{\partial y},\frac{\partial^2 u}{\partial y^2}$等项代入式(4-71)，化简得

$$x^{2p-2q-1}[(p-q)f'^2 - pff''] = x^{p-3q}\nu f'''$$

要使惯性项与粘性项同量级，等号两侧 x 的指数必须相同，即

$$2p - 2q - 1 = p - 3q$$

或

$$p + q - 1 = 0 \tag{b}$$

由(a)，(b)两式联立，可解得

$$p = \frac{1}{3}, \quad q = \frac{2}{3}$$

为了简化以后得到的常微分方程式，使相似变量

$$\eta = \frac{1}{3\nu^{1/2}} \frac{y}{x^{2/3}} \tag{4-76}$$

并令

$$\psi = \nu^{1/2} x^{1/3} f(\eta) \tag{4-77}$$

可以得出

$$u = \frac{\partial \psi}{\partial y} = \frac{1}{3x^{1/3}} f'(\eta)$$

$$v = -\frac{\partial \psi}{\partial x} = -\frac{1}{3x^{2/3}} \nu^{1/2} (f - 2\eta f')$$

以及$\frac{\partial u}{\partial x},\frac{\partial u}{\partial y},\frac{\partial^2 u}{\partial y^2}$等，代入式(4-71)可得

$$f''' + ff'' + f'^2 = 0 \tag{4-78}$$

边界条件为

$$\eta = 0; \quad f'' = 0, \quad f = 0 \tag{4-79a}$$

$$\eta = \infty; \quad f' = 0 \tag{4-79b}$$

式(4-78)可写为

$$\frac{\mathrm{d}}{\mathrm{d}\eta}(f'' + ff') = 0$$

积分之,得

$$f'' + ff' = C_1$$

代入边界条件 $\eta=0, f=0, f''=0$,得 $C_1=0$,即

$$f'' + ff' = 0 \tag{c}$$

引入以下变换:

$$\xi = \alpha\eta, \quad f = 2\alpha F(\xi)$$

式中,α 为一自由常数,则(c)式变为

$$\frac{\mathrm{d}^2}{\mathrm{d}\eta^2}[2\alpha F(\xi)] + [2\alpha F(\xi)]\frac{\mathrm{d}}{\mathrm{d}\eta}[2\alpha F(\xi)] = 0 \tag{d}$$

式中,

$$\frac{\mathrm{d}}{\mathrm{d}\eta}[2\alpha F(\xi)] = 2\alpha\frac{\mathrm{d}F}{\mathrm{d}\xi}\frac{\mathrm{d}\xi}{\mathrm{d}\eta} = 2\alpha^2 F'$$

$$\frac{\mathrm{d}^2}{\mathrm{d}\eta^2}[2\alpha F(\xi)] = 2\alpha^3 F''$$

所以(d)式改写为

$$2\alpha^3 F'' + 4\alpha^3 FF' = 0$$

即

$$F'' + 2FF' = 0 \tag{e}$$

边界条件为

$$\xi = 0; \quad F = 0$$

$$\xi = \infty; \quad F' = 0$$

积分(e)式,

$$F' + F^2 = C_2$$

代入边界条件,当 $\xi=0, F=0$,得 $F'(0)=C_2$。令 $C_2=1$,这是可能的,而且并不限制方程式的普遍性,因为 $F(\xi)$ 中的变量 ξ 中还有一个待定的自由常数 α。于是:

$$F' + F^2 = 1 \tag{4-80}$$

这是 Riccati 型微分方程,其积分为

$$F = \tanh\xi = \frac{1-\exp(-2\xi)}{1+\exp(-2\xi)} \tag{4-81}$$

考虑到

$$\frac{\mathrm{d}F}{\mathrm{d}\xi} = 1 - \tanh^2\xi$$

流速 u 的分布为

$$u = \frac{1}{3x^{1/3}}f'(\eta)$$

$$= \frac{2\alpha^2}{3x^{1/3}}(1-\tanh^2\xi) \tag{4-82}$$

问题是如何确恒定数 α，为此将式(4-82)代入式(4-70)

$$
\begin{aligned}
J &= \rho\int_{-\infty}^{\infty} u^2 \mathrm{d}y \\
&= \rho\int_{-\infty}^{\infty}\left[\frac{2\alpha^2}{3x^{1/3}}(1-\tanh^2\xi)\right]^2 \frac{3\nu^{1/2}x^{2/3}}{\alpha}\mathrm{d}\xi \\
&= \frac{16}{9}\rho\alpha^3\nu^{1/2} = \text{常数}
\end{aligned}
$$

因此

$$
\alpha = \left(\frac{9J}{16\rho\nu^{1/2}}\right)^{1/3} = 0.8255\left(\frac{J}{\rho\nu^{1/2}}\right)^{1/3} \tag{4-83}
$$

J 则可以由射流出口狭缝处内外压强差求得。于是平面层流射流的流速分布最终可写为

$$
u = 0.4543\left(\frac{J^2}{\rho^2\nu x}\right)^{1/3}(1-\tanh^2\xi) \tag{4-84}
$$

当 $y=0$，即 $\xi=0$ 时，$u=u_{\max}$，

$$
u_{\max} = 0.4543\left(\frac{J^2}{\rho^2\nu x}\right)^{1/3} \tag{4-85}
$$

故

$$
\frac{u}{u_{\max}} = 1-\tanh^2\xi \tag{4-86}
$$

流速分布如图 4-12 所示，图中还绘出层流圆形射流中的流速分布以资对比。对于平面射流，$\xi=0.2752\left(\frac{J}{\rho}\right)^{1/3}y/(\nu x)^{2/3}$。对于圆射流(round jet)，$\xi=0.244\left(\frac{J}{\rho}\right)^{1/2}y/\nu x$。平面射流的垂向流速为

$$
v = 0.5503\left(\frac{J\nu}{\rho x^2}\right)^{1/3}[2\xi(1-\tanh^2\xi)-\tanh\xi] \tag{4-87}
$$

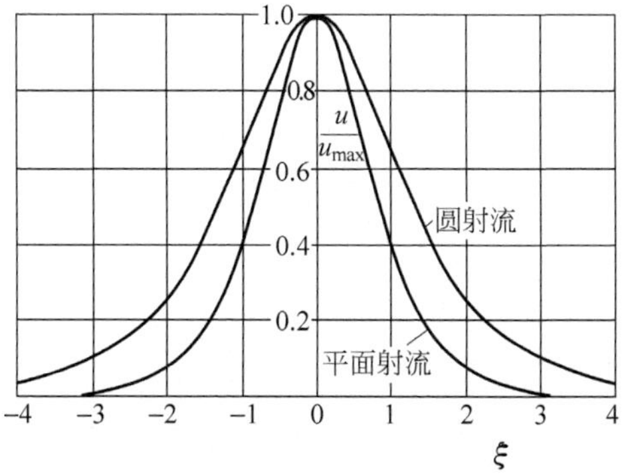

图 4-12　平面层流射流流速分布[4]

在射流边界处的 y 向流速为

$$v_{\infty}=\pm 0.5503\left(\frac{J\nu}{\rho x^{2}}\right)^{1/3} \tag{4-88}$$

v_{∞}也称为卷吸速度(entrainment velocity)。通过射流横截面单位宽度的体积流量 Q 可计算如下：

$$Q=\int_{-\infty}^{\infty}u\mathrm{d}y=3.302\left(\frac{J}{\rho}\nu x\right)^{1/3} \tag{4-89}$$

可见射流流量沿程逐渐增加并与 $x^{1/3}$ 成正比。而射流中心处的最大流速 $u_{\max}$ 则沿程减小，与 $x^{1/3}$ 成反比，卷吸速度 v_{∞} 沿程减小，与 $x^{2/3}$ 成反比。射流流量沿程增加的原因就是因为在运动过程中将周围原来静止的流体卷吸进来的缘故。还可以看到 Q 与动量通量 $J^{1/3}$ 成正比。

试验结果与上述理论推导符合良好，可参考安德雷德(E. N. Andrade)的文献[13]。

4.6 圆形层流射流

本节介绍施利希廷(H. Schlichting)[12]关于圆形层流射流的解。假设射流自一圆形小孔喷出与周围环境流体混合，在大多数情况下，圆形射流也多为紊动射流。紊动圆形射流在工程实践中广泛应用，将于第9章讲述。但由于紊动圆形射流与层流圆形射流具有共同的微分方程式，因此有必要在此对圆形层流射流作较为详细的探讨。

与平面射流相似，在处理圆射流时仍然考虑压强为常量。坐标的选择以 x 为射流中心轴，指向下游，径向距离为 r。轴向和径向流速分别用 u_x 和 u_r 表示。射流的断面动量通量保持为常量：

$$J=2\pi\rho\int_{0}^{\infty}u_x^2 r\mathrm{d}r=\text{常数} \tag{4-90}$$

边界层微分方程和连续方程在圆柱坐标(r,θ,x)情况下可写为

$$u_x\frac{\partial u_x}{\partial x}+u_r\frac{\partial u_x}{\partial r}=\nu\frac{1}{r}\frac{\partial}{\partial r}\left(r\frac{\partial u_x}{\partial r}\right) \tag{4-91}$$

$$\frac{\partial u_x}{\partial x}+\frac{\partial u_r}{\partial r}+\frac{u_r}{r}=0 \tag{4-92}$$

边界条件为

$$\left.\begin{aligned}&r=0;\quad u_r=0,\quad \frac{\partial u_x}{\partial y}=0\\&r=\infty;\quad u_x=0\end{aligned}\right\} \tag{4-93}$$

仍然假定断面流速分布具有相似性，射流的厚度与 x^q 成比例。设相似变量 $\eta=$

$\dfrac{r}{x^q}$,假设流函数为

$$\psi \sim x^p F(\eta)$$

为确恒定数 p 与 q,仍与平面射流中一样,可应用两个条件。一是式(4-90)所表示的动量通量必须与 x 无关,二是式(4-91)中惯性项与粘性项为同一量级。由流函数可导出

$$u_x \sim x^{p-2q}$$

$$\frac{\partial u_x}{\partial x} \sim x^{p-2q-1}$$

$$\frac{\partial u_x}{\partial r} \sim x^{p-3q}$$

$$\frac{1}{r}\frac{\partial}{\partial r}\left(r\frac{\partial u_x}{\partial r}\right) \sim x^{p-4q}$$

代入上述两个条件,得到 p 与 q 的两个方程式:

$$2p-4q+2q=0$$

$$2p-4q-1=p-4q$$

解出 $p=q=1$。于是可令

$$\psi=\nu x F(\eta),\quad \eta=\frac{r}{x}$$

流速分量 u_x,u_r 分别为

$$\left.\begin{aligned} u_x &= \frac{1}{r}\frac{\partial\psi}{\partial r}=\frac{\nu}{x}\frac{F'}{\eta} \\ u_r &= -\frac{1}{r}\frac{\partial\psi}{\partial x}=\frac{\nu}{x}\left(F'-\frac{F}{\eta}\right) \end{aligned}\right\} \tag{4-94}$$

代入边界层微分方程(4-91),得

$$\frac{FF'}{\eta^2}-\frac{F'^2}{\eta}-\frac{FF''}{\eta}=\frac{\mathrm{d}}{\mathrm{d}\eta}\left(F''-\frac{F'}{\eta}\right)$$

积分之可得

$$FF'=F'-\eta F'' \tag{4-95}$$

边界条件为 $r=0$ 时,$u_x=u_{x,\max}$, $u_r=0$。即当 $\eta=0$ 时,$F'=0$,$F=0$。考虑到射流的对称性,u_x 对于 η 应为偶函数,因此由式(4-94),$\dfrac{F'}{\eta}$也必为偶函数。关于微分方程式的积分常数,由于 $F(0)=0$,所以在 F 展开为 η 的各种幂次项的组合时常数项应为零,由此可以确定一个积分常数。第二个积分常数设为 α,它可通过下述方法确定。如 $F(\eta)$为式(4-95)的解,令 $\xi=\alpha\eta$,则 $F(\xi)$也是式(4-95)的解。

将式(4-95)的变量加以变换后改写为

$$F\frac{\mathrm{d}F}{\mathrm{d}\xi}=\frac{\mathrm{d}F}{\mathrm{d}\xi}-\xi\frac{\mathrm{d}^2F}{\mathrm{d}\xi^2}$$

边界条件为 $\xi=0, F=0, F'=0$。其特解为

$$F=\frac{\xi^2}{1+\frac{1}{4}\xi^2} \tag{4-96}$$

于是由式(4-94)可得流速分量

$$u_x=\frac{\nu}{x}\alpha^2\frac{1}{\xi}\frac{\mathrm{d}F}{\mathrm{d}\xi}=\frac{\nu}{x}\frac{2\alpha^2}{\left(1+\frac{1}{4}\xi^2\right)^2}$$

$$u_r=\frac{\nu}{x}\alpha\left(\frac{\mathrm{d}F}{\mathrm{d}\xi}-\frac{F}{\xi}\right)$$

$$=\frac{\nu}{x}\alpha\frac{\xi-\frac{1}{4}\xi^3}{\left(1+\frac{1}{4}\xi^2\right)^2}$$

积分常数 α 的确定可以将 u_x 及 u_r 的数值代入射流动量方程(4-90), $J=2\pi\rho\int_0^\infty u_x^2 r\,\mathrm{d}r=\frac{16}{3}\pi\rho\alpha^2\nu^2$。动量通量 J 可以从射流出口的条件计算确定,为已知量。故

$$\alpha=\frac{1}{4\nu}\sqrt{\frac{3}{\pi}}\sqrt{\frac{J}{\rho}}$$

于是得

$$u_x=\frac{3}{8\pi}\frac{J}{\rho\nu x}\frac{1}{\left(1+\frac{1}{4}\xi^2\right)^2} \tag{4-97}$$

$$u_r=\frac{1}{4}\sqrt{\frac{3}{\pi}}\frac{\sqrt{J/\rho}}{x}\frac{\left(\xi-\frac{1}{4}\xi^3\right)}{\left(1+\frac{1}{4}\xi^2\right)^2} \tag{4-98}$$

式中变量

$$\xi=\alpha\frac{r}{x}=\frac{1}{4\nu}\sqrt{\frac{3}{\pi}}\sqrt{J/\rho}\frac{r}{x} \tag{4-99}$$

由此可得射流中心最大流速 $u_{x,\max}$。当 $\xi=0$,

$$u_{x,\max}=\frac{3}{8\pi}\frac{J}{\rho\nu x} \tag{4-100}$$

射流断面流量 Q 为

$$Q=2\pi\int_0^\infty ur\,\mathrm{d}r=8\pi\nu x \tag{4-101}$$

可见射流的流量 Q 虽然随 x 而增加,但却与动量通量 J 无关,也就是说与射流出口处的内外压差(或出口流速)无关。这一点与平面层流射流不同。其所以产生这

样的结果是由于当出口内外压差较大时，出口流速较高，射流断面较细小，当出口压差变小时，出口流速低，在流动过程中射流的圆形表面卷吸了更多的周围原来处于静止的流体进来，使射流断面很快扩大，以维持射流断面流量 Q 保持不随 J 而改变。圆形层流射流的 x 向流速分布绘在图 4-12 中，以资与平面层流射流进行比较。图 4-13 为圆形层流射流的流线图谱。

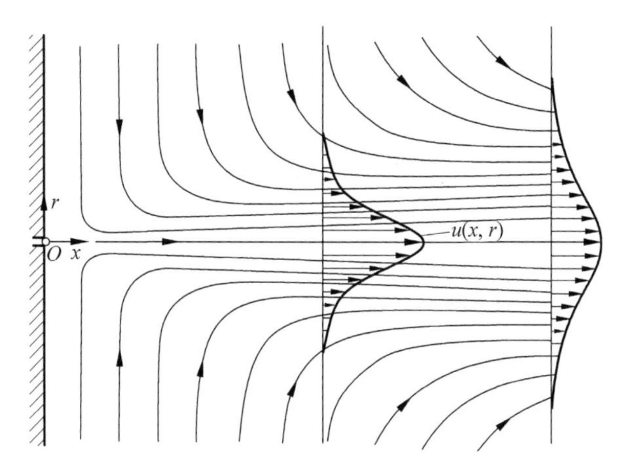

图 4-13　层流圆射流[4]

4.7　二维管道进口段流动

上下管壁为互相平行平面的二维顺直管道，其进口段的流动可作为二维边界层微分方程式应用的又一个例子。假设管道进口断面处流速为均匀分布，流速为 U_0。由于粘性流动壁面的无滑移条件，上下壁面均将产生边界层流动。边界层的厚度将沿程发展。距进口断面一定的距离之内，边界层的发展与平板边界层相同。在管道横断面上的流速分布包含了上下壁面边界层内的流速分布和管道中心处边界层流动影响所不及的部分仍为均匀势流流速分布。当边界层厚度达到管道的半高度 a，上下壁面的边界层在管道中心相遇，管道中心区域势流均匀流速分布部分消失。这时整个管道断面流速呈抛物线分布，形成泊肃叶流动。自管道进口至此断面这一段距离称为管道的进口段。由于管道中沿程各断面的流量不变，边界层内由于壁面影响流速降低而损失的流量将由于管道中心处流速增加而得到补偿。因此管道内上下壁面的边界层流动是在外流为加速流的情况下发展的，这一点与平板边界层不同。

采用坐标系统如图 4-14 所示。横坐标 x 与管道中心线重合指向下游，纵坐标取无量纲坐标 $\frac{y}{a}$。进口断面流速为 U_0，管道中心流速 $U_{\max}$。由图 4-14 可看出自进口断面开始在整个进口段中流速分布的变化情形。在 $x=16\left(\frac{a^2U_0}{100\nu}\right)$断面处,整个管道断面的流速分布开始形成为抛物线形流速分布。因此可确定进口段长度(inlet length)L_E 为

$$L_E = 0.16a\left(\frac{U_0 a}{\nu}\right) = 0.04(2a) \cdot Re \tag{4-102}$$

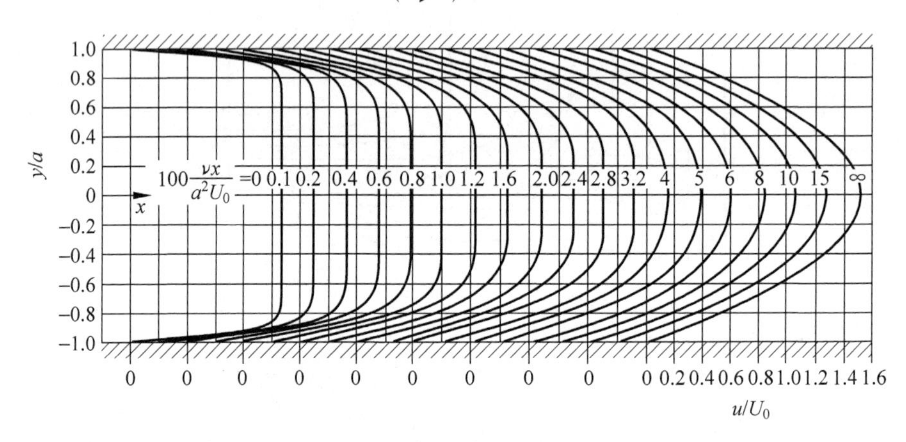

图 4-14　二维管道进口流动(4)

式中,Re 为雷诺数,$Re=\frac{U_0 \cdot 2a}{\nu}$。例如当 $Re=2000\sim5000$ 时,进口段长度约在 80～200 倍管道高度。

二维管道的详尽解法可参考施利希廷的文献[14]。

参考文献

[1] Blasius H. Grenzschichten in Flüssigkeiten mit kleiner Reibung. Z Math Phys,1908,56:1～37

Prandtl L. The mechanics of viscous fluids. In:Durand W F,ed. Aerodynamic Theory Ⅲ. 1935. 34～208

[2] Howarth L. On the solution of the laminar boundary layer equations. Proc Roy Soc London,1938,A164:547～579

[3] Burgers J M. The motion of a fluid in the boundary layer along a plane smooth surface. Proc. First Intern. Congr. of Appl. Mech., Delft, 1924

[4] Nikuradse J. Laminare Reibungsschichten an der Längsang-eströmten Platte. Monograph. Zentrale f. wiss. Berichtswesen, Berlin, 1942

[5] Liepmann H W,Dhawan S. Direct measurements of local skin friction in low-speed and high speed flow. Proc. First US National Congr. Appl. Mech. 869,1951

[6] Dhawan S. Direct measurements of skin friction. NACA Rep. 1121，1953
[7] Hansen M. Die Geschwindigkeitsverteilung in der Grenzschicht an einer eingetauchten Platte. ZAMM，1928,8：185～199；NACA TM No. 585,1930
[8] Hartree D R. On an equation occurring in Falkner and Skan's approximate treatment of the equation of the boundary layer. Proc Cambr Phil Soc,1937,33：223～239
[9] Falkner V G, Skan S W. Some approximate solutions of the boundary layer equations. Aero. Res. Coun. Rep. Memor. 1314，1930
[10] Howarth L. On the calculation of steady flow in the boundary layer near the surface of a cylinder in a stream. ARC Rep. & Memo. 1632，1935
[11] Hiemenz K. Die Grenzschicht an einem in den gleichformigen Flüsigkeitsstrom eingetanchten geraden kreiszylinder.（Thesis Görttingen 1911）Dingl. Polytech. J. 326，321,1911
[12] Schlichting H. Laminare Strahlenausbreitung. ZAMM,1933,13：260～263
[13] Andrade E N. The Velocity Distribution in a Liquid-into Liquid Jet. The Plane Jet. Proc Phys Soc London,1939,51：784～793
[14] Schlichting H. Laminare Kanaleinlaufströmung. ZAMM,1934,14：368～373

第 5 章

边界层微分方程式的近似解

第 4 章中讨论了边界层微分方程式的精确解,可以看出即使是对一些特定的典型流动,数学上的求解仍然是相当复杂的。对于像绕任意形状物体流动这种实践中常会遇到的流动问题,其求解更为困难。为此,在工程计算中往往寻求求解边界层微分方程式的近似方法,以期较为迅速地得到具有一定精度的计算结果。本章中主要讨论在边界层动量积分方程式及能量积分方程式的基础上发展起来的边界层微分方程式的近似解法。这种方法的特点是并不要求边界层内每一个流体质点的运动均须满足边界层微分方程式的要求,而只是除必须满足壁面及边界层外边缘处的边界条件外,在边界层内部只需满足在整个边界层厚度上对边界层微分方程式积分所得的动量方程。也就是说可以假定一个边界层内的流速分布来代替真正的流速分布,只要这个假定的流速分布满足边界层动量方程和边界条件。

由于近年来计算机的飞速发展,边界层近似解法的重要性已逐渐降低,不过目前还在广泛应用。

5.1 边界层动量积分方程式与能量积分方程式

二维恒定边界层微分方程为

$$u\frac{\partial u}{\partial x}+v\frac{\partial u}{\partial y}=U\frac{\mathrm{d}U}{\mathrm{d}x}+\nu\frac{\partial^2 u}{\partial y^2} \tag{5-1}$$

$$\frac{\partial u}{\partial x}+\frac{\partial v}{\partial y}=0 \tag{5-2}$$

其边界条件为

$$y=0;\quad u=0,\quad v=0 \tag{5-3a}$$

$$y=\infty;\quad u=U(x) \tag{5-3b}$$

将式(5-1)沿 y 方向积分：

$$\int_0^\delta \left(u\frac{\partial u}{\partial x}+v\frac{\partial u}{\partial y}-U\frac{\mathrm{d}U}{\mathrm{d}x}\right)\mathrm{d}y=\frac{\mu}{\rho}\int_0^\delta\left(\frac{\partial^2 u}{\partial y^2}\right)\mathrm{d}y \tag{5-4}$$

式中，积分上限为边界层外边缘 $y=\delta$，该点处 $\left(\frac{\partial u}{\partial y}\right)_{y=\delta}=0$，式(5-4)等号右侧的积分等于

$$\begin{aligned}\frac{\mu}{\rho}\int_0^\delta\left(\frac{\partial^2 u}{\partial y^2}\right)\mathrm{d}y&=\frac{\mu}{\rho}\int_0^\delta\partial\left(\frac{\partial u}{\partial y}\right)\\&=\frac{\mu}{\rho}\left[0-\left(\frac{\partial u}{\partial y}\right)_{y=0}\right]\\&=-\frac{1}{\rho}\mu\left(\frac{\partial u}{\partial y}\right)_{y=0}\\&=-\frac{\tau_0}{\rho}\end{aligned}$$

式(5-4)等号左侧的积分可由分部积分法(integration by parts)并应用边界层位移厚度及动量损失厚度的定义式(3-28)及式(3-30)

$$\delta_1=\int_0^\delta\left(1-\frac{u}{U}\right)\mathrm{d}y \tag{3-28}$$

$$\delta_2=\int_0^\delta\frac{u}{U}\left(1-\frac{u}{U}\right)\mathrm{d}y \tag{3-30}$$

可得

$$\frac{\mathrm{d}\delta_2}{\mathrm{d}x}+\frac{\delta_2}{U}(2+H_{12})\frac{\mathrm{d}U}{\mathrm{d}x}=\frac{\tau_0}{\rho U^2} \tag{5-5}$$

此即著名的卡门动量积分方程(momentum integral equation)，是卡门(Theodore von Kármán)1921 年根据动量定理首先导出的，这个方程对层流与紊流均可适用。1948 年维格哈特(K. Wieghardt)[1] 又用相同的方法导出了边界层能量积分方程(energy integral equation)。将普朗特边界层微分方程中每一项均乘以 u，然后积分：

$$\rho\int_0^\delta\left[u^2\frac{\partial u}{\partial x}+uv\frac{\partial u}{\partial y}-uU\frac{\mathrm{d}U}{\mathrm{d}x}\right]\mathrm{d}y=\mu\int_0^\delta u\frac{\partial^2 u}{\partial y^2}\mathrm{d}y$$

并应用能量损失厚度 δ_3 的定义式(3-32)，积分上限均用 δ：

$$\delta_3=\int_0^\delta\frac{u}{U}\left(1-\frac{u^2}{U^2}\right)\mathrm{d}y \tag{3-32}$$

最后得到二维不可压缩流体恒定流动的层流边界层能量积分方程为

$$\frac{\mathrm{d}}{\mathrm{d}x}(U^3\delta_3)=2\nu\int_0^\delta\left(\frac{\partial u}{\partial y}\right)^2\mathrm{d}y \tag{5-6}$$

在式(1-48)中已知耗散功 $\Phi=\tau_{ij}\frac{\partial u_i}{\partial x_j}$，对于二维流动，

$$\begin{aligned}\Phi &= (\sigma_{11}+p)\frac{\partial u_1}{\partial x_1}+\sigma_{12}\frac{\partial u_1}{\partial x_2}+\sigma_{21}\frac{\partial u_2}{\partial x_1}+(\sigma_{22}+p)\frac{\partial u_2}{\partial x_2}\\ &= 2\mu\left(\frac{\partial u_1}{\partial x_1}\right)^2+2\mu\left[\frac{1}{2}\left(\frac{\partial u_1}{\partial x_2}+\frac{\partial u_2}{\partial x_1}\right)\right]\left(\frac{\partial u_1}{\partial x_2}+\frac{\partial u_2}{\partial x_1}\right)+2\mu\left(\frac{\partial u_2}{\partial x_2}\right)^2\\ &= 2\mu\left[\left(\frac{\partial u_1}{\partial x_1}\right)^2+\frac{1}{2}\left(\frac{\partial u_1}{\partial x_2}+\frac{\partial u_2}{\partial x_1}\right)^2+\left(\frac{\partial u_2}{\partial x_2}\right)^2\right]\end{aligned}$$

在边界层中,$\frac{\partial u_1}{\partial x_1}$,$\frac{\partial u_2}{\partial x_2}$,$\frac{\partial u_2}{\partial x_1}$等项与$\frac{\partial u_1}{\partial x_2}$相比较均为小量,因此,

$$\Phi = \mu\left(\frac{\partial u_1}{\partial x_2}\right)^2$$

也可写为

$$\Phi = \mu\left(\frac{\partial u}{\partial y}\right)^2 \tag{5-7}$$

可见,边界层能量积分方程等号的右侧代表耗散功,即单位体积流体在单位时间内由于摩擦切应力使其机械能消耗转变为热能而在流动中耗散的能量。这个过程是不可逆的。而能量积分方程(5-6)的左侧$\frac{\mathrm{d}}{\mathrm{d}x}(\rho U^3\delta_3)$则表示在 x 方向流体能量损失的沿程变化,可见边界层内由于摩擦切应力作功而导致的能量损失均在流动过程中转化为热能而耗散。

5.2 顺流放置平板边界层流动的近似解

顺流放置平板的边界层流动是一种很简单的流动情形。这时沿整个平板压强与势流流速均不变,$\frac{\mathrm{d}p}{\mathrm{d}x}=0$,$\frac{\mathrm{d}U}{\mathrm{d}x}=0$。应用动量积分方程求解此一问题时,动量积分方程(5-5)可写为

$$\frac{\mathrm{d}\delta_2}{\mathrm{d}x} = \frac{\tau_0}{\rho U_\infty^2} \tag{5-8}$$

如果把此式写为

$$\tau_0\,\mathrm{d}x = \mathrm{d}(\rho U_\infty^2\delta_2)$$

则可明显地看出动量积分方程的物理意义,$\mathrm{d}x$ 段的壁面阻力相当于这一段平板边界层中动量损失的增量。求解边界层的近似方法首先假定一个适当的边界层内部的流速分布表达式 $u(y)$。这个流速分布要满足边界层的边界条件,即 $y=0$,$u=0$; $y=\delta$,$u=U_\infty$,但并不要求在边界层内逐点的流速与实际流速完全符合。利用式(5-8)可确定流速分布中的一个自由参变量,这里选择为边界层厚度 δ。

可以假设$\frac{u}{U_\infty}=f(\eta)$,而 $\eta=\frac{y}{\delta}$,边界条件相应写为 $\eta=0$, $f(\eta)=0$; $\eta=1$,

$f(\eta)=1$。假定一个流速分布 $f(\eta)$后，可分别计算：

(1) 边界层位移厚度 δ_1

$$\begin{aligned}\delta_1&=\int_0^\delta\left(1-\frac{u}{U_\infty}\right)\mathrm{d}y\\&=\delta\int_0^1\left(1-\frac{u}{U_\infty}\right)\mathrm{d}\eta\\&=\delta\int_0^1(1-f)\mathrm{d}\eta\end{aligned}$$

令

$$\int_0^1(1-f)\mathrm{d}\eta=\alpha_1 \tag{5-9}$$

则

$$\delta_1=\alpha_1\delta \tag{5-10}$$

(2) 边界层动量损失厚度 δ_2

$$\begin{aligned}\delta_2&=\int_0^\delta\frac{u}{U_\infty}\left(1-\frac{u}{U_\infty}\right)\mathrm{d}y\\&=\delta\int_0^1 f(1-f)\mathrm{d}\eta\end{aligned}$$

令

$$\int_0^1 f(1-f)\mathrm{d}\eta=\alpha_2 \tag{5-11}$$

则

$$\delta_2=\alpha_2\delta \tag{5-12}$$

(3) 壁面切应力 τ_0

$$\begin{aligned}\frac{\tau_0}{\rho}&=\nu\left(\frac{\partial u}{\partial y}\right)_{y=0}\\&=\nu\left(\frac{\partial(U_\infty f)}{\delta\partial(y/\delta)}\right)_{y=0}\\&=\nu\frac{U_\infty}{\delta}\left(\frac{\partial f}{\partial\eta}\right)_{\eta=0}\\&=\nu\frac{U_\infty}{\delta}f'(0)\end{aligned}$$

令

$$f'(0)=\beta_1 \tag{5-13}$$

则

$$\frac{\tau_0}{\rho}=\beta_1\frac{\nu U_\infty}{\delta} \tag{5-14}$$

由式(5-10)、式(5-12)、式(5-14)可知，首先要求得边界层厚度 δ，为此，把它们代入式(5-8)，

$$\frac{\mathrm{d}(\alpha_2\delta)}{\mathrm{d}x}=\beta_1\frac{\nu}{\delta U_\infty}$$

α_2 只是 η 的函数,与 x 无关。于是,

$$\delta\frac{\mathrm{d}\delta}{\mathrm{d}x}=\frac{\beta_1}{\alpha_2}\frac{\nu}{U_\infty}$$

自 $x=0$ 积分此式,得

$$\delta=\sqrt{\frac{2\beta_1}{\alpha_2}}\sqrt{\frac{\nu x}{U_\infty}} \tag{5-15}$$

把 δ 代入式(5-10)、式(5-12)、式(5-14),得

$$\delta_1=\alpha_1\delta=\alpha_1\sqrt{\frac{2\beta_1}{\alpha_2}}\sqrt{\frac{\nu x}{U_\infty}} \tag{5-16}$$

$$\delta_2=\alpha_2\delta=\sqrt{2\alpha_2\beta_1}\sqrt{\frac{\nu x}{U_\infty}} \tag{5-17}$$

$$\tau_0=\rho\beta_1\frac{\nu U_\infty}{\sqrt{\frac{2\beta_1}{\alpha_2}}\sqrt{\frac{\nu x}{U_\infty}}}=\mu U_\infty\sqrt{\frac{\alpha_2\beta_1}{2}}\sqrt{\frac{U_\infty}{\nu x}} \tag{5-18}$$

从而可以计算平板阻力:

$$\begin{aligned}2D&=2b\int_0^l\tau_0\,\mathrm{d}x\\&=2b\int_0^l\mu U_\infty\sqrt{\frac{\alpha_2\beta_1}{2}}\sqrt{\frac{U_\infty}{\nu x}}\,\mathrm{d}x\\&=2b\sqrt{2\alpha_2\beta_1}\sqrt{\mu\rho l U_\infty^3}\end{aligned} \tag{5-19}$$

$f(\eta)$除需满足边界层的边界条件以外,还可进一步要求在边界层外边缘处边界层内的流速分布与势流流速的流速分布相衔接,即 $y=\delta,\dfrac{\partial u}{\partial y}=0,\dfrac{\partial^2 u}{\partial y^2}=0$。对于平板,由于$\dfrac{\mathrm{d}p}{\mathrm{d}x}=0$,所以在壁面处 $y=0$ 时,$\dfrac{\partial^2 u}{\partial y^2}=0$。

假设边界层内流速分布为

$$\frac{u}{U_\infty}=a+b\left(\frac{y}{\delta}\right)+c\left(\frac{y}{\delta}\right)^2+d\left(\frac{y}{\delta}\right)^3$$

式中,a,b,c,d 为常系数,可由边界条件确定:

$$y=0,\quad u=0,\quad 得\ a=0$$

$$\frac{\partial^2 u}{\partial y}=0,\quad 得\ c=0$$

$$y=\delta,\quad u=U_\infty,\quad 得\ 1=b+d$$

$$\frac{\partial u}{\partial y}=0,\quad 得\ 0=b+3d$$

可以解出:$a=0$, $b=\dfrac{3}{2}$, $c=0$, $d=-\dfrac{1}{2}$。于是流速分布公式可以写成

$$\frac{u}{U_\infty}=\frac{3}{2}\left(\frac{y}{\delta}\right)-\frac{1}{2}\left(\frac{y}{\delta}\right)^3$$

或写为

$$f(\eta)=\frac{3}{2}\eta-\frac{1}{2}\eta^3$$

从而可以求得

$$\alpha_1=\int_0^1(1-f)\mathrm{d}\eta=\frac{3}{8}$$

$$\alpha_2=\int_0^1 f(1-f)\mathrm{d}\eta=\frac{39}{280}$$

$$\beta_1=f'(0)=\frac{3}{2}$$

即得到

$$\delta=\sqrt{\frac{2\beta_1}{\alpha_2}}\sqrt{\frac{\nu x}{U_\infty}}=4.64\frac{x}{\sqrt{Re_x}},\quad Re_x=\frac{U_\infty x}{\nu}$$

$$\delta_1=\alpha_1\delta=\frac{3}{8}\delta=1.74\frac{x}{\sqrt{Re_x}}$$

$$\delta_2=\alpha_2\delta=\frac{39}{280}\delta=0.646\frac{x}{\sqrt{Re_x}}$$

$$\tau_0=\mu U_\infty\sqrt{\frac{\alpha_2\beta_1}{2}}\sqrt{\frac{U_\infty}{\nu x}}$$

$$=0.646\frac{1}{\sqrt{Re_x}}\frac{\rho U_\infty^2}{2}$$

下面将几种不同的假设的边界层内流速分布公式所得结果进行比较，如表 5-1 所示。

表 5-1

	流速分布 $\frac{u}{U_\infty}=f(\eta)$	α_1	α_2	β_1	$\delta_1\sqrt{\frac{U_\infty}{\nu x}}$	$\frac{\tau_0}{\mu U_\infty}\sqrt{\frac{\nu x}{U_\infty}}$	$C_D\left(\frac{U_\infty l}{\nu}\right)^{\frac{1}{2}}$	$\frac{\delta_1}{\delta_2}=H_{12}$
1	$f(\eta)=\eta$	$\frac{1}{2}$	$\frac{1}{6}$	1	1.732	0.289	1.155	3.00
2	$f(\eta)=\frac{3}{2}\eta-\frac{1}{2}\eta^3$	$\frac{3}{8}$	$\frac{39}{280}$	$\frac{3}{2}$	1.740	0.323	1.292	2.68
3	$f(\eta)=2\eta-2\eta^3+\eta^4$	$\frac{3}{10}$	$\frac{37}{315}$	2	1.752	0.343	1.372	2.55
4	$f(\eta)=\sin\left(\frac{\pi}{2}\eta\right)$	$\frac{\pi-2}{\pi}$	$\frac{4-\pi}{2\pi}$	$\frac{\pi}{2}$	1.741	0.327	1.310	2.66
5	精确解	—	—	—	1.721	0.332	1.328	2.59

表中：

$$\frac{\tau_0}{\mu U_\infty}\sqrt{\frac{\nu x}{U_\infty}} = \frac{1}{2}\delta_2\sqrt{\frac{U_\infty}{\nu x}}$$

$$C_D\left(\frac{U_\infty l}{\nu}\right)^{\frac{1}{2}} = 2\delta_2\sqrt{\frac{U_\infty}{\nu x}}$$

$$C_D = \frac{D}{\frac{1}{2}\rho U_\infty^2 bl}$$

由表5-1可以看出，边界层问题的近似解法对于顺流放置的平板而言可以得到相当满意的结果，而且相对于求得精确解而言，近似方法简单得多。

5.3 二维边界层流动的卡门-波豪森近似方法

对于二维的任意形状物体绕流可采用卡门-波豪森(K. Pohlhausen)的近似方法。已知动量方程为式(5-5)，坐标系统采用边界层坐标系，x 为沿绕流物体固体边界自前驻点算起的弧长，y 为自固体壁面算起沿外法线方向的距离。与上节所讨论的平板边界层一样，在近似计算中首先假设一个流速分布函数，通过它得到 δ_1,δ_2,τ_0 等各物理量以 δ 所表示的关系。流速分布函数必须满足以下边界条件：

固体壁面处 $y=0$：无滑动条件 $u=0$。壁面阻力条件$\frac{\partial u}{\partial y}=\frac{\tau_0}{\mu}$。压强梯度条件 $\nu\frac{\partial^2 u}{\partial y^2}=\frac{1}{\rho}\frac{\mathrm{d}p}{\mathrm{d}x}=-U\frac{\mathrm{d}U}{\mathrm{d}x}$，$U$ 为 x 断面处势流流速。无穿透条件 $v=0$。

边界层外边缘处 $y=\delta$：与势流流场的衔接 $u=U(x)$，$\frac{\partial u}{\partial y}=0$，$\frac{\partial^2 u}{\partial y^2}=0$。

任意形状的物体绕流将存在压强梯度$\frac{\mathrm{d}p}{\mathrm{d}x}$。当$\frac{\mathrm{d}p}{\mathrm{d}x}>0$时，速度剖面图会出现拐点。边界层分离时$\left(\frac{\partial u}{\partial y}\right)_{y=0}=0$。

假定流速分布为四次多项式：

$$\frac{u}{U} = f(\eta) = a\eta + b\eta^2 + c\eta^3 + d\eta^4 \tag{5-20}$$

式中，$\eta=\frac{y}{\delta(x)}$，$0\leqslant\eta\leqslant 1$。对于二维任意形状物体的绕流，并不一定存在相似性解，所以这里 η 并不一定是相似变量。式(5-20)的边界条件为

$$\eta = 0;\quad u = 0,\quad \nu\frac{\partial^2 u}{\partial y^2} = \frac{1}{\rho}\frac{\mathrm{d}p}{\mathrm{d}x} = -U\frac{\mathrm{d}U}{\mathrm{d}x} \tag{5-21a}$$

$$\eta=1;\quad u=U(x),\quad \frac{\partial u}{\partial y}=0,\quad \frac{\partial^2 u}{\partial y^2}=0 \tag{5-21b}$$

引入无量纲量：

$$\Lambda=\frac{\delta^2}{\nu}\frac{\mathrm{d}U}{\mathrm{d}x} \tag{5-22}$$

Λ 称为形状因子(shape factor)，它主要决定于绕流物体的形状，因为$\dfrac{\mathrm{d}U}{\mathrm{d}x}$是由绕流物体形状所决定的。式(5-20)中的常系数可以由边界条件得出如下：

$$a=2+\frac{\Lambda}{6},\quad b=-\frac{\Lambda}{2},\quad c=-2+\frac{\Lambda}{2},\quad d=1-\frac{\Lambda}{6} \tag{5-23}$$

将这些系数代入式(5-20)可得边界层内的流速分布为

$$\begin{aligned}\frac{u}{U}&=(2\eta-2\eta^3+\eta^4)+\frac{\Lambda}{6}(\eta-3\eta^2+3\eta^3-\eta^4)\\&=F(\eta)+\Lambda G(\eta)\end{aligned} \tag{5-24}$$

其中，

$$F(\eta)=2\eta-2\eta^3+\eta^4=1-(1-\eta)^3(1+\eta) \tag{5-25}$$

$$G(\eta)=\frac{1}{6}(\eta-3\eta^2+3\eta^3-\eta^4)=\frac{1}{6}\eta(1-\eta)^3 \tag{5-26}$$

由势流的伯努利方程(3-7)，形状因子 Λ 还可表示为

$$\Lambda=\frac{\delta^2}{\nu}\frac{\mathrm{d}U}{\mathrm{d}x}=-\frac{\mathrm{d}p}{\mathrm{d}x}\Big/\mu\frac{U}{\delta^2} \tag{5-27}$$

即 Λ 可以看成压强差与粘性力之比值。函数 $F(\eta)$与 $G(\eta)$共同组成边界层内的流速分布公式，图 5-1 给出 F,G 与 η 的函数关系。Λ 值不同则流速分布不同。图 5-2 中给出了不同 Λ 值时的流速分布。$\Lambda=0$ 时的流速分布即表示当$\dfrac{\mathrm{d}U}{\mathrm{d}x}=0$，也就是$\dfrac{\mathrm{d}p}{\mathrm{d}x}=0$ 时的情况，这种情况或者是平板边界层流动，或者是任意形状物体绕流中势流流速达到最大值或者最小值的断面。分离点处$\left(\dfrac{\partial u}{\partial y}\right)_{y=0}=0$，即 $a=0$，此时 $\Lambda=-12$。图 5-2 中给出了相应的流速分布图形，在 $\eta=0$ 时该速度剖面与 η 轴相切。由图还可以看出当 $\Lambda>12$ 时会出现$\dfrac{u}{U}>1$ 的值，而在边界层内不可能出现这种情况，因此得到 Λ 的界限为

$$-12\leqslant\Lambda\leqslant12 \tag{5-28}$$

流速分布公式中的 Λ 为待定的参变数。其实并未增加新的变量，因为 Λ 是由边界层厚度 δ 和势流流速梯度$\dfrac{\mathrm{d}U}{\mathrm{d}x}$组成的。未知量仍为 δ，可通过动量方程(5-5)确定。

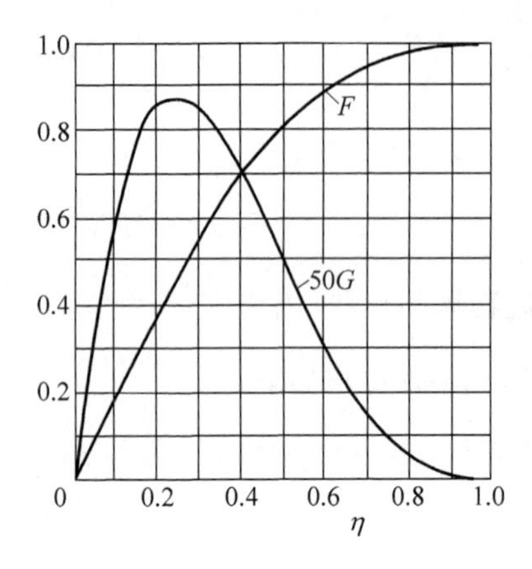

图 5-1　F,G与η函数关系[4]

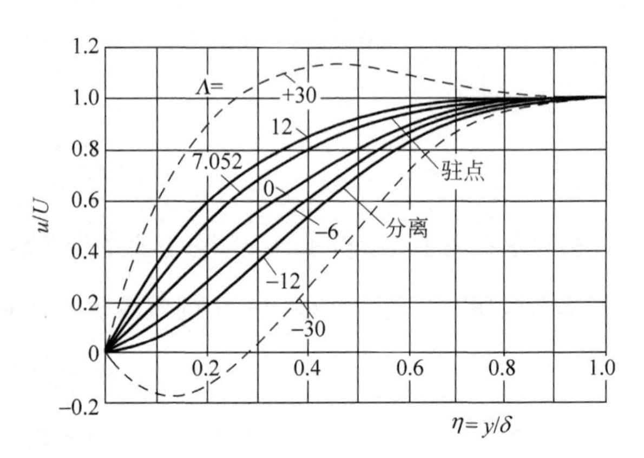

图 5-2　不同Λ值的流速分布[4]

由流速分布式(5-24)可得出

(1) 边界层位移厚度δ_1

$$\delta_1=\int_0^\delta\left(1-\frac{u}{U}\right)\mathrm{d}y=\delta\int_0^1(1-f)\mathrm{d}\eta$$

即

$$\frac{\delta_1}{\delta}=\int_0^1[1-F(\eta)-\Lambda G(\eta)]\mathrm{d}\eta$$

$$=\left(\frac{3}{10}-\frac{\Lambda}{120}\right)=\alpha_1\tag{5-29}$$

或

$$\delta_1=\alpha_1\delta\tag{5-30}$$

(2) 边界层动量损失厚度δ_2

$$\frac{\delta_2}{\delta}=\frac{1}{63}\left(\frac{37}{5}-\frac{\Lambda}{15}-\frac{\Lambda^2}{144}\right)=\alpha_2\tag{5-31}$$

$$\delta_2=\alpha_2\delta\tag{5-32}$$

(3) 壁面切应力τ_0

$$\tau_0=\mu\left(\frac{\partial u}{\partial y}\right)_{y=0}=\mu\frac{U}{\delta}\left(2+\frac{\Lambda}{6}\right)$$

令

$$\beta_1=2+\frac{\Lambda}{6}\tag{5-33}$$

则

$$\tau_0=\beta_1\frac{\mu U}{\delta}\tag{5-34}$$

由式(5-30)、式(5-32)、式(5-34)可知,为了求得边界层的位移厚度δ_1、动量厚度

δ_2 及壁面切应力 τ_0，必须首先求得边界层厚度 δ，而 δ 也由流速分布的形状因子 Λ 决定。下面应用动量方程(5-5)，将该式中每一项均乘以 $\frac{U\delta_2}{\nu}$，得到

$$\frac{U\delta_2}{\nu}\delta'_2 + (2 + H_{12})\frac{\delta_2^2}{\nu}U' = \frac{\tau_0\delta_2}{\mu U} \tag{5-35}$$

式中，“$'$”表示对 x 微分。定义第二形状因子(second shape factor)K，令

$$K = \frac{\delta_2^2}{\nu}\frac{\mathrm{d}U}{\mathrm{d}x} \tag{5-36}$$

并定义

$$Z = \frac{\delta_2^2}{\nu} \tag{5-37}$$

于是由式(5-36)，

$$K = Z\frac{\mathrm{d}U}{\mathrm{d}x} = ZU' \tag{5-38}$$

综合 K，Λ 以及 δ_1，δ_2，τ_0 的公式可得出以下对于任一断面均可适用的一些普适关系：

$$\begin{aligned}\frac{K}{\Lambda} = \left(\frac{\delta_2}{\delta}\right)^2 &= \left[\frac{1}{63}\left(\frac{37}{5} - \frac{\Lambda}{15} - \frac{\Lambda^2}{144}\right)\right]^2 \\ &= \left(\frac{37}{315} - \frac{\Lambda}{945} - \frac{\Lambda^2}{9027}\right)^2 \\ &= \alpha_2^2\end{aligned}$$

即

$$K = \left(\frac{37}{315} - \frac{\Lambda}{945} - \frac{\Lambda^2}{9027}\right)^2\Lambda \tag{5-39}$$

边界层形状参数 H_{12}：

$$H_{12} = \frac{\delta_1}{\delta_2} = \frac{\frac{3}{10} - \frac{\Lambda}{120}}{\frac{37}{315} - \frac{\Lambda}{945} - \frac{\Lambda^2}{9027}} = f_1(K) \tag{5-40}$$

壁面切应力 τ_0：

$$\frac{\tau_0\delta_2}{\mu U} = \frac{\tau_0\delta}{\mu U}\left(\frac{\delta_2}{\delta}\right) = \left(2 + \frac{\Lambda}{6}\right)\left[\frac{37}{315} - \frac{\Lambda}{945} - \frac{\Lambda^2}{9027}\right] = f_2(K) \tag{5-41}$$

微分式(5-37)得

$$\frac{\mathrm{d}Z}{\mathrm{d}x} = \frac{2\delta_2\delta'_2}{\nu},\quad 即\ \frac{\delta_2\delta'_2}{\nu} = \frac{1}{2}\frac{\mathrm{d}Z}{\mathrm{d}x} \tag{5-42}$$

动量方程(5-35)可写为

$$\frac{U}{2}\frac{\mathrm{d}Z}{\mathrm{d}x} + [2 + f_1(K)]K = f_2(K)$$

$$U\frac{\mathrm{d}Z}{\mathrm{d}x}=2f_2(K)-4K-2f_1(K)K=F(K)$$

即动量方程为

$$\frac{\mathrm{d}Z}{\mathrm{d}x}=\frac{F(K)}{U}\tag{5-43}$$

其中,$F(K)$为Λ的代数方程:

$$\begin{aligned}F(K)&=2f_2(K)-4K-2f_1(K)K\\&=2\left(\frac{37}{315}-\frac{\Lambda}{945}-\frac{\Lambda^2}{9027}\right)\left[2-\frac{116}{315}\Lambda+\left(\frac{2}{945}+\frac{1}{120}\right)\Lambda^2+\frac{2}{9027}\Lambda^3\right]\end{aligned}\tag{5-44}$$

流速分布的形状因子$\Lambda=\Lambda(x)$是x的函数,对于每一固定的x断面,Λ为一个无量纲的定数。解边界层方程的近似方法可利用表 5-2。

表 5-2[4]

Λ	K	$F(K)$	$f_1(K)=\frac{\delta_1}{\delta_2}=H_{12}$	$f_2(K)=\frac{\delta_2\tau_0}{\mu U}$
12	0.0948	−0.0948	2.250	0.356
11	0.0941	−0.0912	2.253	0.355
10	0.0919	−0.0800	2.260	0.351
9	0.0882	−0.0608	2.273	0.347
8	0.0831	−0.0335	2.289	0.340
7.8	0.0819	−0.0271	2.293	0.338
7.6	0.0807	−0.0203	2.297	0.337
7.4	0.0794	−0.0132	2.301	0.335
7.2	0.0781	−0.0051	2.305	0.333
7.052	0.0770	0	2.308	0.332
7	0.0767	0.0021	2.309	0.331
6.8	0.0752	0.0102	2.314	0.330
6.6	0.0737	0.0186	2.318	0.328
6.4	0.0721	0.0274	2.323	0.326
6.2	0.0706	0.0363	2.328	0.324
6	0.0689	0.0459	2.333	0.321
5	0.0599	0.0979	2.361	0.310
4	0.0497	0.1579	2.392	0.297
3	0.0385	0.2255	2.427	0.283
2	0.0264	0.3004	2.466	0.268
1	0.0135	0.3820	2.508	0.252

续表

Λ	K	$F(K)$	$f_1(K)=\frac{\delta_1}{\delta_2}=H_{12}$	$f_2(K)=\frac{\delta_2\tau_0}{\mu U}$
0	0	0.4698	2.554	0.235
−1	−0.0140	0.5633	2.604	0.217
−2	−0.0284	0.6609	2.647	0.199
−3	−0.0429	0.7640	2.716	0.179
−4	−0.0575	0.8698	2.779	0.160
−5	−0.0720	0.9780	2.847	0.140
−6	−0.0862	1.0877	2.921	0.120
−7	−0.0999	1.1981	2.999	0.100
−8	−0.1130	1.3080	3.085	0.079
−9	−0.1254	1.4167	3.176	0.059
−10	−0.1369	1.5229	3.276	0.039
−11	−0.1474	1.6257	3.383	0.019
−12	−0.1567	1.7241	3.500	0

下面说明动量方程(5-43)的数值求解步骤：

(1) 积分方程(5-43)应从前驻点开始，采用数值积分方法。设如图 5-3 所示的二维绕流翼型，自前驻点依次取间隔为 Δx 的断面 $x_1,x_2,x_3,\cdots$。在 x_0 断面处设为 $Z_0,\left(\frac{\mathrm{d}Z}{\mathrm{d}x}\right)_0$，则在 x_1 断面处：

$$Z_1 = Z_0 + \left(\frac{\mathrm{d}Z}{\mathrm{d}x}\right)_0 \Delta x$$

$$K_1 = Z_1\left(\frac{\mathrm{d}U}{\mathrm{d}x}\right)_1$$

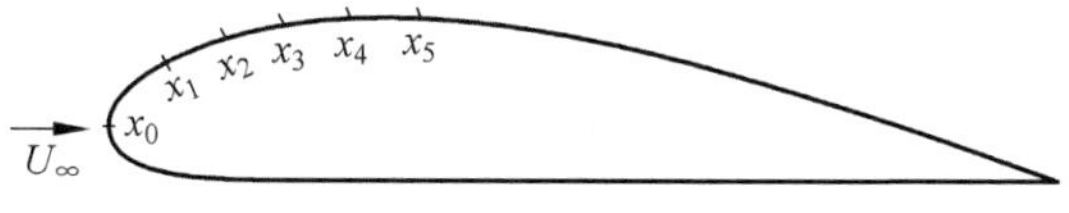

图 5-3　二维绕流翼型

在 x_2 断面处有

$$Z_2 = Z_1 + \left(\frac{\mathrm{d}Z}{\mathrm{d}x}\right)_1 \Delta x, \quad 其中\left(\frac{\mathrm{d}Z}{\mathrm{d}x}\right)_1 = \frac{F(K_1)}{U_1}$$

$$K_2 = Z_2\left(\frac{\mathrm{d}U}{\mathrm{d}x}\right)_2$$

$$\vdots$$

在 x_n 断面处有

$$Z_n = Z_{n-1} + \left(\frac{\mathrm{d}Z}{\mathrm{d}x}\right)_{n-1} \Delta x$$

$$K_n = Z_n \left(\frac{\mathrm{d}U}{\mathrm{d}x}\right)_n$$

只要算出每一断面的 K 值,则该断面的 $\Lambda, F(K), f_1(K), f_2(K)$ 均可由表 5-2 查得,从而得出该断面的边界层厚度、位移厚度、动量厚度以及壁面切应力。

(2) 问题在于如何确定起始条件,即 $x=x_0$ 时的 K_0 和 $\left(\frac{\mathrm{d}K}{\mathrm{d}x}\right)_0$ 值。对于二维任意形状绕流物体,$x=x_0$ 为前驻点,$U_0=0$。$\frac{\mathrm{d}U}{\mathrm{d}x}$一般不为 0,可从势流解求得。

$$\left(\frac{\mathrm{d}Z}{\mathrm{d}x}\right)_0 = \frac{F(K_0)}{U_0} \tag{5-45}$$

因为 $U_0 \to 0$,可见只有 $F(K_0)=0$ 才可以使 $\left(\frac{\mathrm{d}Z}{\mathrm{d}x}\right)_0$ 为有限值。由表 5-2 可知,$F(K_0)=0$时,$K_0=0.0770$,$\Lambda_0=7.052$。可见 $\Lambda=7.052$ 为驻点断面流速分布的形状因子(图 5-2)。于是起始条件:

①
$$Z_0=\frac{K_0}{U_0'}=\frac{0.0770}{U_0'} \tag{5-46}$$

$U_0'=\left(\frac{\mathrm{d}U}{\mathrm{d}x}\right)_0$ 由势流解求得。

② $\left(\frac{\mathrm{d}Z}{\mathrm{d}x}\right)_0$ 的确定

为了求得$\left(\frac{\mathrm{d}Z}{\mathrm{d}x}\right)_0=\frac{F(K_0)}{U_0}$的极限值,必须将$\frac{F(K_0)}{U_0}$的分子分母均展开为泰勒级数:

$$\begin{aligned}
\left(\frac{\mathrm{d}Z}{\mathrm{d}x}\right)_0 &= \frac{F(K_0)+\left(\frac{\mathrm{d}F}{\mathrm{d}x}\right)_0 \Delta x}{U_0+\left(\frac{\mathrm{d}U}{\mathrm{d}x}\right)_0 \Delta x} \\
&= \frac{\left(\frac{\mathrm{d}F}{\mathrm{d}x}\right)_0}{\left(\frac{\mathrm{d}U}{\mathrm{d}x}\right)_0} \\
&= \frac{\left(\frac{\mathrm{d}F}{\mathrm{d}\Lambda}\right)_0\left(\frac{\mathrm{d}\Lambda}{\mathrm{d}K}\right)_0\left(\frac{\mathrm{d}K}{\mathrm{d}x}\right)_0}{\left(\frac{\mathrm{d}U}{\mathrm{d}x}\right)_0} \\
&= \frac{\left(\frac{\mathrm{d}F}{\mathrm{d}\Lambda}\right)_0\left(\frac{\mathrm{d}K}{\mathrm{d}x}\right)_0}{\left(\frac{\mathrm{d}K}{\mathrm{d}\Lambda}\right)_0\left(\frac{\mathrm{d}U}{\mathrm{d}x}\right)_0}
\end{aligned} \tag{5-47}$$

对式(5-38)微分,可得

$$\frac{\mathrm{d}K}{\mathrm{d}x}=Z\frac{\mathrm{d}^2U}{\mathrm{d}x^2}+\frac{\mathrm{d}Z}{\mathrm{d}x}\frac{\mathrm{d}U}{\mathrm{d}x}$$

代入式(5-47):

$$\left(\frac{\mathrm{d}Z}{\mathrm{d}x}\right)_0=\frac{\left(\frac{\mathrm{d}F}{\mathrm{d}\Lambda}\right)_0}{\left(\frac{\mathrm{d}K}{\mathrm{d}\Lambda}\right)_0}\left(\frac{Z_0U_0''+Z_0'U_0'}{U_0'}\right)$$

$$\left(\frac{\mathrm{d}Z}{\mathrm{d}x}\right)_0=\left\{\frac{\left(\frac{\mathrm{d}F}{\mathrm{d}\Lambda}\right)_0}{\left(\frac{\mathrm{d}K}{\mathrm{d}\Lambda}\right)_0}\Bigg/\left[1-\frac{\left(\frac{\mathrm{d}F}{\mathrm{d}\Lambda}\right)_0}{\left(\frac{\mathrm{d}K}{\mathrm{d}\Lambda}\right)_0}\right]\right\}\cdot Z_0\frac{U_0''}{U_0'}$$

$$=\left\{\frac{\left(\frac{\mathrm{d}F}{\mathrm{d}\Lambda}\right)_0}{\left(\frac{\mathrm{d}K}{\mathrm{d}\Lambda}\right)_0}\Bigg/\left[1-\frac{\left(\frac{\mathrm{d}F}{\mathrm{d}\Lambda}\right)_0}{\left(\frac{\mathrm{d}K}{\mathrm{d}\Lambda}\right)_0}\right]\right\}\cdot\frac{K_0}{U_0'}\frac{U_0''}{U_0'}$$

式中,

$$\frac{\mathrm{d}F}{\mathrm{d}\Lambda}=\frac{\mathrm{d}}{\mathrm{d}\Lambda}\left\{2\left(\frac{37}{315}-\frac{\Lambda}{945}-\frac{\Lambda^2}{9072}\right)\left[2-\frac{116}{315}\Lambda+\left(\frac{2}{945}+\frac{1}{120}\right)\Lambda^2+\frac{2}{9072}\Lambda^3\right]\right\},$$

将 $x=x_0$ 处 $\Lambda_0=7.052$ 代入即可求得 $\left(\frac{\mathrm{d}F}{\mathrm{d}\Lambda}\right)_0$ 的数值。同样由式(5-37)微分可得,$\frac{\mathrm{d}K}{\mathrm{d}\Lambda}=\frac{\mathrm{d}}{\mathrm{d}\Lambda}\left[\left(\frac{37}{315}-\frac{\Lambda}{945}-\frac{\Lambda^2}{9072}\right)^2\Lambda\right]$,并代入 $\Lambda_0=7.052$ 之值可得 $\left(\frac{\mathrm{d}K}{\mathrm{d}\Lambda}\right)_0$ 之值。于是得到

$$\left(\frac{\mathrm{d}Z}{\mathrm{d}x}\right)_0=-0.0652\frac{U_0''}{U_0'^2}\tag{5-48}$$

(3) 起始条件确定后,即可从前驻点 $\Lambda_0=7.052$ 断面算起,可持续算到分离点断面 $\Lambda=-12$ 为止,得出各断面的 K,Λ 值,从而得到 δ,δ_1,δ_2 及 τ_0 的值。

5.4　边界层方程近似解与精确解的比较

为了了解近似方法的精确程度,本节以几个典型流动为例,将之与精确解进行比较。

1. 顺流放置的平板边界层

对于平板边界层,卡门-波豪森近似方法所假设的流速分布式(5-24)由于 $\Lambda=\frac{\delta^2}{\nu}\frac{\mathrm{d}U}{\mathrm{d}x}$ 为 0 而可写为

$$\frac{u}{U} = 2\eta - 2\eta^3 + \eta^4$$

这一表达式与表 5-1 中第 3 行的流速分布完全相同。平板边界层也可以用 5.3 节中的卡门-波豪森方法进行近似计算。为此,由式(5-43)出发,在平板绕流中 $U(x)=U_\infty$,所以 $\frac{\mathrm{d}U}{\mathrm{d}x} \equiv U' = 0$。两个形状因子 K 与 Λ 自然均为零。式(5-43)写为

$$\frac{\mathrm{d}Z}{\mathrm{d}x} = \frac{F(0)}{U_\infty} = \frac{0.4698}{U_\infty} \tag{5-49}$$

对于平板边界层,$x=0$ 时,$K=0$,式(5-49)的积分可得

$$Z = 0.4698\,\frac{x}{U_\infty}$$

或者按式(5-37)可得

$$\delta_2 = 0.686\sqrt{\frac{\nu x}{U_\infty}}$$

对于平板边界层,$\frac{\tau_0}{\mu U_\infty}\sqrt{\frac{\nu x}{U_\infty}} = \frac{1}{2}\delta_2\sqrt{\frac{U_\infty}{\nu x}} = 0.343$,与表 5-1 中第 3 行数据完全一致。表 5-1 中同时给出了精确解的数据,可见近似解的精确程度令人满意。

2. 平面驻点流动

2.3 节中曾讨论了平面驻点流动 N-S 方程的精确解并给出了有关结果。对于平面驻点流动,边界层的各种厚度及壁面切应力均与 x 无关。势流流速分布为

$$U = ax \tag{2-28a}$$

表 5-3 中列出由精确解得到的有关结果。应用卡门-波豪森近似方法时,$x=x_0$ 为驻点,$U_0=0$,$K_0=0.0770$,$\Lambda_0=7.052$。由式(5-38)得出,$Z_0=\frac{K_0}{U'}$。又根据式(5-36),$\delta_2\sqrt{U'/\nu} = \sqrt{K_0} = \sqrt{0.0770} = 0.278$。由式(5-40)可以算出边界层位移厚度 δ_1,$\delta_1\sqrt{U'/\nu} = f_1(K_0)\sqrt{K_0} = 0.641$。由式(5-41)得出,$\frac{\tau_0}{\mu U}\sqrt{\nu/U'} = f_2(K_0)/\sqrt{K_0} = 0.332/0.278 = 1.19$。这些数值均列在表 5-3 中,与精确解的数据相比可见精确程度是令人满意的。

表 5-3

	$\delta_1\sqrt{\frac{U'}{\nu}}$	$\delta_2\sqrt{\frac{U'}{\nu}}$	$\frac{\tau_0}{\mu U}\sqrt{\frac{\nu}{U'}}$	$H_{12}=\frac{\delta_1}{\delta_2}$
近似解	0.641	0.278	1.19	2.31
精确解	0.648	0.292	1.233	2.21

3. 绕过圆柱体的流动

对于绕圆柱体流动的边界层，将用卡门-波豪森近似方法所得结果与数值计算的结果进行比较。数值计算是应用计算机直接解微分方程式，具有相当的准确性，同时还比较了用幂级数方法所得到的精确解。边界层内流速分布是在布拉休斯级数取至 x^{11} 项而计算出的(参阅 4.3 节)。通过这个比较可以看出幂级数方法一直到距分离点较近处都是相当准确的。但在分离点处幂级数取至 x^{11} 项则不准确。图 5-4 中给出了用三种方法所得到的边界层位移厚度 δ_1，动量损失厚度 δ_2 及壁面切应力 τ_0 在圆柱上的分布。从图中可以看出舍瑙尔(W. Schönauer)[2]的数值计算结果在分离点附近表现出一些不同的趋向。舍瑙尔计算所得分离点位置在 $\phi_s=104.5°$，而卡门-波豪森近似方法得到 $\phi_s=109.5°$，幂级数展开法如果包含了 x^{11} 项则分离点位置在 $\phi_s=108.8°$。

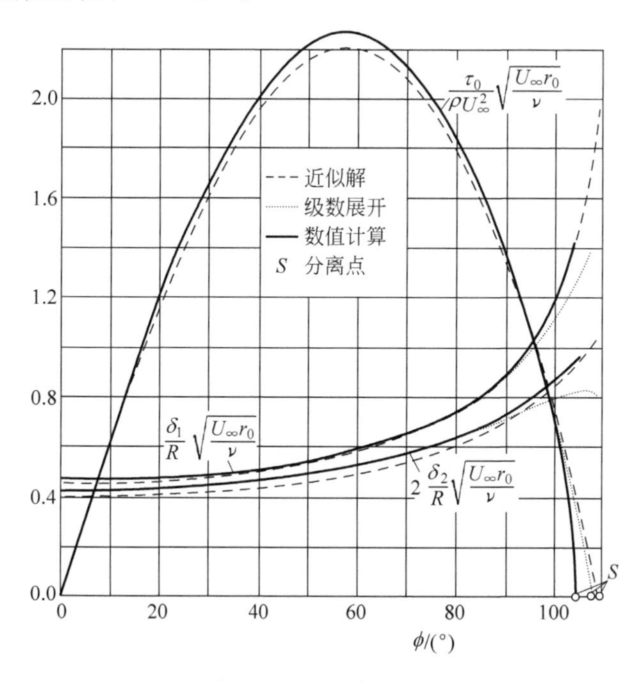

图 5-4　圆柱绕流边界层近似解与精确解比较[4]

图 5-5 中比较了边界层内的流速分布。可以看出近似方法与精确解在 $0<\phi<90°$的范围内，也就是在势流为加速流区域，二者充分吻合。相反地，在最小压力点的下游，二者的差别急剧扩大，一直到分离点。

对于卡门-波豪森近似方法的可接受程度还没有一个一般性的评价。但从以上例子和一些类似的例子，至少可以看出在势流的加速流区域，近似方法可以得到

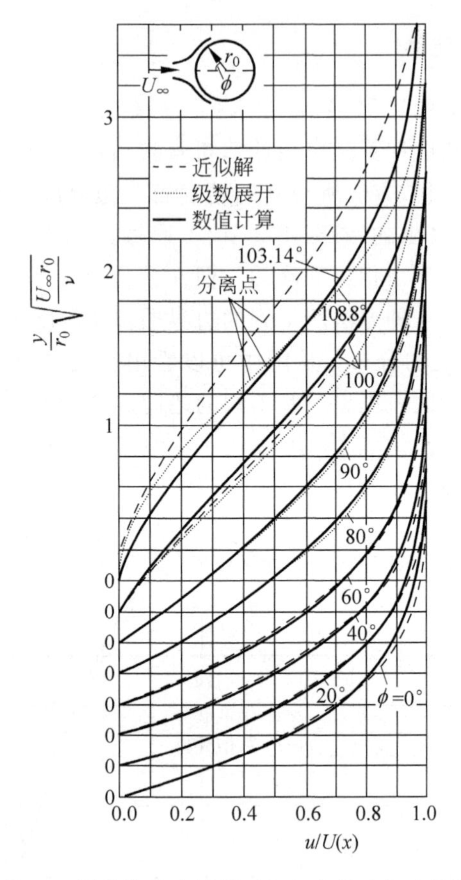

图 5-5 圆柱绕流边界层近似解与精确解比较[4]

相当令人满意的结果。而在减速流区域，特别是趋近边界层分离点时，近似方法变得不够准确。

参考文献

[1] Wieghardt K. Über einen Energiesatz zur Berechnung Laminarer Grenzschichten. Ing Arch,1948,16: 231～242

[2] Schönauer W. Ein Differenzenverfahren zur Lösung der Grenzschichtgleichung für stationäre, laminare, inkompressible Strömung. Ing Arch,1964,33: 173～189

第 6 章

紊　流

前面几章所研究的流动问题主要是层流运动及层流边界层流动。但是自然界中的流动和工程实践中所遇到的各种流体运动问题更多的是紊流流动。如水在江河中的流动，水通过各种水工建筑物、水处理建筑物的流动，管网中水的流动，大气边界层流动等均多为紊流。层流和紊流是两种不同的流动型态。1883 年，英国的雷诺(Osborne Reynolds，1842—1912)[1]通过著名的圆管试验深入地揭示了粘性流动这两种不同本质的流动型态。百余年来人类对紊流的研究取得了不少进展并解决了不少工程问题。但是，由于紊流运动的极端复杂性，其基本的机理至今未被人类所掌握，甚至对于紊流至今尚缺乏一个严格的定义。著名的流体力学大师冯·卡门曾引述一句话："Shall I refuse my dinner because I do not fully understand the process of digestion"，可见只有在不断实践与深入的过程中才可能逐渐明确对紊流这一复杂现象的认识。

雷诺把紊流称为一种蜿蜒曲折、起伏不定的流动(sinuous motion)。泰勒(G. I. Taylor，1886—1975)和卡门给紊流的定义是"紊流是常在流体流过固体表面或者相同流体的分层流动中出现的一种不规则的流动"。欣策(J. O. Hinze)在他的著名的 *Turbulence* 一书中则认为紊流的更为确切的定义应该是"紊流是流体运动的一种不规则的情形。在紊流中各种流动的物理量随时间和空间坐标而呈现随机的变化，因而具有明确的统计平均值"。在这本书中还把泰勒和卡门对紊流所下定义中提到的两种流动状况给予专门的名称，"壁面紊流(wall turbulence)"表示流过固体壁面的紊流，"自由紊流(free turbulence)"表示在流动中没有固体壁面限制的紊流流动。

20 世纪 60 年代以来，随着紊流试验技术的进步，特别是各种流动显示技术和近代的图像分析技术，使人们对紊流现象有了进一步的认识。

紊流中大涡拟序结构的发现改变了对紊流的某些传统认识。紊流并不是完全不规则的随机的运动,在表面看来不规则的运动中隐藏着某些可分辨的有序运动,称为"拟序运动",或称"拟序结构"、"相干结构(coherent structure)",这种流动的结构是指在切变紊流场中不规则地触发的一种序列运动,它的起始时刻和位置是不确定的,但一经触发,它就以某种确定的次序发展为特定的运动状态。例如 20 世纪 50 年代末以来,美国斯坦福大学(Stanford University)的克兰(S. J. Kline)教授等所发现的平板边界层近壁区的猝发现象(burst)就是一个很好的例子。传统的时间平均法往往把拟序结构连同其他完全不规则的脉动成分一起被滤掉。因此把紊流的随机性和某些确定性信号正确地结合在一起进行研究对全面深入地认识紊流十分重要。

近十年来,混沌理论(chaos theory)已成为非线性科学的重要研究对象,在数学、力学、物理学、化学、生物学、医学以至人文科学中得到迅速发展。紊流和混沌似乎有着某些共同的含义,因而应用混沌理论研究紊流问题也许给紊流研究带来更多希望。

迄今为止,人类应用了一切可能的方法和理论去研究紊流运动,而在紊流研究的过程中又发展了某些不仅在紊流中,而且在更广泛的科学技术中甚至解决人类社会问题中可以应用的方法。由于紊流的基本特征是它的随机性,或者更一般地说是它的非线性。而随机性、非线性广泛地存在于自然科学和社会科学的各个领域之中。紊流研究的突破将带给人类对自然和社会现象认识上的重大突破,而推动社会进步。紊流的研究不是孤立的,它将随着人类对自然现象理解的深入和累积,由量变到质变,最终得到比较完满的解决。

本章中将论述紊流的一般特征及研究紊流的方法。

6.1 由层流到紊流的转捩

首先用试验的方法研究由层流到紊流转变规律的是英国人雷诺。1883 年雷诺发表了他在曼彻斯特大学进行圆管流动试验研究的论文。1930 年普朗特在德国哥廷根大学建立了层流稳定性(stability of laminar flow)理论。粘性流动中存在两种不同的流动型态(modes of flow):层流与紊流。由于这两种流动具有不同的本质和表现,而且在各种具体边界条件下其流速分布、切应力的大小与分布、能量损失、扩散性质均不相同,所以研究流动在什么情况和条件下由层流转变为紊流具有重要的意义。

6.1.1 圆管流动的转捩

在进行圆管流动试验时,随着圆管流动雷诺数 $Re=\dfrac{Ud}{\nu}$ 的不同,在管中将出现两种完全不同的流动型态。流动雷诺数较小时，管中的每一个流体质点均沿着与管道中心线平行的直线匀速前进。不同流层的流体质点互不相扰，互不掺混，是为层流。当雷诺数增加到一定数值时，流动变得杂乱无章，不同流层的流体质点相互掺混，流线蜿蜒曲折，由于掺混而引起不同流层之间的动量交换，一点处的流速和压强均呈随机的脉动现象而断面上的时间平均流速的分布趋于均匀化，这就是紊流。钱宁教授在他的《泥沙运动力学》一书中曾作过一个生动的比喻，层流恰似一队排列整齐、训练有素的士兵列队沿街道前进，而紊流则是沿街道行进的一群醉汉，虽然总体上仍沿街道前进，但每一个醉汉却作杂乱无章的运动。

由层流向紊流转捩的雷诺数称为临界雷诺数 Re_{crit}。圆管流动的临界雷诺数

$$Re_{\mathrm{crit}} = \left(\frac{u_{\mathrm{m}} d}{\nu}\right)_{\mathrm{crit}} = 2300 \tag{6-1}$$

式中，u_{m} 表示圆管断面平均流速；d 为圆管直径。当雷诺数在临界雷诺数以下时，即使存在对水流的扰动，扰动将由于流体的粘性而衰减，流动仍继续保持层流状态。只有在流动雷诺数大于临界雷诺数时，扰动在流动中不仅不会衰减，而且逐渐放大，层流才会由于扰动而转变为紊流。

在层流中水头损失与流速的一次方成正比，而在紊流中水头损失与流速的平方成正比。水头损失增加的原因在于紊流中动量的横向扩散和传递。

当雷诺数在临界雷诺数附近的一个范围内时，流动具有间歇性质(intermittence)，它可能时而为层流，时而为紊流。罗塔(J. Rotta)[2] 于 1956 年所发表的在圆管中距管轴中心不同距离 $\frac{r}{r_0}$（r_0 为圆管半径）处量测的流速随时间变化的记录如图 6-1 所示，从中可以看出这种现象。这个流速记录是在雷诺数 $Re=2550$ 时由热线风速计量测的。图中表示的流速有时是层流，有时是脉动剧烈的紊流，而紊流的出现在时间上又是随机的。在距管中心较近处，层流的流速大于紊流的时间平均流速值而靠近管壁处则恰恰相反。这种时而层流时而紊流的流动现象称为间歇现象(intermittency)，常用间歇系数(intermittency factor)γ 来表示它的特性。间歇系数的定义为

$$\gamma = \frac{T_t}{T} \tag{6-2}$$

式中，T_t 表示在量测过程中流动呈现脉动部分的时间；T 为总的量测时间。如果 $\gamma=1$，表示在整个量测时段中流动均呈现脉动，是为紊流；反之，当 $\gamma=0$ 时，则表示整个量测时段均为层流，没有紊流脉动出现。

6.1.2　壁面边界层流动的转捩

边界层中的流动同样存在转捩的问题，而且边界层流动的各种特性都强烈地受流动型态的影响。边界层流动的转捩同样存在临界雷诺数，而且临界雷诺数还

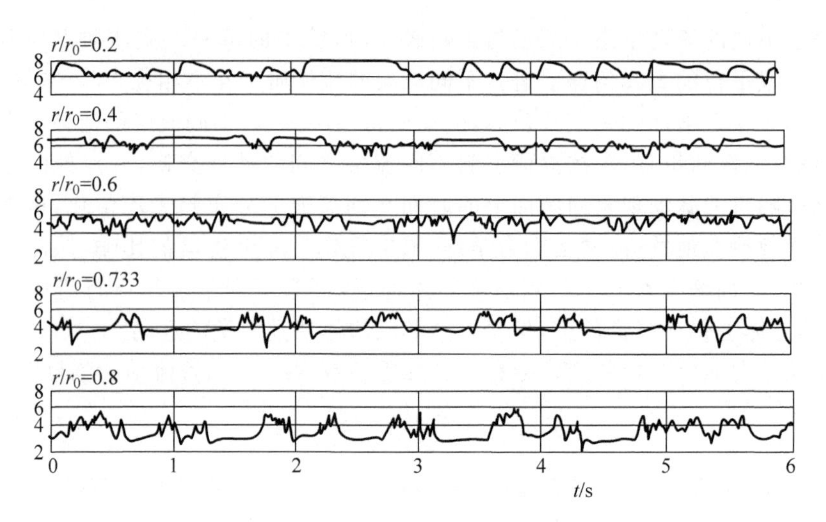

图 6-1　紊流中的间歇现象[2]

受其他很多因素,如来流紊流度(turbulence intensity)、壁面性质、压强梯度等的影响。图 1-5 中圆柱绕流的阻力在 $Re=\dfrac{U_\infty d}{\nu}\sim 3\times 10^5$ 时突然下降就是由于边界层流动由层流转变为紊流,从而使边界层分离点向下游移动,减小了尾流区,从而减小了压强阻力的缘故。

对于顺流放置的平板,在平板前端边界层总是层流流动,但当距平板前缘一定距离后,边界层雷诺数达到临界雷诺数,边界层内的流动将由层流向紊流过渡。平板边界层的临界雷诺数:

$$Re_{x,\text{crit}} = \left(\frac{U_\infty x}{\nu}\right)_{\text{crit}} = 3.5\times 10^5 \sim 10^6 \tag{6-3}$$

如果来流紊流度甚小,例如舒鲍尔(G. B. Schubauer)和克莱巴诺夫(P. S. Klebanoff)[3]在来流紊流度为 0.3%时量测到平板边界层由层流到紊流的过渡发生在 $Re_x=2.8\times 10^6\sim 4\times 10^6$ 的区域。转捩可以从流速、压强等物理量开始出现随机脉动现象来判断。也可以很容易地从流速图形看出。当由层流边界层通过转捩点变为紊流边界层,边界层厚度突然增厚。形状参数 H_{12} 则由层流时的 2.6 下降到紊流边界层的 1.3~1.4。这是由于在 $H_{12}=\delta_1/\delta_2$ 中,紊流边界层由于流速分布更趋均匀化而 δ_1 减小,由于阻力增加而 δ_2 加大的缘故。平板层流边界层中当雷诺数达到临界雷诺数,则在平板的某些点处突然出现一个个小的紊流区域,称为紊流斑(turbulent spot)。紊流斑的形状如图 6-2 所示。由于其各部分速度不同而随流动向下游逐渐扩展,紊流斑周围流体仍处于层流状态而紊流斑内则为紊流。随着紊流斑的扩展,不同的紊流斑将融合到一起直到边界层内全部变为紊流。图 6-2 为舒鲍尔和克莱巴诺夫于 1955 年量测的结果,(a) 为平面图,(b) 为侧视图。紊流斑是在 A 点人工地发生，图中 $\alpha=11.3°$，$\theta=15.3°$，δ 为边界层厚度，试验中来流流速 $U_\infty=10\mathrm{m/s}$。图中的①和②为使用热线风速计量测的当紊流斑经过一点时的流速示波图，图中时间间隔为 1/60s。紊流斑流过的部分流动明显呈间歇性。自然情况下紊流斑的产生在时间上和空间上都是随机的。边界层内的一个局部扰动可能成为紊流斑生成的原因。图 6-3 是由人工产生的紊流斑的图像。

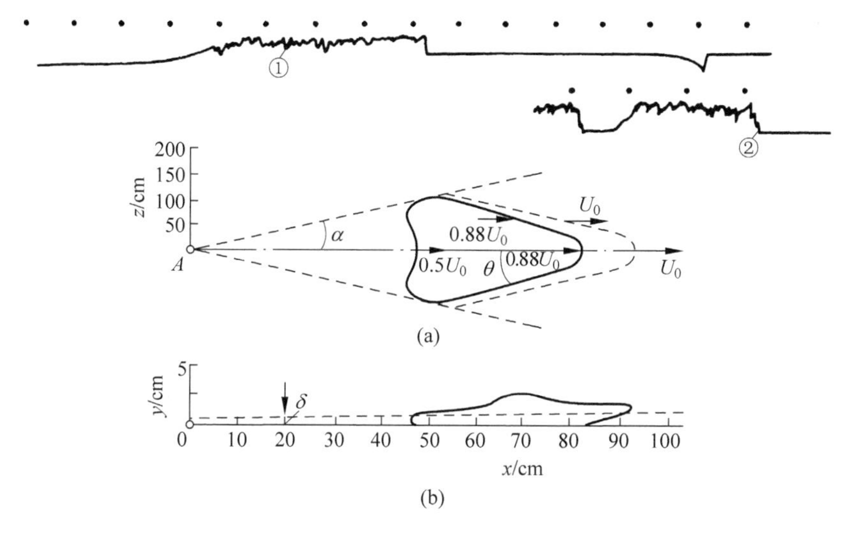

图 6-2　紊流斑[3]

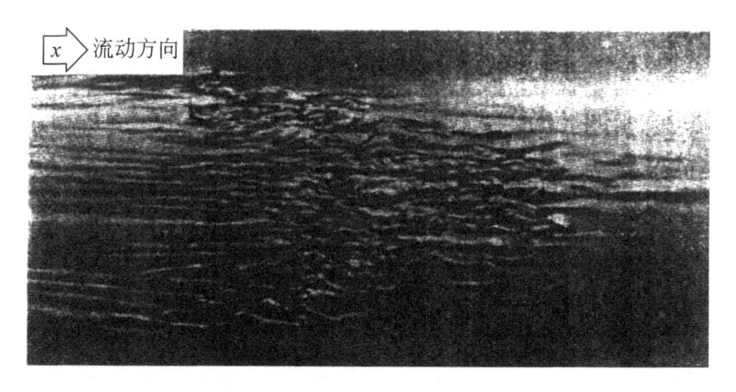

图 6-3　紊流斑流动显示($Re_x=2\times10^5$)[4]

6.2 层流稳定性理论

6.2.1 层流稳定性基本概念

层流稳定性理论的基本点是：层流流动经常会受到一些小的扰动。例如在管流的情况，这些扰动有可能是由管道进口产生的。在边界层流动中这些扰动则可能是由壁面粗糙或外流的某些不规则性产生的。研究层流对这些外来小扰动的抑制能力也就是层流稳定性问题。当这些小扰动叠加到主流流动上以后,就要观察这些扰动是随时间而增长扩大还是随时间而逐渐消失。如果扰动随时间而衰减以至消失,则层流流动是稳定的;反之,则流动不稳定,使流动最后由层流转变为紊流。层流稳定性理论的主要内容是寻求在各种流动情况下层流对微小扰动失去抑制能力时的雷诺数,也就是临界雷诺数 Re_{crit}。

层流稳定性理论首先要将流动分解为一个主流流动和加在它上面的小扰动。设主流流速在直角坐标系中的分量为 U,V,W,压力为 P。非恒定的小扰动由 u',v',w' 和 p' 表示,于是流动的速度分量和压力可以写为

$$\left.\begin{aligned} u &= U + u' \\ v &= V + v' \\ w &= W + w' \end{aligned}\right\} \tag{6-4}$$

$$p = P + p' \tag{6-5}$$

这里假设小扰动的各个分量与相应的主流各个分量相比是小量。

为简单起见,首先考虑不可压缩流体二维恒定平行流动叠加一个二维非恒定小扰动,即

$$U = U(y),\ V \equiv W \equiv 0,\ P = P(x) \tag{6-6}$$

$$u' = u'(x,y,t),\ v' = v'(x,y,t),\ w' = 0,\ p' = p'(x,y,t) \tag{6-7}$$

叠加后的流动为

$$\begin{aligned} &u = U + u',\ v = V + v' = v',\ w = W + w' = 0 \\ &p = P + p' \end{aligned} \tag{6-8}$$

假定由式(6-6)所表示的主流动是 N-S 方程的一个解,叠加后的流动式(6-8)也必须满足 N-S 方程。扰动项均为小量,因此它们的二次项可以忽略。层流稳定性理论需要回答对于这样一个主流流动,扰动将随时间放大抑或随时间衰减。为此将式(6-8)代入二维不可压缩非恒定流动的 N-S 方程

$$\frac{\partial u}{\partial t} + u\frac{\partial u}{\partial x} + v\frac{\partial u}{\partial y} = -\frac{1}{\rho}\frac{\partial p}{\partial x} + \nu\left(\frac{\partial^2 u}{\partial x^2} + \frac{\partial^2 u}{\partial y^2}\right) \tag{6-9a}$$

$$\frac{\partial v}{\partial t} + u\frac{\partial v}{\partial x} + v\frac{\partial v}{\partial y} = -\frac{1}{\rho}\frac{\partial p}{\partial y} + \nu\left(\frac{\partial^2 v}{\partial x^2} + \frac{\partial^2 v}{\partial y^2}\right) \tag{6-9b}$$

$$\frac{\partial u}{\partial x} + \frac{\partial v}{\partial y} = 0 \tag{6-9c}$$

中,忽略扰动量的二次项,得到

$$\frac{\partial u'}{\partial t} + U\frac{\partial u'}{\partial x} + v'\frac{\mathrm{d}U}{\mathrm{d}y} + \frac{1}{\rho}\frac{\partial p}{\partial x} + \frac{1}{\rho}\frac{\partial p'}{\partial x} = \nu\left(\frac{\mathrm{d}^2 U}{\mathrm{d}y^2} + \nabla^2 u'\right) \tag{6-10a}$$

$$\frac{\partial v'}{\partial t} + U\frac{\partial v'}{\partial x} + \frac{1}{\rho}\frac{\partial p}{\partial y} + \frac{1}{\rho}\frac{\partial p'}{\partial y} = \nu\,\nabla^2 v' \tag{6-10b}$$

$$\frac{\partial u'}{\partial x}+\frac{\partial v'}{\partial y}=0 \tag{6-10c}$$

由于主流流动式(6-6)本身符合 N-S 方程，因此可得

$$\frac{1}{\rho}\frac{\partial p}{\partial x}=\nu\frac{\mathrm{d}^2U}{\mathrm{d}y^2} \tag{6-11a}$$

$$\frac{1}{\rho}\frac{\partial p}{\partial y}=0 \tag{6-11b}$$

将式(6-11a)、式(6-11b)代入式(6-10)，得

$$\frac{\partial u'}{\partial t}+U\frac{\partial u'}{\partial x}+v'\frac{\mathrm{d}U}{\mathrm{d}y}+\frac{1}{\rho}\frac{\partial p'}{\partial x}=\nu\nabla^2 u' \tag{6-12a}$$

$$\frac{\partial v'}{\partial t}+U\frac{\partial v'}{\partial x}+\frac{1}{\rho}\frac{\partial p'}{\partial y}=\nu\nabla^2 v' \tag{6-12b}$$

$$\frac{\partial u'}{\partial x}+\frac{\partial v'}{\partial y}=0 \tag{6-12c}$$

如果将式(6-12a)对 y 取微分减去式(6-12b)对 x 取微分，则可消去式中的压强扰动项 p'，从而得到

$$\frac{\partial}{\partial t}\left(\frac{\partial u'}{\partial y}-\frac{\partial v'}{\partial x}\right)+U\frac{\partial}{\partial x}\left(\frac{\partial u'}{\partial y}-\frac{\partial v'}{\partial x}\right)+v'\frac{\mathrm{d}^2U}{\mathrm{d}y^2}=\nu\nabla^2\left(\frac{\partial u'}{\partial y}-\frac{\partial v'}{\partial x}\right) \tag{6-13a}$$

$$\frac{\partial u'}{\partial x}+\frac{\partial v'}{\partial y}=0 \tag{6-13b}$$

两个方程式，含两个未知量 u'，v'。边界条件则为在壁面上 $u'=0$，$v'=0$；在无穷远处扰动消失，同样 $u'=0$，$v'=0$。

6.2.2 奥尔-佐默费尔德方程

假定小扰动是由一些在 x 方向传播的扰动波所组成，扰动为二维的，因而可引入流函数 $\psi(x,y,t)$。设代表一个单独扰动波的流函数为

$$\psi(x,y,t)=\phi(y)\mathrm{e}^{\mathrm{i}(\alpha x-\beta t)} \tag{6-14}$$

式中，$\phi(y)=\phi_r+\mathrm{i}\phi_i$ 为复幅度，下标 r 表实数部分，i 表虚数部分。任一二维扰动可以展开为傅里叶级数，级数的每一项均代表这样的一个扰动。式(6-14)中，α 为一实数代表波数，$\lambda=\dfrac{2\pi}{\alpha}$为扰动的波长，$\beta$ 为复数：

$$\beta=\beta_r+\mathrm{i}\beta_i \tag{6-15}$$

式中，β_r 为扰动的圆频率；β_i 则为放大系数，它决定着放大或衰减的程度。如果 $\beta_i<0$，则扰动被衰减，主流的层流流动是稳定的；相反，如果 $\beta_i>0$，则不稳定。

$$c=\frac{\beta}{\alpha}=c_r+\mathrm{i}c_i \tag{6-16}$$

式中，c_r 表示扰动波在 x 方向的传播速度；c_i 则视其符号而表示衰减或放大的程

度。由于假设主流流动 $U=U(y)$ 只是 y 的函数,因此假设扰动的幅度也只是 y 的函数,由式(6-14)可以计算扰动速度:

$$u'=\frac{\partial\psi}{\partial y}=\phi'(y)\mathrm{e}^{\mathrm{i}(\alpha x-\beta t)} \tag{6-17}$$

$$v'=-\frac{\partial\psi}{\partial x}=-\mathrm{i}\alpha\phi(y)\mathrm{e}^{\mathrm{i}(\alpha x-\beta t)} \tag{6-18}$$

将式(6-17)、式(6-18)代入式(6-13a)中并使之无量纲化可得到一个关于幅度 $\phi(y)$ 的四阶常微分方程:

$$(U-c)(\phi''-\alpha^2\phi)-U''\phi=-\frac{\mathrm{i}}{\alpha Re}(\phi''''-2\alpha^2\phi''+\alpha^4\phi) \tag{6-19}$$

这就是奥尔-佐默费尔德方程(Orr-Sommerfeld equation),是层流稳定性理论的出发点。注意式(6-19)已化为无量纲形式,所有长度均除以长度参考尺度 b 或 δ,b 为宽度,δ 为边界层厚度。速度均除以主流的最大流速 $U_{\max}$。"$'$"表示对无量纲坐标 y/δ 或 y/b 的微分。Re 则代表雷诺数,视所采用的长度参考尺度而定。

$$Re=\frac{U_{\max}b}{\nu}\quad 或\quad Re=\frac{U_{\max}\delta}{\nu}$$

式(6-19)等号左侧诸项是由惯性项得来而右侧诸项则由粘性项得出。边界条件为

$$\left.\begin{aligned}y=0;\ u'=v'=0,\ 即\ \phi=0,\ \phi'=0\\ y=\infty;\ u'=v'=0,\ 即\ \phi=0,\ \phi'=0\end{aligned}\right\} \tag{6-20}$$

有人证明,如果扰动是三维的,则所得临界雷诺数更高,因此二维扰动相比之下更易于失去稳定性,故一般只需考虑将二维扰动加于二维主流动上。

这样,流动稳定性问题变为求解奥尔-佐默费尔德方程的特征值问题。边界条件需符合式(6-20)。当主流 $U(y)$ 已经给定,式(6-19)包含4个参数,α,Re,c_r 和 c_i。4个参数中主流的雷诺数 Re 应为已知。扰动的波长 $\lambda=\frac{2\pi}{\alpha}$ 也可考虑为已经给定的量。在这种情况下,微分方程(6-19)与边界条件式(6-20)对于每一个 α 和 Re 值将得到一个特征函数 $\phi(y)$ 和一个复数特征值 $c=c_r+\mathrm{i}c_i$。当 $c_i<0$ 时,层流(U,Re)对于给定的 α 值所代表的波动扰动是稳定的;反之,如果 $c_i>0$,则层流变得不稳定;$c_i=0$ 则表示一种中性扰动的情形。

图6-4表示二维边界层流动叠加一个二维扰动后层流稳定性的计算结果。图中纵坐标采用 $\alpha\delta$,横坐标为 $Re=\frac{U\delta}{\nu}$。U 为断面最大主流流速,即该断面处势流流速,δ 为边界层厚度。平面上每一点均相应一个 $c=c_r+\mathrm{i}c_i$ 的值。其中由 $c_i=0$ 的连线将平面分为稳定和不稳定两个区域。$c_i=0$ 的轨迹线,如图6-4中对应不同流速剖面(*a*)和(*b*)的 *a* 和 *b* 两条曲线称为中性稳定曲线(neutral stability curve),二

者形状相似。中性稳定曲线也称为拇指曲线。在中性稳定曲线上相当雷诺数 Re 为最小值的点具有重要意义,如图6-4中与和 $\alpha\delta$ 轴平行的虚线相切的点。在这个点处,雷诺数即为临界雷诺数 Re_{crit}。当流动的雷诺数小于临界雷诺数,对于任何 α 值的扰动,主流都是稳定的。对于比临界雷诺数大的流动,则当某些具有特定波长的扰动时流动将是不稳定的。图6-4中比较了两种流速剖面的流动,可以看出,具有拐点的流速分布(a),其中性稳定曲线所包含的不稳定区域较之没有拐点的流速分布(b)所对应的中性稳定曲线所包含的不稳定区域要大很多,而且中性稳定曲线 a 所具有的临界雷诺数小于中性稳定曲线 b 的临界雷诺数。这都说明具有拐点的流速分布其流动稳定性要小。

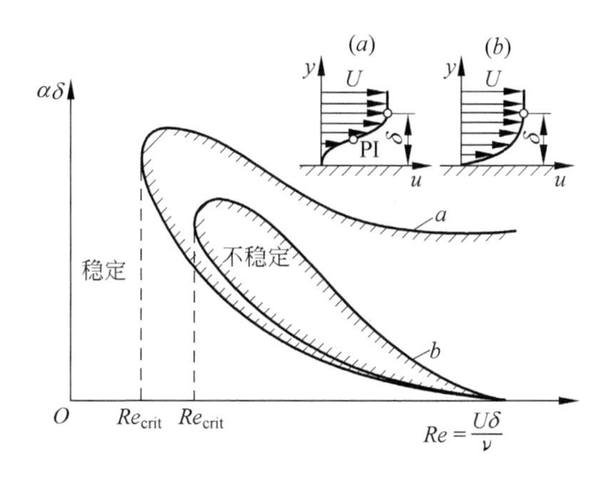

图6-4 边界层流动稳定性[4]

这里需要指出的是,当观察一个壁面边界层流动时可以发现,由层流稳定性理论计算出的临界雷诺数往往小于实际流动转捩点的雷诺数。这是因为当流动达到临界雷诺数后,一些扰动将被放大并向下游继续发展,经过相当的发展过程后层流才会转变为紊流,因此转捩点均出现在临界雷诺数断面的下游。为了区分,可将雷诺数达到临界值的点称为不稳定点(point of instability),而由层流转变为紊流的点称为转捩点。

奥尔-佐默费尔德方程在数学上求解是很困难的,因此几十年来层流稳定性问题并没有得到完全的解决,只是在一些简单的流动情况下得到了一些解答。但人们对层流稳定性的认识却因此而得到了很大的提高。

6.2.3 奥尔-佐默费尔德方程的主要特性

一般转捩均发生在雷诺数较大的情况下,因此可以考虑将奥尔-佐默费尔德方程的右侧包含有 ν 的各项,即粘性项加以忽略,从而得到一个简化了的方程,由四阶的微分方程式简化为一个二阶的微分方程式。边界条件则由于无滑动条件不

再成立而只保留两个,得出

$$(U-c)(\phi''-\alpha^2\phi)-U''\phi=0 \tag{6-21}$$

边界条件为

$$\left.\begin{aligned} y=0;\quad \phi=0 \\ y=\infty;\quad \phi=0 \end{aligned}\right\} \tag{6-22}$$

这个方程称为无粘性稳定性方程,或称瑞利方程式。瑞利爵士(Lord Rayleigh, 1842—1919)由这个方程式得到一些重要的结论:

(1) 拐点准则

流速分布具有拐点时是不稳定的。瑞利只证明了存在拐点是可能发生不稳定的必要条件,后来托尔明证明这同样也是扰动得以放大的充分条件。拐点准则(point-of-inflexion criterion)对于层流稳定性理论十分重要,因为它给出了一个初步的、粗略的对于层流流动的分类。当然考虑到粘性的影响对此还需加以修正。过去曾讨论过当外流具有逆压强梯度时,速度剖面图上有拐点存在。因而可以得出结论,具有逆压强梯度的层流流动是不稳定的,而顺压强梯度则使流动趋于稳定。绕流物体上的最低压强点往往是逆压梯度的开始,因而这个点下游的流动开始呈现不稳定性。

(2) 瑞利第二个重要的结论是在边界层流动中,中性扰动($c_i=0$)的传播速度 c_r 小于时均的主流的最大流速 U_{max},即 $c_r<U_{max}$。

6.2.4 稳定性理论应用于顺流放置的平板边界层流动

托尔明在20世纪20年代末期成功地计算并研究了顺流放置平板边界层的流动稳定性问题。随着电子计算机的进步,对这一问题的研究也不断得到深入。平板边界层的流速分布已由布拉休斯得到精确解,而且由于平板边界层存在相似解,因而$\dfrac{u}{U_\infty}=f\left(\dfrac{y}{\delta}\right)$的关系在各个断面上是相同的。速度剖面图在固体壁面处($y=0$)存在一个拐点,因此它的情况恰好是速度剖面具有拐点和不具有拐点两种情况的中间状态。图6-5给出了1968年瓦赞(A. R. Wazzan)、冈村(T. T. Okamura)和史密斯(A. M. O. Smith)[5]的计算成果。由图可看出以下几点:

(1) 由中性稳定曲线($c_i=0$)得到的临界雷诺数为

$$\left(\frac{U_\infty\delta_1}{\nu}\right)_{crit}=520 \tag{6-23}$$

与此相应的点为不稳定点,其边界层雷诺数 $Re_x=\dfrac{U_\infty x}{\nu}\approx91000$。对于光滑壁面平板边界层而言,其转捩点的雷诺数约为 $3.5\times10^5\sim10^6$,换算为$\dfrac{U_\infty\delta_1}{\nu}$则相当于

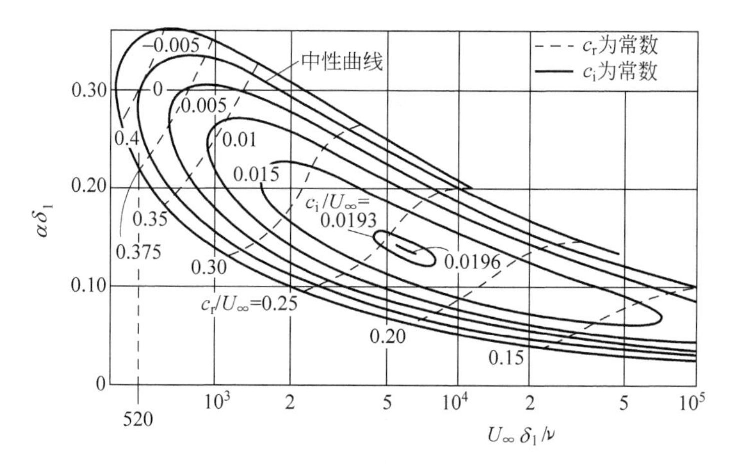

图 6-5　平板边界层流动稳定性计算成果[5]

950。可见雷诺数达到临界雷诺数时，流动开始不稳定，称为“不稳定点”。由层流转变为紊流的转捩点则相应于更高的雷诺数。

(2) 导致不稳定扰动的最大波数为

$$\alpha\delta_1 = 0.36,\quad 即\ \alpha = \frac{0.36}{\delta_1}$$

因而扰动的最小波长 $\lambda_{\min}$ 为

$$\lambda_{\min} = \frac{2\pi}{0.36}\delta_1 = 17.5\delta_1 \approx 6\delta$$

可见不稳定波(Tollmien-Schlichting 波)是一种波长很长的扰动波，波长约为边界层厚度 δ 的 6 倍。

(3) 图中最大的扰动波随时间的增长率 $c_i/U_\infty = 0.0196$，最大的扰动波传播速度 $c_r/U_\infty = 0.4$。可见不稳定扰动波传播速度远小于边界层外部势流流速 U_∞。

还可以看出，当雷诺数相当大时，中性稳定曲线的上下两股均趋于水平轴。整个由中性稳定曲线所包围的不稳定区比较狭窄，说明边界层中小扰动的波长和频率只是在一个较小的范围内是不稳定的。

6.2.5 曲壁面层流边界层的稳定性问题

在平板边界层中，各断面的速度剖面存在相似性，因而计算所得的临界雷诺数并不因断面位置而变化。但在曲壁面情况下，不存在相似解，各断面处的压强梯度 $\frac{\partial p}{\partial x}$ 也沿程变化。当 $\frac{\partial p}{\partial x} > 0$ 时，流速分布曲线具有拐点。当 $\frac{\partial p}{\partial x} < 0$ 时，则流速分布曲线上不存在拐点。因而对于曲壁面边界层，每个断面都有不同的流速分布，从而由计算所得的临界雷诺数也各有不同。因此每个断面必须分别计算。

对曲壁面层流边界层的稳定计算首先要确定绕物体流动的势流解,得到固体壁面各处的势流流速$U(x)$和压强分布$p(x)$;然后计算层流边界层,确定每个断面的流速剖面;最后对每个断面进行稳定性计算。

以图6-6的二维柱体绕流为例,共有四种椭圆柱体,其长轴$2a$与短轴$2b$之比分别为$\frac{a}{b}=1,2,4,8$;$\frac{a}{b}=1$相当于圆柱情况。来流未扰动流速为U_∞,流速方向垂直柱体主轴并与椭圆长轴平行。势流流速分布$\frac{U}{U_\infty}$如图6-6中四条曲线所示。曲线上S点为边界层分离点的位置。边界层计算采用卡门-波豪森近似方法。计算所得到的有关边界层的特征物理量,边界层位移厚度δ_1的沿程发展,各断面流速分布的形状参数Λ,壁面切应力τ_0沿柱体表面的分布,可由图6-7(a),(b),(c)得知。在图6-7(a)中还绘出了平板边界层位移厚度的沿程发展以资比较。图中l'表示自前驻点到尾端的周长。由图6-6,圆柱体的分离点在$\frac{x}{l'}=0.609$处,即$\phi=109.5°$,而椭圆体则随其细长比$\frac{a}{b}$的增加,边界层分离点移向下游。作为一个例子,图6-8中绘出了当$\frac{a}{b}=4$时椭圆柱绕流的边界层内流速分布图。边界层分离点在$\frac{x}{l'}=0.84$处。

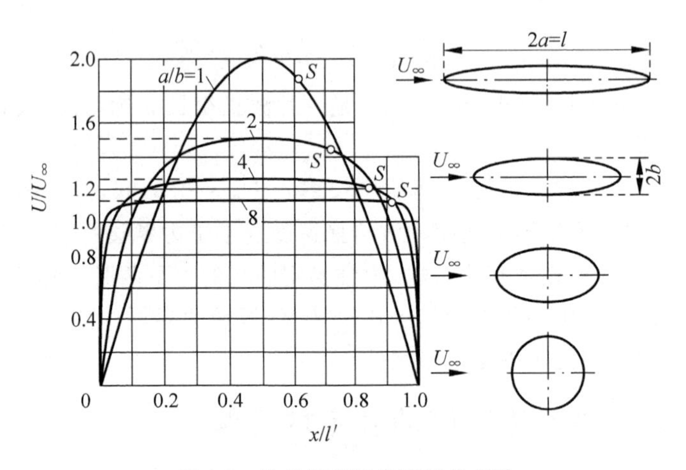

图6-6 柱体绕流势流流速分布[4]

由柱体的前驻点开始,在柱体的上游部分$\left(0\leqslant\frac{x}{l'}\leqslant0.5\right)$,由于边界层位移厚度$\delta_1$较小,因此雷诺数$\frac{U\delta_1}{\nu}$也较小。但在这一区域压强逐渐减小,是顺压强梯度区

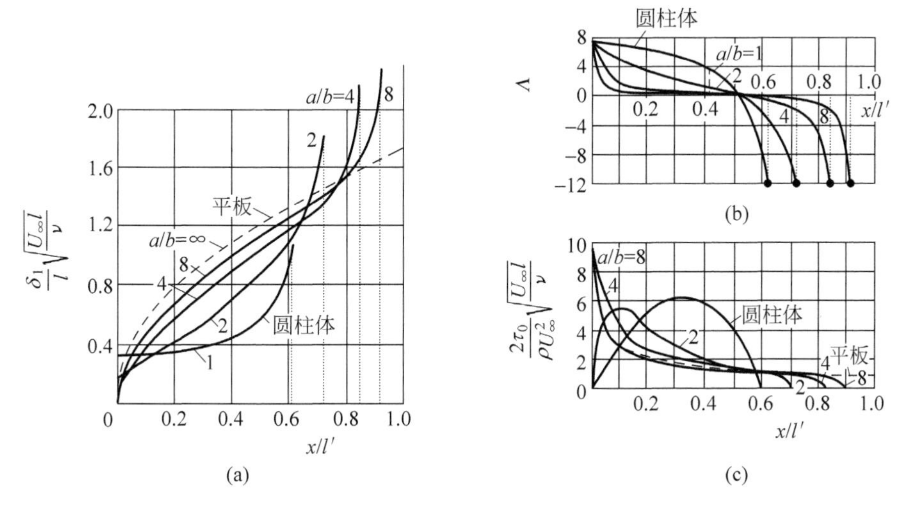

图 6-7　柱体绕流层流边界层计算[4]

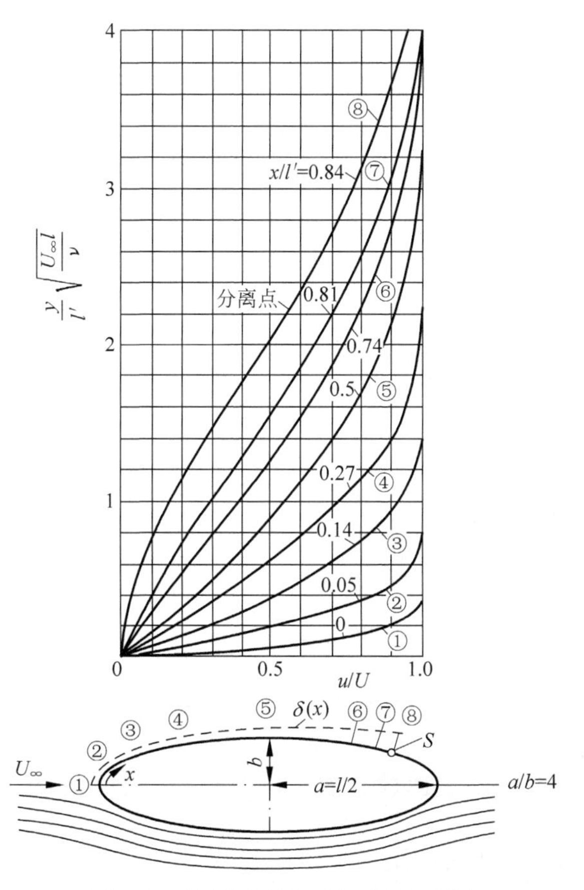

图 6-8　椭圆柱绕流断面流速分布图[4]

$\frac{\mathrm{d}p}{\mathrm{d}x}<0$,流动偏于稳定,因而临界雷诺数$\left(\frac{U\delta_1}{\nu}\right)_{\mathrm{crit}}$则较大。一般最小压强点位于$\frac{x}{l'}=0.5$处,再向下游则压强逐渐增加,所以在$\left(0.5<\frac{x}{l'}\leqslant 1.0\right)$的区域为逆压强梯度区,$\frac{\mathrm{d}p}{\mathrm{d}x}>0$,流速剖面出现拐点,层流趋于不稳定,因而当地的临界雷诺数$\left(\frac{U\delta_1}{\nu}\right)_{\mathrm{crit}}$变小。而边界层雷诺数$\frac{U\delta_1}{\nu}$则由于边界层厚度的增加而变大。这样,在柱体表面的某点处,

$$\frac{U\delta_1}{\nu}=\left(\frac{U\delta_1}{\nu}\right)_{\mathrm{crit}} \tag{6-24}$$

此点即为不稳定点。

在5.3节中曾指出,不同的形状参数Λ表示不同的边界层内的流速分布,且$-12\leqslant\Lambda\leqslant 12$。$\Lambda=-12$表示边界层分离点处的流速分布,前驻点处$\Lambda=7.052$,最小压强点处$\Lambda=0$。当$\Lambda>0$,为顺压强梯度区;反之,$\Lambda<0$为逆压强梯度区,此时的各个流速分布均具有拐点存在。施利希廷和乌尔里希(A. Ulrich)[6]对这一族流速分布曲线进行了稳定性计算,得到$\left(\frac{U\delta_1}{\nu}\right)_{\mathrm{crit}}$与$\Lambda$的关系如图6-9所示。由图可见,当$\Lambda>0$时,临界雷诺数要大于$\Lambda<0$部分的临界雷诺数,最小压强点处的临界雷诺数为645。

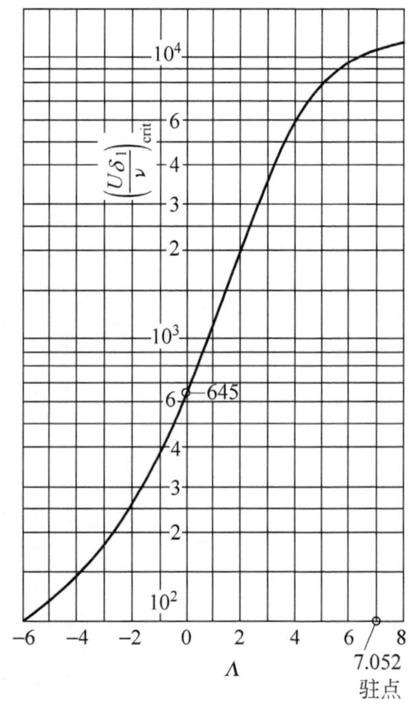

图6-9 不同流速分布的临界雷诺数[6]

由图6-9与图6-7(b)可以得到临界雷诺数$\left(\frac{U\delta_1}{\nu}\right)_{\mathrm{crit}}$沿柱体表面的分布,即$\left(\frac{U\delta_1}{\nu}\right)_{\mathrm{crit}}$-$\frac{x}{l'}$曲线,绘在图6-10中。图中同时画出了相应于各种流动雷诺数$\frac{U_\infty l}{\nu}$时(U_∞为未扰动来流速度,l为绕流柱体的特征尺度,此处对于$\frac{a}{b}=4$的椭圆柱体,l采用椭圆长轴$2a$)边界层雷诺数$\frac{U\delta_1}{\nu}$沿柱体表面的分布。从而很容易找出不稳定点,即$\frac{U\delta_1}{\nu}=\left(\frac{U\delta_1}{\nu}\right)_{\mathrm{crit}}$的位置,也就是代表稳定性极限的$\left(\frac{U\delta_1}{\nu}\right)_{\mathrm{crit}}$-$\frac{x}{l'}$曲线与各种流动雷诺数

$\frac{U_\infty l}{\nu}$下$\frac{U\delta_1}{\nu}$沿$\frac{x}{l'}$分布曲线的交点。由于

$$\frac{U\delta_1}{\nu}=\left(\frac{\delta_1}{l}\sqrt{\frac{U_\infty l}{\nu}}\right)\sqrt{\frac{U_\infty l}{\nu}}\ \frac{U}{U_\infty}$$

可见，只要从图 6-7(a)中知道相应各断面$\frac{x}{l'}$处的$\frac{\delta_1}{l}\sqrt{\frac{U_\infty l}{\nu}}$，即可算出该断面的边界层雷诺数$\frac{U\delta_1}{\nu}$，$\frac{U}{U_\infty}$可由图 6-6 查得。对于各种不同形状物体均可得出类似图 6-10 的曲线，从而确定临界雷诺数$\left(\frac{U\delta_1}{\nu}\right)_{\text{crit}}$及其位置。

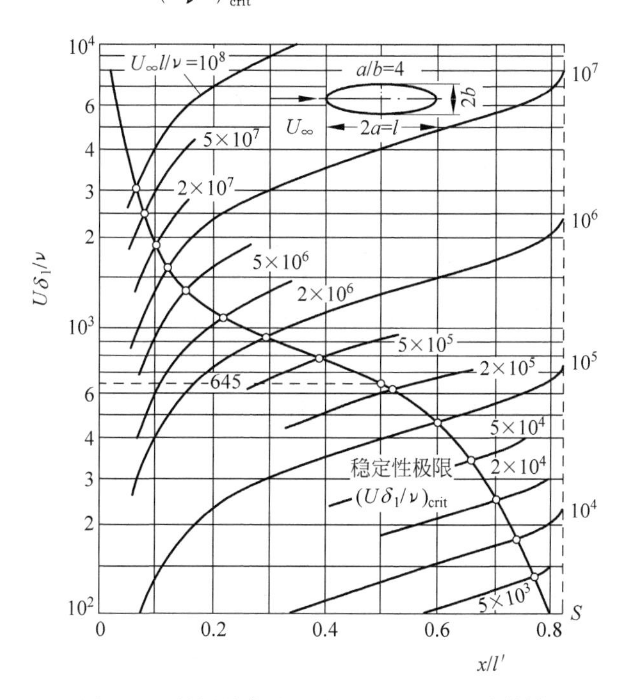

图 6-10　椭圆柱绕流层流边界层稳定性计算[4]

对于圆柱及不同$\frac{a}{b}$的椭圆柱，图 6-11 中给出了它们不稳定点的位置 x_{crit}。图中 M 点表示最小压强点位置，S 点表示层流边界层分离点。由图 6-11 可以看出，对于同一个流动雷诺数 $Re=\frac{U_\infty l}{\nu}$，不稳定点位置与绕流物体的形状有关，其中平板边界层相当于$\frac{a}{b}=\infty$的情况。圆柱体的不稳定点在柱面上的位置变化最小。同一形状的绕流物体则其不稳定点位置随着雷诺数 Re 的增加向物体前部移动。

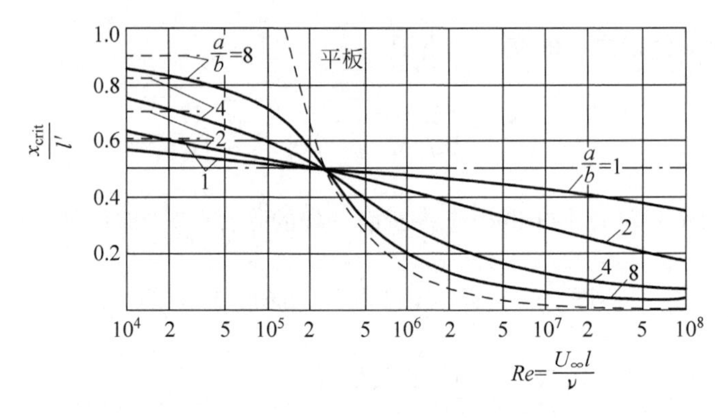

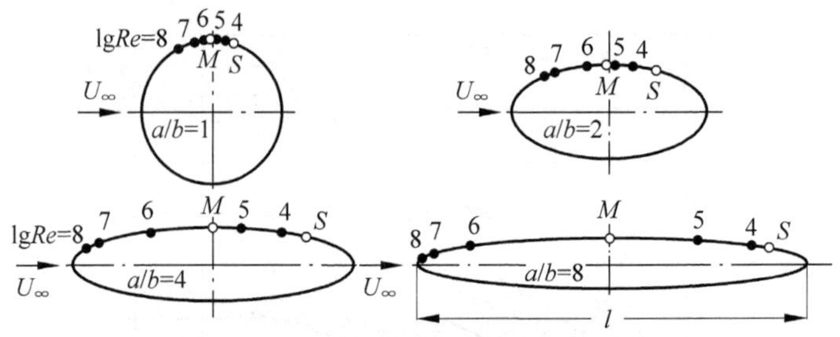

图 6-11 不稳定点位置随雷诺数变化[4]

6.2.6 影响层流稳定性的其他因素

以上着重研究了雷诺数对流动稳定性的影响,除此以外还有一些其他的因素影响着层流运动的稳定性和由层流向紊流的转捩。包括:

(1) 来流紊流度

为了研究由层流到紊流的转捩,有必要确定一个能够代表来流扰动程度的参数。一般定义紊流度 N 作为这样一个参数:

$$N=\sqrt{\frac{1}{3}(\overline{u'^2}+\overline{v'^2}+\overline{w'^2})}\ /\ U_\infty \tag{6-25}$$

式中,u',v',w'为三个坐标轴方向的来流的脉动流速,U_∞为时均流动的未扰动流速。远离物体上游未受绕流物体影响的来流中扰动的程度对于边界层流动的转捩是一个重要的影响因素。可以想见,来流紊流度具有较高数值时,边界层内流动更易于由层流转变为紊流,也就是说,具有较低的临界雷诺数。这一结论已为很多实验所证实。对于各向同性紊流,即在三个坐标方向扰动的均方值相同,

$$\overline{u'^2}=\overline{v'^2}=\overline{w'^2} \tag{6-26}$$

于是紊流度可以写为

$$N = \frac{\sqrt{\overline{u'^2}}}{U_\infty} \tag{6-27}$$

(2) 壁面粗糙度

流动由层流向紊流的转捩与固体壁面的粗糙度有重要关系。但这一影响至今还不能用理论的方法加以分析。总的来说，粗糙促进转捩的发生，也就是说粗糙壁面的临界雷诺数要较光滑壁面情况低。因为粗糙的存在增加了对流动的扰动。如果由粗糙所产生的扰动比来流紊流度所给予层流的扰动还大，自然很低的放大系数就足以促使流动的转捩。但当粗糙所引起的扰动甚小，低于某一阈值(threshold)时，也可能对转捩影响不大。于是，研究粗糙对转捩的影响应回答以下三个问题：

① 对于转捩不产生影响的粗糙体的最大高度，也称为粗糙体的临界高度。

② 可以使转捩在粗糙体所在位置发生的粗糙体的极限高度。

③ 如果粗糙体的高度介于上述两种界限情况之间，转捩点的位置。

大量的试验研究工作明确了上述问题。试验研究中把粗糙分为孤立粗糙、圆柱体(或二维)粗糙和分布粗糙三种情形。例如，对于在试验中放置一条与流动垂直的金属丝于固体壁面上形成二维粗糙体，戈尔茨坦(S. Goldstein)[7]总结一些试验成果得到

$$\frac{u_k^* k_{crit}}{\nu} = 7 \tag{6-28}$$

式中，k_{crit}为粗糙体的临界高度，凡粗糙体高度小于 k_{crit}者将不会对转捩产生影响；$u_k^* = \sqrt{\frac{\tau_{0k}}{\rho}}$表示剪切流速，$\tau_{0k}$为层流边界层中粗糙体所在位置的壁面切应力。

塔尼(I. Tani)[8]得到使转捩在粗糙体位置发生的粗糙体的极限高度可由下式计算：

$$\frac{u_k^* k'_{crit}}{\nu} = 15 \tag{6-29}$$

式中，k'_{crit}为粗糙体的极限高度。而费奇(A. Fage)和普雷斯顿(J. H. Preston)[9]则得到

$$\frac{u_k^* k'_{crit}}{\nu} = 20 \tag{6-30}$$

对于分布粗糙，法因特(E. G. Feindt)[10]的试验研究得到如图 6-12 所示的结果。试验研究是在圆形收缩管道或逐渐扩大的管道中进行，进口处流速为 U_1。收缩或扩大的角度可以改变流动的压强梯度。在圆管轴心处放置圆柱体，圆柱体壁面均匀地粘固砂粒以形成粗糙。圆管则为光滑壁面。图 6-12 中给出了在不同压强梯度情况下由转捩点位置 x_{tr}所组成的临界雷诺数$\frac{U_1 x_{tr}}{\nu}$和由砂粒粒径 k_s 所组成的雷

诺数$\frac{U_1 k_s}{\nu}$之间的关系。对于光滑壁面,视不同的压强梯度值,$\frac{U_1 x_{tr}}{\nu}$可由 2×10^5 到 8×10^5,可见压强梯度对流动稳定性影响之大。试验结果表明,当$\frac{U_1 k_s}{\nu}$增加时,开始一个阶段临界雷诺数$\frac{U_1 x_{tr}}{\nu}$并无变化,这个数值约为

$$\frac{U_1 k_s}{\nu} = 120 \tag{6-31}$$

由此可计算均匀分布砂粒的临界粒径。在$\frac{U_1 k_s}{\nu}>120$ 后,则随着砂粒粒径的增加,临界雷诺数$\frac{U_1 x_{tr}}{\nu}$急剧下降。图 6-12 中,q_1 代表$\frac{\rho U_1^2}{2}$,T_r 表示转捩点。

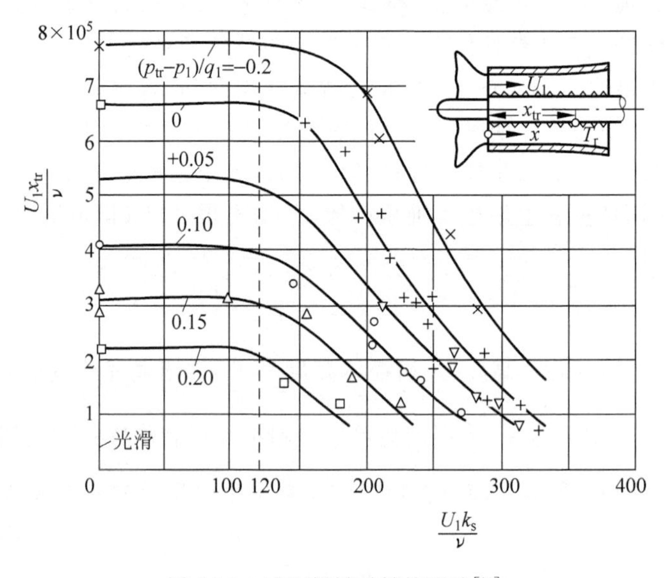

图 6-12 壁面粗糙对转捩影响[10]

(3) 体积力

当转捩发生在有体积力作用的边界层流动中,一个典型的例子是在两个同心圆之间的环形流动,这时就需要考虑离心力对流动稳定性的影响。格特勒(H. Göertler)[11]将托尔明关于平板边界层流动稳定性的原则应用到受壁面曲率影响的流动中。在平板边界层的流动稳定性中已知当速度剖面具有拐点时,流动是不稳定的,也可以说是当速度剖面中$\frac{d^2U}{dy^2}$改变符号时,流动是不稳定的。对于曲壁面则须

$$\frac{d^2U}{dy^2} + \frac{1}{R}\frac{dU}{dy}$$

改变符号。式中，R表示弯曲壁面的曲率半径，$R>0$表示一凸曲壁面，$R<0$则表示一凹曲壁面。按此原则，凸曲壁面上的二维扰动将在最小压强点上游某一距离处变得不稳定，而凹曲壁面却在最小压强点下游某一距离处才变得不稳定。当边界层厚度δ与曲率半径相比甚小时，$\delta/|R|\ll 1$，则壁面曲率对稳定性的影响甚微。

(4) 热传导

理论与试验研究均表明，对于亚音速的气体流动，如果热量是由边界层流动的气体向壁面传输将使流动更趋稳定；而如果热量由壁面向边界层流动的气体传输将得到相反的结果，使流动趋于不稳定。如果边界层内流动的是液体则其情况与气体流动完全相反。其原因是粘度μ随温度而变化的规律在液体和气体中完全相反。

(5) 边界层的吸出和吹入

边界层的吸出和吹入都是控制边界层分离的手段。当边界层可能产生分离现象时，沿固体壁面均匀地或在分离点附近开缝，将边界层内减低了流速的流体吸出，或吹入高速的流体，都可以控制使边界层分离现象不致发生。吹入和吸出同时也对边界层流动的稳定性有影响。一般来说，吸出增加流动的稳定性而吹入则促使流动不稳定。

还有一些影响层流稳定性的因素，如流体的压缩性等，不再一一赘述。

6.3 猝发现象

流动稳定性理论主要研究紊流可能发生的流动条件而并未涉及紊流发生的物理过程。猝发现象则是紊流得以发生和赖以维持的物理过程。在流动稳定的情况下，即使产生明显的扰动，也将被衰减，因而流动型态并不会从层流转变为紊流。一旦流动失去稳定，在壁面边界层流动中，猝发现象将导致层流到紊流的转变，并提供维持紊流运动所需要的大部分能量。

猝发现象最初是美国斯坦福大学克兰教授的研究组在20世纪60年代使用氢气泡的流动显示(flow visualization)技术观察到的，至今已有四十多年的历史。但是由于物理现象本身的复杂性，还有很多问题得不到一致的认识。

克兰等人发现在靠近固体壁面的粘性底层中，在平面上具有顺流向的高速带和低速带相间形成的带状流动结构。图6-13为用氢气泡显示技术摄制的边界层内不同高度上的流动图像，(a)图为$y^+=\frac{yu_*}{\nu}=4.5$高度的平面，(b)图中$y^+=50.7$，(c)图中$y^+=101$，(d)图中$y^+=407(y/\delta\approx 0.85)$。由(a)图可以清楚地发现高低速相间的带状流动结构。$y^+=\frac{yu_*}{\nu}$表示无量纲的自壁面算起的高度，u_*为剪切流

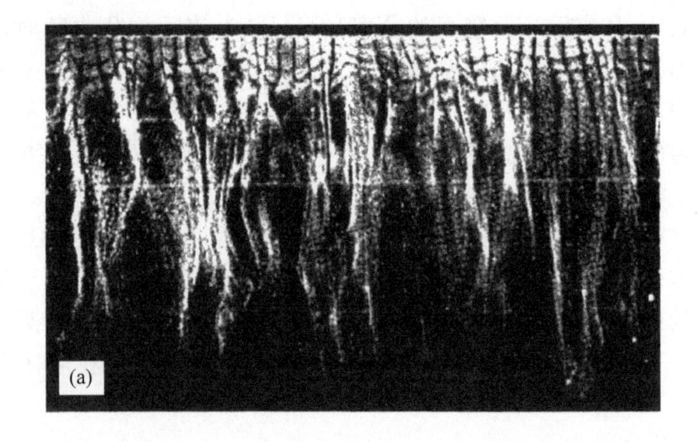

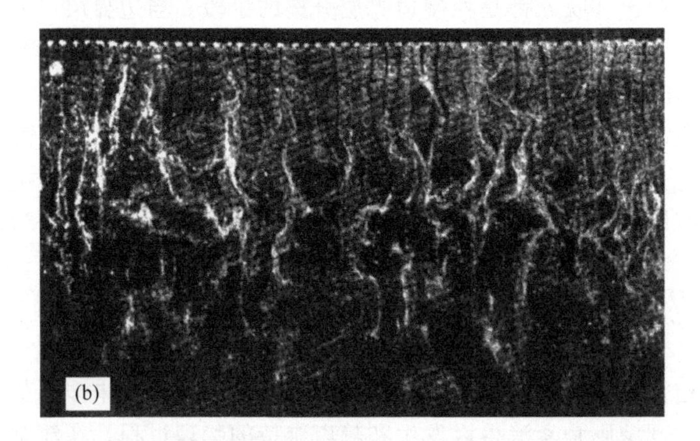

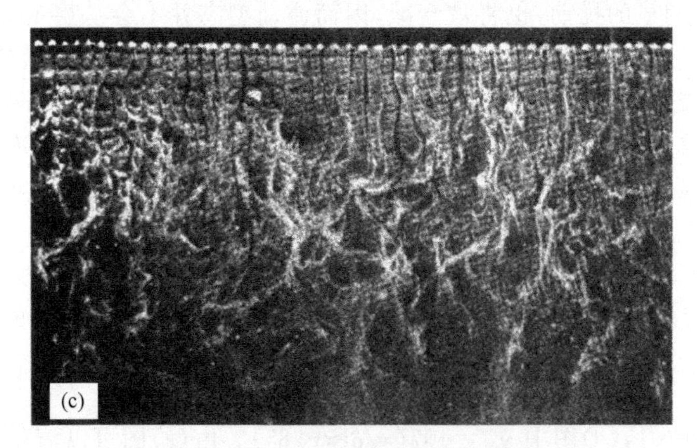

图 6-13　边界层内不同高度的流动图像[12]

图 6-13(续)

速。沿断面展向流速分布图形如图 6-14 所示，此图取自 $y^+=5$，仍在粘性底层之内。该图更具体地表现出流速高低相间的情形。由图还可以看到低速带的分布并不规则，由试验测得相邻低速带的平均间距 λ，写为无量纲形式 $\lambda^+=\frac{\lambda u_*}{\nu}$ 约为 100。低速带一般出现在 $y^+=0\sim10$ 之间的高度。在粘性底层中，低速带在向下游流动的过程中，其下游头部常缓慢上举，低速带与固体壁面间的距离逐渐增大，低速带与固体壁面之间产生如图 6-15(a)所示的横向旋涡。图中 u_r 表示距旋涡中心距离为 r 处的圆周方向流速。旋涡在流场的作用下将受到向上的升力（lift）($L=\rho U_\infty\Gamma$，U_∞ 为旋涡前未扰动流速，Γ 为旋涡的环量）的作用，从而旋涡将顶托低速带使低速带上升。图 6-15(b)说明升力产生的原因。试验中观测到低速带上升的倾角约在 2°～20°之间。横向旋涡在向下游运行的过程中发生变形，成为马蹄形涡(horseshoe vortex)，或称 U 形涡，如图 6-16 所示。马蹄涡的头部由于涡旋的诱导作用也随着向下游流动而逐渐上举。上举后由于流场中上部流速大，马蹄涡受到拉伸作用而变形。马蹄涡的拉伸和变形使得最终在流场中产生复杂的涡量场。

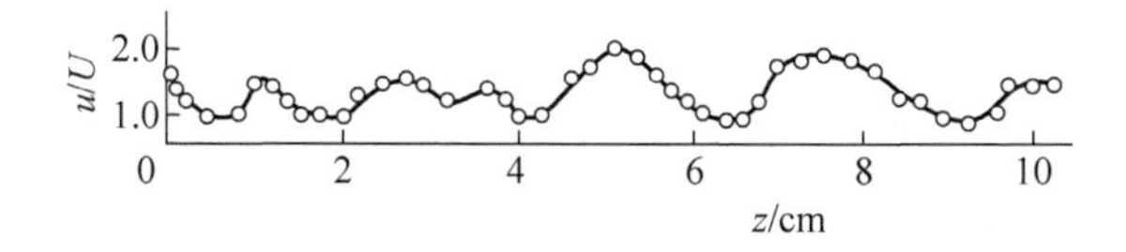

图 6-14　粘性底层内流速的带状结构[3]

在低速带上举、马蹄涡拉伸变形的过程中，还可以观察到 $y^+=20\sim200$ 的区域内流速较高的流体向下游俯冲，从而在高速与底层低速流体之间形成剪切层并使瞬时的 x 向流速分布曲线上出现拐点，增加了流动的不稳定性，促使层流向紊

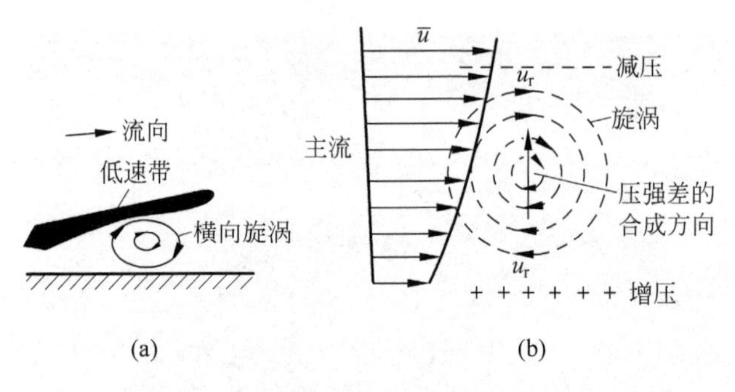

图 6-15　横向旋涡与升力的产生[3]

流的转变。

图 6-16 表示了猝发现象的过程及各个阶段的流速分布曲线形状,图中实线为瞬时流速分布,虚线为时均流速分布。图 6-17 则表示在猝发的喷射(ejection)阶段(曲线 a)及清扫(sweep)阶段(曲线 b)的瞬时流速分布曲线。马蹄涡头部的上举最终形成底部低速流体向上层高速流动区域的喷射,喷射一般发生在 $y^+=10\sim30$ 的流区。可以把相邻两个喷射之间的时间间隔作为猝发现象的周期。低速流体向上喷射将伴随上层高速流体向下层俯冲而入形成清扫。喷射和清扫都形成流体内部的剪切层,使断面瞬时流速呈现相当复杂的状况,如图 6-16 和图 6-17 所示。清扫过后瞬时的流速分布恢复正常,拐点消失,如图 6-16⑥所示。清扫过程中的流速分布如图 6-17 中曲线 b 所示。从马蹄涡的形成、发展到发生喷射和清扫,整个过程称为猝发现象。清扫过后,粘性底层中重新出现低速带,开始一个新的猝发过程。猝发的平均周期如图 6-16 中的 $\overline{T}_B$。

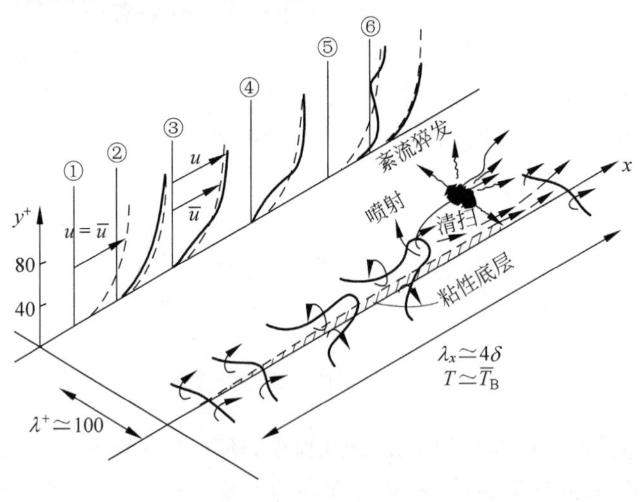

图 6-16　猝发过程[6]

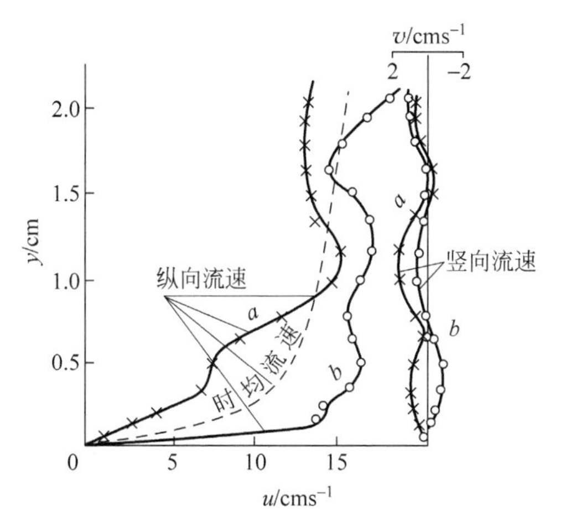

图 6-17　猝发中流速分布[13]

a—喷射阶段；b—清扫阶段

脉动的作用使不同流层之间产生动量的交换与混掺，从而产生紊流切应力 $\tau_t=-\rho\overline{u'v'}$，这里 u'，v'分别表示 x 方向和 y 方向的脉动流速，其上部横线表示对时间平均。紊流切应力在剪切变形中作功为

$$-\rho\overline{u'v'}\frac{\mathrm{d}\bar{u}}{\mathrm{d}y} \tag{6-32}$$

表示单位体积流体单位时间内由时均流动供给脉动的能量，称为脉动能量的产生项(production term)或称生成项。试验研究表明，边界层流动中脉动能量的产生，其中有 50%～75%来自猝发现象，尽管在流动中发生猝发现象的时间只占总时间的 18%。由式(6-32)还可看出，脉动都是通过剪切作用产生的，强大的剪切作用都发生在剪切层，即流速梯度较大的流层。近年来由于流动显示技术不能广泛地给出定量的数据，而且只有在雷诺数较低的流动中才可能进行流动显示，因此很多学者探讨用量测与猝发现象伴随发生的某些流速与压力的变化，应用条件采样技术(conditional sampling technology)与条件分析对猝发现象进行研究。

在说明了猝发现象以后，可以总结一下固体壁面附近的边界层流动中由层流到紊流的发展过程，如图 6-18 所示。设来流未扰动流速为 U_∞ 的平行流动流过平板，在平板上游首部，不论 U_∞ 有多大，总有一段距离内为层流边界层流动。当边界层雷诺数 $Re=\frac{U_\infty\delta_1}{\nu}$达到临界雷诺数 Re_{crit}时，流动开始不稳定。理论和试验都证明，对于随机的微小扰动，不稳定开始为出现二维的 T/S(Tollmien-Schlichting)波，随着 T/S 波向下游传播，很快会出现展向(z 方向)的变化。这是因为自然的扰动必然具有三维性，而在不稳定区域内的剪切层具有很强的可以使即使轻微的三维扰动也能放大的能力。流动中产生相间的低速带,并发生马蹄涡的拉伸和变形。反过来又影响主流的时均流速分布使之弯曲和出现拐点,并引起流速和压强均出现三维的脉动。马蹄涡的破碎,喷射和清扫现象的相继发生从而完成一个猝发的过程。在发生猝发现象的地点,其下游将出现局部的紊流斑。猝发和紊流斑的出现在时间上和位置上都是随机的。紊流斑随主流向下游扩展,最后紊流部分占据了全部板宽,发展为充分发展紊流。这时的雷诺数 Re_{tr} 为表示流态由层流转变为紊流的转捩点的雷诺数。

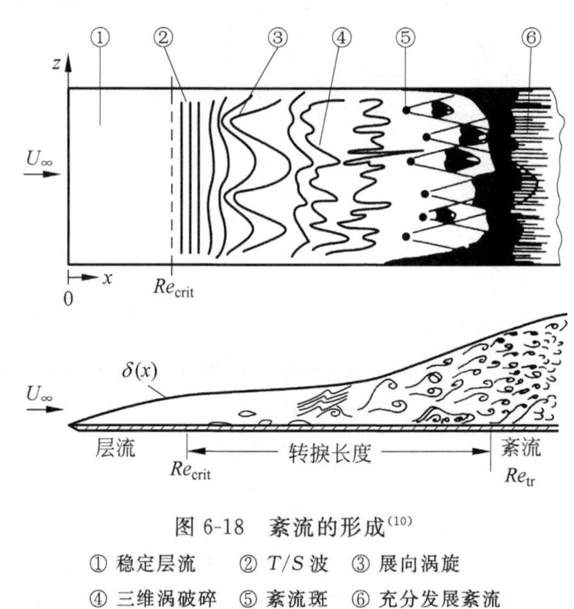

图 6-18 紊流的形成[10]

① 稳定层流 ② T/S 波 ③ 展向涡旋

④ 三维涡破碎 ⑤ 紊流斑 ⑥ 充分发展紊流

6.4 紊流的统计平均方法

统计平均方法是处理紊流运动的一个基本方法,这是由紊流的随机性决定的。正如本章前言中所引用的欣策对紊流所给的定义所述。

设紊流运动的瞬时流场(instantaneous velocity field)为

$$u = u(x, y, z, t) \tag{6-33}$$

瞬时流场中某一点流速 u 是随时间变化的,因而是不恒定的。但是紊流的这种不恒定性与一般概念的不恒定流动并不相同。它可能是不恒定的紊流,也可能是仅仅因为紊流的随机性质而表现出来的随时间的变化。紊流中的各物理量,如流速、压强、切应力等均为随机函数(random function)。随机函数具有以下的特性:

(1) 在某一次试验中 u 在空间上和时间上都是不规则的。即使保持完全相同的流动条件进行重复性的试验,每次试验所测得的某一点在某一时刻的流速 $u(x,$

$y,z,t)$均不相同。

(2) 在相同条件下做多次试验，任意取其中足够多次的速度场 u 作算术平均所得的函数值却具有确定性。只要所取的样本足够多，并不因所取样本的不同而有所变化。

$$\lim_{N\to\infty}\frac{1}{N}\sum_{k=1}^{N}u_k(x,y,z,t)=\langle u\rangle(x,y,z,t) \tag{6-34}$$

式中，$\langle u\rangle$表示 u 的统计平均值，它是具有确定性的函数值。

某个量的个别量测结果具有不确定性，而大量量测结果的平均值具有确定性，则该量具有随机性。

式(6-34)的平均方法称为系综平均法(ensemble average)。统计平均方法有多种，在紊流研究中通常应用三种平均方法，即时间平均法(temporal average)、空间平均法(spacial average)和系综平均法。

6.4.1 时间平均法(时均法)

在紊流流场中某一点处，量测其流速随时间的变化，记录如图 6-19 所示。时均值的定义为

$$\bar{u}(x,y,z)=\lim_{T\to\infty}\frac{1}{T}\int_{t_0}^{t_0+T}u(x,y,z,t)\mathrm{d}t \tag{6-35}$$

图 6-19 中，$\bar{u}$表示时均值。这样可以把紊流运动中某一固定点的瞬时流速分为两部分，即时均流速部分和脉动流速部分

$$u=\bar{u}+u' \tag{6-36}$$

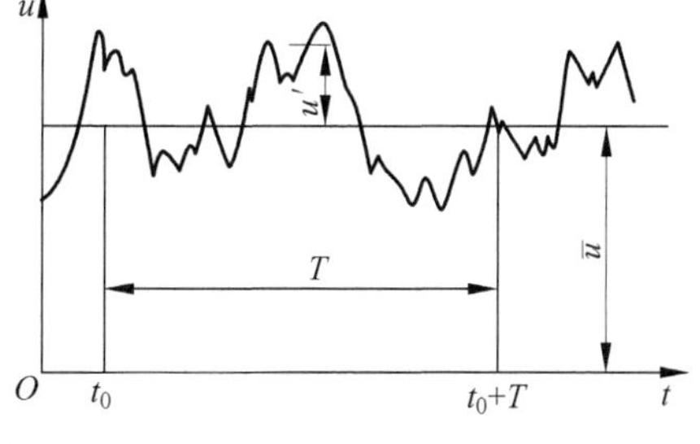

图 6-19　时间平均法

式中，u'表示脉动流速。由定义可知脉动流速的时间平均值为零，即

$$\lim_{T\to\infty}\frac{1}{T}\int_{t_0}^{t_0+T}u'\mathrm{d}t=0 \tag{6-37}$$

根据随机函数的性质，t_0 是任意的取值，应不影响时均值的大小，而 T必须足够大，也就是说要有足够长的时段才能使时均值成为一个稳定的数值。T 的取值一般可根据流动的情况在试验中决定。由此可见对于不恒定流动，其流速不只是因为紊流的随机性质而时有变化，且因流动本身也在变化，这时时均法就不适用。在紊流运动中所谓流动的恒定，是指其在时均的意义上是恒定的，也就是说流动中物理量的时均值是恒定不变的。

时间平均的方法可以对紊流中的各种物理量施行，如垂向流速 v、展向流速 w、压强 p、密度 ρ 等。

对于时均值,有以下的计算法则。设 f,g 为两个物理量,s 表示任一独立自变量(如 x,y,z,t 等),则有

$$\left.\begin{array}{ll}\bar{\bar{f}}=\bar{f}, & \overline{f'}=0 \\ \overline{f+g}=\bar{f}+\bar{g}, & \overline{\int f\mathrm{d}s}=\int\bar{f}\mathrm{d}s \\ \overline{\bar{f}\cdot g}=\bar{f}\cdot\bar{g}, & \overline{f\cdot g}=\bar{f}\cdot\bar{g}+\overline{f'g'} \\ \overline{\dfrac{\partial f}{\partial s}}=\dfrac{\partial\bar{f}}{\partial s}, & \overline{af}=a\bar{f},\quad a\text{ 为常数}\end{array}\right\} \tag{6-38}$$

一般认为,紊流的瞬时运动同样可以应用 N-S 方程与连续方程。但由于紊流中某一点处各种物理量的随机性质,直接求解瞬时的运动状况是不可能的。对紊流的各种物理量进行时间平均是解决紊流运动问题的重要途径。

6.4.2 空间平均法

紊流的随机性质不仅表现在时间上,同时也表现在空间分布上。例如在管道中的紊流流动,若在管道轴线上取长度为 L 的一段,并沿轴线量测各点的轴向流速。可以看到任一时刻沿轴线的速度分布很不规则,如图 6-20 所示。但如果在距离 L 上取空间平均值:

$$\bar{u}(t)=\lim_{L\to\infty}\frac{1}{L}\int_{x_0}^{x_0+L}u(x,t)\mathrm{d}x \tag{6-39}$$

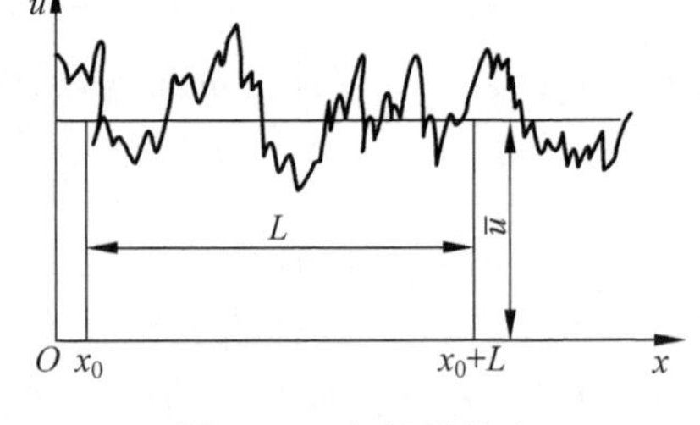

图 6-20 空间平均法

式中,$\bar{u}$ 表示空间平均值,这里是在一条直线上沿线不同点取轴向流速的平均值;x_0 为任一起始空间坐标;$u(x,t)$ 为一点的流速,注意各点的流速值应在同一时间测量;L 应有足够的长度。空间平均值也可在一个体积范围内进行。在这个空间体积中取各点某一物理量的平均值。空间范围必须足够大,以保证测量流速(或其他物理量)值的样本有足够数量。

在三维空间分布情况下,空间点 (x_0,y_0,z_0) 的体积平均值为

$$\bar{u}(t)=\lim_{\tau\to\infty}\frac{1}{\tau}\iiint_{\tau}u(x,y,z,t)\mathrm{d}\tau \tag{6-40}$$

式中,τ 为所取空间体积,其中包含 (x_0,y_0,z_0) 点。

6.4.3 统计平均法(系综平均法)

时间平均法适用于恒定紊流流动,而空间平均法适用于紊流的均匀流场。对于不均匀的或非恒定的紊流流动则只能应用对于随机变量的统计平均法(系综平

均法)。它的做法是对重复多次的试验进行算术平均。例如,对于某一紊流流动,在实验室中对于大量完全相同的流动,在某一相应点处在同一时间测出每一个流动的规定物理量的数值,将所有数值进行算术平均。这种做法事实上当然是很难实现的。

例如,流速 u 的统计平均值为

$$\langle u\rangle(x,y,z,t)=\lim_{N\to\infty}\frac{1}{N}\sum_{k=1}^{N}u_k(x,y,z,t) \tag{6-41}$$

式中,$\langle u\rangle$为流速 u 的统计平均值;u_k 为第 k 个试验的流速值;N 为重复试验的个数,N 必须足够大。

统计平均法对流动本身不要求符合某些特殊的条件。例如,它并不要求流动为恒定的或均匀的。

式(6-41)还可以写成概率分布(probability distribution)的形式。在 N 个试验中测得流速 u 在 u_0 和 $u_0+\Delta u$ 之间的个数为 ΔN,即流速值落在 $u_0<u\leqslant u_0+\Delta u$ 区间中的个数为 ΔN,则其概率(probability)为

$$P(u_0<u\leqslant u_0+\Delta u)=\frac{\Delta N}{N} \tag{6-42}$$

显然,$P(u_0<u\leqslant u_0+\Delta u)$的值与 Δu 成正比,Δu 越小则概率 P 的数值越小。概率还可表示为

$$P(u_0<u\leqslant u_0+\Delta u)=p(u)\Delta u \tag{6-43}$$

即

$$\frac{\Delta N}{N}=p(u)\Delta u \tag{6-44}$$

式中,$p(u)$称为概率密度函数(probability density function)。

$$\Delta N=Np(u)\Delta u$$

$$u\Delta N=uNp(u)\Delta u$$

根据概率的定义,平均值可写为

$$\begin{aligned}\langle u\rangle&=\frac{1}{N}\sum_N u\Delta N\\&=\frac{1}{N}\sum_N uNp(u)\Delta u\\&=\sum_N up(u)\Delta u\end{aligned}$$

令 $\Delta u\to 0$,得

$$\langle u\rangle=\int_{-\infty}^{\infty}up(u)\mathrm{d}u \tag{6-45}$$

注意到 $\sum\frac{\Delta N}{N}=1$,

$$\int_{-\infty}^{\infty} p(u)\mathrm{d}u = 1 \tag{6-46}$$

概率密度函数在整个区间$(-\infty,\infty)$的积分为1。

利用统计平均法进行紊流的分析困难在于:①如果用试验方法求统计平均值,则必须同时做大量相同的试验。②如果用理论方法求统计平均值,则必须知道该流动的概率密度函数$p(u)$,而这是很难确定的。反之,时间平均法和空间平均法则比较容易由试验确定,特别是时间平均法。但这两种方法又都有其限制,为此须研究有无利用时间平均法代替统计平均法的可能性。下面研究紊流运动的各态遍历假设(ergodic hypothesis)。

6.4.4 各态遍历假设

一个随机变量在多个相同的试验或一个试验中重复多次时出现的所有可能状态,能够在一次试验的相当长的时间或相当大的空间范围内,以相同的概率出现,则称为各态遍历的。例如:

在N个试验中出现$u_0 \sim u_0+\Delta u$之间速度值的次数为ΔN。

在一次试验的总历时T时间内出现$u_0 \sim u_0+\Delta u$之间速度值的时间为ΔT。

在一次试验的总体积τ内出现$u_0 \sim u_0+\Delta u$之间速度值的空间体积为$\Delta\tau$。则各态遍历假设认为当N,T,τ足够大时,

$$\frac{\Delta N}{N} = \frac{\Delta T}{T} = \frac{\Delta\tau}{\tau} \tag{6-47}$$

这样就可以以一次试验结果的平均值来代替大量试验所得到的统计平均值,从而使时均值和空间平均值具有更普遍的意义。例如,对于非恒定、非均匀的紊流流场而言,若不均匀性的空间尺度L_k较之紊流各态分布尺度L(在此尺度内存在着紊流的各种状态)大得多,那么在比L_k小得多的尺度L中空间平均特性的变化可以忽略不计,只剩了紊流本身在空间分布上的随机的不规则变化。这样就可以认为在L尺度内紊流是各态遍历的,在L尺度内应用空间平均法所得的平均值(空间平均值)与随机变量的统计平均值是一致的。而且这个空间平均值在空间上比L大的尺度内是可以变化的,即可以是非均匀的紊流流场。

类似地,也可以用同样的方法来考虑时间平均法。如果不恒定紊流的时间尺度T_k比紊流的各态分布尺度T(在T尺度内各态遍历)大得多,于是可以时间平均值代替统计平均值,而且时均值本身在时间上可以是变化的,即非恒定紊流。在各态遍历假设下:

$$\bar{u} = \tilde{u} = \langle u \rangle \tag{6-48}$$

时间平均值与空间平均值均可以替代统计平均值。从试验的角度看,当然从一次试验中的一个点上量测某一物理量的时间过程,求得时间平均值要比在一次试验

中的许多点上同时量测某一物理量求得它的空间平均值来得方便。因此，今后的紊流研究中多以时间平均值代替统计平均值。

在紊流运动中，在某些情况下可以用各态遍历假设证明用时间平均代替统计平均的合理性，但还未得到普遍的证明。不过在今后处理紊流运动中，所有的平均值，在概念上都是指统计平均值，而实际的计算和试验中则均用时间平均值代替。到目前为止，实践证明这是可行的。

图 6-21 表示在试验中确定某一瞬时流速值的概率密度函数的方法。图示为一恒定紊流，瞬时流速在其时间平均值$\bar{u}$上下脉动，可以用电测的办法把流速落在 $u_i \sim u_i + \Delta u$ 区间内的各个 Δt_i 时段累加起来得到 $\sum \Delta t_i$，从而相应每一个流速 u_i 值均可得到其概率 $\dfrac{\sum \Delta t_i}{T} = p(u_i)\Delta u$。从而可绘出概率密度曲线。$T$ 为全部试验的时段。

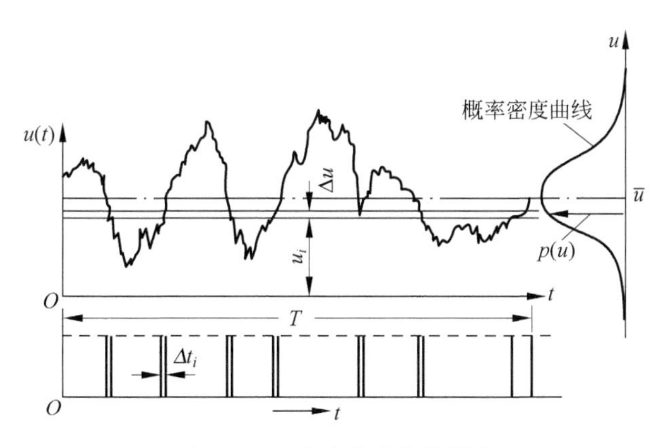

图 6-21　概率密度曲线的制定

对于不恒定的紊流流动，其时间平均值与统计平均值的关系可从图 6-22 中得到一些基本的概念。图中所示为一随时间作正弦波动变化的非恒定流动。$u(t)$为量测到的瞬时流速：

$$u(t) = \bar{u} + u_p + u'$$

$\bar{u}$为一个周期或很多周期中瞬时流速的时间平均值，

$$\bar{u} = \frac{1}{T}\int_0^T u(t)\,\mathrm{d}t$$

u_p 为流速周期性变化的部分，随时间 t 而变化。

$$u_p(t) = \langle u(t) \rangle - \bar{u}$$

$\langle u(t) \rangle$为流速的统计平均值，

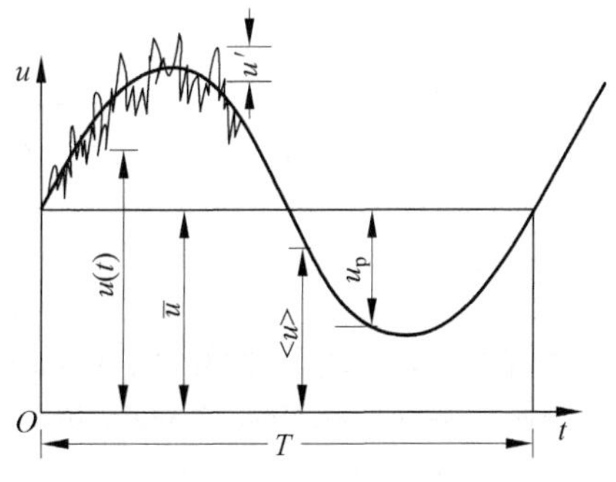

图 6-22　不恒定紊流

$$\langle u(t)\rangle = \frac{1}{N}\sum_{n=0}^{N} u(t+nT),$$

式中,t 为在一个周期中某一固定相位的时间。上式是把正弦波动中每一个周期作为一个独立的试验看待。统计平均从其定义来说,还可以是很多相同的试验中同时量测的数据再加以平均,当然这是很难做到的。

u'为随机变化的脉动流速:

$$u'(t) = u(t) - \langle u(t)\rangle$$

对于并非周期性的非恒定流,统计平均值将很难得到,这时可以按照各态遍历假设,用时均值代替统计平均值。时均值是在一个对于紊动来说,在此时间范围内是各态遍历的,对于非恒定流来说,这个时间范围相对流动的不恒定变化而言又是一个很小的时段,即在此时段内可以认为其时均流动并无变化,这样一个时段内得出的

$$\bar{u}(t) = \frac{1}{\Delta t}\int_{t-\frac{\Delta t}{2}}^{t+\frac{\Delta t}{2}} u(t)\mathrm{d}t$$

紊流在 Δt 时间内各态遍历,而 Δt 相对于不恒定而言又是一个很小的时段,这里用 $\bar{u}(t)$表示在时间 t 时的时间平均值,用它来代替统计平均值。

参考文献

[1] Reynolds O. An experimental investigation of the circumstance which determine whether the motion of water shall be direct or sinuous and of the law of resistance in parallel channels. Phil Trans Roy Soc,1883,174: 935～982

[2] Rotta J. Experimenteller Beitrag zur Entstehung Turbulenter Strömung im Rohr. Ing Arch,1956,24: 258～281

[3] Schubauer G B, Klebanoff P S. Contributions on the Mechanics of Boundary Layer Transition. NACA TN 3489,1955; NACA Rep. 1289, 1956

[4] Cantwell B J, Coles D E, Dimotakis P E. Structure and entrainment in the plane of symmetry of a turbulent spot. JFM,1978,87: 641～672

[5] Wazzan A R,Okamura T T,Smith A M O. The stability of water flow over heated and cooled flat plates, J Heat Transfer,1968,90: 109～114

[6] Schlichting H, Ulrich A. Zur Berechnung des Umschlages laminar-turbulent. Jb. dt. Luftfahrtforschung I, 1942. 8～35

[7] Goldstein S. A note on roughness. ARC RM 1763. 1936

[8] Tani I. Hama R. and Mituisi S. On the permissible roughness in the laminar boundary layer. Aero. Res. Inst. Tokyo, Imp. Univ. Report 199. 1940

[9] Fage A,Preston J H. On transition from laminar to turbulent flow in the boundary layer. Proc Roy Soc,1941,A178: 201～227

[10] Feindt E G. Untersuchungen über die Abhängigkeit des Umschlages laminar-turbulent von der Oberflächenrauhigkeit und der Druckverteilung. Diss. Braunschweig 1956; Jb. 1956 Schiffbautechn. Gesellschaft,1957,50: 180～203

[11] Göertler H, Hassler H. Einige neue experimentelle Beobachtungen über das Auftreten von Längswirbeln in Staupunktströmungen Schiffstechnik. 1973,20: 67～72

[12] Kline S J, Reynolds W C, Schaub F A, Runstadler P W. The structure of turbulent boundary layers. JFM,1967,30: 741～773

[13] Grass A J. Structure features of turbulent flow over smooth and rough boundaries. JFM, 1971,50: 493～512

第 7 章

紊流的基本方程

本章将研究用以处理和解决紊流流动的基本方程式。首先推导适用于紊流的连续方程和运动方程，应用第 6 章中介绍的时间平均方法建立时均的和脉动的紊流方程式。紊流的时均运动方程通常称为雷诺方程，以其未知量多于方程式的数目而出现紊流方程的封闭性问题(closure problem)。通常应用半经验理论(semi-emperical theory)以补充方程式的不足。近年来并发展了各种紊流模型(turbulence model)。本章中还将讨论紊流的能量方程和涡量方程。

7.1 紊流连续方程和雷诺方程

粘性流动的运动方程(纳维-斯托克斯方程)和连续方程对于紊流的瞬时运动同样适用已为实践所证明。不可压缩流体连续方程写为

$$\frac{\partial u_i}{\partial x_i}=0 \tag{7-1}$$

式中，u_i 表示 i 方向流速瞬时值。假定紊流是各态遍历的，可以用时间平均值代替统计平均值。将 $u_i=\overline{u_i}+u_i'$代入式(7-1)对连续方程取时间平均，并应用第 6 章中给出的时均值的计算法则式(6-38)，得

$$\overline{\frac{\partial u_i}{\partial x_i}}=\overline{\frac{\partial}{\partial x_i}(\overline{u_i}+u_i')}=\frac{\partial\,\overline{u_i}}{\partial x_i}=0 \tag{7-2}$$

式(7-1)减式(7-2)可得

$$\frac{\partial u_i'}{\partial x_i}=0 \tag{7-3}$$

式(7-2)为时均流动的连续方程，式(7-3)为脉动流速的连续方程。

对于不可压缩流体，瞬时流动的 N-S 方程可写为

$$\rho \frac{\partial u_i}{\partial t} + \rho u_j \frac{\partial u_i}{\partial x_j} = \rho F_i - \frac{\partial p}{\partial x_i} + \mu \frac{\partial^2 u_i}{\partial x_j \partial x_j} \tag{7-4}$$

式中，F_i 为质量力。

将 $u_i = \overline{u_i} + u_i'$ 和 $p = \bar{p} + p'$ 代入式(7-4)，得

$$\rho \frac{\partial(\overline{u_i} + u_i')}{\partial t} + \rho(\overline{u_j} + u_j') \frac{\partial(\overline{u_i} + u_i')}{\partial x_j}$$

$$= \rho F_i - \frac{\partial(\bar{p} + p')}{\partial x_i} + \mu \frac{\partial^2(\overline{u_i} + u_i')}{\partial x_j \partial x_j}$$

对此方程式取时间平均得

$$\rho \frac{\partial \overline{u_i}}{\partial t} + \rho \overline{u_j} \frac{\partial \overline{u_i}}{\partial x_j} + \rho \overline{u_j' \frac{\partial u_i'}{\partial x_j}} = \rho \overline{F_i} - \frac{\partial \bar{p}}{\partial x_i} + \mu \frac{\partial^2 \overline{u_i}}{\partial x_j \partial x_j}$$

上式等号左侧第三项中

$$\overline{u_j' \frac{\partial u_i'}{\partial x_j}} = \frac{\partial}{\partial x_j}(\overline{u_i' u_j'}) - \overline{u_i' \frac{\partial u_j'}{\partial x_j}}$$

由式(7-3)脉动流速的连续方程可知$\frac{\partial u_j'}{\partial x_j} = 0$，因此，

$$\overline{u_j' \frac{\partial u_i'}{\partial x_j}} = \frac{\partial}{\partial x_j}(\overline{u_i' u_j'})$$

于是得到

$$\rho \frac{\partial \overline{u_i}}{\partial t} + \rho \overline{u_j} \frac{\partial \overline{u_i}}{\partial x_j} = \rho \overline{F_i} - \frac{\partial \bar{p}}{\partial x_i} + \frac{\partial}{\partial x_j}\left(\mu \frac{\partial \overline{u_i}}{\partial x_j} - \rho \overline{u_i' u_j'}\right) \tag{7-5}$$

此即紊流时均的运动方程，被称做雷诺方程(Reynolds equation)。与 N-S 方程比较可以看出，在时均各项外增加了脉动流速的三个相关项，例如当 $i=1$ 时则增加了$-\frac{\partial}{\partial x_1}\rho \overline{u_1' u_1'}$，$-\frac{\partial}{\partial x_2}\rho \overline{u_1' u_2'}$和$-\frac{\partial}{\partial x_3}\rho \overline{u_1' u_3'}$。这些脉动相关项是作为应力在式(7-5)中出现的，因此称为雷诺应力(Reynolds stress)，在整个方程组中共有 9 项。由推导过程可以看出雷诺应力产生于 N-S 方程中的非线性迁移项，或称对流项。也可以说雷诺应力起源于流场在空间上的不均匀性。雷诺应力可以表示为一个对称张量$\boldsymbol{\tau}_{ij}'$：

$$\boldsymbol{\tau}_{ij}' = \begin{pmatrix} -\rho \overline{u_1' u_1'} & -\rho \overline{u_1' u_2'} & -\rho \overline{u_1' u_3'} \\ -\rho \overline{u_2' u_1'} & -\rho \overline{u_2' u_2'} & -\rho \overline{u_2' u_3'} \\ -\rho \overline{u_3' u_1'} & -\rho \overline{u_3' u_2'} & -\rho \overline{u_3' u_3'} \end{pmatrix} \tag{7-6}$$

式中，$-\rho \overline{u_i' u_i'}$为正应力项，$-\rho \overline{u_i' u_j'}(i \neq j)$为切应力项。雷诺应力项代表了紊流脉动对时均流动的影响。

从统计分析的角度来看，在不可压缩流体中“ρ=常数”可先不予考虑。$\overline{u_i' u_j'}$则为两个时间平均值分别为零的随机变量乘积的时均值，它表示这两个随机变量之

间的相关程度。定义相关系数(correlation coefficient)R_{ij}为

$$R_{ij}=\frac{\overline{u'_i u'_j}}{\sqrt{\overline{u'^2_i}}\sqrt{\overline{u'^2_j}}} \tag{7-7}$$

式中,$\sqrt{\overline{u'^2_i}}$为u'_i的均方根值,代表u'_i分布的标准差;$\sqrt{\overline{u'^2_j}}$为u'_j的均方根值;相关系数R_{ij}在0～±1之间变化,$R_{ij}=\pm1$表明两个随机变量完全相关,$R_{ij}=0$则表明二者互不相关,完全独立。

当研究图7-1所示的二维流动时:

$$\bar{u}=\bar{u}(y),\bar{v}=\bar{w}=0$$

$$\frac{\mathrm{d}\,\bar{u}}{\mathrm{d}y}>0$$

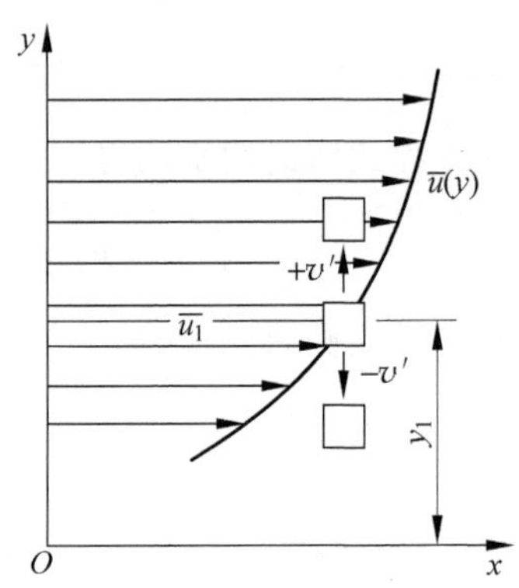

图7-1　二维流动脉动流速示意图

当y_1处一个流体微团由于向上的脉动流速$+v'$的作用而运行到一个新位置时,由于$\frac{\mathrm{d}\,\bar{u}}{\mathrm{d}y}>0$,它原来的时均流速$\overline{u_1}$较此新位置处的流速$\bar{u}$为小。从而使得新位置处在$x$方向的流速出现一个负的扰动,脉动流速为$-u'$。反之如果$y_1$处的垂向脉动流速为$-v'$,则该处一个流体微团将运行到比$y_1$还低的一个位置。由于流体微团原在$y_1$处的时均流速$\overline{u_1}$大于此新位置处的时均流速,因此该处将产生一个$+u'$的脉动。可见一点处$u'$与$v'$总是符号相反,这一点从一微小六面体的流动连续性也可得到证明。雷诺切应力$-\rho\overline{u'v'}$作用的结果总是使流动均匀化,也就是使上层流速较快的流动变缓,而使下层流速较慢的流动加速。因此它与层流粘性切应力$\tau_{xy}=\mu\frac{\mathrm{d}\,\bar{u}}{\mathrm{d}y}$作用的方向相同,即$-\rho\overline{u'v'}$与$\mu\frac{\mathrm{d}\,\bar{u}}{\mathrm{d}y}$同号。总切应力为

$$\tau=\mu\frac{\mathrm{d}\,\bar{u}}{\mathrm{d}y}-\rho\overline{u'v'} \tag{7-8}$$

推广到三维情况,紊流流场中一点的应力张量可写为

$$\sigma_{ij}=-p\delta_{ij}+\tau_{ij}+\tau'_{ij} \tag{7-9}$$

例如当作用面法线方向为x轴时,该面上的应力分别是

$$\left.\begin{aligned}\sigma_{xx}&=-p+2\mu\frac{\partial\,\bar{u}}{\partial x}-\rho\overline{u'^2}\\ \sigma_{xy}&=\mu\left(\frac{\partial\,\bar{u}}{\partial y}+\frac{\partial\,\bar{v}}{\partial x}\right)-\rho\overline{u'v'}\\ \sigma_{xz}&=\mu\left(\frac{\partial\,\bar{w}}{\partial x}+\frac{\partial\,\bar{u}}{\partial z}\right)-\rho\overline{u'w'}\end{aligned}\right\} \tag{7-10}$$

同理可写出作用面法线方向为y及z轴的应力。

对紊流的时均流动而言，连续方程(7-2)和雷诺方程(7-5)共有四个方程式，但未知量除$\bar{u}$，$\bar{v}$，$\bar{w}$，$\bar{p}$以外又增加了 6 项雷诺应力，因为雷诺应力张量是对称张量，所以共有 10 个未知量，这就造成了紊流方程的不封闭问题。解决紊流方程的封闭性问题至今仍在探索之中。

7.2 紊流能量方程

对于不可压缩流体，当不存在强烈的热传导时，流动的能量主要是指其机械能。维持流体的脉动将消耗相当的能量。研究脉动如何自时均流动中取得能量及紊流中能量的传递、扩散及耗损的过程，是探讨紊流内部机理及紊流的发展与衰减规律的重要内容。本节将建立瞬时流动、时均流动及脉动的能量方程，并推导能量方程的积分型式。能量方程的建立有助于解决紊流方程的不封闭问题，特别近年所发展的紊流模型都是建立在能量方程的基础上，本节中也将给以初步的说明。

7.2.1 紊流瞬时流动的总能量方程

在纳维-斯托克斯方程中，各个项所表示的是作用于单位体积流体上的各种力，因此对 N-S 方程各项均乘以流速 u_i，则变为各种力作功的功率，而该方程也就是单位时间内单位体积流体中各种能量之间的关系。以下式中 u_i，u_j，p 等均为瞬时量。

$$u_i\left[\rho\frac{\partial u_i}{\partial t}+\rho u_j\frac{\partial u_i}{\partial x_j}\right]=u_i\left[\rho F_i-\frac{\partial p}{\partial x_i}+\mu\frac{\partial^2 u_i}{\partial x_j\partial x_j}\right]$$

当质量力只是重力，由式(1-96)，$F_i=-\dfrac{\partial}{\partial x_i}(gh)$，$h$ 为高程。

$$\rho u_i\frac{\partial u_i}{\partial t}+\rho u_iu_j\frac{\partial u_i}{\partial x_j}=-u_i\frac{\partial}{\partial x_i}(p+\rho gh)+u_i\mu\frac{\partial^2 u_i}{\partial x_j\partial x_j}$$

根据连续方程，$\dfrac{\partial}{\partial x_j}\left(\dfrac{\partial u_j}{\partial x_i}\right)=\dfrac{\partial}{\partial x_i}\left(\dfrac{\partial u_j}{\partial x_j}\right)=0$，所以上式等号右侧最后一项可写为

$$\begin{aligned}u_i\mu\frac{\partial^2 u_i}{\partial x_j\partial x_j}&=u_i\frac{\partial}{\partial x_j}\left[\mu\left(\frac{\partial u_i}{\partial x_j}+\frac{\partial u_j}{\partial x_i}\right)\right]\\&=\frac{\partial}{\partial x_j}\left[\mu\left(\frac{\partial u_i}{\partial x_j}+\frac{\partial u_j}{\partial x_i}\right)u_i\right]-\mu\left(\frac{\partial u_i}{\partial x_j}+\frac{\partial u_j}{\partial x_i}\right)\frac{\partial u_i}{\partial x_j}\end{aligned}$$

代入上式中，可改写上式为

$$\begin{aligned}&\frac{\partial}{\partial t}\left(\frac{\rho}{2}u_iu_i\right)+\frac{\partial}{\partial x_j}\left(u_j\cdot\frac{\rho}{2}u_iu_i\right)\\&=-\frac{\partial}{\partial x_i}[u_i(p+\rho gh)]+\frac{\partial}{\partial x_j}\left[\mu\left(\frac{\partial u_i}{\partial x_j}+\frac{\partial u_j}{\partial x_i}\right)u_i\right]\\&\quad-\mu\left(\frac{\partial u_i}{\partial x_j}+\frac{\partial u_j}{\partial x_i}\right)\frac{\partial u_i}{\partial x_j}\end{aligned}\tag{7-11}$$

此即紊流瞬时流动的总能量方程。式中等号左侧表示单位体积流体动能$\left(\frac{\rho}{2}u_iu_i\right)$的物质导数,即包括动能$\left(\frac{\rho}{2}u_iu_i\right)$的当地变化率和迁移变化率。式中等号右侧第一项$-\frac{\partial}{\partial x_i}[u_i(p+\rho gh)]$可以写成$-\frac{\partial}{\partial x_j}[u_j(p+\rho gh)]$,只是把哑标由 i 写为 j,这样,

$$
\begin{aligned}
-\frac{\partial}{\partial x_j}[u_j(p+\rho gh)] &= -u_j\frac{\partial}{\partial x_j}(p+\rho gh)-(p+\rho gh)\frac{\partial u_j}{\partial x_j} \\
&= -u_j\frac{\partial}{\partial x_j}(p+\rho gh) \\
&= -u_j\rho g\frac{\partial}{\partial x_j}\left(\frac{p}{\rho g}+h\right)
\end{aligned}
$$

表示单位体积流体的压能与位能的迁移变化率。也就是单位体积流体势能的迁移变化率。式(7-11)中等号右侧第二项为粘性应力对单位体积流体在单位时间内所作的功称为扩散项(diffusion term)。式(7-11)中等号右侧最后一项粘应力$\mu\left(\frac{\partial u_i}{\partial x_j}+\frac{\partial u_j}{\partial x_i}\right)$对变形速率$\frac{\partial u_i}{\partial x_j}$作功称做变形功。这一项也称耗散项(dissipation term),即单位体积流体在单位时间内耗散的机械能量,它转化为流体中的热能,由于这种转化是不可逆的,因之称为耗散项。粘性应力所作的变形功总是能量的耗散。

7.2.2 紊流时均的总能量方程

将 $u_i=\overline{u_i}+u_i'$,$u_j=\overline{u_j}+u_j'$,$p=\overline{p}+p'$代入式(7-11),并对整个方程式取时间平均,即可得到时均的总能量方程。

$$
\begin{aligned}
&\overline{\frac{\partial}{\partial t}\left[\frac{\rho}{2}(\overline{u_i}+u_i')(\overline{u_i}+u_i')\right]} \\
&+\overline{\frac{\partial}{\partial x_j}\left[(\overline{u_j}+u_j')\frac{\rho}{2}(\overline{u_i}+u_i')(\overline{u_i}+u_i')\right]} \\
=&-\overline{\frac{\partial}{\partial x_i}[(\overline{u_i}+u_i')(\overline{p}+p'+\rho gh)]} \\
&+\overline{\frac{\partial}{\partial x_j}\left[\mu\left(\frac{\partial(\overline{u_i}+u_i')}{\partial x_j}+\frac{\partial(\overline{u_j}+u_j')}{\partial x_i}\right)(\overline{u_i}+u_i')\right]} \\
&-\overline{\mu\left[\frac{\partial(\overline{u_i}+u_i')}{\partial x_j}+\frac{\partial(\overline{u_j}+u_j')}{\partial x_i}\right]\frac{\partial(\overline{u_i}+u_i')}{\partial x_j}}
\end{aligned}
$$

$$
\begin{aligned}
&\frac{\rho}{2}\frac{\partial}{\partial t}(\overline{u_i}\,\overline{u_i}+\overline{u'_iu'_i}) \\
&+\frac{\rho}{2}\frac{\partial}{\partial x_j}(\overline{u_j}\,\overline{u_i}\,\overline{u_i}+\overline{u_j}\,\overline{u'_iu'_i}+2\,\overline{u_i}\,\overline{u'_iu'_j}+\overline{u'_ju'_iu'_i}) \\
=&-\frac{\partial}{\partial x_i}(\overline{u_i}\bar{p}+\overline{u'_ip'}+\overline{u_i}\cdot\rho gh) \\
&+\frac{\partial}{\partial x_j}\mu\left[\frac{1}{2}\frac{\partial(\overline{u_i}\,\overline{u_i})}{\partial x_j}+\frac{1}{2}\frac{\partial\,\overline{u'_iu'_i}}{\partial x_j}+\frac{\partial(\overline{u_i}\,\overline{u_j})}{\partial x_i}+\frac{\partial\,\overline{u'_iu'_j}}{\partial x_i}\right] \\
&-\mu\frac{\partial\,\overline{u_i}}{\partial x_j}\frac{\partial\,\overline{u_i}}{\partial x_j}-\mu\overline{\frac{\partial\,u'_i}{\partial x_j}\frac{\partial\,u'_i}{\partial x_j}}-\mu\frac{\partial\,\overline{u_i}}{\partial x_j}\frac{\partial\,\overline{u_j}}{\partial x_i}-\mu\overline{\frac{\partial u'_j}{\partial x_i}\frac{\partial u'_i}{\partial x_j}}
\end{aligned}
$$

式中，

$$
\overline{u'_iu'_i}=\overline{u'^2_1+u'^2_2+u'^2_3}=\overline{q^2}
$$

为单位质量流体的脉动动能，代入上式得

$$
\begin{aligned}
&\frac{\rho}{2}\frac{\partial}{\partial t}(\overline{u_i}\,\overline{u_i})+\frac{\rho}{2}\frac{\partial}{\partial t}\overline{q^2}+\frac{\rho}{2}\frac{\partial}{\partial x_j}(\overline{u_j}\,\overline{u_i}\,\overline{u_i}) \\
&+\frac{\rho}{2}\overline{u_j}\frac{\partial}{\partial x_j}\overline{q^2}+\rho\frac{\partial}{\partial x_j}(\overline{u_i}\,\overline{u'_iu'_j})+\frac{\rho}{2}\frac{\partial}{\partial x_j}\overline{u'_jq^2} \\
=&-\frac{\partial}{\partial x_j}(\overline{u_j}\bar{p}+\overline{u'_jp'}+\rho gh\,\overline{u_j}) \\
&+\frac{\partial}{\partial x_j}\mu\left[\frac{1}{2}\frac{\partial(\overline{u_i}\,\overline{u_i})}{\partial x_j}+\frac{1}{2}\frac{\partial\,\overline{u'_iu'_i}}{\partial x_j}+\frac{\partial(\overline{u_i}\,\overline{u_j})}{\partial x_i}+\frac{\partial\,\overline{u'_iu'_j}}{\partial x_i}\right] \\
&-\mu\left(\frac{\partial\,\overline{u_i}}{\partial x_j}\right)^2-\mu\overline{\frac{\partial u'_i}{\partial x_j}\frac{\partial u'_i}{\partial x_j}}-\mu\frac{\partial\,\overline{u_i}}{\partial x_j}\frac{\partial\,\overline{u_j}}{\partial x_i}-\mu\overline{\frac{\partial u'_j}{\partial x_i}\frac{\partial u'_i}{\partial x_j}}
\end{aligned}
$$

可进一步写为

$$
\begin{aligned}
&\underset{①}{\frac{\partial}{\partial t}\left[\frac{\rho}{2}(\overline{u_i}\,\overline{u_i}+\overline{q^2})\right]}+\underset{②}{\overline{u_j}\frac{\partial}{\partial x_j}\left[\frac{\rho}{2}(\overline{u_i}\,\overline{u_i}+\overline{q^2})\right]} \\
&+\underset{③}{\overline{u_j}\frac{\partial}{\partial x_j}(\bar{p}+\rho gh)}+\underset{④}{\frac{\partial}{\partial x_j}\overline{u'_j\left(p'+\frac{\rho}{2}q^2\right)}} \\
=&\underset{⑤}{\mu\frac{\partial}{\partial x_j}\left[\overline{u_i}\left(\frac{\partial\,\overline{u_i}}{\partial x_j}+\frac{\partial\,\overline{u_j}}{\partial x_i}\right)\right]}+\underset{⑥}{\frac{\partial}{\partial x_j}[\overline{u_i}(-\rho\overline{u'_iu'_j})]} \\
&+\underset{⑦}{\mu\frac{\partial}{\partial x_j}\overline{u'_i\left(\frac{\partial u'_i}{\partial x_j}+\frac{\partial u'_j}{\partial x_i}\right)}}-\underset{⑧}{\mu\left(\frac{\partial\,\overline{u_i}}{\partial x_j}+\frac{\partial\,\overline{u_j}}{\partial x_i}\right)\frac{\partial\,\overline{u_i}}{\partial x_j}} \\
&-\underset{⑨}{\mu\overline{\frac{\partial u'_i}{\partial x_j}\left(\frac{\partial u'_i}{\partial x_j}+\frac{\partial u'_j}{\partial x_i}\right)}} \qquad (7\text{-}12)
\end{aligned}
$$

式中各项的物理意义如下：

① 总动能(包括时均动能$\frac{\rho}{2}\overline{u_i u_i}$和脉动动能$\frac{\rho}{2}\overline{q^2}$)的当地变化率,是由时均流动的不恒定性而引起的。

② 由时均流场的空间不均匀性所引起的总动能的迁移变化率。

③ 由时均流场的空间不均匀性所引起的时均总势能(包括压能和位能$\bar{p}+\rho g h$)的迁移变化率。

④ 由脉动流场的空间不均匀性所引起的脉动压能和脉动动能的迁移变化率。

⑤ 表示时均粘性应力$\mu\left(\frac{\partial \overline{u_i}}{\partial x_j}+\frac{\partial \overline{u_j}}{\partial x_i}\right)$与时均流速$\overline{u_i}$的乘积,为粘性应力作功的功率。凡通过粘性应力作功而传递能量的项均称为扩散项。在 7.2.5 节讨论能量方程的积分形式时可以更清楚地看出扩散项表示在控制体表面通过粘性应力作功而在控制体与外界流动之间传递的能量。

⑥ 表示紊流切应力$-\rho\overline{u'v'}$对时均流场$\overline{u_i}$作功的功率,也是一种扩散项,为紊流扩散项。

⑦ 脉动粘性应力$\mu\left(\frac{\partial u_i'}{\partial x_j}+\frac{\partial u_j'}{\partial x_i}\right)$对脉动流速场$u_i'$作功的功率,为紊流扩散项的一种。

⑧ 为时均流动耗散项,即粘性应力所作的变形功。

⑨ 为脉动流动耗散项,即脉动粘性应力对脉动流场的变形速率所作的脉动变形功。

7.2.3 紊流时均流动部分的能量方程

对紊流时均的运动方程——雷诺方程(7-5)中每一项均乘以时均流速$\overline{u_i}$,即得紊流时均流动部分的能量方程。

$$
\begin{aligned}
&\underbrace{\frac{\partial}{\partial t}\left(\frac{\rho}{2}\overline{u_i}\,\overline{u_i}\right)}_{①}+\underbrace{\frac{\partial}{\partial x_j}\left(\overline{u_j}\cdot\frac{\rho}{2}\overline{u_i}\,\overline{u_i}\right)}_{②}\\
&=\underbrace{-\frac{\partial}{\partial x_i}\left[\overline{u_i}(\bar{p}+\rho g h)\right]}_{③}+\underbrace{\frac{\partial}{\partial x_j}\left[\mu\left(\frac{\partial \overline{u_i}}{\partial x_j}+\frac{\partial \overline{u_j}}{\partial x_i}\right)\overline{u_i}\right]}_{④}\\
&\quad\underbrace{-\mu\left(\frac{\partial \overline{u_i}}{\partial x_j}+\frac{\partial \overline{u_j}}{\partial x_i}\right)\frac{\partial \overline{u_i}}{\partial x_j}}_{⑤}+\underbrace{\frac{\partial}{\partial x_j}\left[\overline{u_i}(-\rho\overline{u_i'u_j'})\right]}_{⑥}\\
&\quad\underbrace{-(-\rho\overline{u_i'u_j'})\frac{\partial \overline{u_i}}{\partial x_j}}_{⑦}
\end{aligned}
\tag{7-13}
$$

式中各项的物理意义如下:

① 单位体积流体所具时均动能的当地变化率,由时均流动的不恒定性所

引起。

② 由于时均流场的空间不均匀性，流动过程中单位体积流体所具时均动能的迁移变化率。

③ 压差与重力对流体作功的功率。也可写为$\overline{u_i}\dfrac{\partial}{\partial x_i}(\bar{p}+\rho gh)$并移至等号左侧，表示单位体积流体所具时均势能（包括压能和位能）的迁移变化率。

④ 时均粘性应力作功而传递能量的扩散项。

⑤ 单位体积流体的耗散项。表示时均粘性应力所作的变形功。

⑥ 表示雷诺应力作功的扩散项。

⑦ 表示雷诺应力对时均流场所作的变形功。对时均流动来说这一项为负值，$-(-\rho\overline{u_i'u_j'})\dfrac{\partial\overline{u_i}}{\partial x_j}$是能量的损失。但是这部分能量的损失与⑤不同，它不是变为热能而在流动中散失，而是变为脉动的能量。因此这一项就是把时均流动中的能量转化为脉动能量的部分，因而称为脉动能量的产生项。当 $i=j$ 时，$-\rho\overline{u_i'u_j'}$为正应力，但正应力所作的功远较切应力为小。

7.2.4　紊流脉动部分的能量方程

从紊流时均的总能量方程(7-12)减去紊流中时均流动部分的能量方程(7-13)，即可得到紊流中脉动部分的能量方程。

$$\underbrace{\frac{\partial}{\partial t}\left(\frac{\rho}{2}\overline{q^2}\right)}_{①}+\underbrace{\overline{u_j}\frac{\partial}{\partial x_j}\left(\frac{\rho}{2}\overline{q^2}\right)}_{②}+\underbrace{\frac{\partial}{\partial x_j}\overline{u_j'\left(p'+\frac{\rho}{2}q^2\right)}}_{③}$$

$$=\underbrace{\mu\frac{\partial}{\partial x_j}\overline{u_i'\left(\frac{\partial u_i'}{\partial x_j}+\frac{\partial u_j'}{\partial x_i}\right)}}_{④}-\underbrace{\mu\overline{\frac{\partial u_i'}{\partial x_j}\left(\frac{\partial u_i'}{\partial x_j}+\frac{\partial u_j'}{\partial x_i}\right)}}_{⑤}+\underbrace{(-\rho\overline{u_i'u_j'})\frac{\partial\overline{u_i'}}{\partial x_j}}_{⑥}\qquad(7\text{-}14)$$

式中，①，②，③，④，⑤各项的物理意义前已述及。⑥项为脉动能量的产生项，需要注意的是在紊流脉动部分的能量方程(7-14)中，这一项的符号为正号。说明对于脉动流动来说，它是从时均流动中得到这一部分能量，以维持它的脉动。总的说来，紊流运动中脉动部分能量的平衡可以认为是在某一控制体中，流体脉动能量$\dfrac{\rho}{2}\overline{q^2}$的随体变化是由于几个方面的原因产生的：一是在控制体表面由脉动粘性应力作功而与外界传递能量的扩散项，二是由脉动粘性应力所作的脉动变形功而形成耗散项，再就是脉动由时均流动获取能量的产生项。

7.2.5　能量方程的积分形式

1. 紊流时均流动部分能量方程的积分

对紊流时均流动部分的能量方程(7-13)在控制体体积 V 上积分，并应用高斯公式：

$$\iiint_V \frac{\partial F}{\partial x_i}\mathrm{d}V = \iint_S F n_i \mathrm{d}S \tag{7-15}$$

式中,F 代表某一物理量；S 为控制体的表面积；n_i 为控制体表面的外法线方向单位向量在 i 方向的分量。可得

$$\begin{aligned}
\iiint_V \Big[\underbrace{\frac{\partial}{\partial t}\Big(\frac{\rho}{2}\overline{u_i}\,\overline{u_i}\Big)}_{①}\Big]\mathrm{d}V =& -\iint_S \overline{u_j}\underbrace{\Big(\frac{\rho}{2}\overline{u_i}\,\overline{u_i}\Big)}_{②}n_j\mathrm{d}S \\
& -\iint_S \underbrace{\overline{u_i}(\overline{p}+\rho g h)}_{③}n_i\mathrm{d}S + \iint_S \underbrace{\mu\Big(\frac{\partial \overline{u_i}}{\partial x_j}+\frac{\partial \overline{u_j}}{\partial x_i}\Big)}_{④}\overline{u_i}n_j\mathrm{d}S \\
& -\iiint_V \underbrace{\mu\Big(\frac{\partial \overline{u_i}}{\partial x_j}+\frac{\partial \overline{u_j}}{\partial x_i}\Big)}_{⑤}\frac{\partial \overline{u_i}}{\partial x_j}\mathrm{d}V + \iint_S \underbrace{(-\rho\overline{u_i' u_j'})}_{⑥}\,\overline{u_i}n_j\mathrm{d}S \\
& -\iiint_V \underbrace{(-\rho\overline{u_i' u_j'})}_{⑦}\frac{\partial \overline{u_i}}{\partial x_j}\mathrm{d}V
\end{aligned} \tag{7-16}$$

式中各项的物理意义如下：

① 在控制体体积 V 中全部时均动能的当地变化率。

② 单位时间内时均动能通过控制体表面积的迁移。或流入控制体表面积的动能通量。

③ 压力与重力在控制体表面积上作功的功率。或理解为势能(包括压能与位能)通过控制体表面积的迁移。

④ 在控制体表面积上的粘性应力作功从而在控制体与外界流动之间传递的能量,是为扩散项。在外法线向量为 $\boldsymbol{n}$ 的微元面积 $\mathrm{d}S$ 上的粘性应力为$(\tau\cdot\boldsymbol{n})$,作功的功率为 $(\tau\cdot\boldsymbol{n})\cdot\boldsymbol{u}$,$\boldsymbol{u}$ 为时均流速向量。

$$(\tau\cdot\boldsymbol{n})\cdot\boldsymbol{u} = \tau_{ij}\,\overline{u_i}n_j = \mu\Big(\frac{\partial \overline{u_i}}{\partial x_j}+\frac{\partial \overline{u_j}}{\partial x_i}\Big)\overline{u_i}n_j$$

⑤ 在控制体内粘性应力所作的变形功从而引起能量的耗散,由机械能转化为热能。

⑥ 雷诺应力在控制体表面积上作功从而在控制体与外界流动之间传递能量,同样是一种扩散项。

⑦ 控制体体积内脉动能量的产生项,对于时均流动来说这一项是能量的损失,式中为负号。

注意在这个方程中的各项符号所表示能量的增减。方程(7-16)等号左侧的①项表示时均动能在控制体内的增长率是由方程右侧各项所形成的。方程(7-16)等号右侧各项中,凡在体积内积分的项如⑤项与⑦项,这种类型的项其符号为正表

示使控制体内能量增加，反之符号为负则使控制体内能量减小。凡通过控制体表面积传递的项，如②，③，④，⑥各项均可利用高斯公式化为散度的形式，见附录中式(15)。散度表示从控制体内向外流出，因此这些项当其符号为正时表示由控制体输送出去能量，反之当这种项符号为负时则表示由控制体外部向控制体内传递能量。

2. 紊流脉动部分能量方程的积分

对紊流脉动部分的能量方程(7-14)在控制体体积 V 上积分，同样应用高斯公式(7-15)，可得

$$\begin{aligned}\iiint_V \underbrace{\frac{\partial}{\partial t}\left(\frac{\rho}{2}\overline{q^2}\right)}_{①}\mathrm{d}V = &-\iint_S \underbrace{\left(\frac{\rho}{2}\overline{q^2}\right)\overline{u_j}}_{②}n_j\,\mathrm{d}S \\ &-\iint_S \underbrace{\overline{u'_j\left(p'+\frac{\rho}{2}\overline{q^2}\right)}}_{③}n_j\,\mathrm{d}S+\iint_S \mu\underbrace{\overline{u'_i\left(\frac{\partial u'_i}{\partial x_j}+\frac{\partial u'_j}{\partial x_i}\right)}}_{④}n_j\,\mathrm{d}S \\ &-\iiint_V \mu\underbrace{\overline{\left(\frac{\partial u'_i}{\partial x_j}+\frac{\partial u'_j}{\partial x_i}\right)\frac{\partial u'_i}{\partial x_j}}}_{⑤}\mathrm{d}V+\iiint_V \underbrace{(-\rho\overline{u'_iu'_j})\frac{\partial\overline{u_i}}{\partial x_j}}_{⑥}\mathrm{d}V\end{aligned}\tag{7-17}$$

式中各项的物理意义如下：

① 在控制体体积 V 中全部脉动动能的当地变化率。

② 单位时间内由时均流速 $\overline{u_j}$ 使脉动能量发生的迁移，或在时均流速场中流入控制体表面积 S 的脉动动能的通量。

③ 单位时间内由脉动流速 u'_j 使脉动压能与脉动动能流入控制体表面积 S 的迁移项。

④ 脉动粘性应力在控制体表面作功而传递的能量，为扩散项。这里符号为正号，因此脉动粘性力作功的能量是从控制体内的流动向控制体外部流动传递的。

⑤ 在控制体体积内由脉动粘性应力对脉动变形率所作的变形功，为能量的耗散。

⑥ 控制体中脉动能量的产生项。对于脉动流动而言这一项是从时均流动中获取的能量，因此式中符号为正号。

3. 积分形式能量方程示意

为了更好地理解能量方程中各项的物理意义，特示意如下：

(1) 紊流时均流动部分能量方程(7-16)示意图如图 7-2 所示。

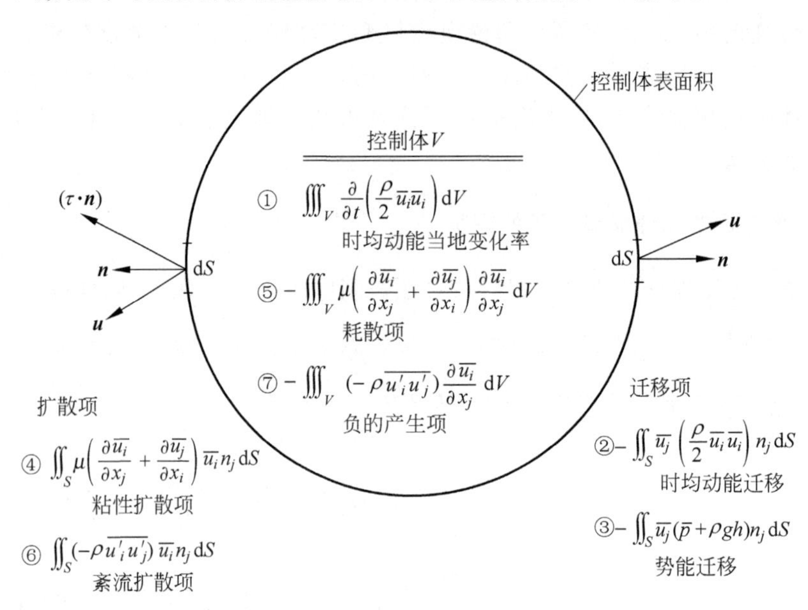

图 7-2 时均能量平衡

(2) 紊流脉动部分能量方程(7-17)示意图如图 7-3 所示。

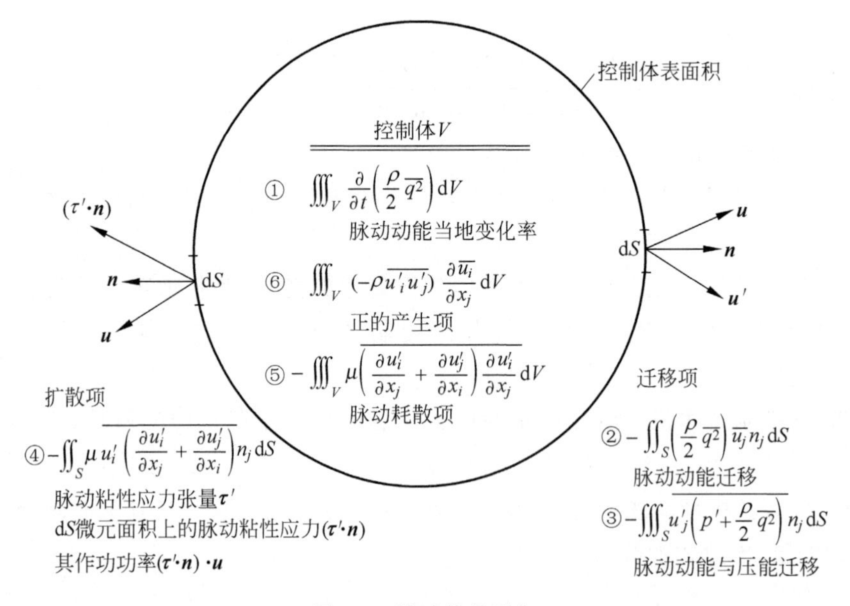

图 7-3 脉动能量平衡

7.3 紊流的涡量方程、旋涡的拉伸

紊流不仅是一种有涡流动,而且涡的强烈脉动也作为紊流的一个特征。这一点是紊流与其他随机流动,例如海洋中的随机波动等的重要区别,因为随机波动是无旋流动。在紊流研究中必须对涡的脉动进行深入的探讨。

在紊流中,涡量 Ω 同样可以表示为时均值与脉动值之和,即

$$\Omega_i = \overline{\Omega_i} + \Omega'_i \tag{7-18}$$

在第 1 章中所提出的涡量方程(1-119)对于紊流的瞬时流动也是适用的,因此可以把式(7-18)代入式(1-119)并取时间平均,可得

$$\frac{\partial \overline{\Omega_i}}{\partial t} + \overline{u_j}\frac{\partial \overline{\Omega_i}}{\partial x_j} = -\overline{u'_j\frac{\partial \Omega'_i}{\partial x_j}} + \overline{\Omega'_j e'_{ij}} + \overline{\Omega_j}\,\overline{e_{ij}} + \nu\frac{\partial^2 \overline{\Omega_i}}{\partial x_j \partial x_j} \tag{7-19}$$

这就是紊流时均的涡量方程。同样将式(7-18)代入涡量连续方程(1-116)中并取时间平均可得紊流时均涡量连续方程

$$\frac{\partial \overline{\Omega_i}}{\partial x_i} = 0 \tag{7-20}$$

并从而得到紊流脉动的涡量连续方程

$$\frac{\partial \Omega'_i}{\partial x_i} = 0 \tag{7-21}$$

在讨论亥姆霍兹涡量方程(1-117)时已经提出公式等号右侧第一项$(\boldsymbol{\Omega}\cdot\nabla)\boldsymbol{u}$表示涡量与流体微团变形的相互作用。现在来进一步加以说明。$(\boldsymbol{\Omega}\cdot\nabla)\boldsymbol{u}=\Omega_j\frac{\partial u_i}{\partial x_j}$,它在 x_1 方向的分量为 $\Omega_1\frac{\partial u_1}{\partial x_1}+\Omega_2\frac{\partial u_1}{\partial x_2}+\Omega_3\frac{\partial u_1}{\partial x_3}$,由 1.2.9 节对流体微团变形的讨论,结合图 7-4(a),(b),(c)可以看出:$\Omega_1\frac{\partial u_1}{\partial x_1}$表示由于流体微团在 x_1 方向的线变形而导致涡管(vortex tube)Ω_1 的伸长。$\Omega_2\frac{\partial u_1}{\partial x_2}$表示由于 x_2 方向的流体微团在两端点及其各中间点处 x_1 方向流速的不同而导致的涡管的弯曲和转向。$\Omega_3\frac{\partial u_1}{\partial x_3}$则表示由于 x_3 方向流体微团在两端点及其各中间点处 x_1 方向流速不同而导致的涡管的弯曲和转向。这里所考虑的流体微团即一长度为无穷小 $\mathrm{d}x_i$ 的涡管。

在紊流中涡管的变形、拉伸、增强,方向的变化和转动都有着重要的意义。涡量的增强或减弱是通过涡管的伸缩和弯曲来实现的,因而 $\Omega_j\frac{\partial u_i}{\partial x_j}$项也可称为旋涡变形项。由三维的涡量方程(1-119)和二维的涡量方程(1-120)二式相比较可知,在二维涡量方程中没有旋涡变形项。也就是说在二维流动中旋涡不能伸缩或弯

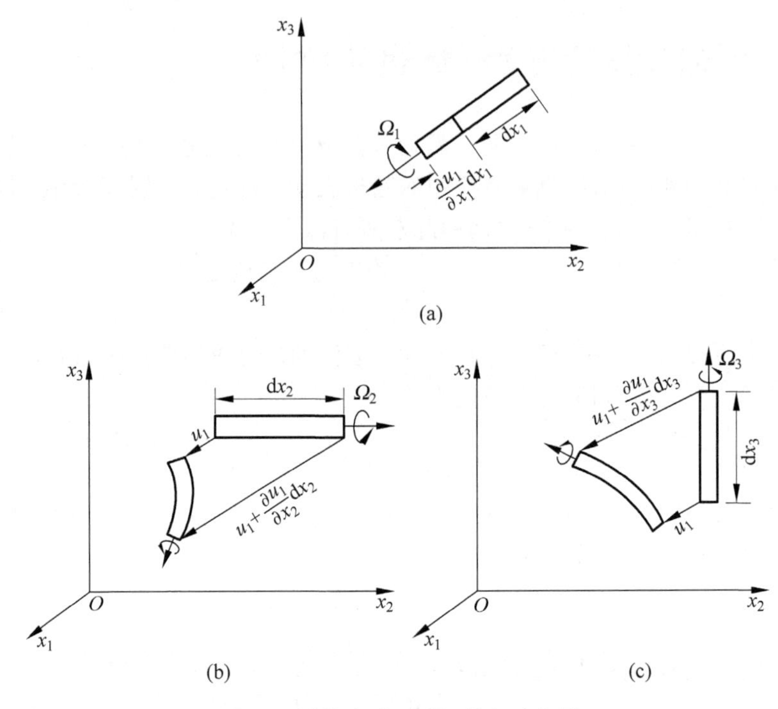

图 7-4 涡管变形、弯曲、转向示意图

曲,旋涡不能增强,紊流也不可能维持。从而得出一个重要的结论,紊流运动本身必然是三维的流动。

在三维流动中,$\Omega_j e_{ij}$ 项中当 $i=j$,是一个在加速流里旋涡被拉伸(vortex streching)的例子,如图 7-5 所示。此时 $e_{11}=\dfrac{\partial u_1}{\partial x_1}$,$x_1$ 方向的线变形率为正。根据连续方程 $\nabla\cdot\boldsymbol{u}=e_{ii}=0$,则 e_{22},e_{33} 必为负,即涡管在 x_1 方向拉长后其在 x_2x_3 方向的断面积必变小。可称涡管中的流体为涡束(vortex filament),这时 x_1 方向的涡束将在流动过程中由于受到拉伸而变形。根据亥姆霍兹涡管强度保持定理,涡管的涡通量 $\int_A \boldsymbol{\Omega}\cdot\boldsymbol{n}\mathrm{d}A$ 沿涡管不变,因此当涡管受到拉伸,断面积缩小,则涡量必然增大。反之如涡管受到压缩,断面积增大,涡量则随之减弱。

涡束的变形对其他涡束的影响也多是拉伸,可用图 7-6 来说明。设有两个平行的涡束在 x_1 方向拉伸。它们的涡量增强,由 $\Omega_1(0)$ 增加到 $\Omega_1(t)$,转速加快。上半平面的旋涡加大了 $+x_2$ 方向的流速,由 $u_2(0)$ 增加到 $u_2(t)$。在下半平面则加大了 $-x_2$ 方向的流速,由 $-u_2(0)$ 增加到 $-u_2(t)$。其作用的结果是使得位于此两涡束之间的另一方向的涡束其涡量由 $\Omega_2(0)$ 增大到 $\Omega_2(t)$,涡束受到了拉伸并变形。

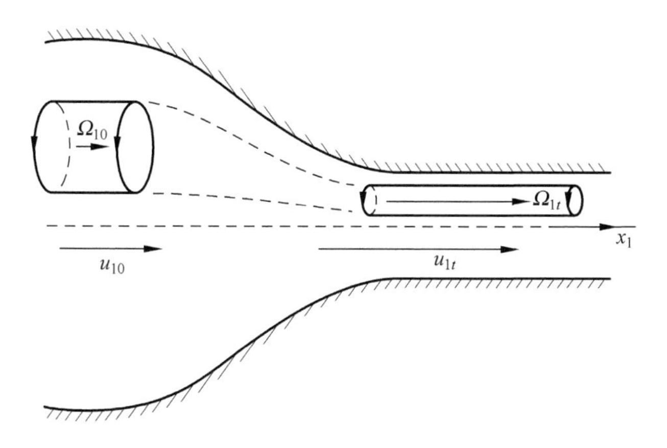

图 7-5　三维流动中旋涡拉伸示意图[7]

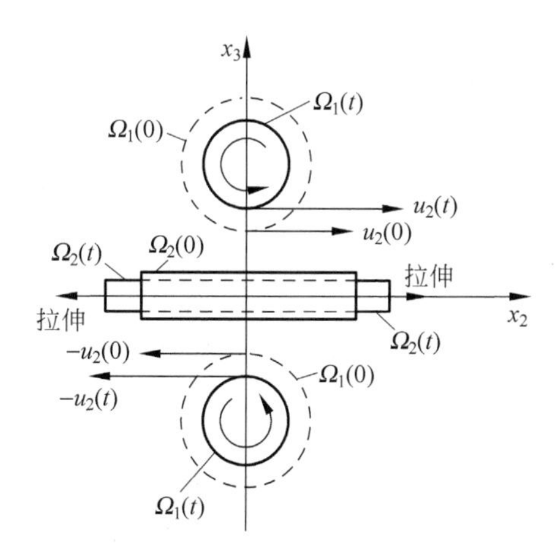

图 7-6　涡束变形影响示意图[3]

图 7-4(b)与图 7-4(c)中，由于$\frac{\partial u_1}{\partial x_2}$及$\frac{\partial u_1}{\partial x_3}$的存在，使涡束在流动中发生方向的改变，说明在$\frac{\partial u_i}{\partial x_j}(i \neq j)$的流速梯度作用下，原来的涡束将会分出一个与它垂直方向的分量。这种涡量的分解，最终可使涡量的分布变成一个错综复杂的三维涡量场。

涡束的角动量与 $r^2\omega$ 成正比，r 为涡管的半径，ω 为角转速。涡束的动能则与 $r^2\omega^2$ 成正比。旋涡拉伸，r 减小而 ω 增大，角动量保持不变但动能却总是增大的。这个能量来自于使旋涡发生拉伸变形的原因——流速场，特别是紊流的时均流速场。可以说，旋涡拉伸是时均流速场对旋涡作功的结果。旋涡在拉伸的过程中，其几何尺度变小，能量增大，因此能量由大尺度旋涡向小尺度旋涡传递。

根据旋涡在一个方向的拉伸会引起另外两个方向的旋涡也发生拉伸的现象布拉德肖(P. Bradshaw)[1] 1971年提出紊流旋涡的“家谱图”来描述紊流发展的过程，如图7-7所示。由图可以看出如果第一代是在 x_1 方向的旋涡拉伸，它将诱发 x_2，x_3 两个方向上旋涡的拉伸，是为第二代。这样一代一代发展下去，旋涡尺度越来越小，而旋涡在方向上的分布却越来越均匀。例如图7-7中到了第七代，可以看出它已经基本形成各个方向均匀分布的局面。由此可得到紊流理论中一个重要结论：小尺度紊流具有各向同性的特征。

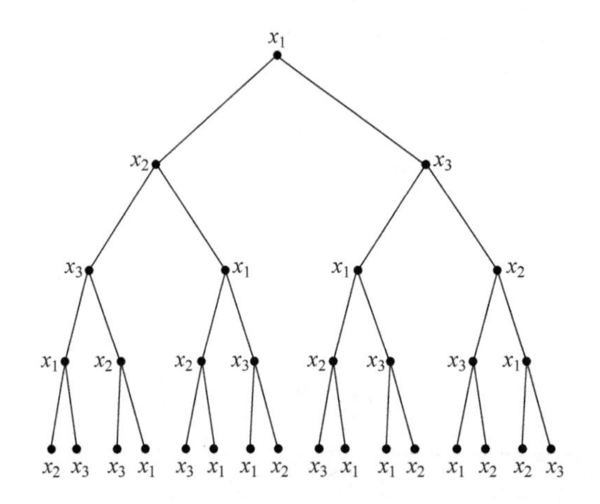

代	x_1	x_2	x_3
一	1	0	0
二	0	1	1
三	2	1	1
四	2	3	3
五	6	5	5
六	10	11	11
七	22	21	21
⋮	⋮	⋮	⋮

图7-7 紊流旋涡“家谱图”

旋涡存在于流速场内，流速分布的不均匀使涡束发生变形和转向。随着涡束的拉伸变形，大尺度旋涡从时均流动中吸取能量，并向小尺度旋涡逐级传递。最后在很小尺度的旋涡运动中通过粘性把能量由机械能转变为热能而耗散，这就是紊流的发展过程。

7.4 紊流计算中的 k 方程与 ε 方程

应用雷诺方程与连续方程解决紊流问题时由于雷诺方程中增加了六个未知的雷诺应力项而形成紊流基本方程的不封闭问题。因此要应用这些方程必须首先解决封闭性问题。根据紊流的运动规律以寻求附加的条件和关系式从而使方程封闭可解就是近年来所形成的各种紊流模型。随着电子计算机的迅速发展，紊流模型的研究已成为近年紊流研究中发展最快的一个分支，成为解决工程实际紊流问题的一个有效的手段。

最初的紊流模型理论是1877年布西内斯克(J. Boussinesq)[2]提出的用涡粘度(eddy viscosity)将雷诺应力与时均流速场联系起来的设想。后来又发展了一系列以普朗特混掺长度理论(Prandtl mixing length theory)为代表的半经验理论,并得到广泛的应用。这些紊流模型都不涉及任何有关脉动量的微分方程,因而被称为零方程模型。随着紊流模型研究的发展又出现了一方程模型,除时均的雷诺方程和连续方程外增加一个有关脉动量的微分方程,常用的为脉动动能方程。由于 $k=\frac{1}{2}\overline{u_i'u_i'}$ 代表脉动动能,这个方程称为 k 方程(k-equation)。进一步如果再增加一个有关脉动量的方程则称为二方程模型。增加的微分方程式常是关于能量耗散率 $\varepsilon=\nu\overline{\frac{\partial u_i'}{\partial x_l}\frac{\partial u_i'}{\partial x_l}}$ 的方程,称为 ε 方程(ε-equation)。这样的二方程模型通称 k-ε 模型(k-ε model),近年来应用十分广泛。本节中将主要推导 k 方程与 ε 方程,为读者应用紊流模型提供一个理论基础。

7.4.1 紊流脉动动能方程(k 方程)

紊流模型中常用的脉动动能方程的通用形式可以从紊流脉动部分的能量方程(7-14)稍加改写即可得到。以 $k=\frac{1}{2}\overline{u_i'u_i'}=\frac{1}{2}\overline{q^2}$,$k'=\frac{1}{2}u_i'u_i'$ 代入式(7-14):

$$
\begin{aligned}
\frac{\partial k}{\partial t}+\overline{u}_j\frac{\partial k}{\partial x_j}=&-\overline{u_i'u_j'}\frac{\partial\overline{u}_i}{\partial x_j}-\frac{\partial}{\partial x_j}\overline{u_j'\left(\frac{p'}{\rho}+k'\right)}\\
&+\nu\overline{\frac{\partial}{\partial x_j}\left(u_i'\frac{\partial u_i'}{\partial x_j}\right)+\frac{\partial}{\partial x_j}\left(u_i'\frac{\partial u_j'}{\partial x_i}\right)}\\
&-\nu\overline{\frac{\partial u_i'}{\partial x_j}\frac{\partial u_i'}{\partial x_j}}-\nu\overline{\frac{\partial u_i'}{\partial x_j}\frac{\partial u_j'}{\partial x_i}}
\end{aligned}
\tag{i}
$$

式中,

$$
\nu\overline{\frac{\partial}{\partial x_j}\left(u_i'\frac{\partial u_i'}{\partial x_j}\right)}=\nu\overline{\frac{\partial}{\partial x_j}\left(\frac{1}{2}\frac{\partial u_i'u_i'}{\partial x_j}\right)}=\nu\frac{\partial}{\partial x_j}\left(\frac{\partial}{\partial x_j}k\right)
$$

$$
\begin{aligned}
\nu\overline{\frac{\partial}{\partial x_j}\left(u_i'\frac{\partial u_j'}{\partial x_i}\right)}&=\nu\left[\overline{\frac{\partial u_i'}{\partial x_j}\frac{\partial u_j'}{\partial x_i}}+\overline{u_i'\frac{\partial}{\partial x_j}\left(\frac{\partial u_j'}{\partial x_i}\right)}\right]\\
&=\nu\overline{\frac{\partial u_i'}{\partial x_j}\frac{\partial u_j'}{\partial x_i}}
\end{aligned}
$$

代入(i)式,并化简得

$$
\begin{aligned}
\underbrace{\frac{\partial k}{\partial t}+\overline{u}_j\frac{\partial k}{\partial x_j}}_{①}=&\underbrace{-\overline{u_i'u_j'}\frac{\partial\overline{u}_i}{\partial x_j}}_{②}-\frac{\partial}{\partial x_j}\left[\underbrace{\overline{u_j'\left(k'+\frac{p'}{\rho}\right)}}_{③}-\underbrace{\nu\frac{\partial k}{\partial x_j}}_{④}\right]\\
&\underbrace{-\nu\overline{\frac{\partial u_i'}{\partial x_j}\frac{\partial u_i'}{\partial x_j}}}_{⑤}
\end{aligned}
\tag{7-22}
$$

上式即通用的 k 方程的形式,式中各项的物理意义如下:

① 脉动动能的当地与迁移变化率。

② 产生项。

③ 脉动流场的空间不均匀性而导致的脉动动能 k 与压能$\frac{p'}{\rho}$的脉动迁移变化率。

④ 脉动扩散项。

⑤ 在动能方程中的脉动粘性耗散项,即 ε。

下面将用更一般的方法来推导有关紊流脉动流速的有关方程。当不考虑质量力,或在重力场中,压力项代表流体动压强时,紊流瞬时的纳维-斯托克斯方程可写为

$$\frac{\partial(\overline{u_i}+u_i')}{\partial t}+(\overline{u_j}+u_j')\frac{\partial(\overline{u_i}+u_i')}{\partial x_j}$$

$$=-\frac{1}{\rho}\frac{\partial(\overline{p}+p')}{\partial x_i}+\nu\frac{\partial^2(\overline{u_i}+u_i')}{\partial x_j\partial x_j} \tag{7-23}$$

雷诺方程为

$$\frac{\partial\overline{u_i}}{\partial t}+\overline{u_j}\frac{\partial\overline{u_i}}{\partial x_j}+\frac{\partial}{\partial x_j}(\overline{u_i'u_j'})=-\frac{1}{\rho}\frac{\partial\overline{p}}{\partial x_i}+\nu\frac{\partial^2\overline{u_i}}{\partial x_j\partial x_j} \tag{7-24}$$

由式(7-23)减去式(7-24),得

$$\frac{\partial u_i'}{\partial t}+u_j'\frac{\partial\overline{u_i}}{\partial x_j}+\overline{u_j}\frac{\partial u_i'}{\partial x_j}+u_j'\frac{\partial u_i'}{\partial x_j}-\frac{\partial}{\partial x_j}(\overline{u_i'u_j'})$$

$$=-\frac{1}{\rho}\frac{\partial p'}{\partial x_i}+\nu\frac{\partial^2 u_i'}{\partial x_j\partial x_j} \tag{ii}$$

将(ii)式的下角标 j 改为 l(因为是哑标,对方程式无影响,而对下一步推导却带来很大方便),得

$$\frac{\partial u_i'}{\partial t}+u_l'\frac{\partial\overline{u_i}}{\partial x_l}+\overline{u_l}\frac{\partial u_i'}{\partial x_l}+u_l'\frac{\partial u_i'}{\partial x_l}-\frac{\partial}{\partial x_l}(\overline{u_i'u_l'})$$

$$=-\frac{1}{\rho}\frac{\partial p'}{\partial x_i}+\nu\frac{\partial^2 u_i'}{\partial x_l\partial x_l} \tag{iii}$$

对于N-S方程和雷诺方程中 j 方向的方程相减可得

$$\frac{\partial u_j'}{\partial t}+u_l'\frac{\partial\overline{u_j}}{\partial x_l}+\overline{u_l}\frac{\partial u_j'}{\partial x_l}+u_l'\frac{\partial u_j'}{\partial x_l}-\frac{\partial}{\partial x_l}(\overline{u_j'u_l'})$$

$$=-\frac{1}{\rho}\frac{\partial p'}{\partial x_j}+\nu\frac{\partial^2 u_j'}{\partial x_l\partial x_l} \tag{iv}$$

(iii)式乘 u_j' 加(iv)式乘 u_i',然后加以时间平均,得

$$\frac{\partial\overline{u_i'u_j'}}{\partial t}+\overline{u_l}\frac{\partial\overline{u_i'u_j'}}{\partial x_l}+\left(\overline{u_j'u_l'}\frac{\partial\overline{u_i}}{\partial x_l}+\overline{u_i'u_l'}\frac{\partial\overline{u_j}}{\partial x_l}\right)+\overline{u_j'u_l'\frac{\partial u_i'}{\partial x_l}+u_i'u_l'\frac{\partial u_j'}{\partial x_l}}$$

$$=-\frac{1}{\rho}\left(\overline{u_j'\frac{\partial p'}{\partial x_i}}+\overline{u_i'\frac{\partial p'}{\partial x_j}}\right)+\nu\left(\overline{u_j'\frac{\partial^2 u_i'}{\partial x_l\partial x_l}}+\overline{u_i'\frac{\partial^2 u_j'}{\partial x_l\partial x_l}}\right) \tag{v}$$

式中

$$\overline{u'_j u'_l \frac{\partial u'_i}{\partial x_l} + u'_i u'_l \frac{\partial u'_j}{\partial x_l}} = \overline{u'_j u'_l \frac{\partial u'_i}{\partial x_l} + u'_i u'_l \frac{\partial u'_j}{\partial x_l} + u'_i u'_j \frac{\partial u'_l}{\partial x_l}} = \frac{\partial}{\partial x_l}(\overline{u'_i u'_j u'_l})$$

$$\frac{1}{\rho}\overline{\left(u'_j \frac{\partial p'}{\partial x_i}\right)} = \frac{1}{\rho}\left[\frac{\partial}{\partial x_i}(\overline{p' u'_j}) - \overline{p' \frac{\partial u'_j}{\partial x_i}}\right] = \frac{\partial}{\partial x_l}\overline{\left(\frac{p'}{\rho} u'_j \delta_{il}\right)} - \overline{\frac{p'}{\rho}\frac{\partial u'_j}{\partial x_i}}$$

$$\frac{1}{\rho}\overline{\left(u'_i \frac{\partial p'}{\partial x_j}\right)} = \frac{1}{\rho}\left[\frac{\partial}{\partial x_j}(\overline{p' u'_i}) - \overline{p' \frac{\partial u'_i}{\partial x_j}}\right] = \frac{\partial}{\partial x_l}\overline{\left(\frac{p'}{\rho} u'_i \delta_{jl}\right)} - \overline{\frac{p'}{\rho}\frac{\partial u'_i}{\partial x_j}}$$

$$\nu\left(\overline{u'_j \frac{\partial^2 u'_i}{\partial x_l \partial x_l}} + \overline{u'_i \frac{\partial^2 u'_j}{\partial x_l \partial x_l}}\right) = \nu \frac{\partial^2 (\overline{u'_i u'_j})}{\partial x_l \partial x_l} - 2\nu \overline{\frac{\partial u'_i}{\partial x_l}\frac{\partial u'_j}{\partial x_l}}$$

代入(v)式得雷诺应力的偏微分方程式如下：

$$\underset{①}{\frac{\mathrm{d}}{\mathrm{d}t}(\overline{u'_i u'_j})} = \underset{②}{-\left(\overline{u'_j u'_l}\frac{\partial \overline{u_i}}{\partial x_l} + \overline{u'_i u'_l}\frac{\partial \overline{u_j}}{\partial x_l}\right)}$$

$$-\frac{\partial}{\partial x_l}\Big[\underset{③}{\overline{u'_i u'_j u'_l}} + \underset{④}{\overline{\frac{p'}{\rho}(u'_j \delta_{il} + u'_i \delta_{jl})}} - \underset{⑤}{\nu \frac{\partial (\overline{u'_i u'_j})}{\partial x_l}}\Big]$$

$$\underset{⑥}{-2\nu \overline{\frac{\partial u'_i}{\partial x_l}\frac{\partial u'_j}{\partial x_l}}} + \underset{⑦}{\overline{\frac{p'}{\rho}\left(\frac{\partial u'_i}{\partial x_j} + \frac{\partial u'_j}{\partial x_i}\right)}} \tag{7-25}$$

式中各项的物理意义如下：

① 单位质量流体雷诺应力的物质导数，包括当地变化率和迁移变化率。$\frac{\mathrm{d}}{\mathrm{d}t} = \left(\frac{\partial}{\partial t} + \overline{u_l}\frac{\partial}{\partial x_l}\right)$。

② 产生项，雷诺应力对时均流速场所作的变形功。

③，④，⑤统称紊流扩散项，但其物理本质有所不同，其中：

③ 实质为脉动流速场中单位质量流体雷诺应力 $-\overline{u'_i u'_j}$ 的迁移变化率。这一项为脉动流速的三阶矩，共有 27 项，由于对称性，故只有 18 项。

④ 由于脉动压力引起的紊流扩散。

⑤ 由粘性引起的紊流应力的扩散，实质为分子扩散。

⑥ 为紊流耗散项。

⑦ 紊流脉动压力与脉动变形速率的作用。

对式(7-25)进行缩并，令 $i=j$，并以 $k=\frac{1}{2}\overline{u'_i u'_i}$ 代入，即可得紊流脉动动能方程，即 k 方程：

$$\frac{\mathrm{d}k}{\mathrm{d}t} = -\overline{u'_i u'_l}\frac{\partial \overline{u_i}}{\partial x_l} - \frac{\partial}{\partial x_l}\left(\overline{k' u'_l} + \frac{1}{\rho}\overline{p' u'_l} - \nu \frac{\partial k}{\partial x_l}\right) - \varepsilon \tag{7-26}$$

与本节开始时所得的 k 方程(7-22)完全一致。

7.4.2 紊流能量耗散率方程(ε 方程)

将(ii)式对 x_l 取偏微分:

$$\frac{\partial}{\partial t}\left(\frac{\partial u_i'}{\partial x_l}\right)+u_j'\frac{\partial^2 \overline{u_i}}{\partial x_j\partial x_l}+\frac{\partial u_j'}{\partial x_l}\frac{\partial \overline{u_i}}{\partial x_j}+\frac{\partial \overline{u_j}}{\partial x_l}\frac{\partial u_i'}{\partial x_j}+\overline{u_j}\frac{\partial^2 u_i'}{\partial x_j\partial x_l}$$

$$+\frac{\partial u_j'}{\partial x_l}\frac{\partial u_i'}{\partial x_j}+u_j'\frac{\partial^2 u_i'}{\partial x_j\partial x_l}-\frac{\partial^2(\overline{u_i'u_j'})}{\partial x_j\partial x_l}$$

$$=-\frac{1}{\rho}\frac{\partial^2 p'}{\partial x_i\partial x_l}+\nu\frac{\partial^3 u_i'}{\partial x_j\partial x_j\partial x_l} \tag{vi}$$

以 $2\nu\dfrac{\partial u_i'}{\partial x_l}$乘(vi)式,并利用$\dfrac{\partial u_i'}{\partial x_i}=0,\dfrac{\partial u_j'}{\partial x_j}=0$ 的关系,令 $\varepsilon'=\nu\dfrac{\partial u_i'}{\partial x_l}\cdot\dfrac{\partial u_i'}{\partial x_l},\varepsilon=\nu\overline{\dfrac{\partial u_i'}{\partial x_l}\dfrac{\partial u_i'}{\partial x_l}}$,并对全式取时间平均,则得

$$\frac{\mathrm{d}\varepsilon}{\mathrm{d}t}=-\frac{\partial}{\partial x_j}(\overline{\varepsilon'u_j'})-\frac{2\nu}{\rho}\frac{\partial}{\partial x_i}\left(\overline{\frac{\partial u_i'}{\partial x_l}\frac{\partial p'}{\partial x_l}}\right)+\nu\frac{\partial^2\varepsilon}{\partial x_j\partial x_j}$$

$$-2\nu^2\overline{\frac{\partial^2 u_i'}{\partial x_j\partial x_l}\frac{\partial^2 u_i'}{\partial x_j\partial x_l}}-2\nu\overline{u_j'\frac{\partial u_i'}{\partial x_l}}\frac{\partial^2\overline{u_i}}{\partial x_j\partial x_l}$$

$$-2\nu\left(\overline{\frac{\partial u_i'}{\partial x_l}\frac{\partial u_j'}{\partial x_l}}\frac{\partial\overline{u_i}}{\partial x_j}+\overline{\frac{\partial u_i'}{\partial x_l}\frac{\partial u_i'}{\partial x_j}}\frac{\partial\overline{u_j}}{\partial x_l}\right)$$

$$-2\nu\overline{\frac{\partial u_i'}{\partial x_l}\frac{\partial u_i'}{\partial x_j}\frac{\partial u_j'}{\partial x_l}} \tag{vii}$$

式中,$\dfrac{\mathrm{d}\varepsilon}{\mathrm{d}t}=\dfrac{\partial\varepsilon}{\partial t}+\overline{u_j}\dfrac{\partial\varepsilon}{\partial x_j}$。

如改变(vii)式中哑标的符号可得

$$\frac{\mathrm{d}\varepsilon}{\mathrm{d}t}=-\frac{\partial}{\partial x_j}\left(\overline{\varepsilon'u_j'}+\frac{2\nu}{\rho}\overline{\frac{\partial u_j'}{\partial x_l}\frac{\partial p'}{\partial x_l}}-\nu\frac{\partial\varepsilon}{\partial x_j}\right)-2\nu\overline{u_j'\frac{\partial u_i'}{\partial x_l}}\frac{\partial^2\overline{u_i}}{\partial x_j\partial x_l}$$

$$-2\nu\frac{\partial\overline{u_i}}{\partial x_j}\left(\overline{\frac{\partial u_i'}{\partial x_l}\frac{\partial u_j'}{\partial x_l}}+\overline{\frac{\partial u_l'}{\partial x_j}\frac{\partial u_l'}{\partial x_i}}\right)-2\nu\overline{\frac{\partial u_i'}{\partial x_l}\frac{\partial u_i'}{\partial x_j}\frac{\partial u_j'}{\partial x_l}}$$

$$-2\nu^2\overline{\left(\frac{\partial^2 u_i'}{\partial x_j\partial x_l}\right)^2} \tag{7-27}$$

此即通用的 ε 方程。

7.5 紊流的半经验理论

利用部分得到试验证明的一些假设去建立雷诺应力与流场中的时均量之间的关系,以解决紊流基本方程的封闭性问题,称为紊流的半经验理论。自 20 世纪 20 年代以来,解决紊流问题的途径主要是沿着半经验理论的方法发展的,它在紊流的

计算中至今还在广泛的应用。只是到了近代，随着电子计算机的发展，其他的紊流计算模型才日显其重要性。但是仍然代替不了半经验理论的应用。

7.5.1　涡粘性模型

布西内斯克是历史上第一位提出应用半经验理论解决紊流问题的学者。对应层流中切应力与流速梯度关系的公式：

$$\tau_l = \mu \frac{\mathrm{d}u}{\mathrm{d}y} \tag{1-7}$$

布西内斯克引用一个涡粘度 μ_t，使紊流的雷诺应力与流场中时均流速梯度建立下述关系：

$$\tau_t = -\rho \overline{u'v'} = \mu_t \frac{\mathrm{d}\,\bar{u}}{\mathrm{d}y} \tag{7-28}$$

紊流涡粘度 μ_t 与层流中的粘度 μ 相对应，有时也可称为表观粘度。式中各量中，下角标 l 表示层流，t 表示紊流。但是需要注意的是，粘度 μ 是流体本身的一种物理特性，与流动的情况无关。而涡粘度 μ_t 则并非流体的物理性质，而是紊流的一种流动特性，决定于紊流的时均流速场和几何边界条件。对于不同的流动，甚至同一流动中的不同位置处，μ_t 均不相同。以后会讨论到紊流中的切应力是与流速的平方成比例的，而在层流中切应力与流速的一次方成正比，因此可以想见 μ_t 至少是与流速的一次方有关系的一个量。与流体的运动粘度 $\nu=\dfrac{\mu}{\rho}$ 相对应，同样可以在紊流中定义一个相应的系数 ν_t，称为涡运动粘度(eddy kinematic viscosity)。层流中：

$$\tau_l = \rho\nu \frac{\mathrm{d}u}{\mathrm{d}y}$$

紊流中：

$$\tau_t = \rho\nu_t \frac{\mathrm{d}\,\bar{u}}{\mathrm{d}y} \tag{7-29}$$

于是，代入雷诺方程(7-5)，得

$$\frac{\partial \overline{u_i}}{\partial t} + \overline{u_j}\frac{\partial \overline{u_i}}{\partial x_j} = \overline{F_i} - \frac{1}{\rho}\frac{\mathrm{d}\,\bar{p}}{\mathrm{d}x_i} + \frac{\partial}{\partial x_j}\left[(\nu+\nu_t)\frac{\partial \overline{u_i}}{\partial x_j}\right] \tag{7-30}$$

连续方程仍为

$$\frac{\partial \overline{u_i}}{\partial x_i} = 0 \tag{7-2}$$

边界条件则仍然是在静止的固体壁面处时均与脉动流速均为零。

流经固体壁面的紊流，例如在管道或槽道中的流动，μ_t 将在与固体壁面垂直的方向上有很大的变化。固体壁面处，雷诺应力 $\rho\overline{u_i'u_j'}$ 为零，因而此处 $\mu_t=0$。在紧靠壁面附近一个很薄的区域内(紊流边界层中的粘性底层)，流动中由流体分子运

动产生的粘度 μ 占主导地位,此处 $\mu_t \ll \mu$。离固体壁面再远的区域内例如在充分发展的紊流区,则粘性影响迅速减弱,紊流切应力将占主导地位,于是 $\mu_t \gg \mu$。在过渡区内,粘性切应力与紊流切应力属同一量级,因此 $\mu_t \sim \mu$,也属同一量级。紊流边界层中,充分发展的紊流区以外常常存在紊流的间歇区域。对于槽道或管道流动,充分发展紊流区域伸展至管道中心线处,因而并无间歇区域。在管道中心线处,$\tau=0$,$\dfrac{\partial \bar{u}}{\partial y}=0$,所以 μ_t 可以是任意数值。

显然,涡粘性模型必须是一个能综合上述特点的复合函数。幸运的是,实验表明在充分发展紊流区,μ_t 为常数。对于自由剪切紊流,例如射流和尾流,μ_t 为常数的假设也得到证明。

7.5.2 混掺长度理论

在紊流半经验理论中,由普朗特[3] 1925 年提出的混掺长度理论是发展最完善、应用最广泛的一种。普朗特将流体微团的脉动与气体的分子运动相类比。气体分子运行一个平均自由程后与其他气体分子相碰撞并发生分子之间的动量交换。普朗特假设在紊流运动中,流体微团也是在运行某一距离后才与周围其他的流体混掺,失去其原有的流动特征,而在这一距离的运行过程中流体微团则保持其原有流动特征不变。流体微团运行的这个距离称为混掺长度(mixing length)。

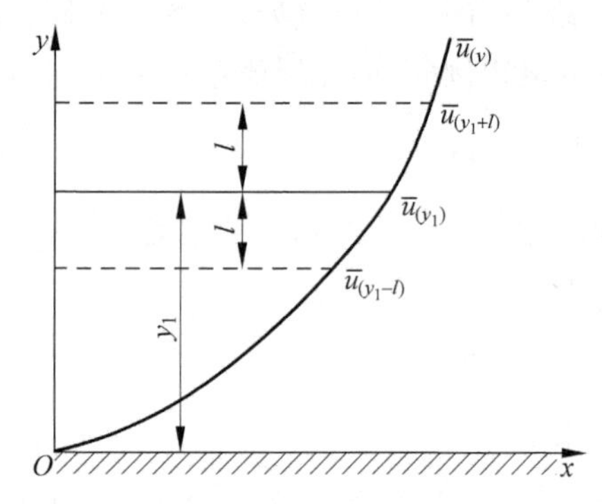

图 7-8 流经固壁二维紊流流动时均流速分布图

设一如图 7-8 的流经固体壁面的二维紊流流动,时均流速分布如图所示。由流体质点组成的微团原在位置 $y=y_1-l$,其时均流速为$\bar{u}_{(y_1-l)}$,这一流体微团在竖向运移了 l 距离后方与周围流体混掺,这个距离 l 即普朗特所假设的混掺长度。在流体微团到达新的位置 y_1 处时,它原来具有的流速$\bar{u}_{(y_1-l)}$较此处的流速 u_{y_1} 为小,差值为

$$\Delta u_1 = \bar{u}_{(y_1-l)} - \bar{u}_{y_1}$$

利用泰勒级数展开,考虑到 l 为小量,舍去二次以上小量,得

$$\Delta u_1 \approx -l\left(\frac{\mathrm{d}\bar{u}}{\mathrm{d}y}\right)_{y_1}$$

这种情况下,显然流体微团的竖向位移是由向上的随机脉动所引起,因此 $v'>0$。

反之,如果原处于(y_1+l)处的流体微团向下方运动时,$v'<0$,这时原有流速与运移了 l 距离后所达到新位置时的流速之差为

$$\Delta u_2 = \bar{u}_{(y_1+l)} - \bar{u}_{y_1} \approx l\left(\frac{\mathrm{d}\,\bar{u}}{\mathrm{d}y}\right)_{y_1}$$

由竖向运动引起的速度差可以认为是 $y=y_1$ 处产生脉动速度的原因，假设：

$$\overline{|\,u'\,|} = \frac{1}{2}(|\,\Delta u_1\,| + |\,\Delta u_2\,|) = l\left|\left(\frac{\mathrm{d}\,\bar{u}}{\mathrm{d}y}\right)_{y_1}\right|$$

当然，普朗特的这些假设中有些问题尚未澄清，例如为什么流体微团在 l 的距离内不与周围流体相混合而保持原有流速，直至运行 l 距离之后才与周围流体混掺？脉动速度分量的确定也无法由试验所证实。气体分子运动中运动着的是单个的气体分子，而紊流运动中运动着的是由流体质点结合而成的流体微团，流体微团本身也不是严格而明确的概念。在管道中心，紊动射流中心等区域，这里 $\frac{\mathrm{d}\,\bar{u}}{\mathrm{d}y}=0$，但是试验结果表明这些区域的脉动流速并不是零，请读者注意。

竖向脉动速度 v' 从连续性原理可以假定它必然与 u' 具有同一量级，即

$$\overline{|\,v'\,|} \sim \overline{|\,u'\,|} = l\,\frac{\mathrm{d}\,\bar{u}}{\mathrm{d}y}$$

由 7.1 节的讨论，已知 u' 与 v' 总是符号相反，即

$$\begin{aligned}\overline{u'v'} &= -c\,\overline{|\,u'\,|}\cdot\overline{|\,v'\,|}\\ &= -c'l^2\left(\frac{\mathrm{d}\,\bar{u}}{\mathrm{d}y}\right)_{y_1}^2\end{aligned}$$

式中，c，c' 均为相应的比例常数，可以把它吸收到迄今未知的混掺长度 l 中去，则

$$\overline{u'v'} = -l^2\left(\frac{\mathrm{d}\,\bar{u}}{\mathrm{d}y}\right)^2 \tag{7-31}$$

因而紊流切应力 τ_t 为

$$\tau_t = -\rho\,\overline{u'v'} = \rho l^2\left(\frac{\mathrm{d}\,\bar{u}}{\mathrm{d}y}\right)^2$$

因为它与粘性切应力 $\mu\,\frac{\mathrm{d}\,\bar{u}}{\mathrm{d}y}$ 具有一致的符号，紊流切应力可写为

$$\tau_t = \rho l^2\left|\frac{\mathrm{d}\,\bar{u}}{\mathrm{d}y}\right|\frac{\mathrm{d}\,\bar{u}}{\mathrm{d}y} \tag{7-32}$$

表明其符号将由流速梯度 $\frac{\mathrm{d}\,\bar{u}}{\mathrm{d}y}$ 决定。

这样，紊流切应力与时均流速联系在一起使紊流方程不封闭问题得到了解决。混掺长度则由试验确定，它不是流体的一种物理性质而是与流动情况有关的一个量度。很多情况下可以把 l 与流动的某些尺度联系起来。普朗特假定 l 与从固体壁面算起的法向距离 y 成正比，即

$$l = \kappa y \tag{7-33}$$

式中，κ 为一常数，常称为卡门常数(Kármán constant)，由试验确定。

图 7-9 为根据克莱巴诺夫在零压强梯度的平板紊流边界层中观测的数据绘制

的混掺长度 l 在断面上的分布。图中 δ 表示边界层厚度。由图可以看出,在固体壁面附近,混掺长度 l 与 y 成线性关系,$l=\kappa y$,$\kappa=0.4$。但在边界层的上部则混掺长度基本上接近常数。

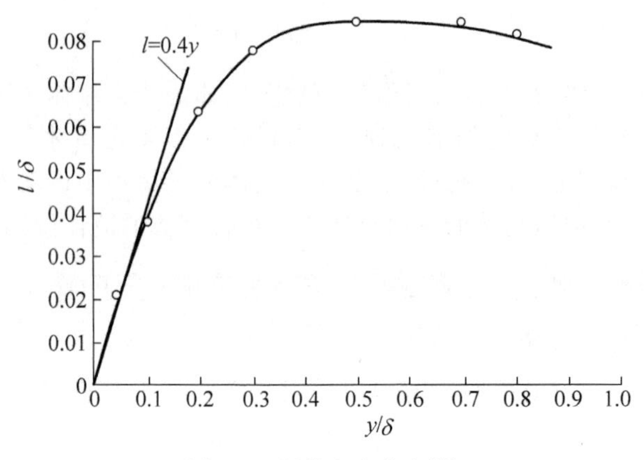

图 7-9　混掺长度分布[19]

将式(7-32)与式(7-28)对比,可以看出普朗特的混掺长度理论正是使布西内斯克的涡粘度具体化,

$$\mu_t = \rho l^2 \left| \frac{\mathrm{d}\,\bar{u}}{\mathrm{d}y} \right| \tag{7-34}$$

可见这里涡粘度 μ_t 与流速梯度成比例。

在自由剪切紊流,例如射流或尾流运动中,普朗特根据大量试验资料建议混掺长度 l 假设与断面混掺区宽度 b 成正比,如图 7-10 所示,而不再假设 l 为小量。如取流速梯度近似地等于所讨论断面上最大流速 $\bar{u}_{\max}$ 与最小流速 $\bar{u}_{\min}$ 之差除以混掺区宽度 b,即

$$\frac{\mathrm{d}\,\bar{u}}{\mathrm{d}y} \approx \frac{1}{b}(\bar{u}_{\max} - \bar{u}_{\min})$$

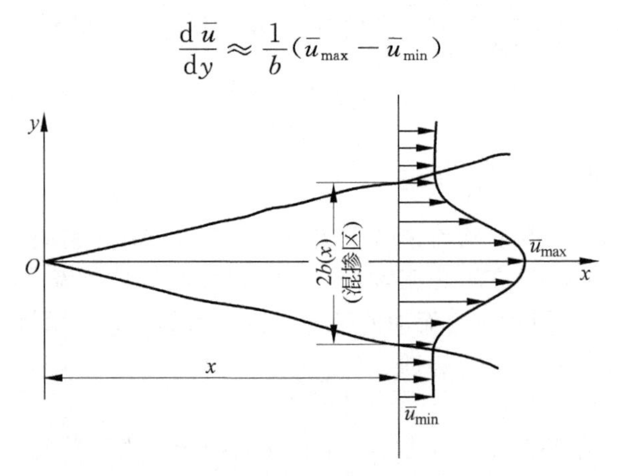

图 7-10　自由剪切紊流中混掺长度示意图

又因 l 与 b 成正比，假设

$$l=\sqrt{\kappa_1}\,b$$

式中，κ_1 为一常数，则得

$$\mu_t=\rho\kappa_1 b(\bar{u}_{\max}-\bar{u}_{\min}) \tag{7-35}$$

κ_1 由试验确定，雷诺应力则为

$$-\rho\overline{u'v'}=\rho\kappa_1 b(\bar{u}_{\max}-\bar{u}_{\min})\frac{\mathrm{d}\bar{u}}{\mathrm{d}y} \tag{7-36}$$

7.5.3　涡量传递理论

泰勒[4]1932 年提出了涡量传递理论(theory of vorticity transport)。泰勒假设在某一类似于普朗特的混掺长度的距离内，流动的涡量保持不变，假定在 y 方向这一长度为 l_ω，并称之为涡量传递长度(vorticity transport length)，则由于紊流混掺而引起的涡量脉动 Ω_z' 可以表示为

$$|\Omega_z'|=l_\omega\left|\frac{\partial\overline{\Omega_z}}{\partial y}\right| \tag{7-37}$$

现考虑二维时均平行流动，$\bar{u}=\bar{u}(y)$，$\bar{v}=\bar{w}=0$。由于平行流动中各种时均值对 x 及 z 坐标的偏导数为零，即 $\frac{\partial}{\partial x}=0$，$\frac{\partial}{\partial z}=0$。同时为简单起见，假定脉动也是二维的，只有 u'，v'。于是瞬时流速 u 可表示为

$$u=[\bar{u}(y)+u',v'] \tag{7-38}$$

这时只有 z 方向的涡量存在，且

$$\begin{aligned}\Omega_z&=\overline{\Omega_z}+\Omega_z'=\frac{\partial v}{\partial x}-\frac{\partial u}{\partial y}\\&=\frac{\partial v'}{\partial x}-\frac{\partial(\bar{u}+u')}{\partial y}\\&=\frac{\partial v'}{\partial x}-\frac{\partial\bar{u}}{\partial y}-\frac{\partial u'}{\partial y}\end{aligned}$$

因此，

$$\overline{\Omega_z}=-\frac{\mathrm{d}\bar{u}}{\mathrm{d}y} \tag{7-39}$$

$$\Omega_z'=\frac{\partial v'}{\partial x}-\frac{\partial u'}{\partial y} \tag{7-40}$$

恒定二维平行流动的雷诺方程可由式(7-5)得到

$$0=-\frac{1}{\rho}\frac{\partial\bar{p}}{\partial x}+\frac{1}{\rho}\frac{\partial}{\partial y}\left(\mu\frac{\mathrm{d}\bar{u}}{\mathrm{d}y}-\rho\overline{u'v'}\right) \tag{7-41}$$

而式中雷诺应力项在这种流动情况下可以写为

$$\frac{1}{\rho}\frac{\partial}{\partial y}(-\rho\overline{u'v'})=\overline{v'\Omega'_z}$$

因此式(7-41)也可写为

$$-\overline{v'\Omega'_z}=-\frac{1}{\rho}\frac{\partial\bar{p}}{\partial x}+\nu\frac{\mathrm{d}^2\bar{u}}{\mathrm{d}y^2}\tag{7-42}$$

如果忽略式(7-42)中的粘性项,并引用式(7-37)与式(7-39),得

$$\frac{\mathrm{d}\bar{p}}{\mathrm{d}x}=\rho\overline{v'\Omega'_z}=\rho\mid v'\mid l_\omega\frac{\mathrm{d}^2\bar{u}}{\mathrm{d}y^2}$$

假设$|v'|=l_\omega\dfrac{\mathrm{d}\bar{u}}{\mathrm{d}y}$,则

$$\frac{\mathrm{d}\bar{p}}{\mathrm{d}x}=\rho\overline{v'\Omega'_z}=\rho l_\omega^2\frac{\mathrm{d}\bar{u}}{\mathrm{d}y}\frac{\mathrm{d}^2\bar{u}}{\mathrm{d}y^2}\tag{a}$$

而由普朗特的混掺长度理论(与泰勒涡量传递理论相对应,混掺长度理论也可理解为一种动量传递理论)知:

$$\begin{aligned}\frac{\mathrm{d}\bar{p}}{\mathrm{d}x}&=\frac{\partial}{\partial y}(-\rho\overline{u'v'})\\&=\frac{\partial}{\partial y}\left[\rho l^2\left(\frac{\mathrm{d}\bar{u}}{\mathrm{d}y}\right)^2\right]\\&=2\rho l^2\frac{\mathrm{d}\bar{u}}{\mathrm{d}y}\frac{\mathrm{d}^2\bar{u}}{\mathrm{d}y^2}\end{aligned}\tag{b}$$

这里假定了 l 与 y 无关。对比(a)、(b)两式,可以得到

$$l_\omega=\sqrt{2}l\tag{7-43}$$

可见普朗特和泰勒所得到的结果,其表达方式完全相同,只是二者的混掺长度相差一个常数倍。

当然,实际紊流的运动总是三维的。在三维的紊动里涡量将由于旋涡的拉伸变形而在各处产生变化。

7.5.4 卡门相似性理论

卡门试图找寻混掺长度在空间坐标的分布从而可得到雷诺应力和时均流速场之间的普遍性关系。卡门假设:

(1) 除了紧靠固体壁面的区域以外,脉动机理不受流体粘性的影响。

(2) 流场中所有各点紊流脉动都是相似的,各点之间的差别只是时间和长度比尺的不同。

令

$$v_*=\sqrt{\frac{|\tau_t|}{\rho}}=\sqrt{|\overline{u'v'}|}\tag{7-44}$$

v_* 与 $\sqrt{\frac{\tau_0}{\rho}}=u_*$ 不同，但此处仍称剪切流速，它是紊流中 x、y 两个方向脉动流速的相关函数(correlation function)。

如果考虑一个二维时均平行流动，$\bar{u}=\bar{u}(y)$，$\bar{v}=\bar{w}=0$，将流速在 $y=y_0$ 处展开为泰勒级数：

$$\bar{u}=\overline{u_0}+\left(\frac{\mathrm{d}\,\bar{u}}{\mathrm{d}y}\right)_{y_0}(y-y_0)+\frac{1}{2}\left(\frac{\mathrm{d}^2\,\bar{u}}{\mathrm{d}y^2}\right)_{y_0}(y-y_0)^2+\cdots \tag{7-45}$$

如果表征紊流脉动的长度尺度为混掺长度 l，速度尺度为剪切流速 $v_*=\sqrt{|\overline{u'v'}|}$，并令

$$\bar{u}-\overline{u_0}=Av_*,\quad y-y_0=\eta l \tag{7-46}$$

式中，A 与 η 为两个无量纲量，A 为无量纲流动物理量，η 为无量纲坐标。于是由式(7-45)和式(7-46)得

$$Av_*=\left(\frac{\mathrm{d}\,\bar{u}}{\mathrm{d}y}\right)_0\eta l+\frac{1}{2}\left(\frac{\mathrm{d}^2\,\bar{u}}{\mathrm{d}y^2}\right)_0\eta^2 l^2+\cdots$$

$$A=\left[\frac{\mathrm{d}\left(\frac{\bar{u}}{v_*}\right)}{\mathrm{d}\left(\frac{y}{l}\right)}\right]\eta+\frac{1}{2}\left[\frac{\mathrm{d}^2\left(\frac{\bar{u}}{v_*}\right)}{\mathrm{d}\left(\frac{y}{l}\right)^2}\right]\eta^2+\cdots$$

此式为流场中一点处无量纲流速的表示式，而该点的坐标则以无量纲坐标 η 表示，即 $A=f(\eta)$。根据前述脉动的相似性假设，对于任何 η 值，这个表达式都是正确的，也就是说，A，$\left[\frac{\mathrm{d}\left(\frac{\bar{u}}{v_*}\right)}{\mathrm{d}\left(\frac{y}{l}\right)}\right]$，$\left[\frac{\mathrm{d}^2\left(\frac{\bar{u}}{v_*}\right)}{\mathrm{d}\left(\frac{y}{l}\right)^2}\right]$ 均与坐标无关。例如，

$$\text{在 } y=y_1 \text{ 处，}\quad A_1=f_1\eta+g_1\eta^2+\cdots$$

式中，

$$f_1=\left[\frac{\mathrm{d}\left(\frac{\bar{u}}{v_*}\right)}{\mathrm{d}\left(\frac{y}{l}\right)}\right]_{y=y_1},\quad g_1=\left[\frac{\mathrm{d}^2\left(\frac{\bar{u}}{v_*}\right)}{\mathrm{d}\left(\frac{y}{l}\right)^2}\right]_{y=y_1}$$

$$\text{在 } y=y_2 \text{ 处，}\quad A_2=f_2\eta+g_2\eta^2+\cdots$$

由相似假设：

$$\frac{A_1}{A_2}=\frac{f_1}{f_2}=\frac{g_1}{g_2}=\cdots$$

可得

$$f\propto g$$

即

$$\left[\frac{\mathrm{d}\left(\dfrac{\overline{u}}{v_*}\right)}{\mathrm{d}\left(\dfrac{y}{l}\right)}\right] \propto \left[\frac{\mathrm{d}^2\left(\dfrac{\overline{u}}{v_*}\right)}{\mathrm{d}\left(\dfrac{y}{l}\right)^2}\right]$$

转化为有量纲量,得

$$\frac{\mathrm{d}\,\overline{u}}{\mathrm{d}y} \propto l\,\frac{\mathrm{d}^2\,\overline{u}}{\mathrm{d}y^2}$$

即

$$l \propto \left(\frac{\mathrm{d}\,\overline{u}}{\mathrm{d}y}\right) \Big/ \left(\frac{\mathrm{d}^2\,\overline{u}}{\mathrm{d}y^2}\right)$$

如令比例常数为 κ,得

$$l = \kappa\left|\frac{\mathrm{d}\,\overline{u}}{\mathrm{d}y}\Big/\frac{\mathrm{d}^2\,\overline{u}}{\mathrm{d}y^2}\right| \tag{7-47}$$

κ 为由试验待定的卡门常数,一般情况下,$\kappa=0.4$。由式(7-47)可以看出混掺长度只与当地的流速分布曲线形状有关而与流速大小无关。混掺长度是一个决定于当地流速分布的局部情况的函数。

紊流切应力可以表示为

$$\tau_{\mathrm{t}} = -\rho\overline{u'v'} = \rho\kappa^2\frac{\left|\left(\dfrac{\partial\,\overline{u}}{\partial y}\right)^3\right|}{\left(\dfrac{\partial^2\,\overline{u}}{\partial y^2}\right)^2}\frac{\partial\,\overline{u}}{\partial y} \tag{7-48}$$

上述推导可以更简明地理解为当卡门相似性假设认为紊流脉动只与当地流速分布情况有关而与流速的绝对数值无关时,则表示流速分布特点的$\dfrac{\mathrm{d}\,\overline{u}}{\mathrm{d}y}$和$\dfrac{\mathrm{d}^2\,\overline{u}}{\mathrm{d}y^2}$应对紊流脉动的确定具有重要意义。$\left|\dfrac{\mathrm{d}\,\overline{u}}{\mathrm{d}y}\right|\Big/\left|\dfrac{\mathrm{d}^2\,\overline{u}}{\mathrm{d}y^2}\right|$相当于一个长度尺度。因此,

$$l \propto \frac{\left|\dfrac{\mathrm{d}\,\overline{u}}{\mathrm{d}y}\right|}{\left|\dfrac{\mathrm{d}^2\,\overline{u}}{\mathrm{d}y^2}\right|}$$

令

$$l = \kappa\frac{\left|\dfrac{\mathrm{d}\,\overline{u}}{\mathrm{d}y}\right|}{\left|\dfrac{\mathrm{d}^2\,\overline{u}}{\mathrm{d}y^2}\right|} \tag{7-47}$$

可以证明此处比例常数 κ 即为卡门常数,而 l 即为流动的混掺长度。普朗特和卡门两人的理论总的来说是相似的,主要区别在于混掺长度的确定。卡门是由当地流速分布的局部情况确定混掺长度的。而普朗特则把混掺长度与流动的某些尺度,如距固体壁面的法向距离联系起来,在自由紊流中,普朗特更把混掺长度与流

动的整体情况，即整个断面的厚度 b 联系起来。在整个断面中混掺长度是一个常数。

混掺长度的概念从理论上讲还有很多不够明确的地方。例如紊流的脉动流速与其时均流速相比，至少要小一个量级。在紊流运动中当流体微团在横向运动 l 的距离时，它同时在流动方向向下游运动了一个更长的距离，在这一运动时间间隔之末，流体微团所处的断面位置已不是原来的断面位置，而这两个断面的流动情况一般情况下可能有相当的差别。这一事实与混掺长度的局部性是不相容的。

半经验理论的主要方面已如上述，尽管还有许多不完善的地方，但是在实践中，它却起了并继续起着重要的作用。

7.5.5 普适流速分布律

由普朗特给出的紊流切应力式(7-32)和卡门给出的紊流切应力式(7-48)都可以看出，流场中的流速梯度对紊流切应力的确定具有重要意义。本节中将设法由这些切应力公式找出流速分布的规律。

设在两个无限平板之间的流动，坐标如图 7-11 所示。两平板之间的距离为 $2h$。流动为恒定二维平行流动，

$$\bar{u} = \bar{u}(y)$$

$$\bar{v} = \bar{w} = 0$$

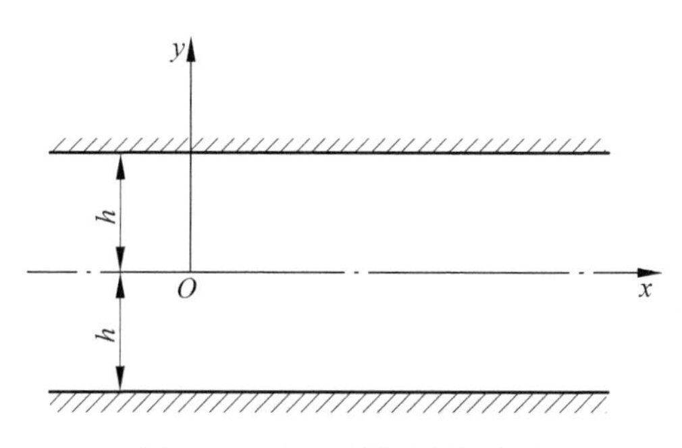

图 7-11　两个无限平板间流动

设$\dfrac{\partial \bar{p}}{\partial x}=C$，则 N-S 方程可写为

$$-C + \frac{\partial \tau}{\partial y} = 0$$

即

$$\frac{\partial \tau}{\partial y} = C \tag{7-49}$$

固体壁面处，$y=\pm h$，$\tau=\tau_0$，因此，

$$\tau = \tau_0 \frac{y}{h} \tag{7-50}$$

1. 卡门流速分布律(流速亏损律)

将式(7-48)代入式(7-50),得

$$\tau_0 \frac{y}{h} = \rho\kappa^2 \frac{\left(\frac{\mathrm{d}u}{\mathrm{d}y}\right)^4}{\left(\frac{\mathrm{d}^2 u}{\mathrm{d}y^2}\right)^2}$$

时均流速$\bar{u}$顶上的"—"今后省略不画。上式等号两侧开方,得

$$\sqrt{\frac{\tau_0}{\rho}}\sqrt{\frac{y}{h}} = \kappa \frac{\left(\frac{\mathrm{d}u}{\mathrm{d}y}\right)^2}{\frac{\mathrm{d}^2 u}{\mathrm{d}y^2}}$$

还可写为

$$\sqrt{\frac{\tau_0}{\rho}}\sqrt{\frac{y}{h}}\frac{\mathrm{d}^2 u}{\mathrm{d}y^2} = \kappa\left(\frac{\mathrm{d}u}{\mathrm{d}y}\right)^2$$

将此式积分两次,并代入边界条件:$y=0, u=u_{\max}$,得

$$u = u_{\max} + \frac{1}{\kappa}\sqrt{\frac{\tau_0}{\rho}}\left\{\ln\left[1-\sqrt{\frac{y}{h}}\right]+\sqrt{\frac{y}{h}}\right\}$$

令$\sqrt{\frac{\tau_0}{\rho}}=u_*$为剪切流速(friction velocity),此式可进一步写为

$$\frac{u_{\max}-u}{u_*} = -\frac{1}{\kappa}\left\{\ln\left[1-\sqrt{\frac{y}{h}}\right]+\sqrt{\frac{y}{h}}\right\} \tag{7-51}$$

上式即卡门流速分布亏损律(velocity defect law)的表示式。图 7-12 中绘出了流速分布曲线,式(7-51)由曲线②所表示。在管道中心处,即$\frac{y}{h}=0$,$\left(1-\frac{y}{h}\right)=1.0$时,$\frac{\mathrm{d}u}{\mathrm{d}y}$应为零。根据式(7-47)混掺长度 $l=0$,卡门的相似性理论不再满足。在壁面处,$y=h$,$\left(1-\frac{y}{h}\right)=0$,由式(7-51),$\frac{u_{\max}-u}{u_*}\to\infty$,这是由于在卡门的流速分布公式中并未考虑粘性切应力,而在壁面处粘性切应力却占有重要的地位。由此可见,在卡门流速分布公式中应扣除固体壁面附近和管道中心处这两部分很小的区域。还应看到在式(7-51)中也未考虑壁面粗糙和雷诺数的影响。

2. 普朗特流速分布律(对数分布律)

从普朗特混掺长度理论所得的紊流切应力公式(7-32)出发,固体壁面附近

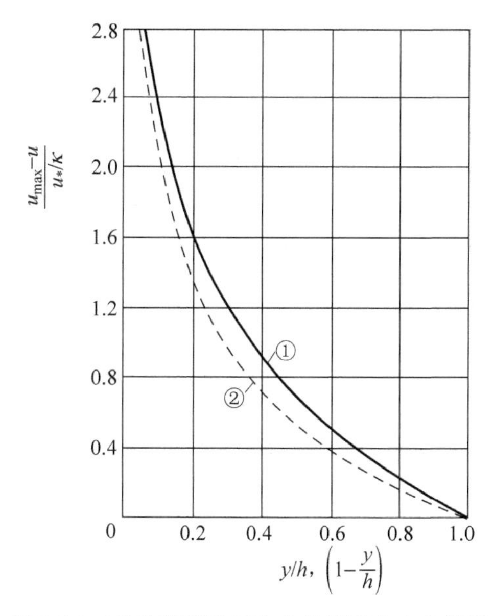

图 7-12　两无限平板间流动的流速分布曲线[4]

$l=\kappa y$，于是

$$\tau = \rho\kappa^2 y^2 \left(\frac{\mathrm{d}u}{\mathrm{d}y}\right)^2 \tag{7-52}$$

普朗特还假定在壁面附近区域 $\tau=\tau_0$ 为常数，τ_0 为壁面切应力。近年的试验证实了这一点，如图 7-13 所示。图 7-13 为克莱巴诺夫[5] 1954 年量测的紊流切应力沿断面分布的情形。量测是在平板紊流边界层中进行的。图中无量纲横坐标为 y/δ，δ 为边界层厚度。纵坐标轴线上的黑点“•”代表无量纲的壁面切应力。图中的圆圈部分放大于图 7-14。图 7-14 为舒鲍尔[6] 1954 年量测的结果。可以看出，在 $y^+=\frac{yu_*}{\nu}<20$ 时紊流切应力开始降低，但此后粘性切应力将增加，二者之和即总的切应力则保持常数。当 $y\to 0$，紊流切应力完全消失而粘性切应力达到壁面切应力 τ_0 之值。近似地可以认为在 $0\leqslant\frac{y}{\delta}\leqslant 0.1$ 的区间内紊流切应力为常数且其数值等于 τ_0，于是式(7-52)可写为

$$\tau = \tau_0 = \rho\kappa^2 y^2 \left(\frac{\mathrm{d}u}{\mathrm{d}y}\right)^2$$

所以，

$$\frac{\tau_0}{\rho} = u_*^2 = \kappa^2 y^2 \left(\frac{\mathrm{d}u}{\mathrm{d}y}\right)^2$$

将此式两侧开方，得

$$\frac{\mathrm{d}u}{\mathrm{d}y} = \frac{u_*}{\kappa y}$$

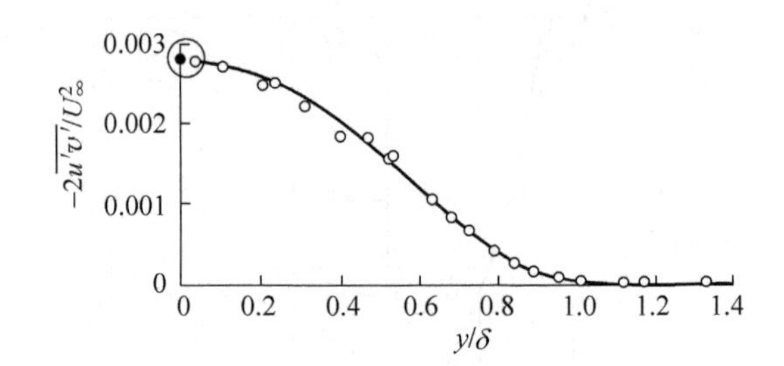

图 7-13　紊流雷诺切应力分布[5]

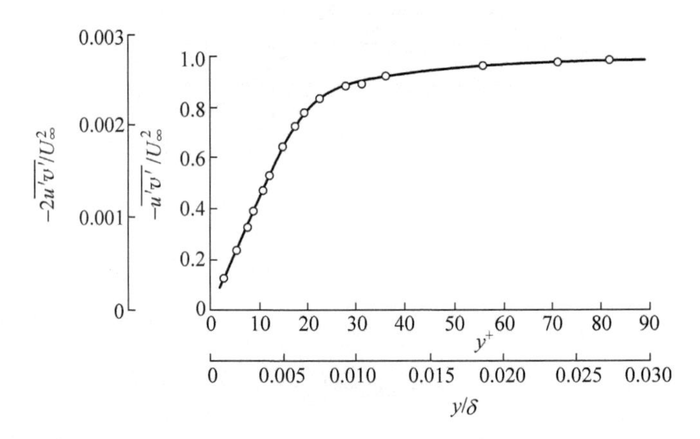

图 7-14　壁面附近雷诺切应力[6]

积分之,得

$$\frac{u}{u_*} = \frac{1}{\kappa}\ln y + C \tag{7-53}$$

这就是普朗特混掺长度理论得出的著名的流速分布的对数律。积分常数 C 由壁面条件确定。这个公式推导过程中虽然是根据在壁面附近区域内紊流切应力为常数且等于壁面切应力 τ_0 这一事实,但实际上它不仅在壁面附近,而且在相当大的范围内都是适用的。例如可以应用到管道流动的中心。在管道中心处,$y=h$,$u=u_{\max}$,代入得

$$\frac{u_{\max}}{u_*} = \frac{1}{\kappa}\ln h + C$$

上式减式(7-53)得

$$\frac{u_{\max}-u}{u_*} = \frac{1}{\kappa}\ln\frac{h}{y} \tag{7-54}$$

上式为普朗特的普适流速亏损律,绘在图 7-12 中,为曲线①。但需注意二者坐标的差别,卡门以管道中心为 $y=0$,而普朗特以壁面处为 $y=0$。卡门和普朗特的流速分布公式中的 κ 值是一致的,读者可以自己证明之。

令 $C=C_1-\frac{1}{\kappa}\ln\frac{\nu}{u_*}$，代入式(7-53)，可得无量纲的流速分布公式

$$\frac{u}{u_*}=\frac{1}{\kappa}\ln\frac{yu_*}{\nu}+C_1 \tag{7-55}$$

式中，$\frac{yu_*}{\nu}$为无量纲坐标，通常以 y^+ 表示之，它相当于一个雷诺数；$\frac{u}{u_*}$为无量纲流速，以 u^+ 表示之。因此式(7-55)可以写为更简单的形式：

$$u^+=\frac{1}{\kappa}\ln y^+ + C_1 \tag{7-56}$$

式中，κ，C_1 分别为卡门常数和与壁面情况有关的常数，需通过试验确定。尼古拉兹对光滑圆管进行的试验得到 $\kappa=0.4$，$C_1=5.5$。故光滑圆管中紊流的时均流速分布为

$$u^+=5.75\log y^+ + 5.5 \tag{7-57}$$

7.6　紊流的基本特性

在讨论了紊流的产生，紊流中一些物理现象，处理紊流的方法和紊流的基本方程式以后再来讨论和总结紊流运动的基本特性，有可能对紊流有一个更深刻的认识。紊流是粘性流动当雷诺数相当大(至少大于临界雷诺数)后产生的一种流动现象。紊流不是流体的特性而是流动的一种型态，因此不论是水、空气或任何其他流体，只要其流动发展为紊流则都具有共同的一些特性。

紊流最重要的特性可以归结为：随机性、扩散性、有涡性和耗散性。第 6 章曾经提到要给紊流一个确切的定义是很难的事情。但很多学者都首先把不规则的随机的运动作为紊流运动主要的一种特征。在紊流运动中各种流动的特征量均随时间和空间坐标而呈现随机的脉动。由于其随机性，可以用统计的办法处理，得到紊流中各种物理量的统计平均值及其他的统计特性，但却很难用确定性的方法解决紊流运动问题。

紊流的扩散性使它可以更为有效地将动量、能量，含有物质的浓度、温度等向各个方向扩散、混掺和传输。如果只有物理量的随机性的变化而没有混掺和扩散，就不是紊流，例如海洋中的风生的随机波动。紊流的混掺和扩散在工程中具有重要意义。例如污染物质的扩散，由于动量的扩散而产生的阻力，由于动量的混掺而使得机翼在大攻角时边界层分离点向尾部移动从而避免失速和减小阻力，紊流扩散大大提高了热量的传播等。

紊流是三维的有涡流动而且伴随着涡的强烈的脉动。通过三维涡量场中旋涡的拉伸和变形，形成紊流中各种不同尺度的旋涡。而这些不同尺度的旋涡在紊流运动中起着不同的作用。大尺度旋涡从时均流动中取得能量，能量由大尺度旋涡

向小尺度旋涡逐级传递,并最后在小尺度旋涡中,通过流体的粘性将能量耗散。因此维持紊流运动必须要消耗相当的能量,这就是紊流的耗散性。

由此可见,紊流尽管到目前为止还没有明确和完美的定义,但是它确实有着明显的与其他运动互相区别的特点。而对紊流这些特性的充分理解和利用将为人类开创更加美好的未来。

参考文献

[1] Bradshaw P. An introduction to turbulence and its measurement. Pergamon Press, 1971

[2] Boussinesq J. Essai sur la théorie des eaux courantes. Mém. prés. Acad. Sci. XXIII, 46, Paris, 1877

[3] Prandtl L. Über die ausgebildete Turbulenz. ZAMM, 1925, 5: 136-139; Proc. 2nd. Intern. Congr. Appl. Mech. Zürich, 1926

[4] Taylor G I. The transport of vorticity and heat through fluids in turbulent motion. Proc. Roy. Soc. A, 135, 1932

[5] Klebanoff P S. Characteristics of turbulence in a boundary layer with zero pressure gradient. NACA Tech. Note 3178, 1954

[6] Schubauer G B. Turbulent processes as observed in boundary layer and pipe. J Appl Phys, 1954,25: 188

第 8 章

紊流扩散与离散

紊流中流体质点(或质团,微团)的运动与气体分子运动一样具有随机的性质,从统计的意义上看,任意两个流体质点或两个气体分子之间的距离将随时间而增加。如果跟随一些流体质点或气体分子并随时观察它们的位置,就可以发现这些质点在空间上是逐渐散开的,这就是扩散。扩散是紊流的基本特性之一。

流体中的含有物质,如各种污染物;流体本身的某些流动属性,如动量、能量、热量等在流场中由一处转移到另一处的过程称为输移过程(transport process)。这种输移可以由各种不同的原因产生,扩散是其中的一种。扩散是由于含有物质的浓度梯度而使得流体中含有物质从含量多处向含量少(浓度低)处输移,从而使其分布均匀化。此外,流体中的含有物质也随流体质点的时均运动而转移称为随流输移(advection)。在剪切流动中由于时均流速分布不均匀而致含有物质散开的现象称为离散(dispersion)。在流体中输移变化的含有物质也可称为扩散质。

流体中含有物质及流体本身流动属性的转移与变化对工程实际具有重要意义,特别是在环境工程和化学工程中有重要作用。常常需要知道在一定边界条件与初始条件下某种流场中含有物质的数量随时间和空间变化的规律和促进或延缓减少这种变化的措施。

在一般紊流扩散理论中,假定流体中含有物质的存在并不改变流体质点的流动特性,从而不影响流场。并且在流动过程中任一流体质点其含有物质在数量上保持不变,流体质点之间不会发生含有物质的转移。因此含有物质的输移完全是流体运动的结果。对这种含有物质附着其上而又不改变其流动特性的流体质点,可以理解为一种标志质点或示踪质点(marked or tagged particle)而存在于流体中。在流动过程中标志质点的数目在紊流扩散中是保持不变的。含有物质的扩散完全是由于标志质点在空间上位置的变化而产生的结果。在不可压缩流体的流动中,标志质点的总体积不随时间变化,但其占有空间的形状则随时间而变化。分子扩散(molecular diffusion)则不同,在分子扩散中含有物质在分子之间可以传递。分子扩散的结果导致所有分子上附着的含有物质相等,从而使浓度均匀化。

8.1 分子扩散的菲克定律

由分子运动而产生的扩散称为分子扩散。德国生理学家菲克(Adolph E. Fick)[1]于1855年发表了《论液体扩散》一文。根据傅里叶的热传导定律建立了描述分子扩散过程的假设,即著名的菲克定律。菲克定律说明,含有物质的扩散通量,即在给定方向单位时间内通过单位面积的含有物质的数量与该方向含有物质的浓度梯度(concentration gradient)成比例,可表示为

$$q_i = -D_m \frac{\partial c}{\partial x_i} \tag{8-1}$$

或写为

$$\boldsymbol{q} = -D_m \nabla c \tag{8-2}$$

式中,$\boldsymbol{q}$为含有物质的扩散通量,如分子以物质的量计,则$\boldsymbol{q}$的单位为$mol \cdot s^{-1} \cdot cm^{-2}$;如分子以质量计,则$\boldsymbol{q}$的单位为$g \cdot s^{-1} \cdot cm^{-2}$。$c$为浓度,表示含有物质在单位体积中的含量,单位为$mol \cdot m^{-3}$或$g \cdot cm^{-3}$。$D_m$为分子扩散系数,与含有物质及流体的性质、温度与压强有关,具有L^2T^{-1}的量纲。常见的几种扩散系数见表8-1。式中的负号表示扩散的方向与浓度梯度方向相反,即从浓度高处向浓度低处扩散。式(8-1)通称菲克第一定律。

表 8-1[2]

物质 A-B		温度/℃	D_{AB}/(cm²/s)
气体(1个大气压)	CO_2-N_2O	0	0.096
	CO_2-N_2	0	0.144
	CO_2-N_2	25	0.165
	H_2-CH_4	25	0.726
液体	NaCl-水	0	0.784×10^{-5}
		25	1.61×10^{-5}
		50	2.63×10^{-5}
	甘油-水	10	0.63×10^{-5}

注:液体中的扩散与含有物质的浓度有关,表中所列数据为稀薄水溶液的情形。D_{AB}表示含有物质A在流体B中的扩散系数。

8.2 移流扩散方程

非克定律研究了流体中的含有物质当流体静止时由于分子运动而扩散的情形。当流体流动时含有物质还会随流动而输移，因而其浓度的变化要考虑随流输移和扩散两方面的作用。

8.2.1 移流扩散方程

假设一个流场，首先考虑为层流流动，流速为 $\boldsymbol{u}=\boldsymbol{u}(u_1,u_2,u_3)$，含有物质的浓度 $c(\boldsymbol{x},t)$。含有物质的扩散通量为 $\boldsymbol{q}=\boldsymbol{q}(q_1,q_2,q_3)=\boldsymbol{q}(\boldsymbol{x},t)$。假定含有物质的随流输移和扩散是相互独立的可以叠加的过程。又设由于生物、化学等各种因素控制体内含有物质的产生率(单位时间单位体积的产生量)为 F_c。则根据物质守恒定律，并引用雷诺输运方程(1-12)可得

$$\frac{\mathrm{d}}{\mathrm{d}t}\iiint_{V(t)} c\mathrm{d}V=-\iint_{S(t)}\boldsymbol{q}\cdot\boldsymbol{n}\mathrm{d}S+\iiint_{V(t)} F_c\mathrm{d}V$$

式中，$V(t)$为控制体体积；$S(t)$为控制体表面积；$\boldsymbol{n}$ 为表面单位法线向量。又由 1.2.2 节已知：

$$\frac{\mathrm{d}}{\mathrm{d}t}\iiint_{V(t)} c\mathrm{d}V=\iiint_{V(t)}\left[\frac{\partial c}{\partial t}+\nabla\cdot(c\boldsymbol{u})\right]\mathrm{d}V$$

引用高斯公式，得

$$\iiint_{V(t)}\left[\frac{\partial c}{\partial t}+\nabla\cdot(c\boldsymbol{u})\right]\mathrm{d}V=-\iiint_{V(t)}\nabla\cdot\boldsymbol{q}\mathrm{d}V+\iiint_{V(t)} F_c\mathrm{d}V \tag{8-3}$$

为积分形式的在流动情况下含有物质的输移方程。由于体积 $V(t)$为任意取定的，写为微分形式则

$$\frac{\partial c}{\partial t}+\nabla\cdot(c\boldsymbol{u})=-\nabla\cdot\boldsymbol{q}+F_c \tag{8-4}$$

引用式(8-2)，并考虑到不可压缩流体中$\nabla\cdot\boldsymbol{u}=0$，式(8-4)写为

$$\frac{\partial c}{\partial t}+\boldsymbol{u}\cdot\nabla c=D_m\nabla^2 c+F_c \tag{8-5}$$

上式称为移流扩散方程(advective diffusion equation)，也称为对流扩散方程或随流扩散方程。对于紊流的情况则必须考虑紊流扩散(turbulence diffusion)，此时分子扩散相比之下显得并不重要而可忽略。

式(8-5)中的迁移项 $\boldsymbol{u}\cdot\nabla c$ 可移至等号右侧，得

$$\begin{aligned}\frac{\partial c}{\partial t}&=-\boldsymbol{u}\cdot\nabla c+D_m\nabla^2 c+F_c\\&=-\nabla\cdot(c\boldsymbol{u})-\nabla\cdot\boldsymbol{q}+F_c\end{aligned} \tag{8-6}$$

说明控制体中浓度 c 的增长率$\frac{\partial c}{\partial t}$是由：①随流进入控制体的含有物质$-\nabla\cdot(c\boldsymbol{u})=-\boldsymbol{u}\cdot\nabla c$,称为随流变化项,或称对流变化项；②由分子扩散作用而进入控制体的含有物质$-\nabla\cdot\boldsymbol{q}=D_m\nabla^2 c$,称为分子扩散项；和③含有物质的产生项 F_c,三项共同作用而形成的。

8.2.2 扩散方程

对于静止流体,如控制体内没有因为生物或化学作用而导致含有物质的产生,即 F_c 为零,则式(8-4)可以写成

$$\frac{\partial c}{\partial t}=-\nabla\cdot\boldsymbol{q} \tag{8-7}$$

上式与分子输移的机理无关,对于分子扩散则结合菲克第一定律式(8-2),得

$$\frac{\partial c}{\partial t}=D_m\nabla^2 c \tag{8-8}$$

上式称为菲克第二定律。利用式(8-2),$\nabla c=-\boldsymbol{q}/D_m$,式(8-8)可写为扩散通量 $\boldsymbol{q}$ 的方程式：

$$\frac{\partial\boldsymbol{q}}{\partial t}=D_m\nabla^2\boldsymbol{q} \tag{8-9}$$

式(8-8)、式(8-9)均称扩散方程,它们反映了分子扩散过程中含有物输移的规律。分子扩散与热传导的数学描述完全相同,只要把 $\boldsymbol{q}$ 当作热通量,c 当作温度即可。

式(8-8)的基本解是描述 $t=0$ 时在原点 $x_1=0$ 处注入一质量为 M 的含有物质由于分子扩散而形成的一维浓度场。采用量纲分析的方法,浓度 $c(x_1,t)$是 M,x_1,t 和 D_m 的函数。由于过程是线性的,c 与 M 成比例。在一维情况下,浓度单位是单位长度的质量,因此 c 必须与 M 除以某特征长度成比例。扩散系数 D_m 具有 L^2/T 的量纲,可采用$\sqrt{D_m t}$为特征长度,于是通过量纲分析得到

$$c=\frac{M}{\sqrt{4\pi D_m t}}f\left(\frac{x_1}{\sqrt{4D_m t}}\right) \tag{8-10}$$

式(8-10)只是给出了浓度分布的形式,式中 4π 和 4 都是为了方便而任意加的,它们将出现在最后的解中。式(8-8)改写为一维扩散方程：

$$\frac{\partial c}{\partial t}=D_m\frac{\partial^2 c}{\partial x_1^2} \tag{8-11}$$

定义 $\eta=\frac{x_1}{\sqrt{4D_m t}}$,将式(8-10)代入,则式(8-11)变为常微分方程：

$$f''+2\eta f'+2f=0 \tag{8-12}$$

式中,“′”表示对 η 微分。其通解为

$$f=c_0\mathrm{e}^{-\eta^2} \tag{8-13}$$

沿整个 x_1 轴对浓度 c 积分可以得到含有物质的总质量 M，由于总质量 M 不随时间 t 改变，对于任一时刻均有

$$\int_{-\infty}^{\infty} c\mathrm{d}x_1 = M \tag{8-14}$$

将式(8-10)、式(8-13)代入式(8-14)进行积分，可求得式(8-13)中，当$c_0=1$，浓度场$c(x_1,t)$的分布为

$$c(x_1,t) = \frac{M}{\sqrt{4\pi D_\mathrm{m} t}}\exp\left(-\frac{x_1^2}{4D_\mathrm{m}t}\right) \tag{8-15}$$

上式表明浓度 c 沿 x_1 轴的分布是正态分布(normal distribution)(高斯分布)。浓度 c 在 x_1 轴上按指数规律急剧衰减，如图 8-1 所示。图中表示了 $D_\mathrm{m}t=\frac{1}{16},\frac{1}{4}$和 1 三个时刻的沿 x_1 轴的浓度分布。

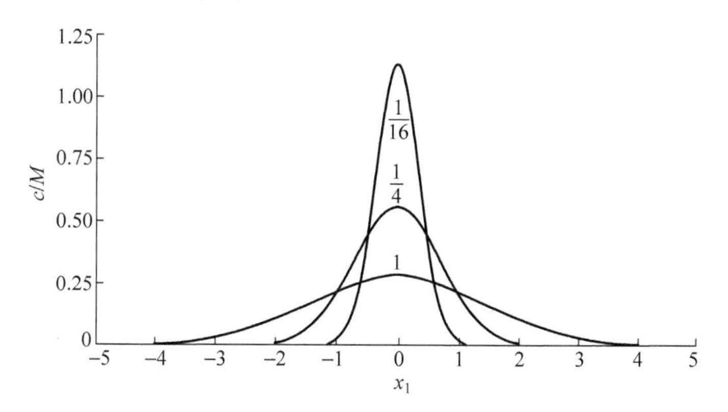

图 8-1　含有物质不同时刻($D_\mathrm{m}t=1,1/4,1/16$)沿 x 轴分布[3]

8.3　随机游动与分子扩散

分子扩散是由于分子的随机运动而产生的，研究这样的运动必须采用统计的方法。设想一个示踪分子的运动包括一系列随机步长并暂时假设运动是一维的。各个分子运动的速度是不同的，在两次相邻的碰撞之间所运行的距离也是不一样的。现假定每步运行的距离均等于分子运动的平均自由程 l，每一步运动时，向前运动($+x_1$)和向后运动($-x_1$)的概率相等。在这样简化的情况下，任一分子经过 N 次运动以后，将从它原来位置向$+x_1$ 方向前进的距离为

$$\pm l \pm l \pm l \pm l \pm \cdots(\text{共 } N \text{ 项})$$

因为每次运动前进和后退的机会一样，系列中出现正负号的机会相同。共有 N 次运动，每次有“+”、“−”两种可能性，总共的可能性有 2^N 个。设出现“+”号的次数为 p，出现“−”号的次数为 q，则

$$p+q=N \tag{8-16a}$$

令

$$p-q=S \tag{8-16b}$$

经过 N 次运动后分子从原地向 $+x_1$ 方向前进的距离为 Sl，这种情况出现的可能组合为 $c_N^p=\dfrac{N!}{p!\ (N-p)!}=\dfrac{N!}{p!\ q!}$。因此其概率为

$$P=\frac{N!/(p!q!)}{2^N} \tag{8-17}$$

这就是求解随机游动问题的关系式。随机游动是指每一步运动都是完全随机的，既不受以前各步的影响，对以后也不影响，每一步运动都是独立的。分子运动正是这样一种随机游动(random walk)。由式(8-16)可得

$$p=\frac{1}{2}(N+S)=\frac{N}{2}\left(1+\frac{S}{N}\right) \tag{8-18a}$$

$$q=\frac{1}{2}(N-S)=\frac{N}{2}\left(1-\frac{S}{N}\right) \tag{8-18b}$$

代入式(8-17)，

$$P=\frac{N!}{2^N\left[\frac{N}{2}\left(1+\frac{S}{N}\right)\right]!\left[\frac{N}{2}\left(1-\frac{S}{N}\right)\right]!} \tag{8-19}$$

对上式取对数，有

$$\begin{aligned}\ln P=&\ln(N!)-\ln\left\{\left[\frac{N}{2}\left(1+\frac{S}{N}\right)\right]!\right\}\\&-\ln\left\{\left[\frac{N}{2}\left(1-\frac{S}{N}\right)\right]!\right\}-N\ln 2\end{aligned}$$

在分子运动中，N 为大数，$S\ll N$。因此可应用 Sterling 公式：

$$\ln n!=\left(n+\frac{1}{2}\right)\ln n-n+\frac{1}{2}\ln 2\pi \tag{8-20a}$$

亦即

$$n!=\sqrt{2\pi n}\left(\frac{n}{\mathrm{e}}\right)^n \tag{8-20b}$$

应用此关系对式(8-19)进行简化后得到当 $N\to\infty$时 P 的极限值为

$$P=\sqrt{\frac{2}{\pi N}}\exp\left(-\frac{S^2}{2N}\right) \tag{8-21}$$

这就是一个分子在运动 N 次以后从原来位置前进 Sl 距离的概率。

令 u 表示分子运动速度，t 为分子运动 N 次所经历的时间，则 $N=\dfrac{ut}{l}$，Sl 表示为 x_1，则式(8-21)写为

$$P = \sqrt{\frac{2l}{\pi ut}} \exp\left(-\frac{x_1^2}{2lut}\right) \tag{8-22}$$

将上式与式(8-15)进行比较可见两式具有同样的形式。式(8-15)表示在 t 时刻 x_1 处含有物质的浓度。式(8-22)则表示带有含有物质的流体分子在 t 时刻到达 x_1 处的概率，两者之间应该有某种比例关系。由两式对比可定：

$$D_m = \frac{1}{2}lu = \frac{Nl^2}{2t} \tag{8-23}$$

代入式(8-22)即可得到以 D_m 表示的分子在 N 次运动后到达 x_1 处的概率：

$$P = \frac{l}{\sqrt{\pi D_m t}} \exp\left(-\frac{x_1^2}{4D_m t}\right) \tag{8-24}$$

根据概率论中的中心极限定理(central limit theorem)，分子运动可以看成是由大量的相互独立的随机步长的综合所形成的，而其中每一个别因素(步长)在综合的结果中所起的作用是微小的，这种随机运动往往近似地服从正态分布。这里要表明的是分子落在 x_1 与 $x_1+\delta x_1$ 之间的概率为正态分布，概率密度函数具有以下形式：

$$p(x_1,t) = \frac{1}{\sqrt{2\pi}\sigma} \exp\left(-\frac{(x_1-a)^2}{2\sigma^2}\right)$$

分子落在 x_1 与 $x_1+\delta x_1$ 之间的概率为

$$p(x_1,t)\delta x_1 = \frac{1}{\sqrt{2\pi}\sigma} \exp\left(-\frac{(x_1-a)^2}{2\sigma^2}\right)\delta x_1 \tag{8-25}$$

与式(8-24)比较可知：

$$\left.\begin{aligned} &\text{均值} \quad a = 0 \\ &\text{均方差} \quad \sigma = \sqrt{2D_m t} \end{aligned}\right\} \tag{8-26}$$

由式(8-26)，$\sigma^2=2D_m t$ 对时间 t 微分，可得

$$D_m = \frac{1}{2}\frac{d\sigma^2}{dt} \tag{8-27}$$

分子扩散系数为方差(variance)对 t 的导数的 $\frac{1}{2}$。将式(8-26) a 与 σ 的值代入式(8-25)得

$$p(x_1,t)\delta x_1 = \frac{1}{\sqrt{4\pi D_m t}} \exp\left(-\frac{x_1^2}{4D_m t}\right)\delta x_1 \tag{8-28}$$

由式(8-24)，P 为分子在 N 次运动后到达 x_1 处的概率。到达 x_1 后分子的下一步运动使分子可能落在$(x_1, x_1+\delta x_1)$区间内的概率为式(8-28)所表达的 $p(x_1,t)\delta x_1$。由式(8-28)与式(8-24)对比可知，

$$p(x_1,t)\delta x_1 = \frac{1}{2}\frac{\delta x_1}{l}P \tag{8-29}$$

这说明分子到达 x_1 后,既有$\frac{1}{2}$的机会前进,从而有可能落在$(x_1,x_1+\delta x_1)$的区间内,也有$\frac{1}{2}$的机会后退。而$\frac{1}{2}$机会前进的分子中,落在$(x_1,x_1+\delta x_1)$区间的概率又与 δx_1 成正比而与平均步长 l 成反比。这一概率与式(8-15)相比较可知随机游动的分析与菲克扩散定律得到相同的结果。由此还可看出在扩散问题中,某一点在时间 t 被标志分子所占据的概率与该点在时间 t 时含有物质的平均浓度是等价的。

8.4 紊流扩散

由于流体的脉动而发生的紊流扩散在工程实际中具有重要的意义。研究紊流扩散同样有拉格朗日和欧拉两种方法。拉格朗日法的着眼点在于流体质点,研究流体质点在运动过程中所导致的流动的各种物理属性和含有物质的输移变化。欧拉法则着眼于空间点,研究含有物质及各种流动的物理属性在空间点上的分布和输移变化。

8.4.1 泰勒紊流扩散理论

泰勒[3]于 1921 年发表了用拉格朗日方法研究单个质点脉动扩散的论文,从而奠定了紊流扩散的理论基础。泰勒考虑由一点源放出的标志质点。如果这些标志质点进入一个恒定、均匀的紊流场,且此紊流场中时均流速为零。取点源的位置为坐标原点。某一标志质点由点源出发(设出发时间为 $t=0$)经时间 t 后达到的位置为 $\boldsymbol{x}(t)$。量测所有各次从点源出发的标志质点出发后 t 时的位置并加以系综平均。图 8-2 所示为三次从点源出发的标志质点的扩散轨迹。对于各态遍历的紊流场,系综平均可用时间平均代替。以下的讨论中均考虑为时间平均。

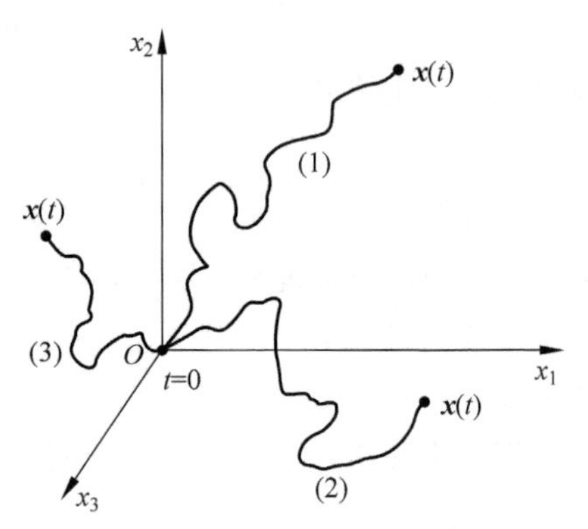

图 8-2 标志质点扩散轨迹

设只考虑一个坐标方向 x_1 的扩散。标志质点在 x_1 方向的流速 $v_1(t)$(这里用 v_i 表示拉格朗日法中的流速),

$$v_1(t)=\frac{\mathrm{d}x_1(t)}{\mathrm{d}t} \tag{8-30}$$

经过时间 t,标志质点从 $t=0$ 时的位置 $x_1(0)$移到 $x_1(t)$,

$$x_1(t) = x_1(0) + \int_0^t v_1(t')\mathrm{d}t' \tag{8-31}$$

$x_1(0)=0$ 为坐标原点，因此，

$$x_1(t) = \int_0^t v_1(t')\mathrm{d}t' \tag{8-32}$$

$v_1(t')$为随机变量，且紊流场中时均流速为零，因此 $v_1(t')$即为脉动流速，$\overline{x_1(t)}=0$。位移 $x_1(t)$的均方值随时间 t 的变化率为

$$\begin{aligned}\frac{\mathrm{d}}{\mathrm{d}t}\overline{x_1^2(t)} &= 2\,\overline{x_1(t)\,\frac{\mathrm{d}x_1(t)}{\mathrm{d}t}} \\ &= 2\,\overline{x_1(t)v_1(t)} \\ &= 2\,\overline{\left[\int_0^t v_1(t')\mathrm{d}t'\right]v_1(t)} \\ &= 2\int_0^t \overline{v_1(t')v_1(t)}\,\mathrm{d}t' \end{aligned} \tag{8-33}$$

由于设定紊流为恒定的，$\overline{v_1^2(t)}$应与时间 t 无关。$v_1(t)$与 $v_1(t')$所组成的自相关函数只是时间差$(t-t')$的函数，定义

$$R_1(\tau) \equiv \frac{\overline{v_1(t)v_1(t+\tau)}}{\overline{v_1^2(t)}} \tag{8-34}$$

为某一流体质点拉格朗日流速分量的自相关系数(auto-correlation coefficient)，$\tau=t'-t$，则式(8-33)可写为

$$\frac{\mathrm{d}}{\mathrm{d}t}\overline{x_1^2(t)} = 2\,\overline{v_1^2(t)}\int_0^t R_1(\tau)\mathrm{d}\tau \tag{8-35}$$

积分此式，得

$$\overline{x_1^2(t)} = 2\,\overline{v_1^2(t)}\int_0^t \mathrm{d}t'\int_0^{t'} R_1(\tau)\mathrm{d}\tau \tag{8-36}$$

上式表示位移的均方值随时间变化的情形。

对式(8-36)进行分部积分：

$$\begin{aligned}\int_0^t \mathrm{d}t'\int_0^{t'} R_1(\tau)\mathrm{d}\tau &= \left[t'\int_0^{t'} R_1(\tau)\mathrm{d}\tau\right]_{t'=0}^{t} - \int_0^t t'R_1(t')\mathrm{d}t' \\ &= t\int_0^t R_1(\tau)\mathrm{d}\tau - \int_0^t t'R_1(t')\mathrm{d}t' \\ &= \int_0^t (t-\tau)R_1(\tau)\mathrm{d}\tau \end{aligned}$$

因此，

$$\overline{x_1^2(t)} = 2\,\overline{v_1^2(t)}\int_0^t (t-\tau)R_1(\tau)\mathrm{d}\tau \tag{8-37}$$

以下研究两种极端的情况：

(1) 扩散时间很短的情况,见图 8-3。当 t 很小,$t \ll T_L$,$R_1(\tau) \approx 1$,式(8-37)化为

$$\overline{x_1^2(t)} \approx \overline{v_1^2(t)} \cdot t^2 \tag{8-38}$$

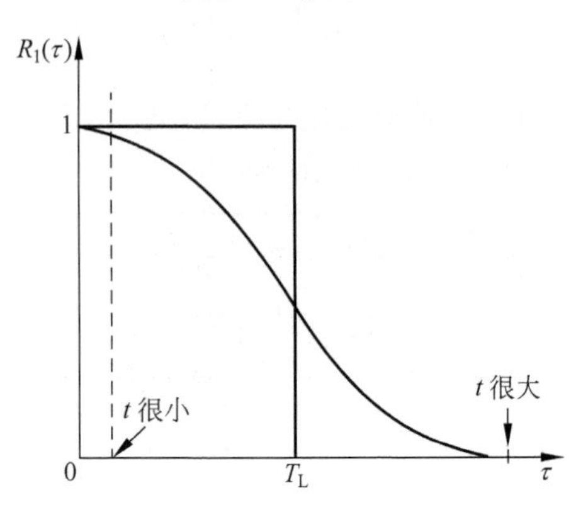

图 8-3 扩散随时间变化关系

两侧均开方,

$$\sqrt{\overline{x_1^2(t)}} \approx \sqrt{\overline{v_1^2(t)}} \cdot t \tag{8-39}$$

说明在扩散初期,位移的均方根值与 t 成线性关系且与紊流场的脉动流速的均方根值即紊流度成正比。

(2) 扩散时间很长的情况。当 t 很大,$t \gg T_L$,式(8-37)中 τ 与 t 相比可以忽略,

$$\overline{x_1^2(t)} = 2\,\overline{v_1^2(t)}\int_0^t tR_1(\tau)\mathrm{d}\tau$$

设

$$T_L \equiv \int_0^\infty R_1(\tau)\mathrm{d}\tau \tag{8-40}$$

为拉格朗日自相关系数 $R_1(\tau)$的积分时间比尺(integral time scale),于是

$$\overline{x_1^2(t)} \approx 2\,\overline{v_1^2(t)}\,T_L t \tag{8-41}$$

两侧开方得

$$\sqrt{\overline{x_1^2(t)}} \approx \sqrt{\overline{v_1^2(t)}}\,\sqrt{2T_L t} \tag{8-42}$$

说明在扩散发展相当长的时间($t \gg T_L$)后,扩散的发展与$\sqrt{t}$成比例。这一性质与随机游动中得到的结论,均方差 $\sigma = \sqrt{2D_m t}$ 一致,都是与 $t^{1/2}$ 成线性关系。这个相似的结果是因为在 t 很大的情况,标志质点已不复记忆它的初始位置 $t=0$ 的情况。而 t 很短的情况下,则可以认为是完全相关,$R_1(\tau) \approx 1$。拉格朗日积分时间比尺 T_L 可以认为是流体质点摆脱历史影响所必须经历的时间的度量。

将紊流扩散和分子扩散相比较，分子扩散是完全随机的，不受历史情况的约束和影响，概率为正态分布，方差 σ^2 与扩散时间 t 成比例。恒定均匀紊流中，在紊流扩散的后期，$t \gg T$ 以后，紊流扩散的方差 $\overline{x_1^2(t)}$ 也与时间 t 成正比。由此可以定义一个与分子扩散系数相类似的紊流扩散系数 D_t，对比式(8-27)可设

$$D_t = \frac{1}{2}\frac{\mathrm{d}\,\overline{x_1^2(t)}}{\mathrm{d}t} \tag{8-43}$$

由式(8-35)得

$$\begin{aligned} D_t &= \overline{v_1^2(t)}\int_0^t R_1(\tau)\mathrm{d}\tau \\ &= \sqrt{\overline{v_1^2(t)}}\ \sqrt{\overline{v_1^2(t)}}\,T_L \\ &= \sqrt{\overline{v_1^2(t)}}\cdot \Lambda_L \end{aligned} \tag{8-44}$$

式中，Λ_L 为拉格朗日积分长度比尺(integral length scale)，此处可称为扩散长度比尺，

$$\Lambda_L = \sqrt{\overline{v_1^2(t)}}\int_0^\infty R_1(\tau)\mathrm{d}\tau \tag{8-45}$$

同样地，在 $t \gg T_L$ 后，可以类比菲克第二定律得到紊流扩散中，含有物质的浓度 c 满足以下方程式：

$$\frac{\partial c}{\partial t} = D_t\,\nabla^2 c \tag{8-46}$$

8.4.2　欧拉法紊流扩散方程

紊流扩散的欧拉法描述是由英国著名的流体力学家巴彻勒(G. K. Batchelor)[4][5]奠定了理论基础。

设 $c(\boldsymbol{x},t)$ 表示流场中某点 $\boldsymbol{x}(x_1,x_2,x_3)$ 在时刻 t 时的含有物质的浓度。在紊流中，考虑流速和浓度的脉动，瞬时值可表示为时均值与脉动值之和，

$$c = \bar{c} + c' \tag{8-47}$$

$$u_i = \overline{u_i} + u_i' \tag{8-48}$$

代入移流扩散方程式(8-5)，得

$$\frac{\partial}{\partial t}(\bar{c}+c') + \frac{\partial}{\partial x_i}[(\bar{c}+c')(\overline{u_i}+u_i')] = D_m\frac{\partial^2(\bar{c}+c')}{\partial x_i\partial x_i} + F_c$$

对上式取时间平均，并考虑到连续方程：

$$\frac{\partial \overline{u_i}}{\partial x_i} = 0 \tag{7-2}$$

可得

$$\frac{\partial \bar{c}}{\partial t} + \frac{\partial}{\partial x_i}(\bar{c}\,\overline{u_i}) = -\frac{\partial}{\partial x_i}\overline{(c'u_i')} + D_m\frac{\partial^2 \bar{c}}{\partial x_i\partial x_i} + F_c \tag{8-49}$$

上式即紊流扩散方程。与式(8-5)相比,上式多了$-\frac{\partial}{\partial x_i}(\overline{c'u_i'})$三个相关的梯度项,$\overline{c'u_i'}$项表示在$x_i$方向由于紊流扩散而产生的单位时间单位面积上含有物质的输移,可称为紊流扩散通量q_{ti}。可以与分子扩散的菲克定律相比拟而令

$$q_{ti}=-\overline{c'u'_i}=D_{ij}\frac{\partial\bar{c}}{\partial x_j} \tag{8-50}$$

式中,D_{ij}称为紊流扩散系数(turbulence diffusion coefficient),是一个二阶张量,称为扩散张量。与式(7-28)对比可知,这里对$\overline{c'u_i'}$的处理与布西内斯克处理紊流中动量输移$\overline{u'v'}$的方法是一致的。式(8-50)写为分量形式有

$$q_{t1}=-\overline{c'u'_1}=D_{11}\frac{\partial\bar{c}}{\partial x_1}+D_{12}\frac{\partial\bar{c}}{\partial x_2}+D_{13}\frac{\partial\bar{c}}{\partial x_3} \tag{8-51a}$$

$$q_{t2}=-\overline{c'u'_2}=D_{21}\frac{\partial\bar{c}}{\partial x_1}+D_{22}\frac{\partial\bar{c}}{\partial x_2}+D_{23}\frac{\partial\bar{c}}{\partial x_3} \tag{8-51b}$$

$$q_{t3}=-\overline{c'u'_3}=D_{31}\frac{\partial\bar{c}}{\partial x_1}+D_{32}\frac{\partial\bar{c}}{\partial x_2}+D_{33}\frac{\partial\bar{c}}{\partial x_3} \tag{8-51c}$$

对于各向异性紊流,D_{ij}的 9 个分量数值并不相同。对于正交各向异性紊流(orthotropic turbulence),则D_{ij}中$i\neq j$时$D_{ij}=0$,只有D_{ii}不等于零。对于各向同性紊流,$D_{ii}=D_{11}=D_{22}=D_{33}=D_t$,各个方向紊流扩散系数相同为紊流扩散系数$D_t$。将式(8-50)代入式(8-49),并假定$D_{ij}$为常数,得到

$$\frac{\partial\bar{c}}{\partial t}+\frac{\partial}{\partial x_i}(\bar{c}\,\overline{u_i})=D_{ij}\frac{\partial^2\bar{c}}{\partial x_i\partial x_j}+D_m\frac{\partial^2\bar{c}}{\partial x_i\partial x_i}+F_c \tag{8-52}$$

上式称为欧拉型的紊流扩散方程。一般情况下,除临近壁面的流动区域或其脉动受到限制的情况外,脉动的尺度远大于分子运动的尺度,所以$D_{ij}\gg D_m$。又当流动内部没有含有物质的产生项时,式(8-52)简化为

$$\frac{\partial\bar{c}}{\partial t}+\frac{\partial}{\partial x_i}(\bar{c}\,\overline{u_i})=D_{ij}\frac{\partial^2\bar{c}}{\partial x_i\partial x_j} \tag{8-53}$$

对于正交各向异性紊流,式(8-53)简化为

$$\frac{\partial\bar{c}}{\partial t}+\frac{\partial}{\partial x_i}(\bar{c}\,\overline{u_i})=D_{ii}\frac{\partial^2\bar{c}}{\partial x_i\partial x_i} \tag{8-54}$$

对于不可压缩流体,利用连续方程可得$\frac{\partial}{\partial x_i}(\bar{c}\,\overline{u_i})=\overline{u_i}\frac{\partial\bar{c}}{\partial x_i}$,对于各向同性紊流,式(8-54)进一步简化为

$$\frac{\partial\bar{c}}{\partial t}+\overline{u_i}\frac{\partial\bar{c}}{\partial x_i}=D_t\frac{\partial^2 c}{\partial x_i\partial x_i} \tag{8-55}$$

如果扩散过程为恒定的,浓度不随时间而变化,对于一维流动,$\overline{u_1}=$常数,$\overline{u_2}=\overline{u_3}=0$,则式(8-54)变为

$$\overline{u_1}\frac{\partial \bar{c}}{\partial x_1}=D_{11}\frac{\partial^2 \bar{c}}{\partial x_1^2}+D_{22}\frac{\partial^2 \bar{c}}{\partial x_2^2}+D_{33}\frac{\partial^2 \bar{c}}{\partial x_3^2} \tag{8-56}$$

采用下列变换：

$$t^*=\frac{x_1}{\overline{u}_1},\ x_1^*=\frac{x_1}{\sqrt{D_{11}}},\ x_2^*=\frac{x_2}{\sqrt{D_{22}}},\ x_3^*=\frac{x_3}{\sqrt{D_{33}}}$$

则式(8-56)变换成典型的热传导方程：

$$\frac{\partial \bar{c}}{\partial t^*}=\frac{\partial^2 \bar{c}}{\partial x_1^{*2}}+\frac{\partial^2 \bar{c}}{\partial x_2^{*2}}+\frac{\partial^2 \bar{c}}{\partial x_3^{*2}} \tag{8-57}$$

这个方程的解已在很多数学物理方程的书籍中讨论过。

在紊流扩散方程中紊流扩散系数甚为重要。首先，根据对含有物质只是一种标志物质的假设，即它的存在并不影响流体质点的运动特性而且在扩散过程中含有物质不会从一个流体质点转移到另一个质点上去(与分子扩散不同)，这时紊流扩散系数只决定于紊流的特征，它与 7.5 节中的涡粘度有同样的性质。也就是说，对于一种紊流流动，不同的扩散物质均有相同的扩散系数，这个假说称为雷诺比拟(Reynolds analogy)。事实上，并不是任何含有物质均符合标志物质的假定，因此扩散系数对不同的扩散物质也会存在一些差别。

扩散方程的求解是比较困难的。严格说来，在流体流动的情况下移流扩散方程应和流体运动的基本方程组耦合求解所有变量(包括浓度和各运动量如流速、压强等)。但在标志物质的假定下，可以将流场和浓度场分开求解，一般先定流场，然后在已知流速分布下求解移流扩散方程，定出浓度场。

8.5 剪切流中的离散

断面流速(在紊流中考虑为时均流速)分布不均匀，由于流速梯度在流体内部产生剪切应力，这种流动称为剪切流动(shear flow)。剪切流中不均匀的流速分布使含有物质随流散开的作用称为离散或弥散。剪切流的离散具有重要的实际意义。理论上说来这个问题完全可由移流扩散方程或紊流扩散方程的求解得到解决，因为在这些方程式中不仅包含了分子扩散或紊流扩散所引起的含有物质的输移，而且其迁移项代表了时均流速场不均匀所引起的输移作用。问题在于这些方程的求解十分困难。人们常把三维的剪切流动简化为一维或二维流动，用断面平均值表述一维流动状况，用垂线平均值表述二维流动的情况。这时就需对由于断面或垂线上流速分布不均匀所产生的含有物质的输移进行专门的处理。一般情况下，剪切流与均匀紊流相比，断面平均浓度的扩散效果更明显，流动过程中，不同时间的沿流断面平均浓度分布如图 8-4 所示。

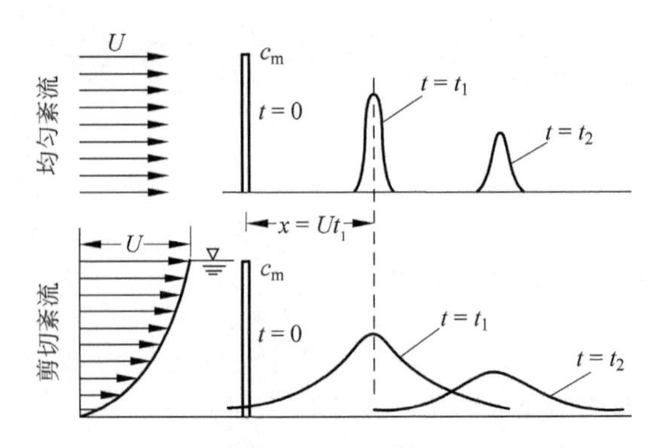

图 8-4 均匀紊流与剪切紊流中断面平均浓度扩散过程比较

自然界和工业中的紊流大多是剪切紊流,因而它的离散问题引起人们的重视。但是迄今为止,只有一部分剪切流动的离散问题有了理论解,如管道和明槽流动。而在实际工程中为适应生产的需要,只能根据已有的经验和资料采用经验性的办法解决。本书只介绍一维离散方程。

某些实际工程如管道、渠槽等的流动中的扩散可以简化为一维问题进行处理。剪切紊流中一点处:

$$u=\bar{u}+u'=u_m+\hat{u}+u' \tag{8-58a}$$

$$c=\bar{c}+c'=c_m+\hat{c}+c' \tag{8-58b}$$

式中,u,c 为流速及浓度的瞬时值;u_m,c_m 为流速时均值及浓度时均值的断面平均值;$\hat{u},\hat{c}$表示流速与浓度的时均值与断面平均值之差,如图 8-5 所示。扩散通量的时均值为

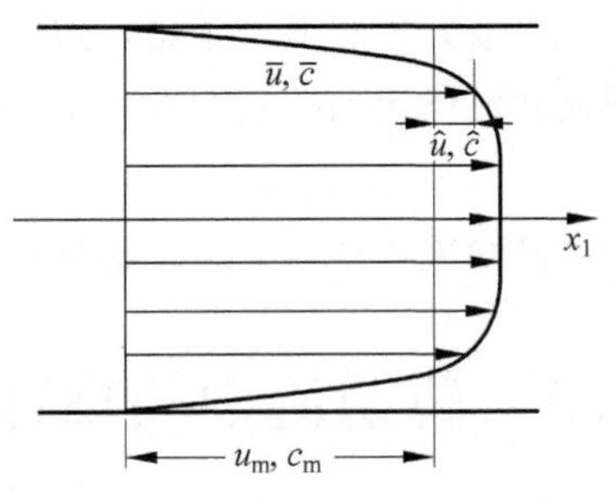

图 8-5 一维流动断面平均流速与浓度时均值

$$\begin{aligned}\overline{uc}&=\overline{(u_m+\hat{u}+u')(c_m+\hat{c}+c')}\\&=(u_m+\hat{u})(c_m+\hat{c})+\overline{u'c'}\end{aligned} \tag{8-59}$$

其断面平均值可计算如下:

$$\begin{aligned}\frac{1}{A}\int_A\overline{uc}\,\mathrm{d}A&=\langle(u_m+\hat{u})(c_m+\hat{c})+\overline{u'c'}\rangle\\&=\langle u_mc_m\rangle+\langle u_m\hat{c}\rangle+\langle\hat{u}c_m\rangle+\langle\hat{u}\hat{c}\rangle+\langle\overline{u'c'}\rangle\\&=u_mc_m+\langle\hat{u}\hat{c}\rangle+\langle\overline{u'c'}\rangle\end{aligned} \tag{8-60}$$

式中,"$\langle\rangle$"表示断面平均值,$\langle\hat{u}\rangle=0$,$\langle\hat{c}\rangle=0$。现根据物质守恒定律建立扩散方程,如图 8-6 的控制体,侧向为单位宽度,上下均为固体壁面,从扩散质的守恒关系可得

$$\frac{\partial}{\partial t}(c_mA\mathrm{d}x_1)\mathrm{d}t=-\frac{\partial}{\partial x_1}\left(\int_A\overline{uc}\,\mathrm{d}A\right)\mathrm{d}x_1\mathrm{d}t$$

代入式(8-60),得

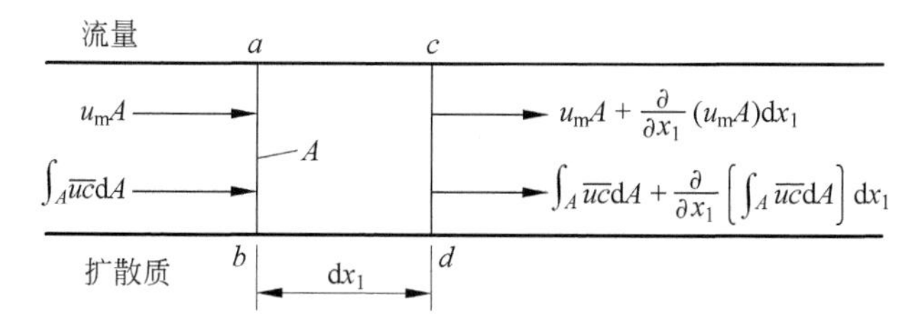

图 8-6　扩散质守恒关系示意图[8]

$$\frac{\partial(c_m A)}{\partial t}=-\frac{\partial}{\partial x_1}[Au_m c_m+A(\langle\hat{u}\,\hat{c}\rangle+\langle\overline{u'c'}\rangle)] \tag{8-61}$$

流动的连续方程为

$$\frac{\partial A}{\partial t}=-\frac{\partial(Au_m)}{\partial x_1} \tag{8-62}$$

将式(8-61)展开,可得

$$\frac{\partial c_m}{\partial t}+u_m\frac{\partial c_m}{\partial x_1}=-\frac{1}{A}\frac{\partial}{\partial x_1}[A(\langle\hat{u}\,\hat{c}\rangle+\langle\overline{u'c'}\rangle)] \tag{8-63}$$

上式等号右侧两个断面平均项需模化处理,使之变为断面平均值的函数。首先,根据紊流扩散的模式

$$\langle\overline{u'c'}\rangle=-D_t\frac{\partial c_m}{\partial x_1} \tag{8-64}$$

式中,D_t 为紊流扩散系数。$\langle\hat{u}\,\hat{c}\rangle$项代表断面上流速分布与浓度分布不均匀产生的扩散作用,为移流离散项,可类比分子扩散和紊流扩散的模式写为

$$\langle\hat{u}\,\hat{c}\rangle=-D_L\frac{\partial c_m}{\partial x_1} \tag{8-65}$$

式中,D_L 称为纵向移流离散系数(longitudinal convective dispersion coefficient)。于是式(8-63)写为

$$\frac{\partial c_m}{\partial t}+u_m\frac{\partial c_m}{\partial x_1}=\frac{1}{A}\frac{\partial}{\partial x_1}\left[A(D_L+D_t)\frac{\partial c_m}{\partial x_1}\right] \tag{8-66}$$

上式即紊流一维纵向移流离散方程(longitudinal convective dispersion equation)。如过流断面 A 是常数,上式成为

$$\frac{\partial c_m}{\partial t}+u_m\frac{\partial c_m}{\partial x_1}=\frac{\partial}{\partial x_1}\left[(D_L+D_t)\frac{\partial c_m}{\partial x_1}\right] \tag{8-67}$$

也可将 D_L 与 D_t 合并为一个系数 K:

$$K=D_L+D_t \tag{8-68}$$

则式(8-67)写为

$$\frac{\partial c_m}{\partial t}+u_m\frac{\partial c_m}{\partial x_1}=K\frac{\partial^2 c_m}{\partial x_1^2} \tag{8-69}$$

式中,K 称为综合扩散系数,也称混合系数(mixing coefficient)。

对于层流,D_t 应改换为分子扩散系数 D_m,$K=D_L+D_m$,方程(8-69)仍成立。一般情况下,$D_L \gg D_t \gg D_m$,故 D_t 和 D_m 在以离散为主的情况下可以忽略,$K=D_L$。方程(8-69)与移流扩散方程和紊流扩散方程的形式完全相同,关键在于离散系数 D_L 的确定。

参考文献

[1] Fick A E. On Liquid diffusion. Philos Mag,1855,4(10):30~39

[2] Daily J W,Harleman D R F. Fluid Dynamics,New York:Addison-Wesley Publishing Co.,Inc.,1966

[3] Taylor G I. Diffusion by continuous movements. Proc London Math Soc Ser A,1921,20

[4] Batchelor G K. Diffusion in a field of homogeneous turbulence Ⅰ. Eulerian Analysis. Australian Journal of Sci Rls Ser A,1949,2:437~450

[5] Batchelor G K. Diffusion in a field of homogeneous turbulence Ⅱ. The relative motion of particles. Proc Camb Phil Soc,1952,48:345~362

第 9 章

紊动射流及尾流

当射流与尾流中的流动属于紊流型态时，称为紊动射流及尾流。紊动射流及尾流都是在流动中与固体壁面不相接触、不受固体边界约束并不直接受固体壁面影响的自由剪切紊流。固体壁面可以对这种流动有间接的影响，例如自由紊流在形成的过程中，往往固体边界起着重要的作用。像尾流的形成，不同的物体后面将形成不同的尾流。自由剪切紊流共同的特点是当两层运动方向一致但具有不同流速的流体相接触时，接触面处将形成一个流速不连续的间断面。这种间断面是不稳定的，将变成紊流并产生脉动混掺现象，一直向下游扩展。

9.1 射流及尾流

自由射流是当流体自孔口或管嘴中喷射出来以后形成的，如图 9-1(a)所示。射流周围环境中原系静止的流体将有一部分被紊动射流卷吸带动流向下游，因此射流的断面质量流量沿程扩大。随着射流断面的扩展其速度将逐渐减小，但断面的动量通量则保持不变。

尾流可以是一个在静止的流体中运动的物体尾部形成的流动，或者是流动绕过一固定不动的物体而在物体尾部形成的流动。前者如图 9-1(b)所示，后者如图 9-1(c)所示。绕流物体的尾流中，流速小于主流流速。由于流速减小而损失的动量是由于绕流物体的阻力所引起的。随着尾流向下游逐渐扩展，尾流中流速与主流流速的差别逐渐缩小以至消失。

从定性来看，紊动射流与尾流和层流射流与尾流是相似的。但由于流动型态及阻力不同，因而定量上二者有很大的差别。在研究紊动射流与尾流时因为粘性应力较之紊流应力要小很多，可以忽略。在紊动射流与尾流的问题中垂直于流动方向的尺度远小于流动方向尺度，具有与边

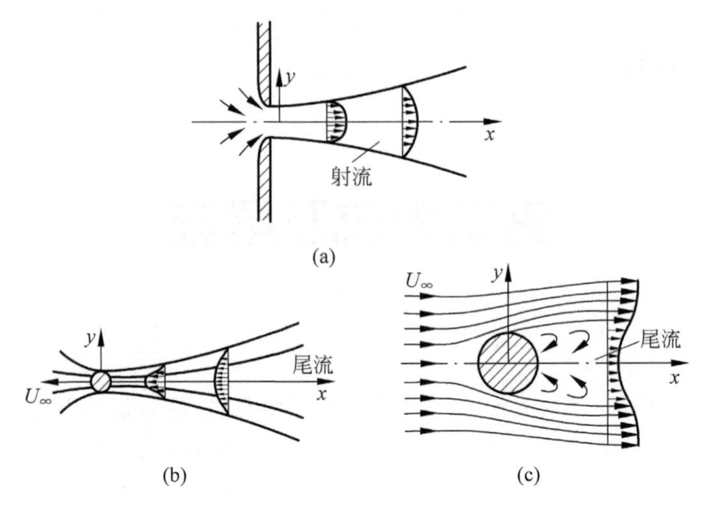

图 9-1　射流及尾流

界层流动一样的特点,因而可以应用普朗特边界层微分方程式。

$$\frac{\partial u}{\partial t}+u\frac{\partial u}{\partial x}+v\frac{\partial u}{\partial y}=\frac{1}{\rho}\frac{\partial \tau}{\partial y} \tag{9-1}$$

$$\frac{\partial u}{\partial x}+\frac{\partial v}{\partial y}=0 \tag{9-2}$$

式中,τ 为紊流切应力。压强项在式中消失的原因是由于在自由紊流中,周围环境流体中的压强可以认为是静压分布,从而$\frac{\mathrm{d}p}{\mathrm{d}x}=0$,如果周围环境流体是气体则压强为常数。在任意形状物体的尾流流动中,紧靠物体尾部的压强是受到物体影响而产生变化,只有在物体下游相当距离以后压强才可以恢复为常数。需要指出的是,射流所形成的类似于边界层的流动是由两部分流速不同的流体的间断面发展而来的,与固体壁面附近由于壁面的无滑移条件,粘性起着重要作用的边界层流动不同。壁面紊流边界层紧靠壁面处存在粘性底层(viscous sublayer),整个边界层中存在流动的分区结构。而在自由紊流的射流与尾流中并不存在分区结构,全部流动区域均为自由紊流。

紊流切应力可应用半经验理论,例如普朗特的混掺长度理论使之与时均流速场联系起来:

$$\tau_{\mathrm{t}}=-\rho\overline{u'v'}=\rho l^{2}\left|\frac{\mathrm{d}\,\bar{u}}{\mathrm{d}y}\right|\frac{\mathrm{d}\,\bar{u}}{\mathrm{d}y} \tag{9-3}$$

当然也可采用其他的半经验理论的假设,但与实验数据符合较好的是普朗特的关于自由紊流中混掺长度的假设。混掺长度与射流厚度 b 成正比,$l=\sqrt{\kappa_1}\,b$,κ_1 为比例系数。并得到第 7 章中所给出的式(7-36):

$$\tau_t = \mu_t \frac{\mathrm{d}\bar{u}}{\mathrm{d}y} = \rho \kappa_1 b(\bar{u}_{\max} - \bar{u}_{\min}) \frac{\mathrm{d}\bar{u}}{\mathrm{d}y} \tag{7-36}$$

近年来对于一些较复杂的紊动射流问题已开始应用 k-ε 紊流数值模型使用电子计算机来解决。但由于射流问题在工程应用中的千变万化，应用试验方法仍是一个重要的解决问题的途径。

9.2　紊动射流及尾流的厚度和中心流速的沿程变化

紊动射流自孔口或管嘴喷射出来后，根据流动的形态可以将射流划分为几个区段，如图 9-2 所示。由出口开始射流与环境流体接触的边界形成间断面并发展为强烈紊动混掺的混合层(图 9-2 中 AM 与 AC 及沿 x 轴和 BN 与 BC 及沿 x 轴包围的区域)。此混合层将随着向下游流动而向内向外扩展。出口后一定距离内射流中心部分未受混掺影响，仍保持原来的出口流速，这一区域称为核心区(ACB 区)。从出口到核心区末端的一段称为射流的起始段。紊动充分发展以后的部分称为射流的主体段。主体段与起始段之间有一过渡段，但因过渡段较短，在分析中为简化起见常将这一段忽略。

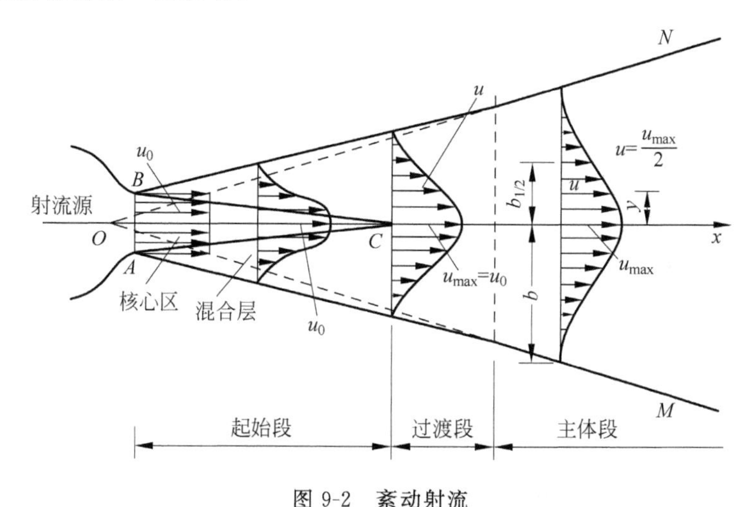

图 9-2　紊动射流

射流边界是一个由紊动涡体和周围环境流体交错组成的不规则面。因此射流厚度不易确定，分析中只能从统计平均意义上认定射流边界，从而确定其厚度。自射流中心线至射流边界的距离为射流的半厚度，以 b 表示之。分析中为了避免射流边界的不规则性，也可以规定射流断面的一些特征半厚度。以流速等于轴线最大流速 $u_{\max}$ 的某一比值处的 y 值作为特征半厚度，例如 $b_{1/2}$ 表示以 $u=\frac{u_{\max}}{2}$ 处的 y

值作为半厚度,b_e 表示以 $u=\frac{u_{\max}}{e}$处的 y 值作为半厚度等。由实验观测得知,紊动射流的厚度沿程呈线性扩展。但主体段的扩展率与起始段略有不同。将主体段的射流边界线延长和轴线相交于 O 点,称 O 点为射流源。分析中常以 O 点作为坐标原点。

在对式(9-1)、式(9-2)进行积分以前,先应用量纲分析的方法研究射流和尾流垂向厚度的沿程增长和中心流速的沿程减小。在自由紊流中由于没有固体壁面限制流体的紊动,如 7.5.2 节中所述,可假定在射流或尾流的横断面上混掺长度 l 为一常数,并与半厚度 b 成正比,即

$$\frac{l}{b}=\beta=\text{常数} \tag{9-4}$$

射流厚度的增长率$\frac{\mathrm{d}b}{\mathrm{d}t}$与垂向脉动速度 v' 成正比,即

$$\frac{\mathrm{d}b}{\mathrm{d}t}=\frac{\partial b}{\partial t}+u\frac{\partial b}{\partial x}+v\frac{\partial b}{\partial y}\propto v'\propto l\frac{\partial u}{\partial y} \tag{9-5}$$

自由剪切紊流是一种沿主流方向在流动过程中不断发展和演进的紊流流动。在射流中与边界层流动类似地存在流动的相似性,如果选用适当的尺度使流动的物理量例如流速等和坐标均无量纲化,则沿程不同断面上这种无量纲物理量的分布相同,即具有相同的分布的函数关系。紊动射流的这种特性称为自保存特性(self-preservation)或简称自保性。紊动射流的自保性主要由试验得到,一般均在射流出口下游相当距离以后才具有这种特性。具有自保性的流动不仅时均流速具有相似性而且一些紊动特征如雷诺应力,紊流度等也具有相似性。对于具有自保性的自由紊流,像在边界层流动中的相似解一样,由于减少了一个变量而可以把描述流动的偏微分方程组变为常微分方程式从而得到数学上的简化。

为此,假定在射流的半厚度内,$\frac{\partial u}{\partial y}$的平均值与$\frac{u_{\max}}{b}$成比例,则

$$\frac{\mathrm{d}b}{\mathrm{d}t}\propto l\frac{\partial u}{\partial y}\propto l\frac{u_{\max}}{b}=\beta u_{\max}$$

即

$$\frac{\mathrm{d}b}{\mathrm{d}t}=C\beta u_{\max} \tag{9-6}$$

式中,C 为常数。

9.2.1 恒定射流

对于恒定射流,半厚度 b 只是 x 的函数而与时间 t 无关,当地变化率$\frac{\partial b}{\partial t}$为零,

$\frac{\mathrm{d}b}{\mathrm{d}t}$中只有迁移项$u\frac{\partial b}{\partial x}$存在，

$$\frac{\mathrm{d}b}{\mathrm{d}t}=u\frac{\partial b}{\partial x}\propto u_{\max}\frac{\mathrm{d}b}{\mathrm{d}x} \tag{9-7}$$

比较式(9-6)与式(9-7)可知

$$\frac{\mathrm{d}b}{\mathrm{d}x}\propto\beta \tag{9-8}$$

即

$$b\propto\beta x \tag{9-9}$$

此式意味着射流半厚度 b 与距原点的距离 x 成正比。同时，由于$\frac{l}{b}=\beta$，β 为常数，所以混掺长度 l 也与 x 成正比。与 4.5 节中层流射流 $b\propto x^{2/3}$ 不同。式中的常数可由边界条件确定。对于射流，包括二维平面射流与圆射流，$u_{\max}$系指射流中心处的流速，$u_{\max}$与 x 的关系可从动量方程得出，动量通量为 J，由于不存在 x 方向的压强梯度，所以沿流动保持常量：

$$J=\rho\int u^2\mathrm{d}A=\text{常数} \tag{9-10}$$

1. 平面射流

单位宽度的动量通量 $J'\propto\rho u_{\max}^2 b$，所以

$$u_{\max}\propto b^{-\frac{1}{2}}\sqrt{\frac{J'}{\rho}}$$

又因 $b\propto x$，

$$u_{\max}\propto x^{-\frac{1}{2}}\sqrt{\frac{J'}{\rho}}\propto x^{-\frac{1}{2}} \tag{9-11}$$

2. 圆射流

圆射流中，设 b 代表射流的半径，

$$J\propto\rho b^2 u_{\max}^2$$

从而可知

$$u_{\max}\propto\frac{1}{b}\sqrt{\frac{J}{\rho}}\propto x^{-1} \tag{9-12}$$

9.2.2 尾流

对于尾流，代替式(9-7)，可以有

$$\frac{\mathrm{d}b}{\mathrm{d}t}\propto U_{\infty}\frac{\mathrm{d}b}{\mathrm{d}x} \tag{9-13}$$

式中,U_∞为尾流中未受扰动的流速,如图9-3所示。由式(9-6)可得

$$\frac{\mathrm{d}b}{\mathrm{d}t} \propto l\frac{u_{1\mathrm{m}}}{b} \propto \beta u_{1\mathrm{m}} \tag{9-14}$$

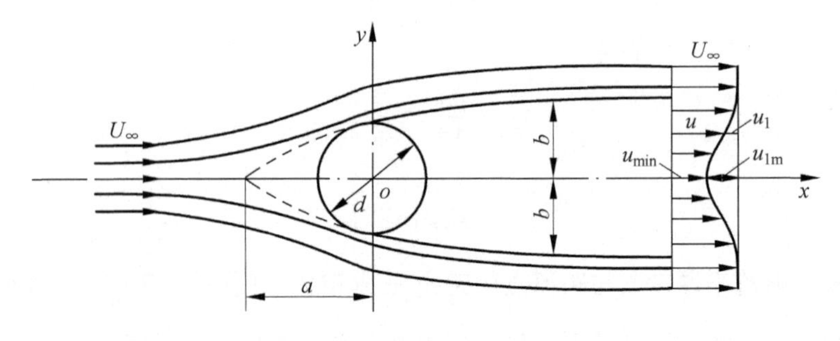

图9-3　尾流流速分布示意图

式中,$u_{1\mathrm{m}}=U_\infty-u_{\min}$,$u_{1\mathrm{m}}$为尾流中心线处流速亏值,$u_{\min}$为尾流中心点处流速。于是由式(9-13)、式(9-14)得

$$U_\infty\frac{\mathrm{d}b}{\mathrm{d}x} \propto \frac{l}{b}u_{1\mathrm{m}} = \beta u_{1\mathrm{m}}$$

或

$$\frac{\mathrm{d}b}{\mathrm{d}x} \propto \frac{l}{b}\frac{u_{1\mathrm{m}}}{U_\infty} = \beta\frac{u_{1\mathrm{m}}}{U_\infty} \tag{9-15}$$

对于尾流,由于绕流物体的存在,在它的前后动量通量不再保持常量。动量通量的变化直接与绕流物体所受的阻力有关。绕流阻力由式(4-58)可知

$$D = \Delta J = \rho\int_A u(U_\infty - u)\mathrm{d}A$$

式中,A为尾流的横断面积。须注意的是控制面应选在物体下游相当一段距离之外,该处的压强已恢复为未扰动流体的压强,因而在动量方程中压力项不出现。这个方程式还可以理解为在流场中受到绕流物体影响的一部分流动,其流量为$\int_A u\mathrm{d}A$,这部分流量在绕流物体上游的动量通量为$\int_A U_\infty u\mathrm{d}A$,而经过绕流物体以后,由于受到阻力的作用,其动量通量发生变化,只有$\int_A u^2\mathrm{d}A$,物体上下游动量通量的差值,即ΔJ。在下游距绕流物体相当距离处,$u_1=U_\infty-u$与U_∞相比是小量,所以

$$u(U_\infty - u) = (U_\infty - u_1)u_1 \approx U_\infty u_1$$

$$\Delta J = D \approx \rho U_\infty\int_A u_1\mathrm{d}A \tag{9-16}$$

1. 平面尾流

二维无限长圆柱体后形成的尾流，设圆柱体直径为 d，单位长度上圆柱体阻力为

$$D = C_D \times \frac{1}{2}\rho U_\infty^2 d \tag{9-17}$$

则式(9-16)中的动量通量为

$$\Delta J \propto 2\rho U_\infty u_{1\mathrm{m}} b \tag{9-18}$$

式中，$2b$ 为尾流断面厚度。

$$2\rho U_\infty u_{1\mathrm{m}} b \propto C_D \times \frac{1}{2}\rho U_\infty^2 d$$

$$\frac{u_{1\mathrm{m}}}{U_\infty} \propto \frac{C_D d}{b} \tag{9-19}$$

由式(9-15)得

$$\frac{\mathrm{d}b}{\mathrm{d}x} \propto \beta \frac{u_{1\mathrm{m}}}{U_\infty} \propto \beta \frac{C_D d}{b}$$

$$b\frac{\mathrm{d}b}{\mathrm{d}x} \propto \beta C_D d$$

$$b \propto (\beta C_D x d)^{1/2} \propto x^{1/2} \tag{9-20}$$

将上式代入式(9-19)得

$$\frac{u_{1\mathrm{m}}}{U_\infty} \propto \frac{C_D d}{(\beta C_D x d)^{1/2}} = \left(\frac{C_D d}{\beta x}\right)^{1/2}$$

$$\frac{u_{1\mathrm{m}}}{U_\infty} \propto \left(\frac{C_D d}{\beta x}\right)^{1/2} \propto x^{-1/2} \tag{9-21}$$

2. 圆形尾流

绕流物体的迎流面积为 A，则绕流阻力 $D=C_D\frac{1}{2}\rho U_\infty^2 A$，式(9-16)中的动量通量的变化为 $\Delta J \propto \rho U_\infty u_{1\mathrm{m}} b^2$，

$$\rho U_\infty u_{1\mathrm{m}} b^2 \propto C_D \frac{1}{2}\rho U_\infty^2 A$$

$$\frac{u_{1\mathrm{m}}}{U_\infty} \propto \frac{C_D A}{b^2} \tag{9-22}$$

将上式代入式(9-15)，

$$b^2 \frac{\mathrm{d}b}{\mathrm{d}x} \propto \beta C_D A$$

$$b \propto (\beta C_D A x)^{1/3} \propto x^{1/3} \tag{9-23}$$

代入式(9-22),得

$$\frac{u_{1m}}{U_\infty} \propto \frac{C_D A}{(\beta C_D A x)^{2/3}} = \left(\frac{C_D A}{\beta^2 x^2}\right)^{1/3} \propto x^{-2/3} \tag{9-24}$$

总结射流及尾流厚度及中心流速沿程变化规律列于表 9-1。

表 9-1

	层流		紊流	
	厚度 b	中心流速 u_{max} 或 u_{1m}	厚度 b	中心流速 u_{max} 或 u_{1m}
平面射流	$x^{2/3}$	$x^{-1/3}$	x	$x^{-1/2}$
圆射流	x	x^{-1}	x	x^{-1}
平面尾流	$x^{1/2}$	$x^{-1/2}$	$x^{1/2}$	$x^{-1/2}$
圆形尾流	$x^{1/2}$	x^{-1}	$x^{1/3}$	$x^{-2/3}$

9.3 平面紊动射流

由狭长缝隙或孔口喷出的射流称为平面射流,可按二维问题分析。一般当出口雷诺数 $Re=\frac{2b_0 u_0}{\nu}>30$ 时射流即可认为是紊动射流。平面紊动射流中射流厚度 $b\propto x$,射流中心流速 $u_{max}\propto x^{-1/2}$,如表 9-1 所列。对于环境流体原系静止,且与射流流体是同一种流体,密度相同,二者均为不可压缩流动的情况,本节中给出两种分析和解决问题的方法。其一为直接求解紊动射流的偏微分方程式,另一种方法为求其动量积分解,从而得到紊动射流沿程扩展的范围和射流中的流速分布。

9.3.1 微分方程解

本节求解二维紊动射流偏微分方程组(9-1)、(9-2)。并可应用紊流切应力的半经验理论改写式(9-1)为

$$u\frac{\partial u}{\partial x} + v\frac{\partial u}{\partial y} = \nu_t \frac{\partial^2 u}{\partial y^2} \tag{9-25}$$

$$\frac{\partial u}{\partial x} + \frac{\partial v}{\partial y} = 0 \tag{9-2}$$

式中,运动涡粘度 $\nu_t=\kappa_1 b u_{max}$。假设在一距射流源距离为 s 的特定点处射流厚度为 b_s,射流中心流速为 U_s,则任一点 x 处的中心流速 u_{max} 可写为

$$u_{max} = U_s\left(\frac{x}{s}\right)^{-1/2} \tag{9-26}$$

而射流半厚度 b 为

$$b = b_s\left(\frac{x}{s}\right) \tag{9-27}$$

设 $\nu_{t\cdot s}=\kappa_1 b_s U_s$，则

$$\nu_t = \nu_{t\cdot s}\left(\frac{x}{s}\right)^{1/2} \tag{9-28}$$

令 $\eta=\sigma\dfrac{y}{x}$，σ 为一自由常数。流函数 ψ 假定为

$$\psi = \sigma^{-1}U_s s^{1/2}x^{1/2}F(\eta)$$

于是流速分量分别为

$$u = \frac{\partial\psi}{\partial y} = \sigma^{-1}U_s s^{1/2}x^{1/2}\frac{\mathrm{d}F}{\mathrm{d}\eta}\frac{\partial\eta}{\partial y} = U_s\left(\frac{x}{s}\right)^{-1/2}F'$$

$$v = -\frac{\partial\psi}{\partial x} = \sigma^{-1}U_s s^{1/2}x^{-1/2}\left(\eta F' - \frac{1}{2}F\right)$$

将 u，v 的值代入式(9-25)，可得下述常微分方程式：

$$\frac{1}{2}F'^2 + \frac{1}{2}FF'' + \frac{\nu_{t\cdot s}}{U_s s}\sigma^2 F''' = 0 \tag{9-29}$$

边界条件为

$$\eta = 0;\quad F = 0,\quad F' = 1$$

$$\eta = \infty;\quad F' = 0$$

由于 $\nu_{t\cdot s}$ 中包含有自由常数 κ_1，因此可以使

$$\sigma = \frac{1}{2}\sqrt{\frac{U_s s}{\nu_{t\cdot s}}} \tag{9-30}$$

从而使式(9-29)简化为

$$F''' + 2FF'' + 2F'^2 = 0$$

上式积分两次可得

$$F^2 + F' = 1$$

上式与平面层流射流的式(4-80)完全一致，其解是 $F=\tanh\eta$，因此流速分布为

$$u = U_s\left(\frac{x}{s}\right)^{-\frac{1}{2}}(1-\tanh^2\eta) \tag{9-31}$$

特征流速 U_s 可以从单宽射流的动量保持常数这一条件得出，

$$J = \rho\int_{-\infty}^{\infty}u^2\,\mathrm{d}y = \frac{4}{3}\rho U_s^2\frac{s}{\sigma} \tag{9-32}$$

令 $\dfrac{J}{\rho}=K$，则可得

$$U_s = \frac{\sqrt{3}}{2}\sqrt{\frac{K\sigma}{s}} \tag{9-33}$$

于是射流中流速分量 u，v 分别为

$$u=\frac{\sqrt{3}}{2}\sqrt{\frac{K\sigma}{x}}(1-\tanh^2\eta) \tag{9-34}$$

$$v=\frac{\sqrt{3}}{4}\sqrt{\frac{K}{x\sigma}}[2\eta(1-\tanh^2\eta)-\tanh\eta] \tag{9-35}$$

现在唯一没有确定的是常数 σ,它可通过试验确定。根据里夏特(H. Reichardt)[1]的试验,$\sigma=7.67$。图 9-4 为福特曼(E. Förthmann)[2]所量测的平面紊动射流断面流速分布曲线。纵坐标为$\frac{u}{u_{\max}}$,横坐标为$\frac{y}{b_{1/2}}$。图中曲线①为托尔明[3]应用普朗特混掺长度理论进行计算的结果。曲线②为按式(9-34)计算的结果。由图可见,曲线②在上部与试验点更为符合。由 σ 的数值可以得到

$$\nu_{\mathrm{t}}=\frac{1.125}{4\sigma}b_{1/2}u_{\max}$$

或

$$\nu_{\mathrm{t}}=0.037b_{1/2}u_{\max} \tag{9-36}$$

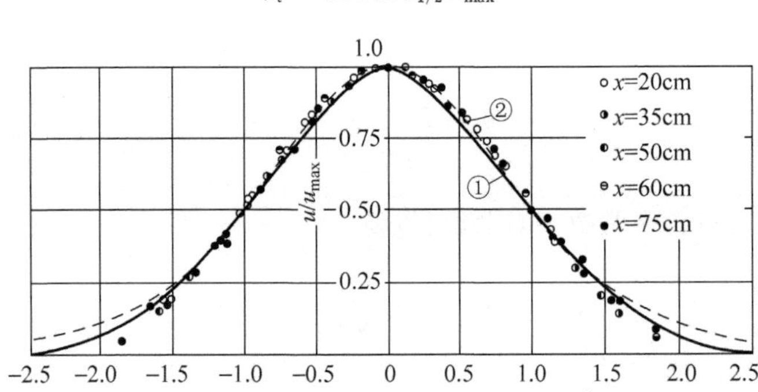

图 9-4 平面紊动射流断面流速分布[2]

由图 9-4 还可以看出平面紊动射流的一个重要特性。图中 $x=20$cm,35cm,50cm,60cm 和 75cm 五个不同断面的流速分布如果以如图所示的无量纲坐标表示,均落于一条曲线上。可见平面紊动射流的流速分布具有相似性,或自保存特性。

图 9-4 的平面紊动射流断面流速分布的资料如果不以长度尺度 $b_{1/2}$ 和流速尺度 $u_{\max}$ 给予处理,则不同断面的流速分布如图 9-5 所示。随着距离 x 的增加,中心流速 $u_{\max}$ 逐渐减小,流速分布曲线也趋于平坦。

需要注意的是某一种特定的流动可能会有某种流动性能破坏流动的自保存性。在有些流动中只有在主体段具有自保存性。对于具有自保存性的流动,可以找到类似于边界层流动中相似变量的一种变量 η,将偏微分方程组化为常微分方程,从而大大简化数学演算。

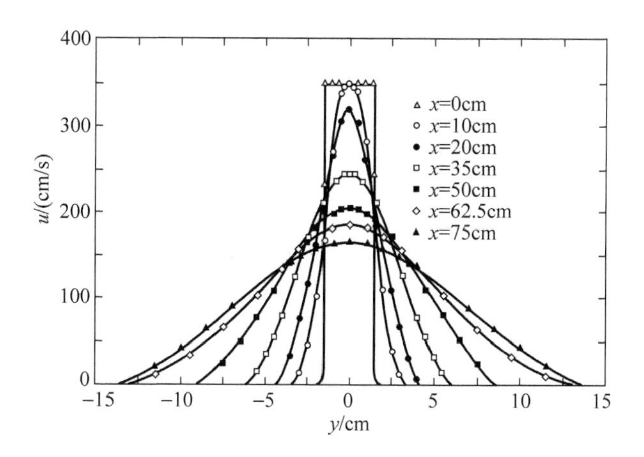

图 9-5　平面紊动射流沿程不同断面的流速分布[2]

9.3.2 动量积分解

由于在流动中不出现固体壁面对流动的阻力，又假设流场中压强分布为静压分布，$\frac{\partial p}{\partial x}=0$，沿射流各断面动量通量 J 应为常数，

$$J=\int_{-\infty}^{\infty}\rho u^2\mathrm{d}y=\text{常数} \tag{9-37}$$

一般情况下，出口断面的动量通量为已知，单位宽度射流的动量通量为 $2\rho u_0^2 b_0$。u_0 为出口流速，易于由出口内外压强差算出。b_0 为出口断面的半厚度，如图 9-6 所示。于是有

$$\rho\int_{-\infty}^{\infty}u^2\mathrm{d}y=2\rho u_0^2 b_0 \tag{9-38}$$

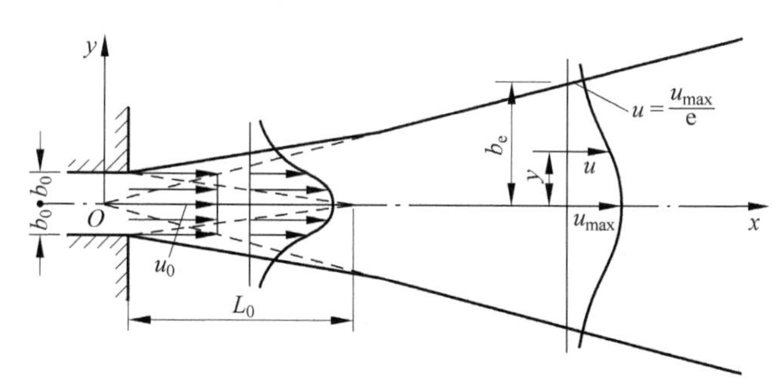

图 9-6　平面紊动射流[8]

在射流主体段，各断面的流速分布具有相似性，可以假设

$$\frac{u}{u_{\max}}=f\left(\frac{y}{b}\right) \tag{9-39}$$

式中,u_{max}为射流中心流速;b为射流断面的某一特征半厚度。如图9-6中特征半厚度为b_e,则$y=b_e$时该点流速为$\frac{u_{max}}{e}=0.368u_{max}$。动量的积分决定于流速分布函数。根据试验资料和紊流的随机性质分析,流速分布常假设为高斯的正态分布形式,即

$$u = u_{max}\exp\left(-\frac{y^2}{b_e^2}\right) \tag{9-40}$$

从而动量通量为

$$J = \rho\int_{-\infty}^{\infty} u^2 \mathrm{d}y = 2\rho\int_0^{\infty} u_{max}^2 \exp^2\left(-\frac{y^2}{b_e^2}\right)\mathrm{d}y = \sqrt{\frac{\pi}{2}}\rho u_{max}^2 b_e \tag{9-41}$$

由式(9-38)知

$$\sqrt{\frac{\pi}{2}}u_{max}^2 b_e = 2u_0^2 b_0 \tag{9-42}$$

由9.3.1节已知平面紊动射流的厚度与源点距x成正比,可设

$$b_e = ax$$

代入式(9-42)可得射流中心最大流速u_{max}的下列公式:

$$\frac{u_{max}}{u_0} = \left[\sqrt{\frac{2}{\pi}}\frac{1}{a}\right]^{1/2}\left(\frac{2b_0}{x}\right)^{1/2} \tag{9-43}$$

由于射流对周围环境流体的卷吸作用,射流的流量沿程增加,任一断面的单宽流量为

$$Q = \int_{-\infty}^{\infty} u\mathrm{d}y = 2\int_0^{\infty} u_{max}\exp\left(-\frac{y^2}{b_e^2}\right)\mathrm{d}y = \sqrt{\pi}b_e u_{max} \tag{9-44}$$

由于出口的单宽流量$Q_0=2b_0u_0$,所以流量沿程增大的比例为

$$\frac{Q}{Q_0} = \frac{\sqrt{\pi}}{2}\frac{b_e}{b_0}\frac{u_{max}}{u_0} = (\sqrt{2\pi}\cdot a)^{1/2}\left(\frac{x}{2b_0}\right)^{1/2} \tag{9-45}$$

可见流量与$x^{1/2}$成正比。当射流含有混合物质时,$\frac{Q}{Q_0}$即为含有物浓度的平均稀释度(average dilution)。

射流沿程的流量增加率为

$$\frac{\mathrm{d}Q}{\mathrm{d}x} = Q_0(\sqrt{2\pi}\cdot a)^{1/2}\left(\frac{1}{2b_0}\right)^{1/2}\frac{\mathrm{d}}{\mathrm{d}x}(x^{1/2})$$
$$= \frac{(\sqrt{2\pi}\cdot a)^{1/2}}{2}\left(\frac{2b_0}{x}\right)^{1/2}u_0$$

由式(9-43)可知

$$\frac{\mathrm{d}Q}{\mathrm{d}x} = \frac{\sqrt{\pi}a}{2}u_{max} \tag{9-46}$$

流量沿程的增量$\mathrm{d}Q$应等于从射流边界卷吸进入的流量,如以v_e为正交于射流轴

线方向的卷吸速度，则从射流上下两侧卷入流量为 $2v_e dx$，即

$$dQ = 2v_e dx$$

从而可得出

$$v_e = \frac{\sqrt{\pi}}{4} a u_{max} \tag{9-47}$$

可见卷吸速度与射流中心线最大流速成正比。令

$$\alpha = \frac{\sqrt{\pi}}{4} a \tag{9-48}$$

式中，α 称为卷吸系数。

应用阿尔贝特松(M. L. Albertson)[4]等人的试验结果，$a=0.154$，则得

射流卷吸系数：　$\alpha=0.069$

射流半厚度：　$b_e=0.154x$

射流中心线流速：　$\frac{u_{max}}{u_0}=2.28\left(\frac{2b_0}{x}\right)^{1/2}$

流量比(平均稀释度)：　$\frac{Q}{Q_0}=0.62\left(\frac{x}{2b_0}\right)^{1/2}$

这些数据是在推导过程中断面流速分布假设为高斯分布的结果。采用不同的流速分布，其结果也有所不同。此外，这些数据也是在假设流速分布具有自保存性的情况下得到的。自保存性或者说流速分布的相似性只有在主体段紊流充分发展的区域才成立。但在什么范围才达到严格的相似性目前还没有一致的结论。实用上常忽略过渡段，认为在射流的势流核心区，即起始段后即可应用以上列举的有关射流的关系式。起始段的长度 L_0 可以由式(9-43)中令 $u_{max}=u_0$ 而得出相应的 x 值即 L_0，如图 9-6 所示。

$$L_0 = 5.2(2b_0) \tag{9-49}$$

9.4　圆形紊动射流

9.4.1　圆形紊动射流的流速分布

由表 9-1，在圆射流中射流厚度与 x 的一次方成正比，中心流速则与 x^{-1} 成正比，因而运动涡粘度

$$\nu_t = \kappa_1 b u_m \sim x^{\circ} = \text{常数} = \nu_0$$

意味着 ν_t 在整个射流中保持为一常数。所以圆形紊动射流的微分方程式与层流射流中的微分方程式形式相同，只是用 ν_0 代替运动粘度 ν 即可。对于圆形紊动射流可以得到以下结果(参照式(4-97)～式(4-99))：

$$u_x = \frac{3}{8\pi}\frac{K'}{\nu_0 x}\frac{1}{\left(1+\frac{1}{4}\xi^2\right)^2} \tag{9-50}$$

$$u_r = \frac{1}{4}\sqrt{\frac{3}{\pi}}\frac{\sqrt{K'}}{x}\frac{\left(\xi-\frac{1}{4}\xi^3\right)}{\left(1+\frac{1}{4}\xi^2\right)^2} \tag{9-51}$$

式中,$K'=\frac{J}{\rho}$,J 为射流的动量通量。变量 ξ 为

$$\xi = \frac{1}{4}\sqrt{\frac{3}{\pi}}\frac{\sqrt{K'}}{\nu_0}\frac{r}{x} \tag{9-52}$$

图 9-7 表示圆形紊流射流的流速分布曲线。横坐标为$\frac{r}{b_{1/2}}$,纵坐标则为$\frac{u_x}{u_{x\max}}$。图中曲线①为托尔明[3]的解。曲线②为式(9-50)。图中试验点为里夏特[1]的试验结果。式(9-50)～式(9-52)中经验性常数为$\frac{\sqrt{K'}}{\nu_0}$。根据里夏特的试验:

$$b_{1/2} = 0.0848x \tag{9-53}$$

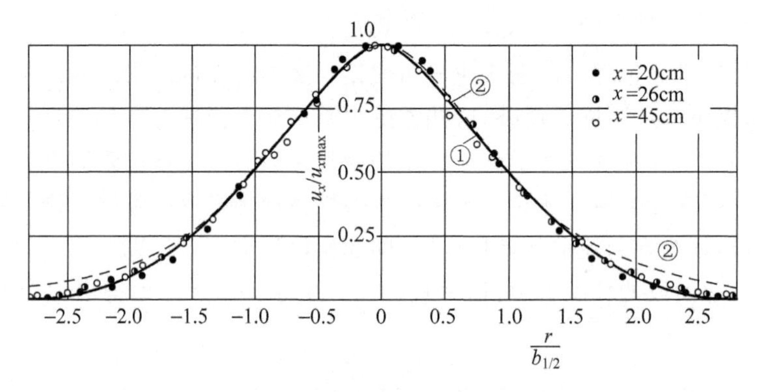

图 9-7 圆形紊动射流流速分布(4)

当 $\xi=1.286$ 时,$u_x=\frac{u_{x\max}}{2}$,可由式(9-52)算出 $b_{1/2}=5.27x\frac{\nu_0}{\sqrt{K'}}$,$\frac{\nu_0}{\sqrt{K'}}=0.0161$。又根据流速分布可算出 $\sqrt{K'}=1.59b_{1/2}u_{x\max}$,因此得到 $\nu_0=0.0256b_{1/2}u_{x\max}$。在层流射流中流量 $Q=8\pi\nu x$,对于紊动圆射流,以 ν_0 代替 ν,得射流流量为

$$Q = 8\pi\nu_0 x = 0.404\sqrt{K'}x \tag{9-54}$$

9.4.2 圆射流的紊动特性

为了深入了解紊动射流的流动本质并在实际工程中加以应用,还必须研究其紊动特性。对充分发展的紊动射流,自 20 世纪 40 年代以来陆续有文章发表了一

些试验量测结果。这些试验大多是以热线风速计对脉动量进行量测，近年也有使用激光测速装置研究紊动射流。本节主要介绍维格南斯基(I. Wygnanski)和菲德勒(H. Fiedler)[5]的试验结果。射流由直径为 26mm 的圆形喷嘴喷出。出口速度为 51m/s，部分试验出口速度达到 72m/s。出口雷诺数$\frac{U_0 d}{\nu}=10^5$。出口处射流基本上是层流，紊流度为 0.1%。量测使用DISA热线风速计。图 9-8 表示量测的射流轴心处紊流度沿程变化，图中示出了作者采用的坐标系。可以看出，对于 x 方向的紊流度$\sqrt{\overline{u'^2}}/\bar{u}_{\max}$而言，$\bar{u}_{\max}$为射流中心最大流速的时均值。在管嘴下游 40 倍直径的距离后就具有自保存性或相似性而对于 y 和 z 方向的紊流度则只有在 $x/d\geqslant 70$ 以后才具有相似性。在同样流动条件下如果考虑时均流速，则在 $x/d=20$ 断面处就已具有自保性。可见对于不同的物理量，具有自保性的起始断面位置并不相同。但是一般来说当 $x/d\geqslant 100$ 后，对于各种流动物理量都存在自保性，只有这样才能说流动具有自保存特性。紊流度在径向的分布如图 9-9 所示。在所量测的范围内，y 向的紊流度$\sqrt{\overline{v'^2}}/\bar{u}_{\max}$及 z 向紊流度$\sqrt{\overline{w'^2}}/\bar{u}_{\max}$均较 x 向紊流度$\sqrt{\overline{u'^2}}/\bar{u}_{\max}$为小，说明尚未达到各向同性阶段。

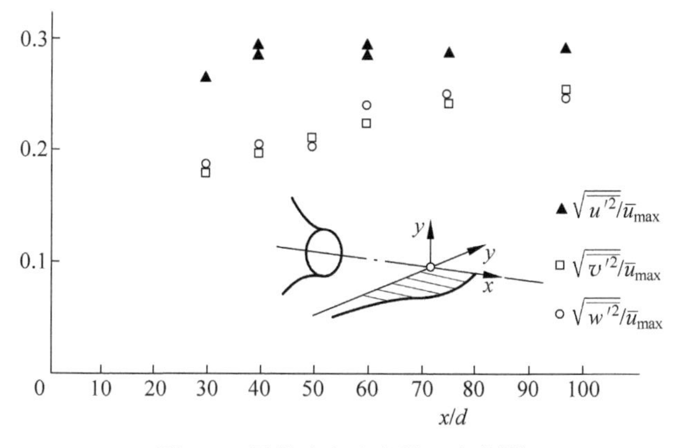

图 9-8　圆射流紊流度沿程变化[5]

在紊流与非紊流的交界面附近，往往可以观察到紊流的间歇现象，即在流动中某一点测得的流速在一段时间流速是脉动的而在另一段时间中则测不到流速脉动。圆射流中间歇系数 γ 沿断面分布如图 9-10 所示。在接近射流边缘处($y/x>0.2$)间歇系数甚小，说明该处流动只有很少的时间内有脉动现象，而在射流外部的环境流体中则 $\gamma=0$，说明完全没有脉动。在 $y/x\leqslant 0.1$ 的射流中心部分 $\gamma=1.0$，说明在全部测量时间内该处流动全部呈现脉动。图中符号▲表示科尔辛(S. Corrsin)和基斯特勒(A. L. Kistler)[6]的数据。图 9-11 表示圆射流中紊流雷诺应力在断面上的分布。雷诺应力的最大值发生在 $y/x=0.058$ 处。维格南斯基

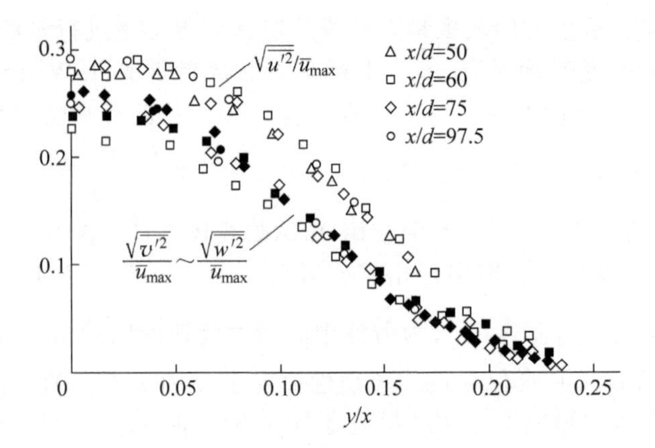

图 9-9　紊流度的径向分布[5]

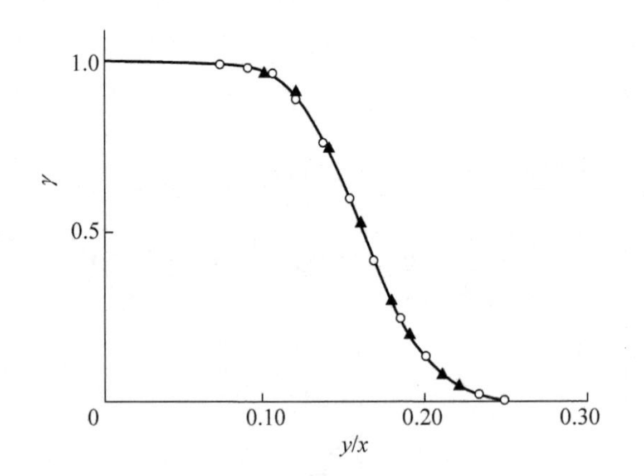

图 9-10　间歇系数 γ 沿圆射流断面分布[5]

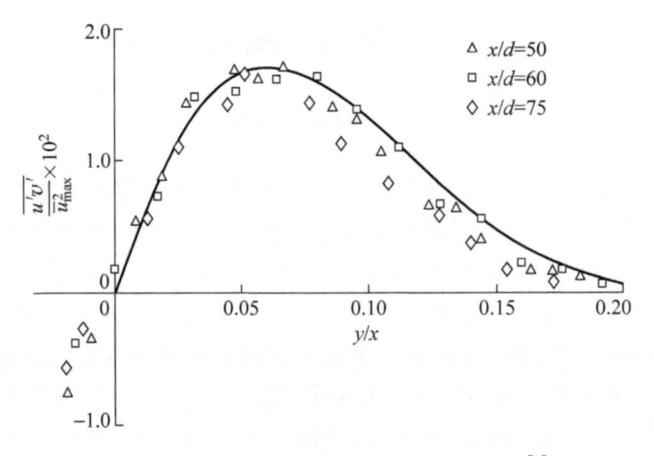

图 9-11　雷诺应力在圆射流断面上的分布[5]

和非德勒得到在紊动圆射流中脉动部分的能量方程为

$$
\begin{aligned}
&\underbrace{\frac{\partial}{\partial x}(\bar{u}\,\overline{q^2})+\frac{1}{y}\frac{\partial}{\partial y}y\bar{v}\,\overline{q^2}}_{①}+\underbrace{\frac{\partial}{\partial x}(\overline{u'q^2})+\frac{1}{y}\frac{\partial}{\partial y}y(\overline{v'q^2})}_{②}\\
&+\underbrace{2\left[\overline{u'^2}\frac{\partial\bar{u}}{\partial x}+\overline{v'^2}\frac{\partial\bar{v}}{\partial y}+\overline{u'v'}\frac{\partial\bar{u}}{\partial y}\right]}_{③}+\underbrace{\frac{2}{\rho}\left[\frac{\partial\overline{u'p'}}{\partial x}+\frac{1}{y}\frac{\partial}{\partial y}(y\overline{v'p'})\right]}_{④}\\
&+\underbrace{2\nu\left[\overline{\left(\frac{\partial u'}{\partial x}\right)^2}+\overline{\left(\frac{\partial u'}{\partial y}\right)^2}+\overline{\left(\frac{\partial u'}{\partial z}\right)^2}+\overline{\left(\frac{\partial v'}{\partial x}\right)^2}+\overline{\left(\frac{\partial v'}{\partial y}\right)^2}\right.}_{⑤}\\
&\left.+\overline{\left(\frac{\partial v'}{\partial z}\right)^2}+\overline{\left(\frac{\partial w'}{\partial x}\right)^2}+\overline{\left(\frac{\partial w'}{\partial y}\right)^2}+\overline{\left(\frac{\partial w'}{\partial z}\right)^2}\right]=0
\end{aligned}
\tag{9-55}
$$

式中，①项为迁移项；②项为由脉动流速而引起的迁移项，作者称之为扩散项；③项为产生项；④项为脉动压力作功；⑤项为耗散项，$\overline{q^2}=\overline{u'^2+v'^2+w'^2}$。断面上各项能量的平衡如图 9-12 所示[5]。维格南斯基和非德勒所采用的坐标(x,y,z)与圆柱坐标(r,θ,x)的关系是

$$x=x\quad y=r\quad z=r\theta=y\theta$$

式中，$\bar{u}$，$\bar{v}$分别指 x 向及 y 向的时均流速。

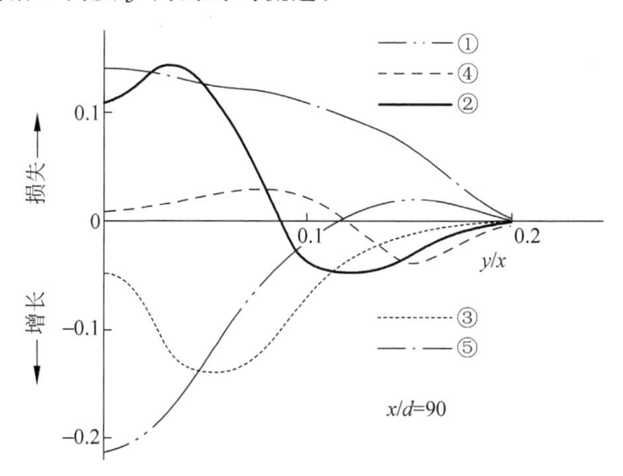

图 9-12　圆射流能量平衡[5]

9.5　单独物体后的平面尾流

9.5.1　平面尾流的流速分布

在尾流中只有在绕流物体下游的相当距离以后流速分布才存在相似性，本节只限于讨论这种情况。此时流速亏值

$$u_1 = U_\infty - u \tag{9-56}$$

式中,u_1 与无穷远流速 U_∞ 相比为小量。尾流中的静压强与环境流体中静压强相同。应用动量原理时使控制面包含绕流物体在内。如果绕流物体为圆柱体且长为 h,则阻力 D 为

$$D = h\rho\int_{-\infty}^{\infty} u(U_\infty - u)\mathrm{d}y$$

$$= h\rho\int_{-\infty}^{\infty} (U_\infty - u_1)u_1\mathrm{d}y$$

略去 u_1 的二阶项,得

$$D = h\rho U_\infty\int_{-\infty}^{\infty} u_1\mathrm{d}y$$

又由第1章已知阻力 $D = C_D\,\frac{1}{2}\rho U_\infty^2 dh$,$d$ 为圆柱体的直径,所以

$$\int_{-\infty}^{\infty} u_1\mathrm{d}y = \frac{1}{2}C_D d U_\infty \tag{9-57}$$

在平面尾流中,尾流厚度 $b \sim x^{1/2}$,中心流速 $u_{1\mathrm{m}} \sim x^{-1/2}$,恒定的边界层微分方程(9-1)可写为

$$(U_\infty - u_1)\frac{\partial}{\partial x}(U_\infty - u_1) + v\frac{\partial}{\partial y}(U_\infty - u_1) = \frac{1}{\rho}\frac{\partial \tau}{\partial y}$$

舍弃式中二阶小量,则

$$-U_\infty\frac{\partial u_1}{\partial x} = \frac{1}{\rho}\frac{\partial \tau}{\partial y} \tag{9-58}$$

而紊流切应力 τ 则由式(9-3)可得,因此

$$-U_\infty\frac{\partial u_1}{\partial x} = \frac{1}{\rho}\frac{\partial}{\partial y}\left(\rho l^2\frac{\partial u}{\partial y}\frac{\partial u}{\partial y}\right) = l^2\cdot 2\frac{\partial u}{\partial y}\frac{\partial^2 u}{\partial y^2} = 2l^2\frac{\partial u_1}{\partial y}\frac{\partial^2 u_1}{\partial y^2} \tag{9-59}$$

注意在尾流中混掺长度 l 曾假设在整个厚度上为常数,而且如式(9-4)所示,$l = \beta b(x)$,引进相似变量 η,令

$$\eta = \frac{y}{b} \tag{9-60}$$

考虑到 b, u_1 与 x 的方次关系,令

$$b = B(C_D x d)^{1/2} \tag{9-61}$$

$$u_1 = U_\infty\left(\frac{x}{C_D d}\right)^{-1/2} f(\eta) \tag{9-62}$$

代入式(9-59)可得下述常微分方程式:

$$\frac{1}{2}(f + \eta f') = \frac{2\beta^2}{B}f'f'' \tag{9-63}$$

边界条件:

$$y = b;\ u_1 = 0,\ \frac{\partial u_1}{\partial y} = 0$$

可写为

$$\eta = 1;\ f = 0,\ f' = 0 \tag{9-64}$$

将式(9-63)积分一次可得

$$\frac{1}{2}\eta f = \frac{\beta^2}{B} f'^2$$

积分常数由边界条件定出为0。再积分得

$$f = \frac{1}{9}\frac{B}{2\beta^2}(1-\eta^{3/2})^2 \tag{9-65}$$

常数 B 可由动量积分式(9-57)定出，得 $B=\sqrt{10}\beta$。于是平面尾流的解为

$$b = \sqrt{10}\beta(xC_D d)^{1/2} \tag{9-66}$$

$$\frac{u_1}{U_\infty} = \frac{\sqrt{10}}{18\beta}\left(\frac{x}{C_D d}\right)^{-1/2}\left\{1-\left(\frac{y}{b}\right)^{3/2}\right\}^2 \tag{9-67}$$

图 9-13 中示出理论解式(9-67)与施利希廷[7]试验点的符合情况。图中曲线①代表式(9-67)，②则是应用普朗特关于紊流应力的式(7-44)的假设所得到的关于平面紊动尾流的解。

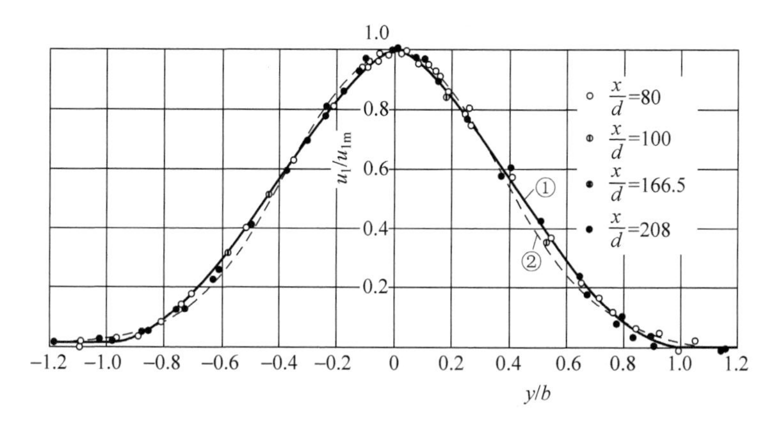

图 9-13　圆柱尾流流速分布[7]

在式(9-66)和式(9-67)中还有一个常数 β 需要确定。β 是由试验所确定的。根据里夏特[1]和施利希廷[7]对不同直径二维圆柱体尾流进行的量测 $b_{1/2}=\frac{1}{4}(xC_D d)^{1/2}$，$b_{1/2}$ 为流速差等于 $\frac{1}{2}u_{1m}$ 处的 y 值。由式(9-67)，当 $y=0$ 时，$u_1=u_{1m}$，可得

$$u_{1m}=\frac{\sqrt{10}}{18\beta}\left(\frac{x}{C_D d}\right)^{-1/2}U_\infty$$

又由式(9-67),当 $u_1=\frac{1}{2}u_{1m}=\frac{1}{2}\left\{\frac{\sqrt{10}}{18\beta}\left(\frac{x}{C_D d}\right)^{-1/2}U_\infty\right\}$时,$y=b_{1/2}$,可得 $b_{1/2}=0.441b$,通过式(9-66)及 $b_{1/2}=\frac{1}{4}(xC_D d)^{1/2}$可得 $0.441\sqrt{10}\beta=\frac{1}{4}$,即

$$\beta=\frac{l}{b}=0.18 \tag{9-68}$$

试验表明,只有在$\frac{x}{C_D d}>50$以后,紊动尾流中才存在相似解,可应用上述方法求得其流速分布。

9.5.2 平面尾流的紊动特性

圆柱体后的平面尾流的紊动特性至今还以20世纪40年代后期汤森(A. A. Townsend)[8~11]的量测为依据。汤森的试验采用的圆柱体直径为1.59mm和9.53mm,自由流速度$U_\infty=12.8$m/s。量测是在$\xi=\frac{x+a}{d}=80\sim950$的范围内进行的。式中$a$为虚拟源点距圆柱轴心的距离,见图9-3。图9-14所示为圆柱尾流中紊流度平方值的分布,量测是在$\xi=500,650,800,950$四个断面上进行的。图中曲线为四个断面量测的平均值。由于已经处于自保存流动区域,因此各断面量测值基本一致。

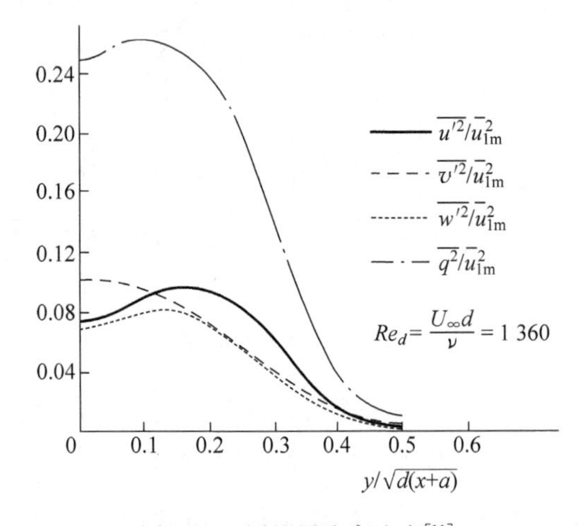

图9-14 圆柱尾流紊流度[11]

图 9-15 为雷诺应力$\frac{-\overline{u'v'}}{\bar{u}_{1m}^2}$在断面上的分布，量测是在 $\xi=500,650,800$ 三个断面上进行的。圆柱尾流中脉动部分的能量方程可以简化为以下形式：

$$\frac{\partial}{\partial\xi'}\frac{1}{2}\frac{\overline{q^2}}{U_\infty^2}+\frac{\partial}{\partial\eta'}\frac{1}{U_\infty^3}\overline{v'\left(\frac{p'}{\rho}+\frac{q^2}{2}\right)}+\frac{\overline{u'v'}}{U_\infty^2}\frac{\partial}{\partial\eta'}\frac{\bar{u}_1}{U_\infty}+15\frac{\nu}{U_\infty d}\left(\frac{\partial}{\partial\xi'}\frac{u'}{U_\infty}\right)^2=0 \tag{9-69}$$

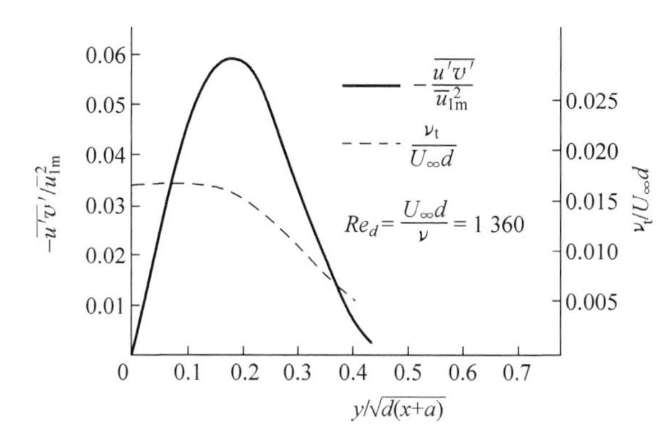

图 9-15　圆柱尾流雷诺应力与 ν_t 分布[11]

式中，$\xi'=x/d$，$\eta'=y/d$。上式等号左侧第一项为迁移项；第二项为脉动迁移项，也称为扩散项；第三项为产生项；第四项为耗散项。断面上能量平衡如图 9-16 所示。由图可以看出各种能量项对能量平衡的贡献。在尾流中心部分产生项为零，能量的获得主要通过沿轴方向的迁移项向主流中输送能量。这个得到的能量与耗散和垂向的脉动迁移两项损失项相平衡，脉动迁移项在这里获得能量并输送到尾流的外部区域。在 $y/\sqrt{d(x+a)}\approx0.25$ 处产生项达到最大值而由图 9-15 雷诺应力的最大值发生在 $y/\sqrt{d(x+a)}\approx0.18$ 处。在$y/\sqrt{d(x+a)}\approx0.325$处迁移项与脉动迁移(扩散)项均甚小而可忽略，产生项与耗散项相等。在尾流的外部区域，轴向迁移项从流动取走能量，而能量是由垂向的扩散项供给的。在 $y/\sqrt{d(x+a)}>0.3$ 的外部区域中紊流间歇现象十分明显。由图 9-14～图 9-16 可以看出，在 $y/\sqrt{d(x+a)}<0.3$ 的尾流中心区域内某些流动物理量如脉动动能$\overline{q^2}$，运动涡粘度 ν_t 和能量耗散项均变化很小而到了尾流的外部区域这些量的变化都更明显，这说明在尾流的中心区紊流具有一定的均匀性。汤森建议可以考虑紊流在更大一些的区域内具有均匀性而在外部区域一些流动物理量的降低是由于紊流间歇性的原因。将图 9-16 与图 9-12 的圆射流能量平衡图相比较可以发现两个图相当近似，只是在圆射流中心区域产生项和脉动迁移项比尾流中要大许多。

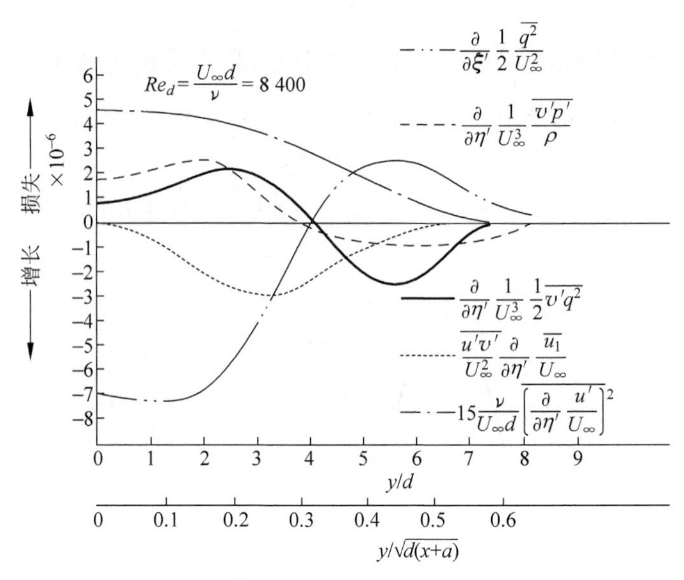

图 9-16 圆柱尾流断面能量平衡[10]

参考文献

[1] Reichardt H. Gesetzm ä ssigkeiten der freien Turbulenz. VDI-Forschungsheft 414 1942, 2nd. 1951

[2] Förthmann E. Über turbulente Strahlausbreitung. Diss. Göttingen 1933; Ing Arch,1934, 5: 42～54; NACA TM 739, 1936

[3] Tollmien W. Berechnung turbulenter Ansbreitungsvorgänge. ZAMM,1926,6: 468～478; NACA TM 1085, 1945

[4] Albertson M L, Dai Y B, Jensen R A, Rouse H. Diffusion of Submerged Jets. Tran. ASCE, 115, 1950

[5] Wygnanski I, Fiedler H. Some measurements in the self-preserving jet. J of Fluid Mech. Vol. 38 part 3, 1969

[6] Corrsin S, Kistler A L. NACA Report 1244, 1955

[7] Schlichting H. Über das ebene Windschattenproblem. Diss. Göttingen 1930; Ing Arch, 1930,1: 533～571

[8] Townsend A A. Measurement in the turbulent wake of cylinder. Proc Roy Soc London, 1947,A190: 551～561

[9] Townsend A A. Local isotropy in the turbulent wake of a cylinder. Australian J Sci Res, 1948,A1: 161～174

[10] Townsend A A. Momentum and energy diffusion in the turbulent wake of a cylinder. Proc Roy Soc London, 1949,A197: 124～140

[11] Townsend A A. The fully developed turbulent wake of a circular cylinder. Australian J Sci Res, 1949,2: 451～468

第 10 章

圆管紊流

圆管紊流在人类生活和工程实践中都具有重要的意义，因此对圆管紊流的研究也是紊流研究中历史最悠久而且研究得最为成熟的一个部分。1883 年雷诺就是在圆管流动中发现了流动的两种型态——层流与紊流，并给出由层流过渡到紊流的明确概念。研究管道阻力的文献最早见于 1903 年萨夫(V. Saph)和肖德(E. H. Schoder)[1]在美国土木工程师学会学报上发表的论文。管道紊流的研究也是研究紊流边界层流动，明槽紊流等其他壁面紊流问题的基础。从紊流理论角度看，全部或部分流动边界上受到固体边界约束的紊流流动称为“壁面紊流”，以区别于在流动中不受固体边界约束的“自由紊流”，像第 9 章所讨论的射流和尾流。

本章中研究的圆管紊流均指充分发展的圆管紊流，这时由圆管进口处开始产生的边界层已经发展到圆管中心，管道内的流动全部是边界层流动而且管内时均流速、紊流度等在断面上的分布不再沿程变化。在圆管中，当雷诺数 $Re=\frac{vd}{\nu}$ 小于临界雷诺数 $Re_{cr}=2300$ 时，管流为层流流动。当雷诺数大于临界雷诺数 $Re \geqslant Re_{cr}$，管内流动可能发展为紊流。

在研究圆管紊流时，壁面的粗糙程度对流动具有重要的影响，但是这种粗糙对流动的影响并不是只决定于粗糙的本身，而是决定于粗糙与以流动雷诺数为代表的流动状况之间的相互关系。对于充分发展的管道紊流，随雷诺数与相对粗糙度(relative roughness)(粗糙高度与圆管直径之比值)的不同，水流的运动规律，包括管内流速分布规律，阻力规律等均有明显的不同。从壁面粗糙对水流影响的角度看，通常将管道紊流分为三个不同的区域。一是水力光滑区(hydraulically smooth)，此时流速分布与阻力规律只决定于管流的雷诺数，壁面粗糙对流动没有影响。这种情况只有在雷诺数很小或壁面较为光滑的情况下才有可能。极而言之，对于雷诺数甚小,以至小于临界雷诺数而属于层流管道,则壁面粗糙对流动没有作用。另一种情况是水力粗糙区或称完全粗糙区(completely rough)。这时管内流速分布与阻力规律只与相对粗糙度有关而与雷诺数无关。由于水力粗糙区的紊流阻力与断面平均流速的平方成正比,因此水力粗糙区亦称为阻力平方区。处于水力光滑与水力粗糙之间还存在一个过渡区(transition)。在过渡区,水流的运动不仅与相对粗糙有关,也与雷诺数有关。随着雷诺数的增加,管中流动会出现两种过渡情况,一是由层流向紊流的过渡,一是紊流管流由水力光滑向水力粗糙的过渡。过渡现象是目前研究得较不成熟的领域,还有不少值得探讨之处。

10.1 圆管中的流速分布律

在研究圆管流动时,采用柱坐标系(r,θ,x)。在柱坐标系中,不可压缩流体的连续方程可写为

$$\frac{\partial u_r}{\partial r}+\frac{u_r}{r}+\frac{\partial u_\theta}{r\partial\theta}+\frac{\partial u_x}{\partial x}=0 \tag{10-1}$$

对连续方程(10-1)取时间平均,可得柱坐标系中不可压缩流体的时间平均连续方程为

$$\frac{\partial \bar{u}_r}{\partial r}+\frac{\bar{u}_r}{r}+\frac{\partial \bar{u}_\theta}{r\partial\theta}+\frac{\partial \bar{u}_x}{\partial x}=0 \tag{10-2}$$

应用与第 7 章在直角坐标系中由 N-S 方程取时间平均得到雷诺方程相同的方法,可得柱坐标系中不可压缩流体的雷诺方程为

$$\begin{aligned}\rho\left(\frac{\mathrm{d}\bar{u}_r}{\mathrm{d}t}-\frac{\bar{u}_\theta^2}{r}\right)=&\rho\overline{F_r}-\frac{\partial\bar{p}}{\partial r}+\mu\left(\nabla^2\bar{u}_r-\frac{\bar{u}_r}{r^2}-\frac{2}{r^2}\frac{\partial\bar{u}_\theta}{\partial\theta}\right)\\&-\frac{\rho}{r}\frac{\partial}{\partial r}(r\overline{u_r'^2})-\frac{\rho}{r}\frac{\partial}{\partial\theta}\overline{u'_ru'_\theta}\\&-\rho\frac{\partial}{\partial x}\overline{u'_ru'_x}+\rho\frac{\overline{u_\theta'^2}}{r}\end{aligned} \tag{10-3a}$$

$$\begin{aligned}\rho\left(\frac{\mathrm{d}\bar{u}_\theta}{\mathrm{d}t}+\frac{\bar{u}_r\bar{u}_\theta}{r}\right)=&\rho\overline{F_\theta}-\frac{1}{r}\frac{\partial\bar{p}}{\partial\theta}+\mu\left(\nabla^2\bar{u}_\theta-\frac{\bar{u}_\theta}{r^2}+\frac{2}{r^2}\frac{\partial\bar{u}_r}{\partial\theta}\right)\\&-\frac{\rho}{r}\frac{\partial}{\partial r}(r\overline{u'_\theta u'_r})-\frac{\rho}{r}\frac{\partial}{\partial\theta}\overline{u_\theta'^2}\\&-\rho\frac{\partial}{\partial x}\overline{u'_\theta u'_x}-\rho\frac{\overline{u'_\theta u'_r}}{r}\end{aligned} \tag{10-3b}$$

$$\begin{aligned}\rho\frac{\mathrm{d}\bar{u}_x}{\mathrm{d}t}=&\rho\overline{F_x}-\frac{\partial\bar{p}}{\partial x}+\mu\nabla^2\bar{u}_x-\frac{\rho}{r}\frac{\partial}{\partial r}(r\overline{u'_ru'_x})\\&-\frac{\rho}{r}\frac{\partial}{\partial\theta}\overline{u'_xu'_\theta}-\rho\frac{\partial}{\partial x}\overline{u_x'^2}\end{aligned} \tag{10-3c}$$

式中，

$$\frac{\mathrm{d}}{\mathrm{d}t}=\frac{\partial}{\partial t}+\bar{u}_r\frac{\partial}{\partial r}+\frac{\bar{u}_\theta}{r}\frac{\partial}{\partial \theta}+\bar{u}_x\frac{\partial}{\partial x} \tag{10-4}$$

$$\nabla^2=\frac{\partial^2}{\partial r^2}+\frac{1}{r}\frac{\partial}{\partial r}+\frac{1}{r^2}\frac{\partial^2}{\partial \theta^2}+\frac{\partial^2}{\partial x^2}$$

在柱坐标中，雷诺应力为$-\rho\overline{u_r'^2}$，$-\rho\overline{u_\theta'^2}$，$-\rho\overline{u_x'^2}$，和$-\rho\overline{u_r'u_\theta'}$，$-\rho\overline{u_r'u_x'}$，$-\rho\overline{u_\theta'u_x'}$，构成一二阶对称张量。

对于圆管紊流，由于流动为轴对称，且本章中考虑为充分发展紊流，因此$\frac{\partial}{\partial\theta}=0$，圆周向流速 $\bar{u}_\theta=0$，径向流速 $\bar{u}_r=0$ 且$\bar{u}_x$ 与 x 坐标无关。如果在式中考虑为动水压强，则质量力项不再出现，对于恒定流动式(10-3)可写为

$$\frac{1}{\rho}\frac{\partial\bar{p}}{\partial r}=-\frac{1}{r}\frac{\partial}{\partial r}(r\overline{u_r'^2})+\frac{\overline{u_\theta'^2}}{r} \tag{10-5a}$$

$$0=-\frac{\partial}{\partial r}(\overline{u_\theta'u_r'})-2\frac{\overline{u_\theta'u_r'}}{r} \tag{10-5b}$$

$$\begin{aligned}\frac{1}{\rho}\frac{\partial\bar{p}}{\partial x}&=-\frac{1}{r}\frac{\partial}{\partial r}(r\overline{u_x'u_r'})+\nu\left(\frac{\partial^2\bar{u}_x}{\partial r^2}+\frac{1}{r}\frac{\partial\bar{u}_x}{\partial r}\right)\\&=-\frac{1}{r}\frac{\partial}{\partial r}\left[r\left(\overline{u_x'u_r'}-\nu\frac{\partial\bar{u}_x}{\partial r}\right)\right]\end{aligned} \tag{10-5c}$$

积分式(10-5a)，令 $r=\frac{d}{2}=r_0$ 处的压强，即壁面压强为$\bar{p}_\mathrm{w}(x)$，则得

$$\bar{p}_\mathrm{w}(x)=\bar{p}(x,r)+\rho\overline{u_r'^2}-\rho\int_r^{r_0}\frac{\overline{u_r'^2}-\overline{u_\theta'^2}}{r}\mathrm{d}r \tag{10-6}$$

由于$\overline{u_r'^2}$，$\overline{u_\theta'^2}$沿 x 轴均不再变化，因此可由式(10-6)得知

$$\frac{\partial\bar{p}_\mathrm{w}(x)}{\partial x}=\frac{\partial\bar{p}(x,r)}{\partial x}$$

说明管道壁面压强沿流程变化与管道断面中任一 r 值处压强的沿程变化率相同。将此关系代入式(10-5c)然后对 r 积分，可得

$$\frac{r}{2}\frac{\partial\bar{p}_\mathrm{w}}{\partial x}=-\rho\overline{u_r'u_x'}+\mu\frac{\partial\bar{u}_x}{\partial r}$$

$$\frac{\partial\bar{p}_\mathrm{w}}{\partial x}=\frac{2}{r}\left[-\rho\overline{u_r'u_x'}+\mu\frac{\partial\bar{u}_x}{\partial r}\right] \tag{10-7}$$

注意上式等号左侧只是 x 的函数而右侧则只是 r 的函数，因之必须：

$$\frac{\partial\bar{p}_\mathrm{w}}{\partial x}=\text{常数} \tag{10-8}$$

即壁面动水压强是轴向坐标 x 的线性函数。

积分式(10-5b)并利用边界条件 $r=r_0$ 时$\overline{u_r'u_\theta'}=0$，可得在圆管流动中任一

r 处：

$$\overline{u'_\theta u'_r} = 0 \tag{10-9}$$

也就是说在圆管流动中与时均流动方向 x 相垂直的其余二轴上的脉动流速相关矩为零。

研究管道流动常以测压管量测各断面的压强，如用 J 表示单位长度内压强的降落，称为水力坡度(hydraulic slope)或压强坡度，则

$$J = -\frac{\partial}{\partial x}\left(\frac{\bar{p}}{\rho g}\right) \tag{10-10}$$

则式(10-7)可写为

$$\frac{1}{2}gJr + \nu\frac{\partial \bar{u}_x}{\partial r} - \overline{u'_r u'_x} = 0 \tag{10-11}$$

如果使坐标 y 代替坐标 r，y 轴垂直于管壁并指向管轴，其零点位于管壁上，圆管半径以 r_0 表示，此时

$$r = \frac{d}{2} - y = r_0 - y$$

又考虑到圆管的水力半径 $R=\dfrac{d}{4}$，剪切流速 $u_* = \sqrt{gRJ}$，y 与 r 方向相反，于是式(10-11)改写为

$$u_*^2\left(1 - \frac{y}{r_0}\right) = \nu\frac{\partial \bar{u}_x}{\partial y} - \overline{u'_x u'_y} \tag{10-12}$$

这就是圆管中紊流时均的运动方程式。

式(10-7)中，如果在积分式(10-5c)时积分限取 $0\to r_0$，则考虑到 $r=0$ 处，$\overline{u'_r u'_x}=0$，$\dfrac{\partial \bar{u}_x}{\partial r}=0$；$r=r_0$ 处，$\overline{u'_r u'_x}=0$，$\mu\dfrac{\partial \bar{u}_x}{\partial r}=\left(\mu\dfrac{\partial \bar{u}_x}{\partial r}\right)_{r=r_0}$ 的边界条件，则式(10-7)可写为

$$\frac{\partial p_w}{\partial x} = \frac{2}{r_0}\left(\mu\frac{\partial \bar{u}_x}{\partial r}\right)_{r=r_0}$$

将上式对 x 积分，可得

$$\overline{p_w}(x) - \overline{p_w}(0) = \frac{4}{d}\mu\left(\frac{\partial \bar{u}_x}{\partial r}\right)_{r=\frac{d}{2}} x \tag{10-13}$$

代入式(10-6)，得到

$$\bar{p}(x,r) - \bar{p}_w(0) = \frac{4}{d}\mu\left(\frac{\partial \bar{u}_x}{\partial r}\right)_{r=\frac{d}{2}} x - \rho\overline{u'^2_r} + \rho\int_r^{\frac{d}{2}}\frac{\overline{u'^2_r} - \overline{u'^2_\theta}}{r}\mathrm{d}r \tag{10-14}$$

上式表示圆管中某一 x 处断面上距轴心为 r 处的压强与起始断面($x=0$ 处断面)壁面压强之间的关系。但是由于 $\overline{u'^2_r}$ 与 $\overline{u'^2_\theta}$ 的数值沿断面的分布尚需由试验确定，上式在应用上还有一些困难。

圆管紊流的流速分布主要由试验资料所确定。尼古拉兹曾对光滑圆管的紊流

进行了大量的试验，雷诺数范围在 $4\times10^3\leqslant Re=\frac{u_m d}{\nu}\leqslant3.2\times10^6$ 之间。u_m 为断面平均流速，d 为直径。图 10-1 给出了不同雷诺数时光滑圆管紊流的无量纲流速分布 $\frac{u}{U}\sim\frac{y}{r_0}$，$u=\bar{u}_x$，$U$ 为断面中心处最大流速，r_0 为圆管半径。由图可以看出随着雷诺数的增加，流速分布图形变得更趋均匀而管壁附近流速梯度增大。圆管紊流

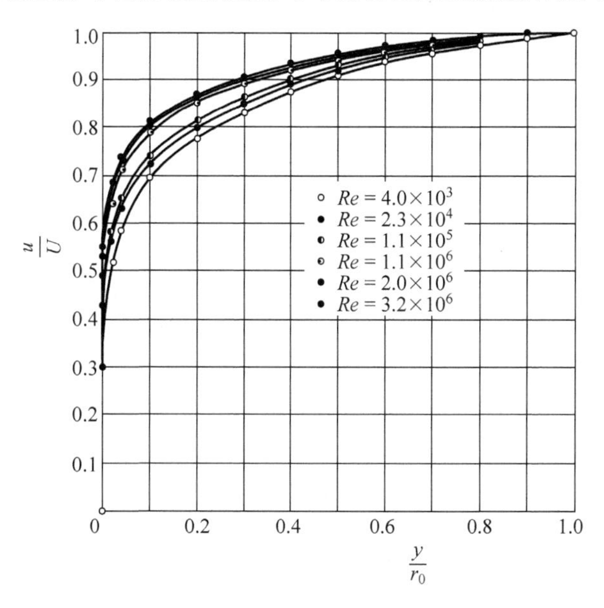

图 10-1　光滑圆管紊流流速分布[4]

流速分布可以用经验性的指数公式表示：

$$\frac{u}{U}=\left(\frac{y}{r_0}\right)^{1/n} \tag{10-15}$$

指数 n 随雷诺数的不同而变化。只要选择适当的指数 n 值，则试验点与指数公式符合相当良好，只是在圆管中心处稍有偏离。

由式(10-15)将流速分布公式沿断面积分可得流量，从而易于得到断面平均流速 u_m 的计算公式如下：

$$\frac{u_m}{U}=\frac{2n^2}{(n+1)(2n+1)} \tag{10-16}$$

由上式可见，当 $Re=1.1\times10^5$ 时，$n=7.0$，则 $u_m=0.817U$。

当水流雷诺数很大时，可用对数公式来表示圆管紊流的流速分布，

$$u^+=\frac{1}{\kappa}\ln y^+ + C \tag{7-56}$$

第 7 章中曾经指出，对数流速分布公式的导出是基于在固体壁面附近紊流切

应力为常数且其数值等于壁面切应力 τ_0。但在圆管中壁面附近的紊流切应力并非常数,但它与壁面切应力 τ_0 相差甚小,因此仍可符合上述要求。而且根据大量试验资料显示对数分布律不仅适用于管壁附近,并可适用至圆管中心附近。对数分布公式中的两个经验常数 κ 和 C 尽管其数值在不同研究者的试验中有不同的数值,但一般认为在光滑圆管紊流中,卡门常数 κ 仍取 0.4,而常数 C 值取为 5.5。κ 与 C 两个常数与管道雷诺数有一定的关系。但不像指数律随着雷诺数的增长使 n 值取明显不同的数值。

图 10-2 中根据尼古拉兹光滑圆管的大量试验绘出了断面上的流速分布,图中曲线③表示流速的对数分布律,有如下式:

$$u^+ = 5.75\lg y^+ + 5.5 \tag{10-17}$$

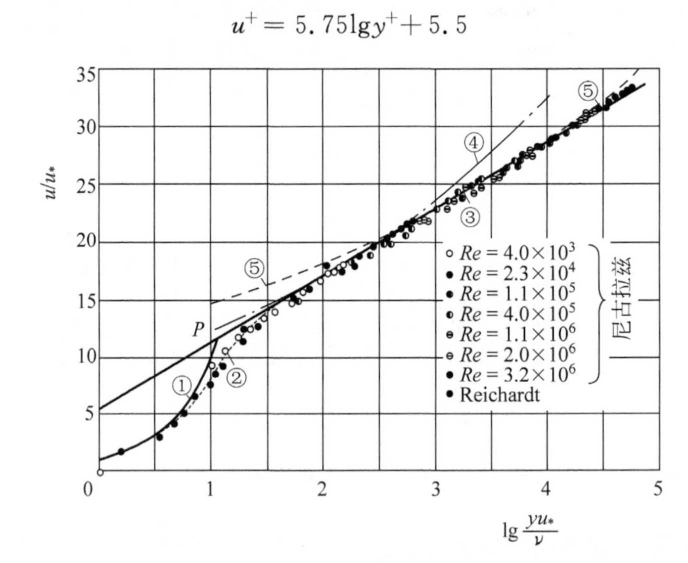

图 10-2　光滑圆管断面流速分布(4)

上式不仅对壁面附近适合,而且可以伸展到管中心附近。由图还可以看出,在紧靠管壁处,这里紊流切应力趋近于零。粘性切应力将占主导地位,流速分布不再是对数分布,而是线性分布,如曲线①所示,曲线①与③之间为一过渡区②,在过渡区内粘性切应力与紊流切应力具有相同的量级。时均流速的分布说明在充分发展的光滑圆管紊流中,流动具有明显的分区性质:

(1) $0 \leqslant y^+ < 5$　为粘性底层,切应力主要为粘性应力 $\tau = \mu \dfrac{\mathrm{d}u}{\mathrm{d}y}$,流速为线性分布:

$$u^+ = y^+, \quad 即 \frac{u}{u_*} = \frac{yu_*}{\nu} \tag{10-18}$$

式中,剪切流速 $u_* = \sqrt{\dfrac{\tau_0}{\rho}}$,$\tau_0$ 为壁面切应力,$\tau_0 = \mu\left(\dfrac{\mathrm{d}u}{\mathrm{d}y}\right)_{y=0}$。由图所示的试验资

料可以看出粘性底层的厚度 δ' 为

$$\delta' = 5\frac{\nu}{u_*} \tag{10-19}$$

(2) $y^+ \geqslant 70$　为对数区(logrithmic region),切应力主要为紊流切应力,流速分布由式(10-17)确定。

(3) $5 < y^+ < 70$　为过渡区(buffer zone),流速分布曲线由图 10-2 中曲线②所表示。目前还没有一个公认的表示过渡区的流速分布公式。在这一区域内粘性切应力与紊流切应力的作用都不能忽略。

粘性底层的流速分布曲线①与对数分布曲线③相交于 P 点,该点处 $y^+ = 11.6$,称为紊流边界层粘性底层的名义厚度(nominal thickness of viscous sublayer),以 δ_0 表示。

关于分区的界限值,不同的研究者也得出略有不同的数值,但是管道紊流在断面上的速度分布具有这样三个不同的分区却是不同学者之间的共识。不少学者试图得出对各个分区均能适用的统一的流速分布公式,范德里斯特(E. R. van Driest)和窦国仁在这方面得到了进展,可参考文献[2],[3]。粘性底层、过渡区和对数区的流速分布律统称为壁面律(law of the wall)。

10.2　圆管紊流的阻力

在圆管中取一段隔离体如图 10-3 所示,长为 L,半径为 r',考虑作用于隔离体上力的平衡关系:

$$2\pi r' L\tau = (p_1 - p_2)\pi r'^2$$

$$\tau = \frac{p_1 - p_2}{L}\frac{r'}{2} \tag{10-20}$$

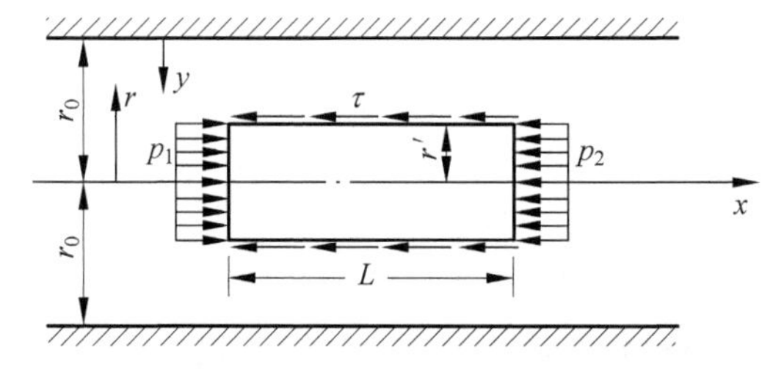

图 10-3　隔离体受力示意图

管壁上的切应力 τ_0 为

$$\tau_0 = \frac{p_1 - p_2}{L}\frac{r_0}{2}$$

也可写为

$$\tau_0 = \gamma RJ \tag{10-21}$$

式中,R 为水力半径(hydraulic radius),圆管中水力半径 $R=\frac{r_0}{2}$;J 为水力坡度,$J=(p_1/\gamma-p_2/\gamma)/L$。

定义 λ 为无量纲的阻力系数,令

$$\frac{p_1-p_2}{L}=\lambda\frac{1}{d}\frac{\rho u_m^2}{2} \tag{10-22}$$

式中,u_m 为断面平均流速,d 为管道直径,则得

$$\tau_0=\lambda\frac{1}{d}\frac{\rho u_m^2}{2}\cdot\frac{d}{4}=\frac{1}{8}\lambda\rho u_m^2 \tag{10-23}$$

$$\lambda=8\frac{\tau_0}{\rho u_m^2}=8\frac{u_*^2}{u_m^2} \tag{10-24}$$

1911 年布拉休斯(H. Blasius)[4]在研究了大量试验资料后得出了光滑圆管紊流阻力系数的公式:

$$\lambda=0.3164\left(\frac{u_m d}{\nu}\right)^{-1/4} \tag{10-25}$$

上式的适用范围是 $Re=\frac{u_m d}{\nu}\leqslant 100\,000$。式中阻力系数 λ 只与雷诺数 Re 有关。此时以压强差所表示的水头损失与流速 u_m 的7/4次方成正比。

把布拉休斯光滑管阻力公式(10-25)代入式(10-23)可得

$$\begin{aligned}\tau_0&=\frac{1}{8}\left[0.3164\left(\frac{u_m d}{\nu}\right)^{-1/4}\right]\rho u_m^2\\&=0.039\,55\rho u_m^{7/4}\nu^{1/4}d^{-1/4}\\&=0.033\,25\rho u_m^{7/4}\nu^{1/4}r_0^{-1/4}\\&=\rho u_*^2\end{aligned} \tag{10-26}$$

把式中的 u_*^2 分为 $u_*^{7/4}$ 与 $u_*^{1/4}$ 两部分,于是:

$$\left(\frac{u_m}{u_*}\right)^{7/4}=\frac{1}{0.033\,25}\left(\frac{u_* r_0}{\nu}\right)^{1/4}$$

或写为

$$\frac{u_m}{u_*}=6.99\left(\frac{u_* r_0}{\nu}\right)^{1/7}$$

在 $Re=10^5$ 时,由流速的指数分布律,$n=7$,$\frac{u_m}{U}=0.8$,所以,

$$\frac{U}{u_*}=8.74\left(\frac{u_* r_0}{\nu}\right)^{1/7} \tag{10-27}$$

假定上式不仅适用于 $y=r_0$ 的管轴中心,而且适用于断面上任一 y 值,则

$$\frac{u}{u_*}=8.74\left(\frac{yu_*}{\nu}\right)^{1/7} \tag{10-28}$$

为流速分布的 1/7 次方律，绘如图 10-2 中的曲线④。图 10-2 中的曲线⑤则是用类似的方式所得出的当 $n=10$ 时的流速表达式 $\frac{u}{u_*}=11.5\left(\frac{yu_*}{\nu}\right)^{1/10}$。由图可见，曲线④对于雷诺数较大时它是不适用的，与试验点偏离较大。曲线⑤对于大雷诺数是适合的，但对于较小的雷诺数则与试验值有所偏离。由式(10-28)还可推出：

$$u_* = 0.150u^{7/8}\left(\frac{\nu}{y}\right)^{1/8}$$

$$\tau_0 = \rho u_*^2 = 0.0225\rho u^{7/4}\left(\frac{\nu}{y}\right)^{1/4} \tag{10-29}$$

或者

$$\tau_0 = 0.0225\rho U^{7/4}\left(\frac{\nu}{r_0}\right)^{1/4} \tag{10-30}$$

定义切应力系数 c_f：

$$c_f = \frac{\tau_0}{\frac{1}{2}\rho U^2} = 0.045\left(\frac{Ur_0}{\nu}\right)^{-1/4} \tag{10-31}$$

上式称为布拉休斯关于圆管壁面切应力系数的公式。注意上式仍只适用于雷诺数在 10^5 以下的范围。图 10-4 表示光滑圆管的阻力规律。图中曲线①表示层流情况，此时 $\lambda=\frac{64}{Re}$，曲线②表示布拉休斯的阻力系数公式(10-25)，由图可以看出当 $Re=\frac{u_m d}{\nu}>10^5$ 以后，试验点将与此式偏离。更大的雷诺数范围可利用流速分布的对数律求得。由式(10-17)可得

$$\frac{U}{u_*} = 5.75\lg\frac{r_0 u_*}{\nu}+5.5 \tag{10-32}$$

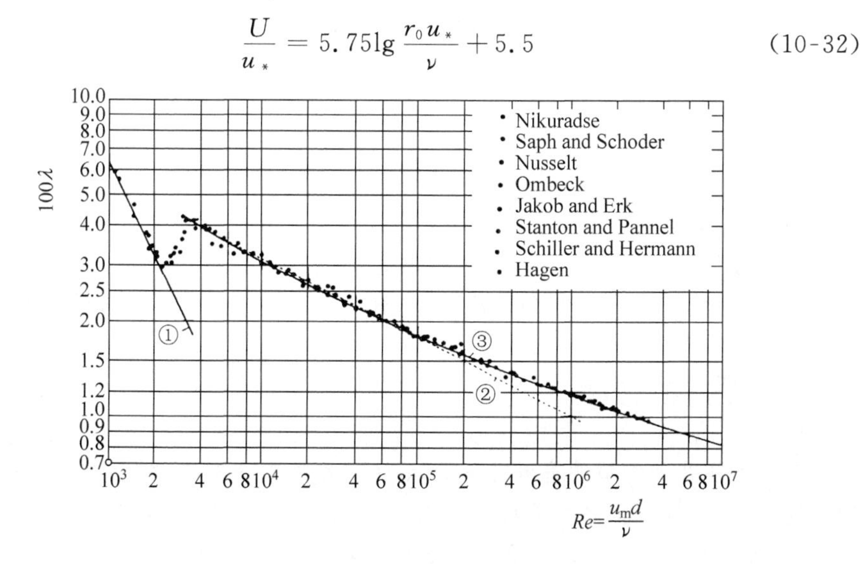

图 10-4　光滑圆管阻力系数[4]

式(10-32)减式(10-17)可得

$$\frac{U-u}{u_*}=5.75\lg\frac{r_0}{y}$$

$$u=U-u_*5.75\lg\frac{r_0}{y}$$

对此式沿圆管径向积分,可得流量,再除以圆管断面积可得断面平均流速 u_m:

$$u_m=U-3.75u_* \tag{10-33}$$

代入式(10-32)得

$$u_m=u_*\left[5.75\lg\frac{r_0u_*}{\nu}+5.5\right]-3.75u_*$$

$$=u_*\left[5.75\lg\frac{r_0u_*}{\nu}+1.75\right] \tag{10-34}$$

由式(10-24)可知 $\left(\frac{u_*}{u_m}\right)^2=\frac{\lambda}{8}$,

$$\frac{r_0u_*}{\nu}=\frac{1}{2}\frac{u_md}{\nu}\left(\frac{u_*}{u_m}\right)=\frac{1}{2}\frac{u_md}{\nu}\sqrt{\frac{\lambda}{8}}=\frac{u_md}{\nu}\frac{\sqrt{\lambda}}{4\sqrt{2}} \tag{10-35}$$

则

$$\lambda=8\left(\frac{u_*}{u_m}\right)^2=8\frac{1}{\left[5.75\lg\frac{u_md}{\nu}\frac{\sqrt{\lambda}}{4\sqrt{2}}+1.75\right]^2}$$

$$=\frac{1}{\left[2.035\lg\frac{u_md}{\nu}\sqrt{\lambda}-0.91\right]^2}$$

$$\frac{1}{\sqrt{\lambda}}=2.035\lg\frac{u_md}{\nu}\sqrt{\lambda}-0.91$$

式中的常数根据试验资料进行修正后得

$$\frac{1}{\sqrt{\lambda}}=2.0\lg\frac{u_md}{\nu}\sqrt{\lambda}-0.8 \tag{10-36}$$

图10-4中曲线③表示光滑圆管阻力公式(10-36)。这一公式最初由普朗特提出,故称普朗特阻力公式,尼古拉兹的试验证明这一公式可以应用到雷诺数达到 3.4×10^6。从公式的推导可以看出对式(10-36)的应用并无雷诺数的限制。

10.3 粗糙圆管

在工程实践中大量的管道并不能认为是水力光滑的,特别是当管流的雷诺数较大的情况下,管流更多的是水力粗糙的。粗糙壁面对管内流动表现出了更大的阻力,因此对水力粗糙管的研究十分重要。对于粗糙管的研究开始得很早,但是由于表征粗糙的几何尺度的影响因素太复杂，如粗糙的高度、形状、分布状况、粒径级配等因素对流动均有影响，因此要得到规律性的结果比较困难。1933 年尼古拉兹[5]总结了粗糙管的大量资料并进行了著名的人工粗糙管的大量试验。他在圆管内壁面上紧密地粘上均匀的砂粒。改变圆管直径和砂粒的粒径，尼古拉兹得到从相对粗糙度 k_s/r_0（k_s 为砂粒的粒径，r_0 为圆管半径）为 1/500 到相对粗糙度只有 1/15 的大量试验资料。

由于各种粗糙的情况十分复杂，工程实践中常常使用当量粗糙度（equivalent roughness）的概念。当量粗糙度 k_s 表示当流动情况相同时，实际粗糙壁面的壁面切应力与粒径为 k_s 的均匀砂粒粗糙壁面切应力相等。对于实用上的每一种粗糙均可通过实验找到相应的当量粗糙度。

从物理的观点考虑，可能粗糙高度与边界层的某种厚度的比值是影响管流的重要因素。特别是边界层中的粘性底层厚度可能是这样一个因素。如果粗糙的高度很小完全淹没在管流的粘性底层之内，即 $k_s<\delta'$，可以想见这时会是水力光滑的。在 10-1 节中已经讨论了粘性底层的厚度 $\delta'=5\dfrac{\nu}{u_*}$，其实常数“5”完全是经验性的。不同的研究者提出过不同的数值。有时还可以应用粘性底层的名义厚度 δ_0，

$$\delta_0 = 11.6\frac{\nu}{u_*} \tag{10-37}$$

但无论如何，可以想见一个无量纲的表示壁面粗糙的量：

$$\frac{k_s}{\delta'} \sim \frac{k_s u_*}{\nu} \tag{10-38}$$

在粗糙圆管的研究中将具有重要的位置，$\dfrac{k_s u_*}{\nu}$称为粗糙雷诺数（roughness Reynolds number）。

10.3.1　管道流动按粗糙的分区

主要根据尼古拉兹的人工砂粒粗糙管道试验所得到的管流阻力系数 λ 与雷诺数$\dfrac{u_m d}{\nu}$和管道相对光滑度（relative smoothness）$\dfrac{r_0}{k_s}$（与相对粗糙度互为倒数）的关系而绘制如图 10-5 的曲线。由图可以看出阻力系数的规律相当复杂，各种流动情况具有不同的规律。

图 10-5 中的曲线①表示阻力系数 λ 与管流雷诺数 $Re=\dfrac{u_m d}{\nu}$成反比的线性关系。与粗糙程度完全无关。这是层流管道的情况，此时

$$\lambda = \frac{64}{Re} \tag{2-18}$$

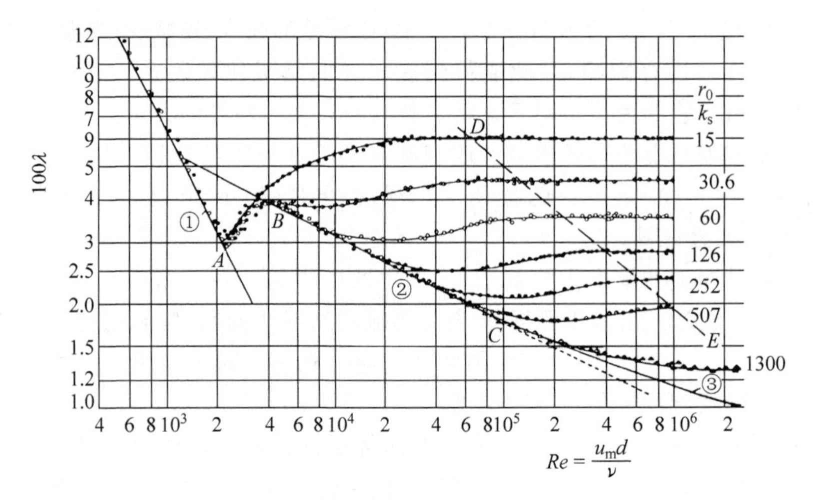

图 10-5　圆管阻力系数的分区

由层流向紊流的过渡决定于管流雷诺数而与粗糙程度无关。一般临界雷诺数为 $Re_{cr}=2300$,如图中 A 点所示。自 A 点到 B 点为由层流向紊流的过渡区。

管流为紊流时,又分为三个区域。

(1) 水力光滑区,如图 10-5 中曲线②与③所示。曲线②表示布拉休斯公式(10-25),而曲线③表示普朗特公式(10-36),阻力系数只与雷诺数有关。不同相对光滑度的试验点均落在曲线②及③上。但是对于不同相对光滑度的管道,只是在一定的雷诺数情况下表现为水力光滑。相对光滑度越小,越早脱离水力光滑区而进入过渡状态。根据试验资料分析,当

$$0\leqslant\frac{k_s u_*}{\nu}<5 \tag{10-39}$$

时,流动属于水力光滑区,此时粗糙高度 k_s 小于粘性底层厚度 $\delta'=5\frac{\nu}{u_*}$。人工砂粒完全淹没在粘性底层之内。

(2) 水力粗糙区或称完全粗糙区。由图 10-5 中看出在虚线 DE 以右为水力粗糙区。此时阻力系数 λ 随 $\frac{r_0}{k_s}$ 的不同而不同,但与管流雷诺数无关。水力粗糙区的界限为

$$\frac{k_s u_*}{\nu}>70 \tag{10-40}$$

表明砂粒的高度已进入紊流的对数区。砂粒粗糙对水流的形状阻力大大增加了管流的阻力系数。正是由于这个原因阻力与流速的二次方成正比。水力粗糙管流中不再存在连续的粘性底层。

(3) 过渡区,管流由水力光滑向水力粗糙过渡的区域,其范围为

$$5 \leqslant \frac{k_s u_*}{\nu} \leqslant 70 \tag{10-41}$$

表明人工砂粒的粗糙高度在管道断面上由粘性底层向对数区过渡的过渡区内。这时阻力系数 λ 不仅与雷诺数而且与相对光滑度有关,如图 10-5 中曲线②与虚线 DE 之间的区域。

在图 10-5 中,各种人工砂粒粗糙管道 $\lambda \sim Re$ 曲线的下部还有一条其相对光滑度 $\frac{r_0}{k_s}=1300$ 的实用管道的阻力系数曲线。由图可以看出实用管道与人工砂粒粗糙管道阻力规律的差别,特别表现在由光滑到粗糙的过渡区内。

10.3.2　粗糙圆管的流速分布

图 10-6 绘出了尼古拉兹[5]试验所得到的粗糙圆管中的流速分布。图中最上面一条曲线表示光滑管的情况。图中坐标采用无量纲的流速 $\left(\frac{u}{U}\right)$ 与无量纲的自管壁算起的垂直距离 $\left(\frac{y}{r_0}\right)$。由图可以看出无量纲的流速梯度随着壁面粗糙的增加而变缓。对各种情况雷诺数保持不变,$Re=10^6$。如果用指数公式表示粗糙圆管紊流的流速分布,则

$$\frac{u}{U} = \left(\frac{y}{r_0}\right)^{1/n} \tag{10-15}$$

式中,$n=4\sim5$,可见比光滑管的 n 值小。

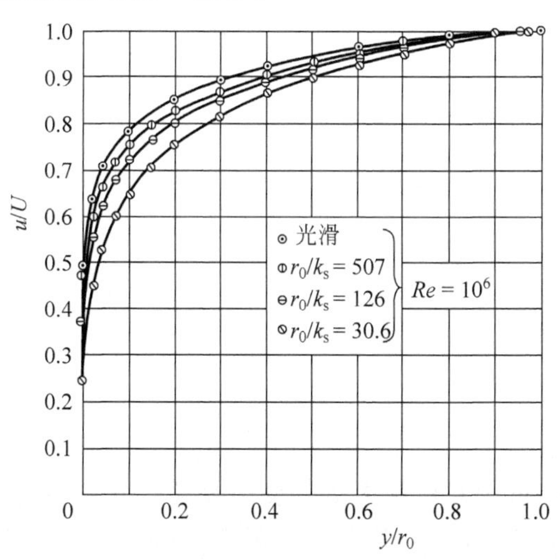

图 10-6　粗糙圆管流速分布[5]

在式(7-33)曾指出混掺长度 $l=\kappa y$,但是这一简单的线性关系只是在壁面附近是正确的。在圆管流动中为了求得在整个断面上混掺长度的分布公式,尼古拉兹应用普朗特的关于紊流切应力的公式

$$\tau_t = \rho l^2\left(\frac{du}{dy}\right)^2 \tag{10-42}$$

和切应力在断面上的线性分布

$$\tau = \tau_0\left(1-\frac{y}{r_0}\right) \tag{10-43}$$

结合试验数据得到在光滑圆管紊流中:

$$\frac{l}{r_0} = 0.14-0.08\left(1-\frac{y}{r_0}\right)^2-0.06\left(1-\frac{y}{r_0}\right)^4 \tag{10-44}$$

在壁面附近,这个经验公式可以简化为

$$l = 0.4y-0.44\frac{y^2}{r_0}+\cdots \tag{10-45}$$

由上式可见,普朗特的假定 $l=\kappa y$ 在 y 值很小的壁面附近得到了证实,此处 $\kappa=0.4$。式(10-45)对于粗糙圆管同样适用。图 10-7 及图 10-8 绘出了混掺长度沿管道断面的分布。在图 10-7 中看出,对于不同的雷诺数,光滑圆管的$\frac{l}{r_0}\sim\frac{y}{r_0}$基本落于曲线①上,曲线①所表示的即式(10-44)。曲线②表示在管壁附近混掺长度 l 的线性分布。图 10-8 中可以看出粗糙圆管中$\frac{l}{r_0}\sim\frac{y}{r_0}$的关系同样符合由式(10-44)所表示的曲线①。在紧靠管壁处,$l=0.4y$。

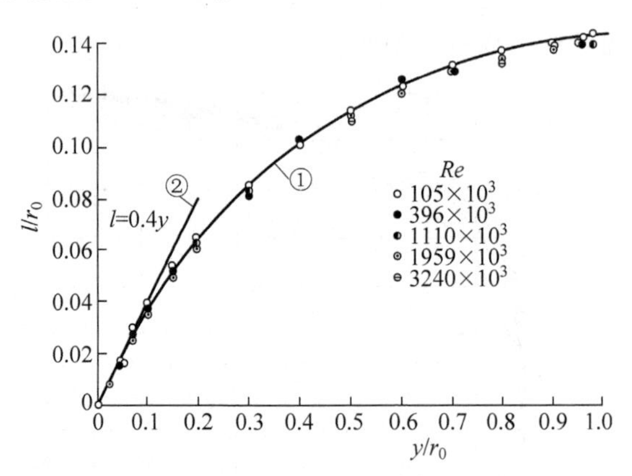

图 10-7 光滑圆管混掺长度沿断面分布[6]

在粗糙圆管中仍可用对数律来表示管中流速分布。考虑到在粗糙圆管情况下,粗糙度 k_s 应该是影响流速分布的一个因素,因此令

$$C = B-\frac{1}{\kappa}\ln k_s$$

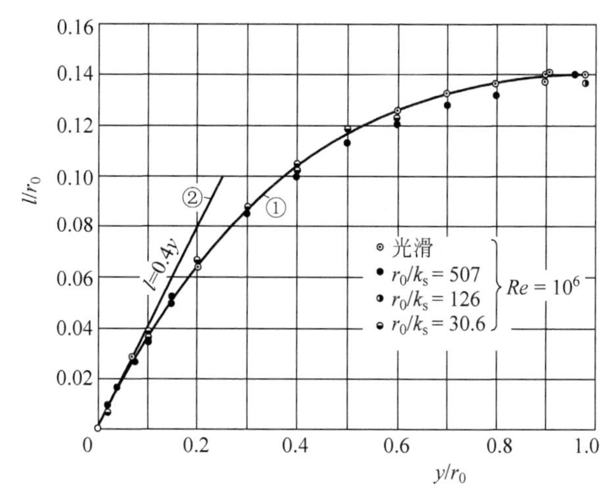

图 10-8 粗糙圆管混掺长度沿断面分布[6]

代入式(7-53)得

$$\frac{u}{u_*}=\frac{1}{\kappa}\ln y+B-\frac{1}{\kappa}\ln k_s$$

$$\frac{u}{u_*}=\frac{1}{\kappa}\ln\frac{y}{k_s}+B$$

式中，$\kappa=0.4$，B 由试验确定。根据尼古拉兹的试验资料，如图 10-9 可得，对于粗糙圆管 $B=8.5$，流速公式为

$$\frac{u}{u_*}=5.75\lg\frac{y}{k_s}+8.5 \tag{10-46}$$

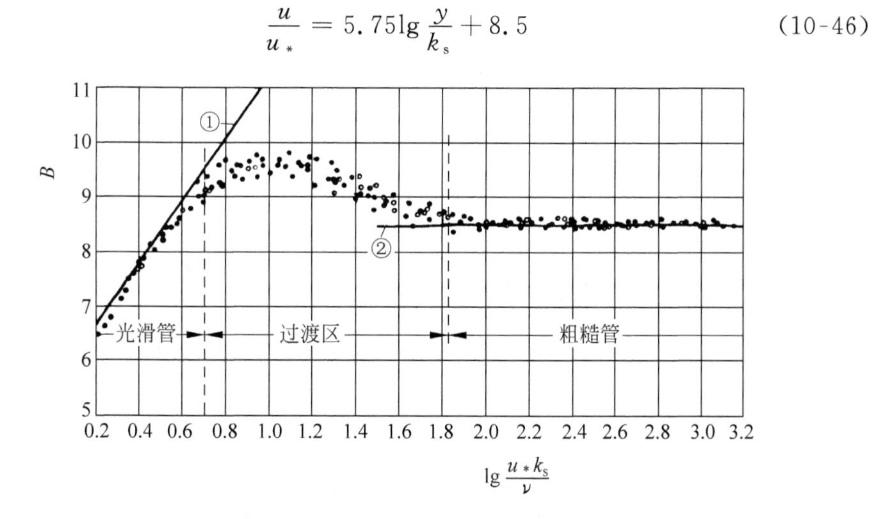

图 10-9 不同粗糙管道系数 B 与$\frac{u_*k_s}{\nu}$的关系[4]

一般说来,常数 B 应是粗糙雷诺数$\frac{u_* k_s}{\nu}$的函数,图 10-9 显示对于不同的管道粗糙情况,B 与$\frac{u_* k_s}{\nu}$的关系并不呈现一致的规律。对于水力光滑圆管:

$$B = 5.5 + 2.5\ln \frac{u_* k_s}{\nu} \tag{10-47}$$

如图 10-9 中斜线①所示。而对于由水力光滑向水力粗糙过渡的区域,则由图 10-9 可以看出,试验点比较分散,目前还没有一个明确的表述方式。

利用式(10-46)可以很容易地得到粗糙圆管的流速差值定律:

$$\frac{U - u}{u_*} = 5.75\lg \frac{r_0}{y} \tag{10-48}$$

为了更清楚地显示光滑和粗糙圆管流速分布之间的联系,肖尔茨(N. Scholz)[7]用图 10-10 的形式来表现粗糙圆管的流速分布。与图 10-2 相类似,纵坐标表示$\frac{u}{u_*}$,横坐标取为 $\lg \frac{yu_*}{\nu}$。水力光滑管的流速分布如图 10-10 中曲线①所表示的粘性底层中的线性流速分布和斜线②所表示的对数流速分布。对于水力粗糙圆管,将流速分布写为以下的形式:

$$\frac{u}{u_*} = 5.75\lg \frac{yu_*}{\nu} + D \tag{10-49}$$

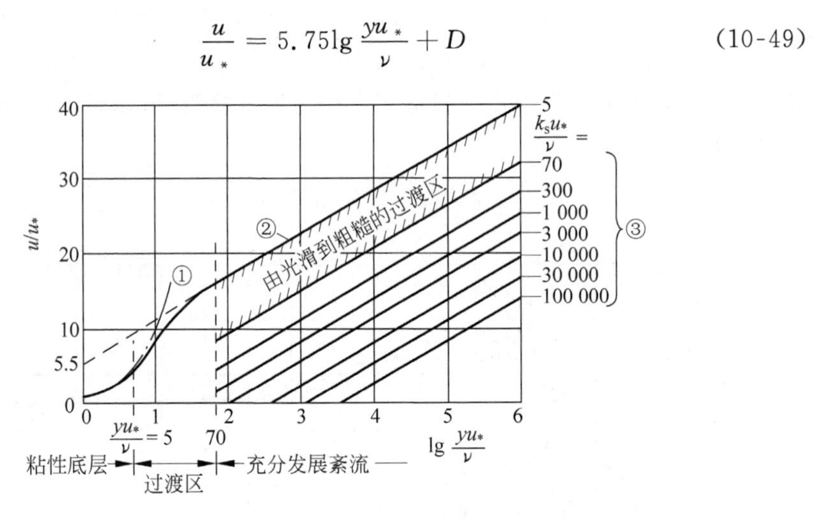

图 10-10　圆管紊流流速分布(光滑管与粗糙管)[7]

与式(10-46)比较,可知:

$$D = 8.5 - 5.75\lg \frac{k_s u_*}{\nu}$$

式(10-49)绘在图 10-10 上应该是一组与光滑管对数流速分布曲线②相平行的斜线,而随着粗糙雷诺数的不同,具有不同的 D 值,斜线在图上的具体位置则有所不同,如图中③所示。图中表示出两种过渡的情形:一是在水力光滑圆管中,流速分布具有分区性质，由粘性底层向对数区的过渡；二是由水力光滑管向水力粗糙管的过渡。粗糙雷诺数$\frac{k_s u_*}{\nu}\leqslant 5$为水力光滑管，而$\frac{k_s u_*}{\nu}>70$为水力粗糙管。对于水力粗糙管，不同的粗糙雷诺数时的流速分布组成一组平行的斜线。由图 10-10 还可以看出，对于水力粗糙情形，粘性底层并无意义。也可以认为在水力粗糙的情形，一个连续的粘性底层已经不复存在。

10.3.3 粗糙圆管的阻力规律

像在光滑圆管中一样，将流速分布公式(10-48)沿断面积分，并除以断面面积，可得断面平均流速 u_m：

$$u_m = U - 3.75u_* \tag{10-33}$$

由式(10-46)可知，$U=u_*\left(5.75\lg\frac{r_0}{k_s}+8.5\right)$，代入上式可得

$$\frac{u_m}{u_*} = 5.75\lg\frac{r_0}{k_s} + 4.75 \tag{10-50}$$

由式(10-24)，

$$\frac{\lambda}{8} = \left(\frac{u_*}{u_m}\right)^2 = \left[5.75\lg\frac{r_0}{k_s} + 4.75\right]^{-2}$$

或写为

$$\lambda = \left[2\lg\frac{r_0}{k_s} + 1.68\right]^{-2} \tag{10-51}$$

这就是卡门从相似性定律导出的对于完全粗糙管道的阻力公式。尼古拉兹根据试验资料对此式进行了修正，得到目前通用的水力粗糙管道阻力公式如下：

$$\lambda = \frac{1}{\left(2\lg\frac{r_0}{k_s} + 1.74\right)^2} \tag{10-52}$$

对于从水力光滑到水力粗糙的过渡区，科尔布鲁克(C. F. Colebrook)[8]提出的经验公式是

$$\frac{1}{\sqrt{\lambda}} = 1.74 - 2\lg\left(\frac{k_s}{r_0} + \frac{18.7}{Re\sqrt{\lambda}}\right) \tag{10-53}$$

当 $k_s\to 0$，上式变为光滑管阻力公式(10-36)。当 $Re\to\infty$，上式变为粗糙管阻力公式(10-52)。

10.3.4 实用管道

尼古拉兹所研究的粗糙管道是将均匀砂粒紧密地粘固到管壁上所形成的“人工粗糙”。实用上，管道的粗糙并不全与人工粗糙相似。其粗糙的构成往往是由形状并不规则，分布和尺度呈随机性的管壁的凹凸不平形成的。因此并不能简单地用一个粗糙高度或者相对粗糙度来表征一种粗糙因而无法使用尼古拉兹的结果。但是往往把一种实际的粗糙情况，就其阻力特性与尼古拉兹试验中某一种粗糙度

k_s 相类同,而用这种 k_s 来代表该种实际粗糙情况,称为"当量粗糙度"。

穆迪(L. F. Moody)[9]对实用管道的阻力规律做了大量试验研究,1944 年发表的穆迪图为实用管道阻力计算奠定了基础。图 10-11 为穆迪图。可以看出穆迪图与尼古拉兹人工粗糙圆管阻力规律图 10-5 基本相似。阻力分区同样存在:层流,由层流到紊流的过渡,紊流中又分水力光滑,水力粗糙及其过渡区。但是在过渡区内实用管道不像人工砂粒粗糙那样曲线有一回升部分,而是 λ 值随着雷诺数 Re 的增加而单调减小,一直到粗糙区。应用穆迪图首先要确定该管道的当量粗糙度 k_s。表 10-1 是根据基谢列夫(П. Г. Киселев)[10]提供的当量粗糙度的数据,可供参考。

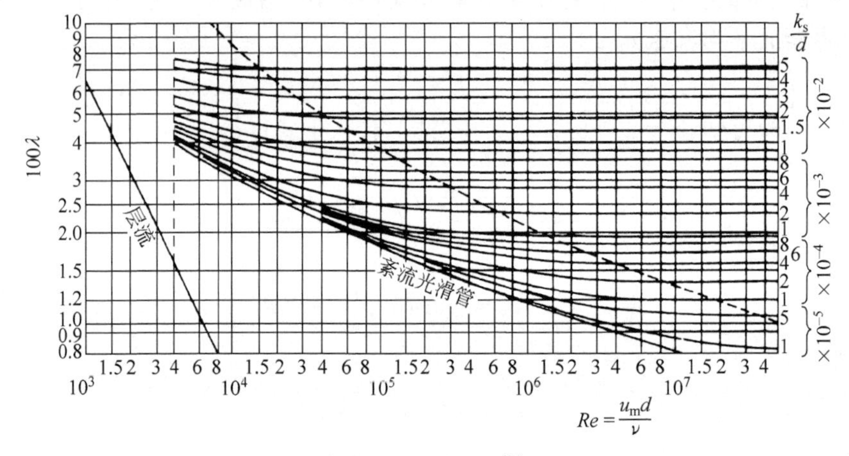

图 10-11 穆迪图[9]

表 10-1 常见管道的当量粗糙度[10]

序 号	边 壁 种 类	当量粗糙 k_s/mm
1	铜或玻璃的无缝管	0.0015～0.01
2	涂有沥青的钢管	0.12～0.24
3	白铁皮管	0.15
4	一般状况的钢管	0.19
5	清洁的镀锌铁管	0.25
6	新的生铁管	0.25～0.4
7	木管或清洁的水泥面	0.25～1.25
8	磨光的水泥管	0.33
9	未刨光的木槽	0.35～0.7
10	旧的生锈金属管	0.60
11	污秽的金属管	0.75～0.97
12	混凝土衬砌渠道	0.8～9.0
13	土渠	4～11
14	卵石河床(d=70～80mm)	30～60

10.4 管流的紊动特性

对圆管的紊流流动，劳弗(J. Laufer)[11]在 1954 年进行了全面的量测。此后众多学者对管道紊流进行了很多量测和研究，但主要结果大多与劳弗的结果一致。因此对管流紊动特性的研究是建立在劳弗试验研究的基础上的。对于很多工程实际问题，管流中的时均压力和流速是最主要的。但是随着社会生产的发展和科学技术的进步，对于管流中的脉动量，如脉动压力，脉动流速等也提出了要求并提供了准确量测它们的可能性。对紊流中脉动量的量测为进一步探明紊流机理提供了可能。

10.4.1 管流中脉动流速与紊流切应力

里夏特[12]对 1m 宽、24.4cm 高的矩形风洞进行了紊流量测，其结果如图 10-12 所示。图中$\frac{\bar{u}}{U}$为无量纲时均流速沿断面分布，U 为矩形风洞中心最大时均流速，为 100cm/s。靠近壁面处流速梯度很大而接近风洞中心时则时均流速分布较为均匀。图中还给出了横向和纵向脉动流速的均方根值$\sqrt{\overline{u'^2}}$和$\sqrt{\overline{v'^2}}$。纵向脉动流速均方根值$\sqrt{\overline{v'^2}}$沿断面高度变化不大，其平均值约为最大流速 U 的 4%。横向脉动流速的均方根值$\sqrt{\overline{u'^2}}$在靠近壁面处达到 0.13 U 的最大值然后向中心急剧减小。所有的脉动流速在管壁处由于受到固体壁面的约束而降低为零。图中 H 表示矩形风洞的高度。图 10-13 表示里夏特量测的单位质量紊流切应力$-\overline{u'v'}$沿断面的分布。在管道中心处$-\overline{u'v'}$为零，而其最大值则发生在壁面附近$\frac{y}{\frac{1}{2}H}=0.1$左右。图中虚线所示为单位质量切应力 τ/ρ 沿断面的分布，它是线性分布的。在断面的大部分区域$-\overline{u'v'}$与$\frac{\tau}{\rho}$两条分布曲线是重合的，表示切应力中完全是紊流切应力，而在壁面附近紊流切应力由最大值急剧下降，至壁面处为零。$-\overline{u'v'}$与$\frac{\tau}{\rho}$二者的差值即为粘性切应力$\mu\frac{\mathrm{d}u}{\mathrm{d}y}$。图 10-13 中还给出了横向和纵向脉动流速的相关系数 R_{uv}、R_{uv}的定义为

$$R_{uv}=\frac{\overline{u'v'}}{\sqrt{\overline{u'^2}}\sqrt{\overline{v'^2}}} \tag{10-54}$$

相关系数的最大值为 0.45 左右。

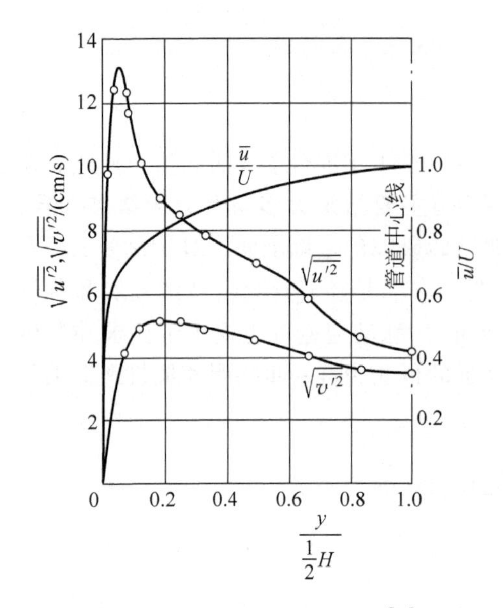

图 10-12 矩形风洞中脉动量[12]

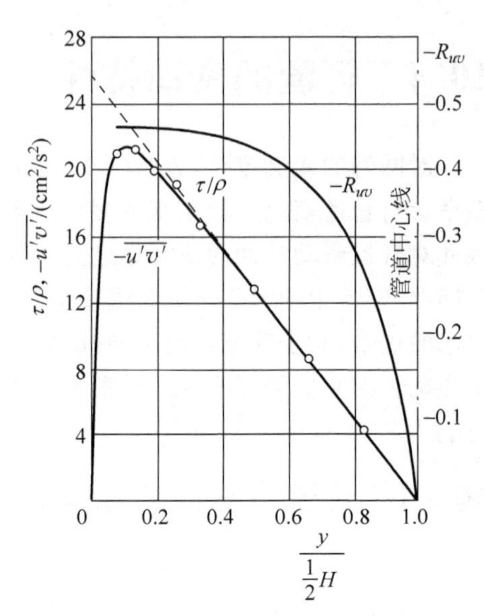

图 10-13 单位质量紊流切应力沿断面分布图[12]

劳弗对一直径为10in的圆管紊流进行的量测表明,脉动流速在断面上的分布具有与里夏特量测结果相似的特性。劳弗使用了热线风速计,圆管中心的最大流速U为10ft/s和100ft/s,相应的雷诺数$Re=\frac{u_m d}{\nu}$为50 000和500 000。图10-14表示圆管中横向脉动流速均方根值$\sqrt{\overline{u_x'^2}}$沿断面的分布。图中纵坐标以剪切流速

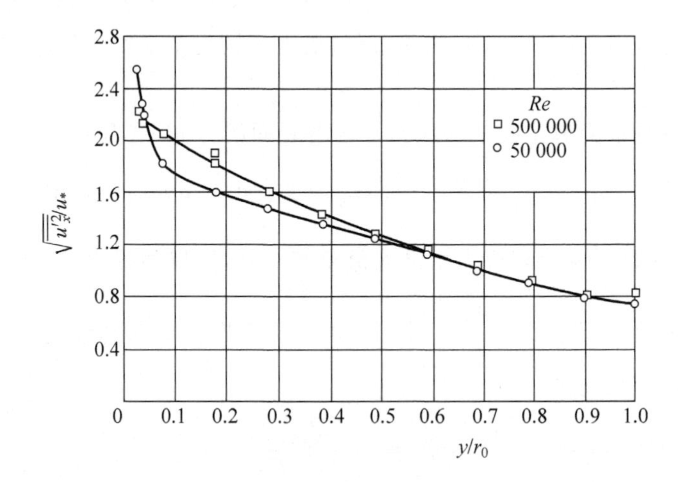

图 10-14 圆管中$\sqrt{\overline{u_x'^2}}$沿断面分布图[11]

$u_* = \sqrt{\dfrac{\tau_0}{\rho}}$除$\sqrt{\overline{u_x'^2}}$而使之无量纲化。横坐标则表示距管壁的无量纲距离 y/r_0。图 10-15 表示很接近壁面处横向脉动流速均方根值的分布。图 10-16 表示径向脉动流速$\dfrac{\sqrt{\overline{u_r'^2}}}{u_*}$与圆周向脉动流速$\dfrac{\sqrt{\overline{u_\theta'^2}}}{u_*}$沿断面的分布。图 10-17 表示无量纲紊流切应力$\dfrac{\overline{u_x'u_r'}}{u_*^2}$与相关系数$\dfrac{\overline{u_x'u_r'}}{\sqrt{\overline{u_x'^2}}\sqrt{\overline{u_r'^2}}}$沿断面的分布。在图 10-17 中实线是由式(10-12)计算得出的。由图可以看出，对于大雷诺数的情况，量测点与计算情况符合良好，而小雷诺数情况则量测点稍高于计算曲线。

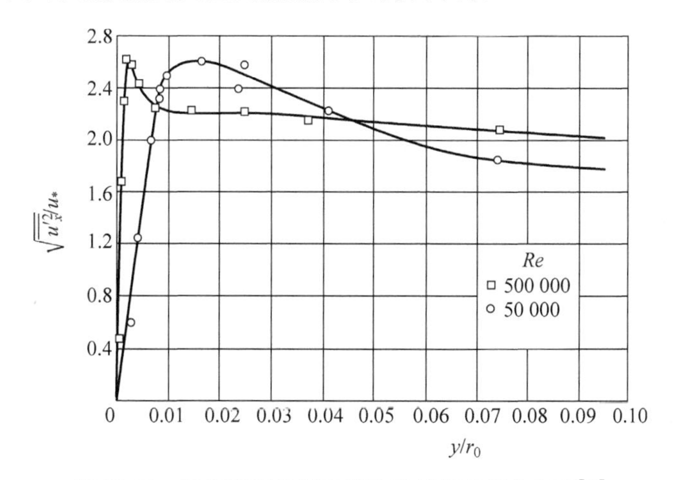

图 10-15　接近壁面处横向脉动流速均方根分布图[11]

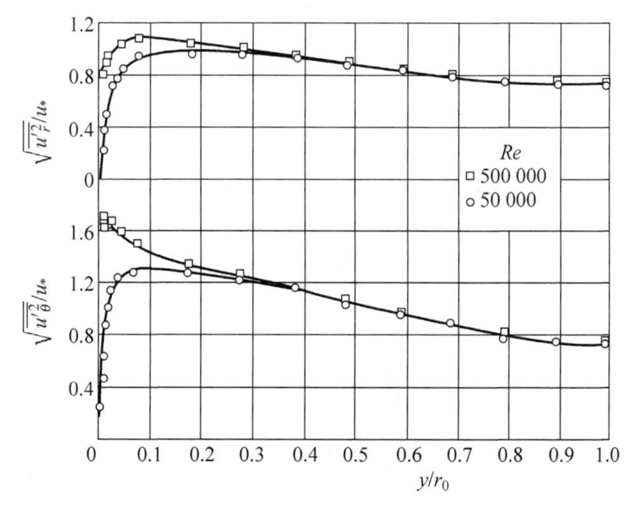

图 10-16　径向脉动流速与圆周向脉动流速均方根值分布图[11]

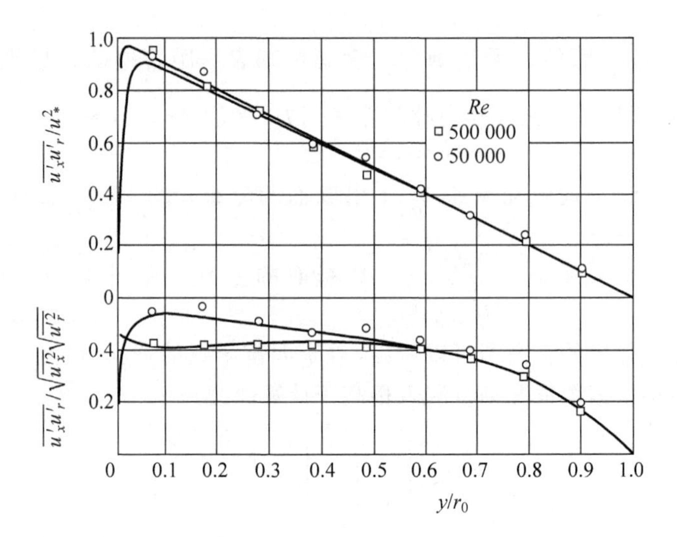

图 10-17 无量纲紊流切应力与相关系数沿断面分布图[11]

10.4.2 圆管紊流的断面能量平衡

圆管断面上各处紊流能量的平衡关系对于了解圆管紊流的性质及其结构有着重要的意义。

在圆柱坐标系中紊流瞬时流动的运动方程式可以写为

$$\frac{\partial u_x^2}{\partial x}+\frac{\partial u_x u_r}{\partial r}+\frac{1}{r}\frac{\partial u_x u_\theta}{\partial \theta}+\frac{u_x u_r}{r}$$

$$=-\frac{1}{\rho}\frac{\partial p}{\partial x}+\nu\nabla^2 u_x \tag{10-55a}$$

$$\frac{\partial u_x u_r}{\partial x}+\frac{\partial u_r^2}{\partial r}+\frac{1}{r}\frac{\partial u_r u_\theta}{\partial \theta}+\frac{u_r^2-u_\theta^2}{r}$$

$$=-\frac{1}{\rho}\frac{\partial p}{\partial r}+\nu\left(\nabla^2 u_r-\frac{u_r}{r^2}-\frac{2}{r^2}\frac{\partial u_\theta}{\partial \theta}\right) \tag{10-55b}$$

$$\frac{\partial u_x u_\theta}{\partial x}+\frac{\partial u_r u_\theta}{\partial r}+\frac{1}{r}\frac{\partial u_\theta^2}{\partial \theta}+\frac{2u_r u_\theta}{r}$$

$$=-\frac{1}{\rho r}\frac{\partial p}{\partial \theta}+\nu\left(\nabla^2 u_\theta-\frac{u_\theta}{r^2}+\frac{2}{r^2}\frac{\partial u_\theta}{\partial \theta}\right) \tag{10-55c}$$

分别以 u_x,u_r,u_θ 乘以上三式,则得

$$\frac{\partial u_x^3}{\partial x}+\frac{\partial u_x^2 u_r}{\partial r}+\frac{1}{r}\frac{\partial u_x^2 u_\theta}{\partial \theta}+\frac{u_x^2 u_r}{r}$$

$$=-\frac{2u_x}{\rho}\frac{\partial p}{\partial x}+2\nu\left[\frac{1}{2}\nabla^2 u_x^2-\left(\frac{\partial u_x}{\partial x}\right)^2-\left(\frac{\partial u_x}{\partial r}\right)^2-\frac{1}{r^2}\left(\frac{\partial u_x}{\partial \theta}\right)^2\right] \tag{10-56a}$$

$$\frac{\partial u_x u_r^2}{\partial x}+\frac{\partial u_r^3}{\partial r}+\frac{1}{r}\frac{\partial u_r^2 u_\theta}{\partial \theta}+\frac{u_r(u_r^2-2u_\theta^2)}{r}$$
$$=-\frac{2u_r}{\rho}\frac{\partial p}{\partial r}+2\nu\left[\frac{1}{2}\nabla^2 u_r^2-\left(\frac{\partial u_r}{\partial x}\right)^2-\left(\frac{\partial u_r}{\partial r}\right)^2-\frac{1}{r^2}\left(\frac{\partial u_r}{\partial \theta}\right)^2-\frac{u_r^2}{r^2}-\frac{2u_r}{r^2}\frac{\partial u_\theta}{\partial \theta}\right] \tag{10-56b}$$

$$\frac{\partial u_x u_\theta^2}{\partial x}+\frac{\partial u_r u_\theta^2}{\partial r}+\frac{1}{r}\frac{\partial u_\theta^3}{\partial \theta}+\frac{3u_r u_\theta^2}{r}$$
$$=-\frac{2u_\theta}{\rho r}\frac{\partial p}{\partial \theta}+2\nu\left[\frac{1}{2}\nabla^2 u_\theta^2-\left(\frac{\partial u_\theta}{\partial x}\right)^2-\left(\frac{\partial u_\theta}{\partial r}\right)^2\right.$$
$$\left.-\frac{1}{r^2}\left(\frac{\partial u_\theta}{\partial \theta}\right)^2-\frac{u_\theta^2}{r^2}+\frac{2u_\theta}{r^2}\frac{\partial u_\theta}{\partial \theta}\right] \tag{10-56c}$$

以瞬时值等于时均值与脉动值之和：

$$u_x=\bar{u}_x+u'_x$$
$$u_r=\bar{u}_r+u'_r=u'_r\quad(\bar{u}_r=0)$$
$$u_\theta=\bar{u}_\theta+u'_\theta=u'_\theta\quad(\bar{u}_\theta=0)$$
$$p=\bar{p}+p'$$

代入，然后对各式取时间平均后再相加即得圆管紊流中时均的总能量方程如下：

$$\overline{u'_x u'_r}\frac{\mathrm{d}\bar{u}_x}{\mathrm{d}r}+\frac{1}{r}\frac{\mathrm{d}}{\mathrm{d}r}\left[\overline{r u'_r\left(\frac{u'^2_x+u'^2_r+u'^2_\theta}{2}+\frac{p'}{\rho}\right)}\right]$$
$$=\frac{\nu}{r}\frac{\mathrm{d}}{\mathrm{d}r}r\frac{\mathrm{d}}{\mathrm{d}r}\frac{\overline{u'^2_x+u'^2_r+u'^2_\theta}}{2}+\frac{\nu}{r}\left(\frac{4}{r}\overline{u'_\theta\frac{\partial u'_r}{\partial\theta}}-\frac{\overline{u'^2_r+u'^2_\theta}}{r}\right)-\nu\overline{\left(\frac{\partial u'_i}{\partial x_j}\right)\left(\frac{\partial u'_i}{\partial x_j}\right)} \tag{10-57}$$

式中，等号右侧最后一项 i,j 均为哑标，需对三个脉动分量及坐标求和。等号右侧第二项与其他项相比可以忽略。脉动动能$\overline{u'^2_x+u'^2_r+u'^2_\theta}$以$\overline{q^2}$代之，式(10-57)写为

$$\overline{u'_x u'_r}\frac{\mathrm{d}u_x}{\mathrm{d}r}+\frac{1}{r}\frac{\mathrm{d}}{\mathrm{d}r}\left[\overline{r u'_r\left(\frac{q^2}{2}+\frac{p'}{\rho}\right)}\right]$$
$$=\frac{\nu}{r}\frac{\mathrm{d}}{\mathrm{d}r}r\frac{\mathrm{d}}{\mathrm{d}r}\frac{\overline{q^2}}{2}-\nu\overline{\left(\frac{\partial u'_i}{\partial x_j}\right)\left(\frac{\partial u'_i}{\partial x_j}\right)} \tag{10-58}$$

而其中

$$\nu\overline{\left(\frac{\partial u'_i}{\partial x_j}\right)\left(\frac{\partial u'_i}{\partial x_j}\right)}=\nu\left[\overline{\left(\frac{\partial u'_x}{\partial x}\right)^2}+\overline{\left(\frac{\partial u'_x}{\partial r}\right)^2}+\overline{\left(\frac{\partial u'_x}{r\partial\theta}\right)^2}\right.$$
$$+\overline{\left(\frac{\partial u'_r}{\partial x}\right)^2}+\overline{\left(\frac{\partial u'_r}{\partial r}\right)^2}+\overline{\left(\frac{\partial u'_r}{r\partial\theta}\right)^2}$$
$$\left.+\overline{\left(\frac{\partial u'_\theta}{\partial x}\right)^2}+\overline{\left(\frac{\partial u'_\theta}{\partial r}\right)^2}+\overline{\left(\frac{\partial u'_\theta}{r\partial\theta}\right)^2}\right] \tag{10-59}$$

式(10-58)中等号左侧第一项为脉动能量的产生项；第二项表示脉动动能和脉动压能的迁移变化率。等号右侧第一项表示梯度形式的能量扩散，只在壁面附近很

近处才是重要的；第二项则表示耗散项。

以$\dfrac{\mathrm{d}\,\bar{u}_x}{\mathrm{d}r}$乘以方程(10-12)可得下列紊流时均流动的能量方程，注意 $r=r_0-y$。

$$\frac{r}{r_0}u_*^2\ \frac{\mathrm{d}\,\bar{u}_x}{\mathrm{d}r}=\overline{u_x'u_r'}\ \frac{\mathrm{d}\,\bar{u}_x}{\mathrm{d}r}-\nu\left(\frac{\mathrm{d}\,\bar{u}_x}{\mathrm{d}r}\right)^2 \tag{10-60}$$

此时均流动能量方程说明在圆管紊流的运动中，流动的能量损失，即管道中沿程的压强降落是由两部分能量所组成。一部分是紊流的脉动能量产生项，即维持管道中流动为紊流所需要的能量。一部分则是耗散项，是由于流体的分子粘性而导致的能量损失，这一部分损失由机械能变为热能而耗散。式(10-58)的紊流时均总能量方程表示了紊流运动中断面上各种紊流能量所具有的形式和他们之间的关系。可惜的是，从这个方程式中还看不出各种能量形式之间的转化关系。

图 10-18 表示在壁面附近式(10-60)等号右侧紊流产生项与能量耗散项的比较关系。二者均采用无量纲形式，P_r 为无量纲的产生项，Φ 为无量纲的耗散项：

$$P_\mathrm{r}\equiv\nu\frac{\overline{u_x'u_r'}}{u_*^4}\ \frac{\mathrm{d}\,\bar{u}_x}{\mathrm{d}r} \tag{10-61}$$

$$\Phi\equiv\frac{\nu^2}{u_*^4}\left(\frac{\mathrm{d}\,\bar{u}_x}{\mathrm{d}r}\right)^2 \tag{10-62}$$

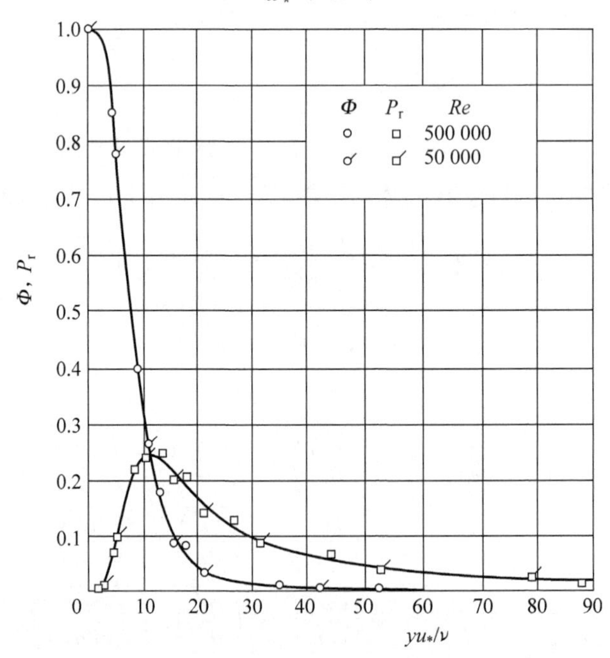

图 10-18 壁面附近紊流的产生项与能量耗散项比较图[11]

横坐标采用 yu_*/ν。由图可见，能量的耗散大部分发生在距离壁面很近的区域，$y^+=yu_*/\nu<15$ 以内。粘性切应力与紊流的切应力相等，也就是粘性耗散项与紊流的产生项相等的点位于 $y^+=11.5$。而这一点也恰恰是紊流的产生项为最大值的点。一般来说，$y^+=11.5$ 位于粘性底层外的过渡区内。由图还可以看出，为了得到对紊流能量平衡更全面和透彻的理解，必须更仔细地研究粘性底层内的能量平衡，而目前的试验技术还未能完全做到这一点。

下面从紊流时均总能量方程(10-58)出发来研究断面上各种紊流能量。图 10-19 表示了壁面区域的能量平衡，它是在劳弗试验量测的基础上经汤森[13]改正后得出的。试验中雷诺数 $Re=\dfrac{Ud}{\nu}=5\times10^4$，$U$ 为管道中心最大时均流速。在壁面附近(10-58)式的各项所表示的紊流能量都是重要的。将各项无量纲化，得

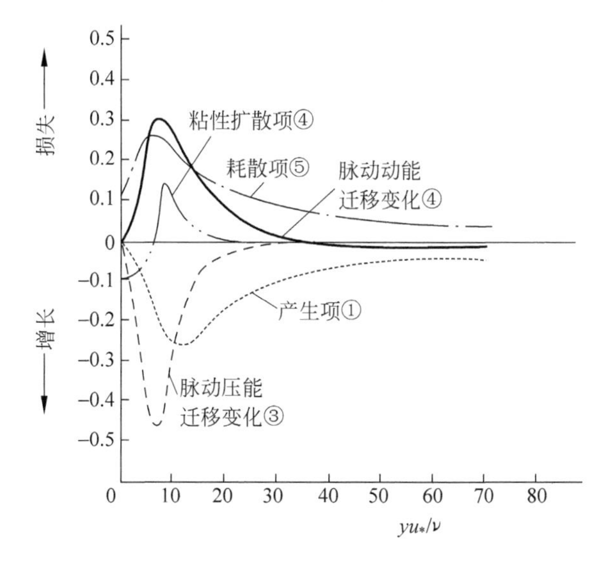

图 10-19　圆管紊流断面能量平衡(近壁区)[13]

① $-\dfrac{\overline{u'_x u'_r}}{u_*^2}\dfrac{\mathrm{d}}{\mathrm{d}y^+}\dfrac{\bar{u}_x}{u_*}$：为产生项。

② $-\dfrac{1}{u_*^3}\dfrac{\mathrm{d}}{\mathrm{d}y^+}\overline{u'_r\dfrac{q^2}{2}}$：为由脉动流速场引起的脉动动能的迁移变化率。

③ $-\dfrac{1}{u_*^3}\dfrac{\mathrm{d}}{\mathrm{d}y^+}\overline{u'_r\dfrac{p'}{\rho}}$：为由脉动流速场引起的压能的迁移变化率。

④ $\dfrac{1}{u_*^2}\dfrac{\mathrm{d}^2}{\mathrm{d}y^{+2}}\overline{\dfrac{q^2}{2}}$：为脉动动能的粘性扩散项。

⑤ $\dfrac{\nu^2}{u_*^4}\overline{\left(\dfrac{\partial u'_i}{\partial x_j}\right)\left(\dfrac{\partial u'_i}{\partial x_j}\right)}$：为耗散项。

各项在断面上的分布绘如图 10-19。由图可见耗散项与产生项数量基本相等而方向相反。动能和压能的由脉动流速场引起的迁移变化率②③也基本相等。产生项①与耗散项⑤均在过渡区内($y^+\approx10$)有最大值。距离壁面稍远处($30<y^+<80$)能量的平衡主要是产生项①和耗散项⑤,从而:

$$\overline{u_x'u_r'}\frac{\mathrm{d}\bar{u}_x}{\mathrm{d}r}+\nu\overline{\left(\frac{\partial u_i'}{\partial x_j}\right)\left(\frac{\partial u_i'}{\partial x_j}\right)}=0 \tag{10-63}$$

图 10-20 则表示了在整个断面上各种紊流能量的平衡。这里采用横坐标为 $\xi=\dfrac{y}{r_0}$ 而不再用近壁区的无量纲坐标 $\dfrac{yu_*}{\nu}$。试验的雷诺数同样为 $\dfrac{U\mathrm{d}}{\nu}=5\times10^4$。图中各项的无量纲形式表述如下:

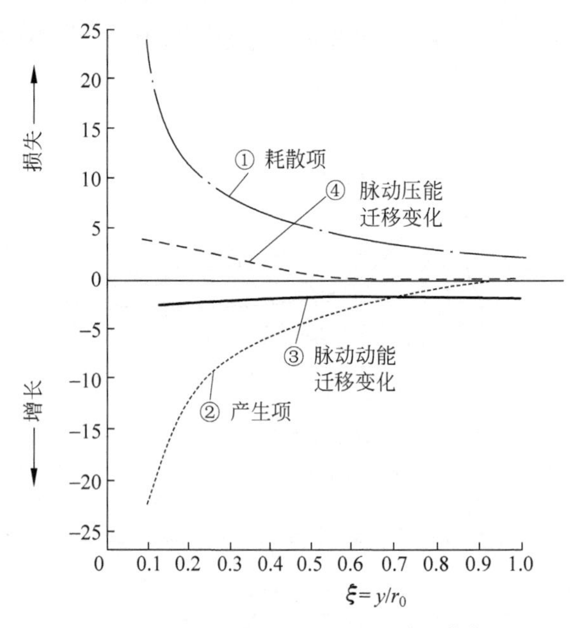

图 10-20 圆管紊流断面能量平衡[13]

① 耗散项:$\nu\dfrac{\mathrm{d}}{2u_*^3}\overline{\left(\dfrac{\partial u_i'}{\partial x_j}\right)\left(\dfrac{\partial u_i'}{\partial x_j}\right)}$

② 产生项:$\dfrac{\overline{u_x'u_r'}}{u_*^2}\dfrac{\mathrm{d}}{\mathrm{d}\xi'}\dfrac{\bar{u}_x}{u_*}$

③ 脉动动能迁移变化率:

$$\frac{1}{u_*^3}\frac{1}{\xi'}\frac{\mathrm{d}}{\mathrm{d}\xi'}\xi'\overline{\left(u_r'\frac{q^2}{2}\right)}$$

④ 脉动压能迁移变化率:

$$\frac{1}{u_*^3}\frac{1}{\xi'}\frac{\mathrm{d}}{\mathrm{d}\xi'}\xi'\overline{\left(u_r'\frac{p'}{\rho}\right)}$$

脉动动能的粘性扩散项在远离壁面的管道中心区与产生项相比甚小而可以忽略。以上各式中，$\xi'=1-\xi=\frac{r}{r_0}$。

由图 10-20 可以看出，在 $\xi=\frac{y}{r_0}<0.7$ 的区域，脉动动能与脉动压能的迁移变化对于能量平衡的贡献不大，产生项与扩散项基本平衡。可以认为在这个区域脉动能量是自我平衡的。而在中心区，$\xi>0.7$ 以后，脉动压能的迁移项逐渐消失以至于零，于是脉动动能的迁移项变得重要起来，到了管轴附近，紊流的产生项也趋于零，能量的耗散则主要由脉动动能的迁移项提供。

综合图 10-19 和图 10-20 的情况可以看出在圆管断面上紊流能量的传递过程。总的看来脉动动能的迁移项把能量由壁面区域向管轴中心输送。在壁面附近 $y^+<30$ 的区域，脉动动能迁移项使该处损失了能量而此区域以外则这一项使该处的能量增长。压能的迁移项则将能量由 $\xi<0.5$ 的区域向壁面输送。在 $\xi<0.5$ 的区域断面中损失了压能迁移项的能量而在近壁区域压能迁移项为增长，特别是在过渡区这种增长达到最大值。

10.4.3　圆管紊流的频谱

表示紊流结构的另一种方法是谱分析(spectrum analysis)。在 7.3 节中已提到紊流可以认为是各种不同尺度的旋涡运动的综合。其中大尺度(小波数)的旋涡从时均流动中吸取能量并向小尺度(大波数)旋涡逐级传递。在传递过程中虽然也会损失一部分能量，但大部分能量则是在很小尺度旋涡的运动中，通过粘性把机械能转化为热能而耗散。各种尺度旋涡的运动形成一种在空间上和时间上随机变化的紊流各种物理量的脉动过程。可以将这种脉动通过傅里叶分析(Fourier analysis)分解为很多不同频率的简谐振动或不同波数的简谐波动的线性叠加。按频率对紊流脉动流速的均方值$\overline{u_i'^2}$进行分解可得到频谱(frequency spectrum)，按波数来分解则得到波数谱(wavenumber spectrum)。脉动流速的均方值表示脉动能量，在这个意义上频谱或波数谱又可统称为能谱(energy spectrum)。

令 n_i 表示频率(frequency)，$E_i(n_i)\mathrm{d}n_i$ 表示在 n_i 与 $n_i+\mathrm{d}n_i$ 的频率区间内脉动流速均方值的份额，则 $E_i(n_i)$表示在频率 n_i 时$\overline{u_i'^2}$的分布密度称为频谱函数，它可通过对自相关函数的傅里叶变换得到。由定义，自 $0\sim\infty$分布在各个频率段内$\overline{u_i'^2}$份额的总和：

$$\int_0^\infty E_i(n_i)\mathrm{d}n_i=\overline{u_i'^2} \tag{10-64}$$

同样地，以 k_i 表示波数，$k_i=\frac{2\pi}{\lambda_i}$，$\lambda_i$ 为波长。则 $E_i(k_i)$表示在波数为 k_i 时$\overline{u_i'^2}$的分

布密度。

如果考虑波在 x_i 方向前进的速度就是 x_i 方向的时均流速$\overline{u_i}$，则一个波长的长度 $\lambda_i=\bar{u}_i T_i$，T_i 为周期，$T_i=\frac{1}{n_i}$。从而波数也可表示为

$$k_i = \frac{2\pi n_i}{\bar{u}_i} \tag{10-65}$$

k_i 表示 x_i 方向的波数。$\mathrm{d}k_i=\frac{2\pi}{\bar{u}_i}\mathrm{d}n_i$，所以只有

$$E_i(k_i) = \frac{\overline{u_i}}{2\pi}E_i(n_i) \tag{10-66}$$

才能按定义得

$$\int_0^{\infty} E_i(k_i)\,\mathrm{d}k_i = \overline{u_i'^2} \tag{10-67}$$

图 10-21 为劳弗在圆管充分发展紊流中量测到的波谱曲线，雷诺数为 5×10^5。由图可以看出，在距壁面一定距离的较大范围内 $E_x(k_x)\propto k_x^{-5/3}$，而距壁面较近时，$E_x(k_x)\propto k_x^{-1}$，例如$\frac{y}{d}=0.0041$ 的点。

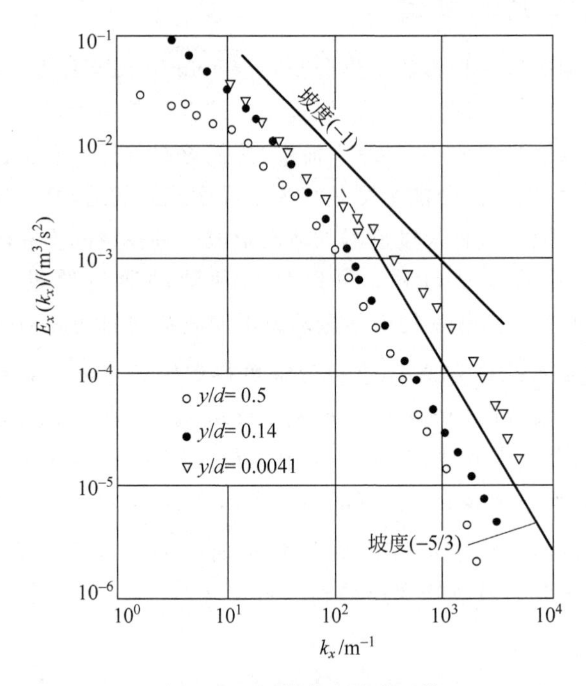

图 10-21 圆管紊流波谱图[6]

参考文献

[1] Saph V, Schoder E H. An experimental study of the resistance to the flow of water in pipes. Trans ASCE, 1903,51: 944

[2] Van Driest E R. On turbulent flow near a wall. JAS,1956: 23: 1007～1011

[3] 窦国仁.明渠和管道中紊流各流区的统一规律.水利水运科学研究,第 1 期,1980

[4] Blasius H. Das Ähnlichkeitsgesetz bei Reibungsvorgängen in Flüssigkeiten. Forschg. Arb. Ing. Wes. No. 134,Berlin,1913

[5] Nikuradse J. Strömungsgesetze in rauhen Rohren. Forschg. Arb. Ing. Wes. No. 361, 1933

[6] Durand W F. Aerodynamics Theory 3, 142, 1935

[7] Scholz N. Strömungsvorgänge in Grenzschichten. VDI-Bev,1955,6: 7～12

[8] Colebrook C F. Turbulent flow in pipes with particular reference to the transition region between the smooth and rough pipe laws. J. Institution Civil Engineers,1939

[9] Moody L F. Friction factors for pipe flow. Trans ASME,1944,66: 671～684

[10] Киселев П Г. Справочник по Гидравлическии расчетам. 1972

[11] Laufer J. The structure of turbulence in fully developed pipe flow. NACA Rep. no. 1174, 1954

[12] Reichardt H. Messungen turbulenter schwankungen. Naturwissenschaften 404 (1938); ZAMM,1993,13: 177～180; ZAMM,1939,18: 358～361

[13] Townsend A A. The structure of turbulent shear flow. New York: Cambridge University Press,1956

第 11 章

紊流平板边界层

像圆管紊流一样，紊流平板边界层流动也是壁面紊流的一种，只不过固体边界的特征不同。圆管紊流是流动发生在由固体边界所包围的空间内，因而固体边界限制了紊流的发展而平板边界层流动则是流动发生在某一固体壁面上，在固体壁面上的紊流边界层可以沿程发展而其上边界不受固体边界的限制。但是紊流边界层与圆管紊流在流动特点方面也有很多共同之处，本章中将引用圆管紊流的一些成果。

平板边界层流动中，势流流速和压强在整个流场中均为常数。当边界层雷诺数 $Re_x=\frac{Ux}{\nu}$ 达到临界值后，边界层流动将可能由层流转变为紊流。紊流边界层中的流速分布、阻力规律、边界层厚度的沿程发展等均与层流边界层不同。而且在紊流边界层流动中又因固体壁面的光滑或粗糙而使得流动情况发生变化。

紊流平板边界层流动是一种基本的流动现象，对于航空、造船、化工、水力机械和水工建筑物的设计都有重要的意义。

11.1 紊流平板边界层的流速分布与分区结构

对于紊流边界层其边界层微分方程式可由雷诺方程出发，考虑边界层近似，而得到二维紊流边界层方程式。恒定二维雷诺方程可由式(7-5)得出：

$$\bar{u}_1\frac{\partial \bar{u}_1}{\partial x_1}+\bar{u}_2\frac{\partial \bar{u}_1}{\partial x_2}=-\frac{1}{\rho}\frac{\partial \bar{p}}{\partial x_1}+\frac{\mu}{\rho}\left(\frac{\partial^2 \bar{u}_1}{\partial x_1^2}+\frac{\partial^2 \bar{u}_1}{\partial x_2^2}\right)-\frac{\partial \overline{u_1'^2}}{\partial x_1}-\frac{\partial \overline{u_1'u_2'}}{\partial x_2} \tag{11-1}$$

$$\bar{u}_1 \frac{\partial \bar{u}_2}{\partial x_1} + \bar{u}_2 \frac{\partial \bar{u}_2}{\partial x_2} = -\frac{1}{\rho}\frac{\partial \bar{p}}{\partial x_2} + \frac{\mu}{\rho}\left(\frac{\partial^2 \bar{u}_2}{\partial x_1^2} + \frac{\partial^2 \bar{u}_2}{\partial x_2^2}\right) - \frac{\partial \overline{u_2' u_1'}}{\partial x_1} - \frac{\partial \overline{u_2'^2}}{\partial x_2} \tag{11-2}$$

连续方程(7-2)可写为

$$\frac{\partial \bar{u}_1}{\partial x_1} + \frac{\partial \bar{u}_2}{\partial x_2} = 0 \tag{11-3}$$

式中，x_1 表示沿固体壁面的边界层坐标；x_2 为壁面外法线方向坐标。式中压强表示动水压强。由经验，在紊流中三个方向的紊流强度$\overline{u_1'^2}$，$\overline{u_2'^2}$，$\overline{u_3'^2}$基本上具有同一量级，因此引入一个共同的脉动流速的尺度 v。对于紊流切应力 $\rho\overline{u_i' u_j'}$($i \neq j$)，则需引入相关函数 R_{ij}，即

$$\left.\begin{aligned} &\overline{u_1'^2} \sim \overline{u_2'^2} \sim \overline{u_3'^2} \sim v^2 \\ &\overline{u_i u_j} \sim R_{ij} v^2, \quad i \neq j \end{aligned}\right\} \tag{11-4}$$

假定 R_{12}，R_{13}，R_{23} 大致具有 1 的量级。在边界层流动中，顺流方向的长度尺度 L_1 与垂直方向尺度 L_2 相比甚大，$L_1 \gg L_2$，因此在式(11-1)中，$\dfrac{\partial \overline{u_1'^2}}{\partial x_1} \sim \dfrac{v^2}{L_1}$的量级小于$\dfrac{\partial \overline{u_1' u_2'}}{\partial x_2} \sim \dfrac{R_{12} v^2}{L_2}$的量级，保留$\dfrac{\partial \overline{u_1' u_2'}}{\partial x_2}$。而在式(11-2)中，$\dfrac{\partial \overline{u_1' u_2'}}{\partial x_1} \sim \dfrac{R_{12} v^2}{L_1}$，其量级小于$\dfrac{\partial \overline{u_2'^2}}{\partial x_2} \sim \dfrac{v^2}{L_2}$的量级，保留$\dfrac{\partial \overline{u_2'^2}}{\partial x_2}$。又在紊流边界层中，粘性切应力与紊流切应力均应保留，可见式(11-1)应用边界层近似后得

$$\bar{u}_1 \frac{\partial \bar{u}_1}{\partial x_1} + \bar{u}_2 \frac{\partial \bar{u}_1}{\partial x_2} = -\frac{1}{\rho}\frac{\partial \bar{p}}{\partial x_1} + \nu \frac{\partial^2 \bar{u}_1}{\partial x_2^2} - \frac{\partial \overline{u_1' u_2'}}{\partial x_2} \tag{11-5}$$

由第 3 章知，上式如无量纲化，则除$\dfrac{\partial \overline{u_1' u_2'}}{\partial x_2}$项外其余各项量级均为 1，因此要保留$\dfrac{\partial \overline{u_1' u_2'}}{\partial x_2}$项，则必须：

$$\frac{\partial(\overline{u_1' u_2'}/U^2)}{\partial x_2^0} \sim O(1)$$

所以，

$$\frac{\overline{u_1' u_2'}}{U^2} \sim O(\delta^\circ)$$

即无量纲雷诺应力的量级为 δ°的量级，U 为当地势流流速。式(11-2)在边界层近似中知$\dfrac{\partial p^\circ}{\partial x_2^0} \sim O\left(\dfrac{1}{\delta^\circ}\right)$，为此式的首项。其他各项量级为 δ°或更小，而$\dfrac{\partial(\overline{u_1' u_2'}/U^2)}{\partial x_1^0} \sim O(\delta^\circ)$，$\dfrac{\partial(\overline{u_2'^2}/U^2)}{\partial x_2^0} \sim O(1)$，与首项相比亦为小量，最后得$\dfrac{\partial p}{\partial x_2} = 0$，与第 3 章中结论

相同,即在紊流边界层中同样压强沿 y 轴是均匀分布的,与边界层外边缘处势流压强相同。式(11-5)即为紊流边界层微分方程式,与连续方程(11-3)联立可以解决紊流边界层问题。边界条件为

$$\left.\begin{aligned}&\text{固体壁面上,}\quad x_2=0;\quad \bar{u}_1=0,\quad \bar{u}_2=0\\&\text{边界层外边缘,}\quad x_2=\delta;\quad \bar{u}_1=U(x)\end{aligned}\right\}\tag{11-6}$$

$U(x)$为势流流速。所有脉动分量在固体壁面处均应消失,而在很靠近壁面处,脉动分量的数值很小。由此可知,在固体壁面处所有雷诺应力均为零,只有粘性切应力存在。由此可以想见,在紧靠壁面处存在一个极薄的流层,在这层流动里紊流切应力和流速的脉动均很微弱,由于这里流速很小,粘性力大于惯性力,这一流层即为粘性底层。紧靠粘性底层上部,存在一层过渡区。过渡区中紊动剧烈,紊流切应力显著增加。过渡区以外则紊流切应力占主导地位,称为紊流层或称对数层。

紊流边界层的流速分布在其不同的分区中具有不同的规律,与圆管紊流相似。图 11-1 为紊流边界层中流速分布分区结构的典型示意图。在紊流边界层中除粘性底层、过渡区及紊流区(对数区)以外,还存在一个尾流区或称为外区(outer layer)。而粘性底层、过渡区和对数区则统称为内区(inner layer)。在紊流边界层中,对于分区界限各家试验略有出入。一般用 y 表示 x_2,认为

粘性底层:$0\leqslant y^+<(5\sim10)$

过渡区:$(5\sim10)\leqslant y^+<(30\sim70)$

对数区:$(30\sim70)\leqslant y^+,\ \dfrac{y}{\delta}\leqslant0.2$

以上三个区域统称内区。

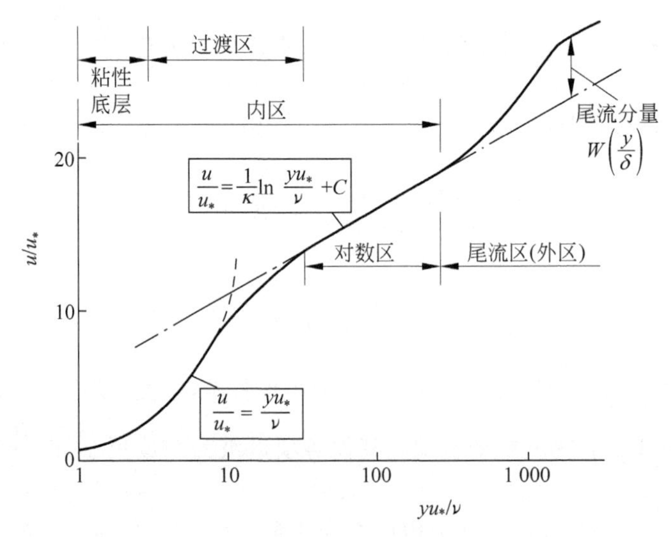

图 11-1 紊流边界层流速分布

尾流区(外区)：

$$0.2\leqslant\frac{y}{\delta}\leqslant1.0$$

平板紊流边界层各个分区中的流速分布为

粘性底层： $\frac{u}{u_*}=\frac{yu_*}{\nu}$ 或写为 $u^+=y^+$ (11-7)

对数区： $u^+=5.85\lg y^++5.56$ (11-8)

尾流区： $u^+=\frac{1}{\kappa}\ln y^++C+W\left(\frac{y}{\delta}\right)$ (11-9)

$$W\left(\frac{y}{\delta}\right)=\frac{2\Pi}{\kappa}\sin^2\left(\frac{\pi}{2}\frac{y}{\delta}\right) \tag{11-10}$$

式中，$W\left(\frac{y}{\delta}\right)$称为尾流函数(law of the wake)；$\Pi$ 为尾流强度。科尔斯(D. Coles)[1]发现对于零压梯度的紊流边界层，当 $Re_{\delta_2}=\frac{U_\infty\delta_2}{\nu}\geqslant5000$ 时，$\Pi=0.55$。对于 $Re_{\delta_2}<5000$ 的情况则如图 11-2 所示。

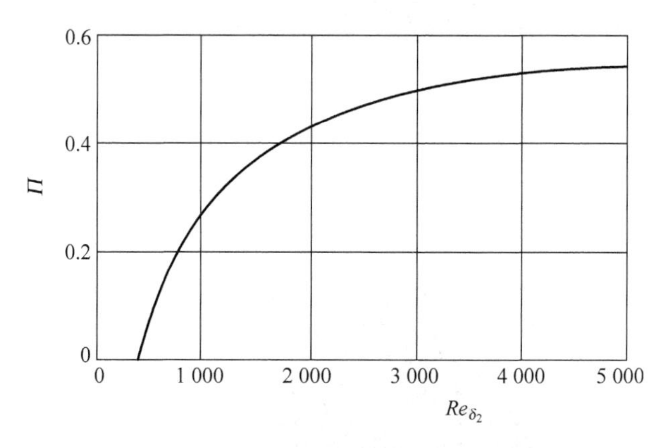

图 11-2　尾流强度(19)

图 11-3 给出由斯坦福大学的伦斯塔德勒(P. W. Runstadler)[2]等人制作的一组表示紊流边界层各分区中流动特性的照片。这组照片是使用氢气泡技术以显示不同流区的某一高度上边界层内流动状况，同时还给出在该高度量测的瞬时流速过程线。试验中势流流速均为 $U_\infty=0.43$ft/s。图 11-3(a)表示 $y^+=8$ 处平面上流动显示，此处位于粘性底层上部或过渡区下部。由照片可见此处流速具有大小相间的流速带，紊动剧烈，但紊动的三维性不明显。图 11-3(b)表示 $y^+=82$ 处的流动。此处位于紊流对数区，紊流具有明显的三维性，但从瞬时流速的时间过程线看出此处脉动比 $y^+=8$ 处要弱。图 11-3(c)表示 $y^+=407$ 处的流动，而图 11-3(d)

表示 $y^{+}=531$ 处的流动。这两个位置均已处于尾流区中,紊动明显减弱,当 $y^{+}=531$ 时从瞬时流速时间过程线还可看出紊动已开始具有间歇性质。

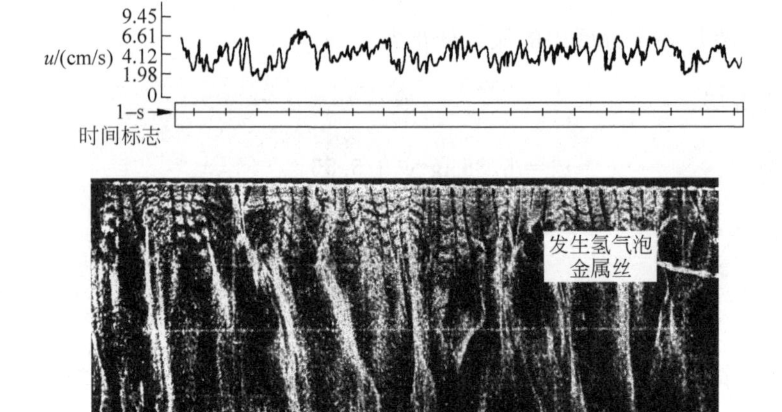

(a) $y^{+}=8$, $y=0.05\text{in}$, $U_{\infty}=0.43\text{ft/s}$

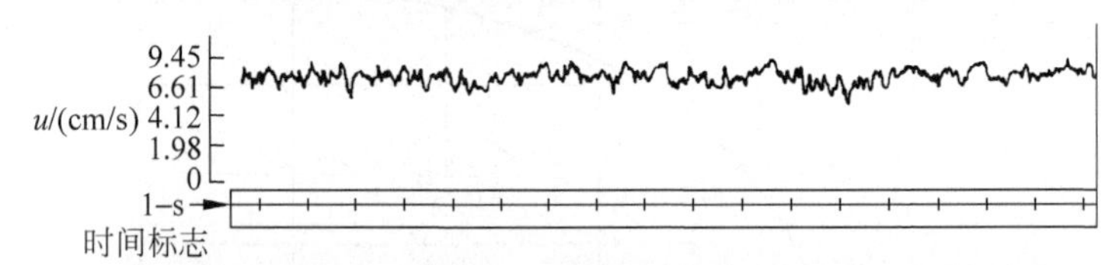

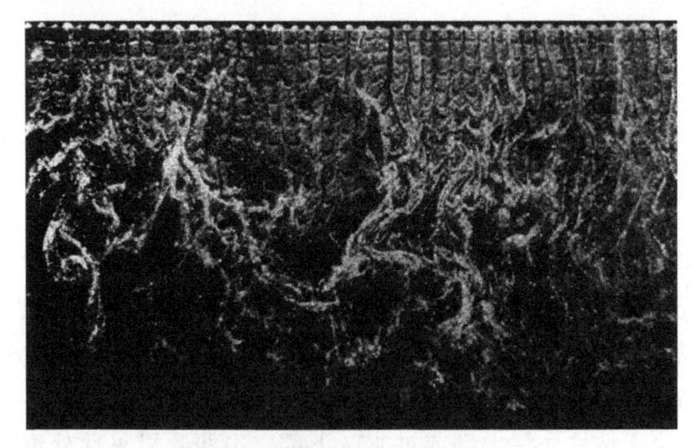

(b) $y^{+}=82$, $y=0.5\text{in}$, $U_{\infty}=0.43\text{ft/s}$

图 11-3 流动显示图[19]

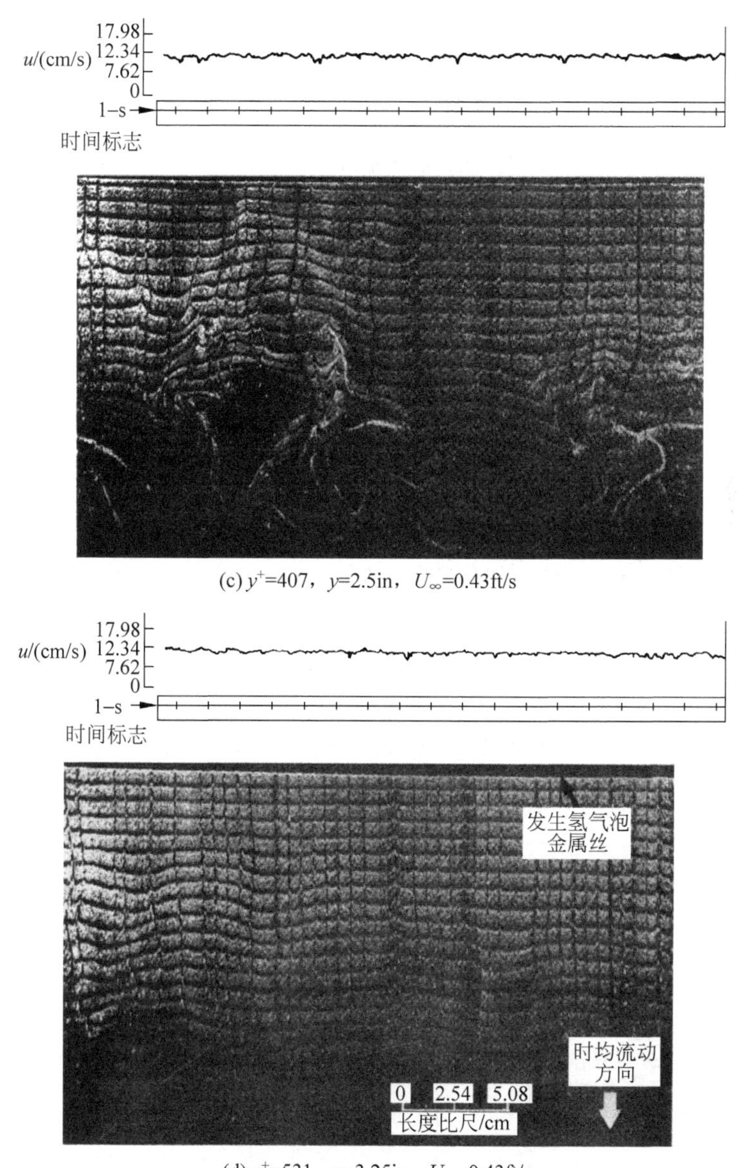

(c) $y^{+}=407$，$y=2.5\text{in}$，$U_{\infty}=0.43\text{ft/s}$

(d) $y^{+}=531$，$y=3.25\text{in}$，$U_{\infty}=0.43\text{ft/s}$

图 11-3(续)[19]

11.2　紊流平板边界层的紊动特性

早期对紊流平板边界层的量测主要是量测其时均流速和压强的分布。随着科学技术的发展,使得对紊动特性：例如紊流度,紊流能量及能谱,紊流切应力等的量测变得既有需要,也有可能。而且只有通过对紊动特性的直接量测才使人们对紊流的机理获得进一步深入的理解。

1954年克莱巴诺夫[3]对零压梯度紊流平板边界层进行了量测,得到丰富的成果。试验量测是在一个 $4\ \dfrac{1}{2}$ft 的风洞中进行,光滑平板长 12ft,宽 $4\ \dfrac{1}{2}$ft。风洞的紊流度在风速 30ft/s 时为 0.02%,在风速 100ft/s 时为 0.04%。近壁区的量测使用热线风速计。量测断面距平板前缘为 $10\ \dfrac{1}{2}$ft,为充分发展紊流边界层。试验中自由流速(边界层外的势流流速)U_∞ 为 50ft/s。

图 11-4 分别表示出顺流方向 x,垂直平板方向 y 及展向 z 的紊流度 $\dfrac{\sqrt{\overline{u'^2}}}{U_\infty}$,$\dfrac{\sqrt{\overline{v'^2}}}{U_\infty}$,$\dfrac{\sqrt{\overline{w'^2}}}{U_\infty}$。图中还特别表示了在紧靠壁面处的情况。由图可以看出各个方向的紊流度均在紧靠固体壁面附近达到其最大值,而固体壁面处由于壁面对脉动的限制,紊流度均为零。顺流方向的紊流度 $\dfrac{\sqrt{\overline{u'^2}}}{U_\infty}$ 最大值约为 0.12,表示 $\sqrt{\overline{u'^2}}$ 约为自由流速 U_∞ 的 12%。垂向紊流度 $\dfrac{\sqrt{\overline{v'^2}}}{U_\infty}$ 则为 0.04。图 11-4 中的 $\dfrac{\sqrt{\overline{w'^2}}}{U_\infty}$ 分布曲线表明在紊流平板边界层中,展向的脉动值不容忽视。

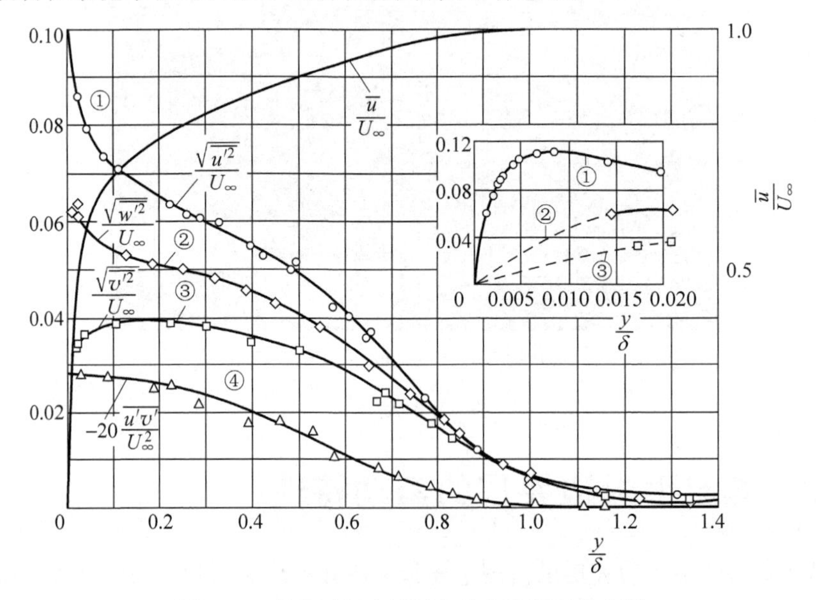

图 11-4 紊流平板边界层紊流度沿断面分布[3]

图 11-4 中还示出了紊流切应力 $-\rho\overline{u'v'}$ 在平板紊流边界层内的分布，图中无量纲量采用 $\frac{\overline{u'v'}}{U_\infty^2}$ 表示单位质量切应力的无量纲量。在紧靠壁面处未能量测到有关数据。紧靠壁面附近的雷诺应力分布可参见图 7-13、图 7-14。

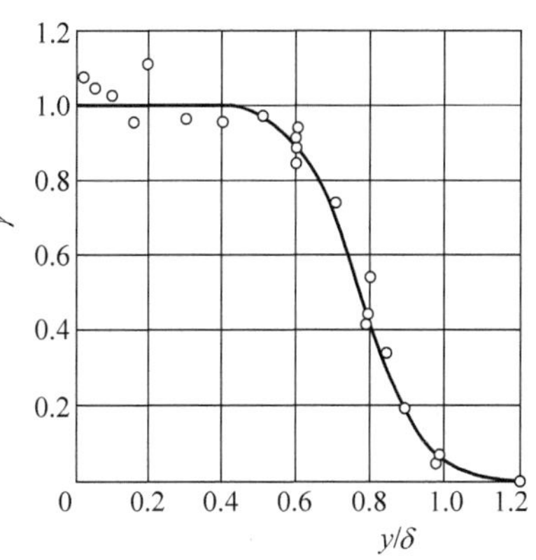

图 11-5　紊流平板边界层间歇系数[3]

在边界层的外边界，即紊流边界层与上部势流的交界面处紊流具有间歇性质。克莱巴诺夫[3]测得的资料显示，在 $\frac{y}{\delta}=0.8$ 处，平板紊流边界层即具有明显的间歇性质，而当 $\frac{y}{\delta}=1.2$ 时则流速基本上不再呈现脉动。平板紊流边界层中间歇系数 γ 的分布规律如图 11-5 所示并可用下式表示：

$$\gamma=\frac{1}{2}\left\{1-\operatorname{erf}5\left[\left(\frac{y}{\delta}\right)-0.78\right]\right\} \tag{11-11}$$

边界层内紊流与边界层外势流的交界面有时称为边界层的自由边界(free boundary)。图 11-6 为自由边界的示意图。自由边界随时间而变动，具有随机的性质。光滑壁面平板紊流边界层自由边界的平均位置为 0.78δ，标准差为 0.14δ。粗糙壁面时自由边界的平均位置为 0.82δ，而标准差为 0.15δ。

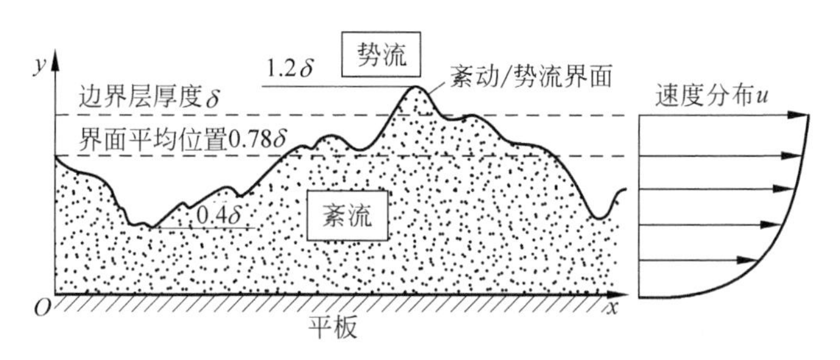

图 11-6　紊流边界层自由边界示意图

为了深入理解边界层中的紊流结构，常对紊流中两个相邻测点同时进行脉动流速的测量，以分析紊流的空间特性，与式(7-7)类似可定义

$$R=\frac{\overline{u_1'u_2'}}{\sqrt{\overline{u_1'^2}}\sqrt{\overline{u_2'^2}}} \tag{11-12}$$

为空间相关函数(space correlation function)。图 11-7 为西蒙斯(L. F. G. Simmons)[4]在圆管中测得的顺流方向脉动流速 u_1' 和 u_2' 的典型的相关函数曲线。其中一个热线风速计置于圆管的中心处，另一风速计则置于与中心相距 r 处。当

$r=0$,表明两个风速计均在中心处,这时两个脉动流速u_1'与u_2'相同,从而其相关函数 $R(0)=1$。当 r 逐渐增大,相关函数值迅速减小。图中横坐标用圆管半径 r_0 进行无量纲化。相关函数的积分

$$L=\int_0^{d/2} R(r)\mathrm{d}r \tag{11-13}$$

表示紊流结构中一个特征长度,称为紊流长度比尺(length scale of turbulence)。紊流长度比尺 L 表示在紊流中旋涡的平均尺度,流体中某一范围内的流体质点作为一个旋涡而运动。图 11-7 所表示的流动可得 $L=0.14\left(\dfrac{d}{2}\right)$。

如果相关函数中的 u_2'不是在与 1 不同的位置而是在相同的位置,但是在不同的时间所量测的脉动流速,例如 u_1'是 t_1 时的脉动流速而 u_2'是 $t_2=t_1+\Delta t$ 时量测的脉动流速。这样得到的相关函数则称为自相关函数。同样地,如果 u'_1 和 u'_2 表示同一位置处两个不同方向的脉动流速,其相关系数也可用式(11-12)表示。

克莱巴诺夫[3]也量测了平板紊流边界层的谱分布函数(spectrum function),如图 11-8 所示。谱分布函数 $E(k)$的最大值常出现在低频区域。当频率 n 或波数 k 增加,频谱(或波数谱)曲线的坡度如图中①线所示,$E(k)\sim k^{-5/3}$,$E(k)$随 $k^{-5/3}$成比例下降。当 k(或 n)值相当大时,$E(k)$下降更快,与 k^{-7} 成比例,如图中②线所示。紊流的谱分析说明在紊流中包含了各种不同尺度的旋涡。在雷诺数很大时,

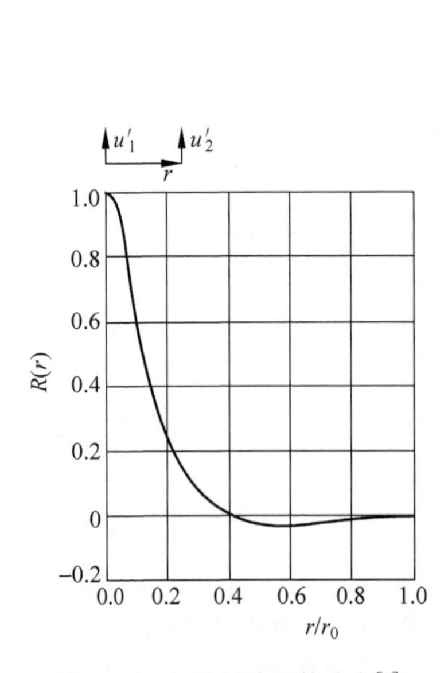

图 11-7　空间相关函数分布[4]

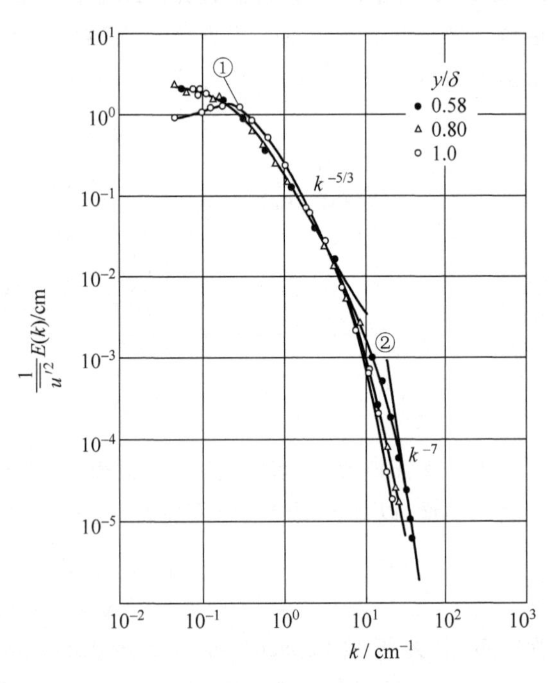

图 11-8　紊流平板边界层频谱图[3]

这些旋涡的尺度可以有量级上的差别。脉动动能由大的旋涡带入并逐级传递给小尺度的旋涡，通过很小尺度的旋涡由于粘性而将动能转变为热能，耗散在流动中。

11.3　紊流平板边界层的能量平衡

恒定二维紊流平板边界层流动的时均流动部分的能量方程可从式(7-13)进行边界层近似得到。式(7-13)为

$$\underset{①}{\frac{\partial}{\partial t}\left(\frac{\rho}{2}\,\bar{u}_i\,\bar{u}_i\right)}+\underset{②}{\frac{\partial}{\partial x_j}\left(\bar{u}_j\cdot\frac{\rho}{2}\,\bar{u}_i\,\bar{u}_i\right)}$$

$$=\underset{③}{-\frac{\partial}{\partial x_i}[\bar{u}_i(\bar{p}+\gamma h)]}+\underset{④}{\frac{\partial}{\partial x_j}\left[\mu\left(\frac{\partial\,\bar{u}_i}{\partial x_j}+\frac{\partial\,\bar{u}_j}{\partial x_i}\right)\bar{u}_i\right]}$$

$$\underset{⑤}{-\mu\left(\frac{\partial\,\bar{u}_i}{\partial x_j}+\frac{\partial\,\bar{u}_j}{\partial x_i}\right)\frac{\partial\,\bar{u}_i}{\partial x_j}}+\underset{⑥}{\frac{\partial}{\partial x_j}[\bar{u}_i(-\rho\overline{u'_iu'_j})]}+\underset{⑦}{\rho\overline{u'_iu'_j}\,\frac{\partial\,\bar{u}_i}{\partial x_j}}\qquad(7\text{-}13)$$

由于流动是恒定的，①项可消掉。在平板边界层中③项为零。在紊流边界层中，除紧靠壁面的粘性底层内，紊流切应力 $\rho\overline{u'_iu'_j}$ 均较粘性切应力 $\mu\left(\frac{\partial\bar{u}_i}{\partial x_j}+\frac{\partial\bar{u}_j}{\partial x_i}\right)$ 大得多，因此④项的粘性扩散项与⑥项的紊流扩散项相比可以忽略。⑤项的粘性耗散项与⑦项的紊流产生项相比可以忽略。最后得到二维紊流平板边界层的时均流动部分能量方程为

$$\bar{u}_1\,\frac{\partial}{\partial x_1}\left(\frac{\rho}{2}\,\bar{u}_1\,\bar{u}_1\right)+\bar{u}_2\,\frac{\partial}{\partial x_2}\left(\frac{\rho}{2}\,\bar{u}_1\,\bar{u}_1\right)$$

$$=\frac{\partial}{\partial x_2}[\bar{u}_1(-\rho\overline{u'_1u'_2})]-(-\rho\overline{u'_1u'_2})\,\frac{\partial\,\bar{u}_1}{\partial x_2}\qquad(11\text{-}14)$$

即只有时均流速场不均匀性而引起的迁移变化，亦称传递项，紊流切应力引起的扩散项或理解为紊流切应力作功及紊流产生项。汤森[5]绘制的紊流平板边界层内时均流动的能量平衡图如图 11-9 所示。图中各项均以剪切流速 u_* 作为速度尺度，边界层厚度 δ 作为长度尺度进行了无量纲化，无量纲坐标为 $\xi_1=\frac{x_1}{\delta}$，$\xi_2=\frac{x_2}{\delta}$。由图可见，对于时均流动，产生项在整个断面内均为损失。产生项在边界层内区最大，随着 $\frac{x_2}{\delta}$ 的增加而减小。说明紊动主要在近壁区产生。时均流动的能量在这里损失一部分变为脉动的能量。对于时均流动来说，它的能量将主要来自于传递项，即由上游传递来的能量。在边界层的中部，$\frac{x_2}{\delta}=0.4\sim0.7$ 之间传递能量最大。紊流扩散项在边界层的上部为损失而在边界层的内区为增长，说明紊流切应力作功使

得时均流动损失了部分能量,同时也将上部由传递项得到的能量扩散到内区,以供给产生项。在断面中的每一高程处,能量的增长与损失都是平衡的,但在不同高程的流层中能量增长与损失的机制不同,而且流层之间通过紊流扩散有能量的相互交换。

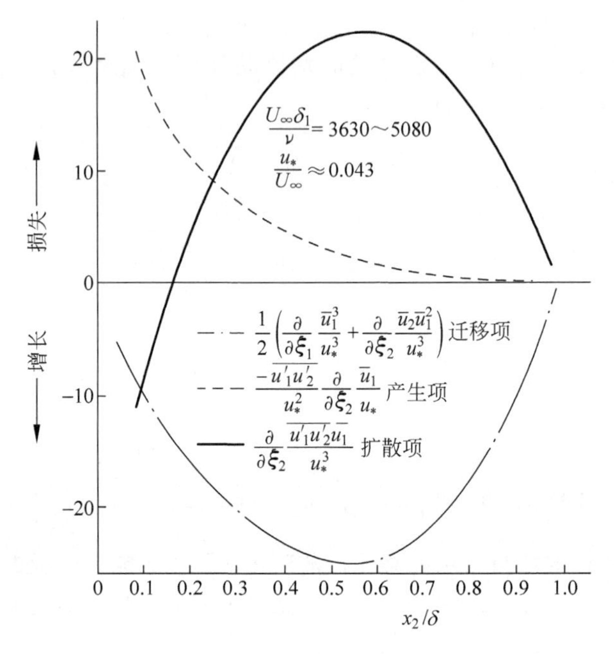

图 11-9 平板紊流边界层时均能量断面平衡图[5]

恒定二维紊流平板边界层流动的脉动流动部分的能量方程可以从式(7-14)进行边界层近似得到。式(7-14)为

$$\underset{①}{\frac{\partial}{\partial t}\left(\frac{\rho}{2}\overline{u'_iu'_i}\right)}+\bar{u}_j\underset{②}{\frac{\partial}{\partial x_j}\left(\frac{\rho}{2}\overline{u'_iu'_i}\right)}$$

$$=\underset{③}{-\rho\overline{u'_iu'_j}\frac{\partial\bar{u}_i}{\partial x_j}}\underset{④}{-\frac{\partial}{\partial x_j}\overline{u'_j\left(p'+\frac{\rho}{2}\overline{u'_iu'_i}\right)}}$$

$$+\underset{⑤}{\mu\frac{\partial}{\partial x_j}\overline{u'_i\left(\frac{\partial u'_i}{\partial x_j}+\frac{\partial u'_j}{\partial x_i}\right)}}\underset{⑥}{-\mu\overline{\left(\frac{\partial u'_i}{\partial x_j}+\frac{\partial u'_j}{\partial x_i}\right)\frac{\partial u'_i}{\partial x_j}}} \tag{7-14}$$

流动的恒定使①项消失。在二维边界层流动中,设 x_1 方向的长度尺度为 L_1,速度尺度为 V_1;x_2 方向长度尺度为 L_2,速度尺度为 V_2。由连续方程可知

$$\frac{V_1}{L_1}\sim\frac{V_2}{L_2},\quad 即\frac{V_2}{V_1}\sim\frac{L_2}{L_1}$$

又因边界层中$\frac{L_2}{L_1} \ll 1$，故

$$\frac{V_2}{V_1} \sim \frac{L_2}{L_1} \ll 1 \tag{11-15}$$

由式(11-4)知$\overline{u_1'^2} \sim \overline{u_2'^2} \sim \overline{u_3'^2} \sim v^2$，因此脉动动能$\overline{q}^2 \sim v^2$。

在由式(7-14)写出二维边界层能量方程的过程中，首先得

$$\begin{aligned}
&\underset{\frac{V_1 v^2}{L_1}}{\underbrace{\bar{u}_1 \frac{\partial}{\partial x_1}\left(\frac{\overline{q}^2}{2}\right)}} + \underset{\frac{V_2 v^2}{L_2}}{\underbrace{\bar{u}_2 \frac{\partial}{\partial x_2}\left(\frac{\overline{q}^2}{2}\right)}} \\
&= \underset{R_{12} v^2 \frac{V_1}{L_2}}{\underbrace{-\overline{u_1' u_2'} \frac{\partial \bar{u}_1}{\partial x_2}}} \underset{\frac{v^3}{L_2}}{\underbrace{- \frac{\partial}{\partial x_2} \overline{u_2'\left(\frac{p'}{\rho} + \frac{q^2}{2}\right)}}} + \underset{\frac{\nu v^2}{L_2 l}}{\underbrace{\nu \frac{\partial}{\partial x_2} \overline{u_i'\left(\frac{\partial u_i'}{\partial x_2} + \frac{\partial u_2'}{\partial x_i}\right)}}} \underset{\frac{\nu v^2}{l^2}}{\underbrace{- \nu \overline{\left(\frac{\partial u_i'}{\partial x_j} + \frac{\partial u_j'}{\partial x_i}\right)\frac{\partial u_i'}{\partial x_j}}}}
\end{aligned} \tag{11-16}$$

每一项下均注明其尺度。R_{12}表示 u_1' 和 u_2' 之间的相关系数，一般其数值为 0.5 左右，可以认为 R_{12} 具有 1 的量级，由相关系数的定义可知，$\overline{u_1' u_2'}$ 的量级为 $R_{12} v^2$。式中 l 表示脉动速度在空间变化的一个长度尺度，除了极靠壁面的流层以外，l 远比 L_2 小，最多达到 L_2 的量级。上式等号左侧两项具有相同的量级。现规定$\frac{V_1 v^2}{L_1}$和$\frac{V_2 v^2}{L_2}$的量级为 1，则等号右侧各项量级相应为

$$\frac{L_1}{L_2},\quad \frac{v}{V_1}\frac{L_1}{L_2},\quad \frac{\nu}{V_1 l}\frac{L_1}{L_2},\quad \frac{\nu}{V_1 l}\frac{L_1}{l}$$

其中，第一项量级$\frac{L_1}{L_2} \gg 1$，显然这一项比左侧两项的量级为大。第二项中，$\frac{v}{V_1}$虽小于 1，但因$\frac{L_1}{L_2} \gg 1$，总的量级仍大于 1。第三项中，$\frac{V_1 l}{\nu}$相当一个雷诺数，由于它所采用的长度尺度为 l，所以它不是一个大数。特别是在粘性底层和过渡区中，它的量级小于$\frac{L_1}{L_2}$的量级。第四项显然大于第三项。由此，方程(11-16)等号右侧四项的量级均大于左侧两项，故在平板边界层中靠近固体壁面的粘性底层及过渡区中有

$$\begin{aligned}
&\overline{u_1' u_2'} \frac{\partial \bar{u}_1}{\partial x_2} + \frac{\partial}{\partial x_2} \overline{u_2'\left(\frac{p'}{\rho} + \frac{q^2}{2}\right)} \\
&= \nu \frac{\partial}{\partial x_2} \overline{u_i'\left(\frac{\partial u_2'}{\partial x_i} + \frac{\partial u_i'}{\partial x_2}\right)} - \nu \overline{\left(\frac{\partial u_i'}{\partial x_j} + \frac{\partial u_j'}{\partial x_i}\right)\frac{\partial u_i'}{\partial x_j}}
\end{aligned} \tag{11-17}$$

在不可压缩流体的情况下,$\overline{u_i'\left(\dfrac{\partial^2 u_j'}{\partial x_i \partial x_j}\right)}=0$,所以

$$\begin{aligned}
&\nu\frac{\partial}{\partial x_j}\overline{u_i'\left(\frac{\partial u_i'}{\partial x_j}+\frac{\partial u_j'}{\partial x_i}\right)}-\nu\overline{\left(\frac{\partial u_i'}{\partial x_j}+\frac{\partial u_j'}{\partial x_i}\right)\frac{\partial u_i'}{\partial x_j}}\\
&=\nu\frac{\partial}{\partial x_j}\overline{u_i'\frac{\partial u_j'}{\partial x_i}}+\nu\frac{\partial}{\partial x_j}\left(\frac{1}{2}\frac{\partial}{\partial x_j}\overline{q^2}\right)-\nu\overline{\frac{\partial u_i'}{\partial x_j}\frac{\partial u_i'}{\partial x_j}}-\nu\overline{\frac{\partial u_j'}{\partial x_i}\frac{\partial u_i'}{\partial x_j}}\\
&=\nu\frac{\partial^2}{\partial x_j \partial x_j}\overline{\left(\frac{q^2}{2}\right)}-\nu\overline{\frac{\partial u_i'}{\partial x_j}\frac{\partial u_i'}{\partial x_j}}
\end{aligned}$$

方程(11-17)于是可写为

$$\overline{u_1'u_2'}\frac{\partial \bar{u}_1}{\partial x_2}+\frac{\partial}{\partial x_2}\overline{u_2'\left(\frac{p'}{\rho}+\frac{q^2}{2}\right)}=\nu\frac{\partial^2}{\partial x_2^2}\overline{\left(\frac{q^2}{2}\right)}-\nu\overline{\frac{\partial u_i'}{\partial x_j}\frac{\partial u_i'}{\partial x_j}} \tag{11-18}$$

对于距壁面稍远的对数区,$\dfrac{v^2}{V_1^2}$可达到$\dfrac{L_2}{L_1}$的量级,脉动迁移项的量级将小于产生项的量级,因而可忽略迁移项。另外耗散项将大于脉动扩散项。因此得到在对数区产生项与耗散项应互相平衡,即

$$\overline{u_1'u_2'}\frac{\partial \bar{u}_1}{\partial x_2}+\nu\overline{\left(\frac{\partial u_i'}{\partial x_j}+\frac{\partial u_j'}{\partial x_i}\right)\frac{\partial u_i'}{\partial x_j}}=0 \tag{11-19}$$

对于边界层的外区,由于时均流速变大,时均迁移项$\bar{u}_j\dfrac{\partial}{\partial x_j}\overline{\left(\dfrac{q^2}{2}\right)}$与脉动迁移项$\dfrac{\partial}{\partial x_j}\overline{u_j'\left(\dfrac{p'}{\rho}+\dfrac{q^2}{2}\right)}$均应保留。只有脉动粘性应力作功的一项$\nu\dfrac{\partial}{\partial x_2}\overline{u_i'\left(\dfrac{\partial u_2'}{\partial x_i}+\dfrac{\partial u_i'}{\partial x_2}\right)}$可以忽略。脉动部分能量方程即可写为

$$\begin{aligned}
&\bar{u}_1\frac{\partial}{\partial x_1}\overline{\left(\frac{q^2}{2}\right)}+\bar{u}_2\frac{\partial}{\partial x_2}\overline{\left(\frac{q^2}{2}\right)}\\
&=-\overline{u_1'u_2'}\frac{\partial \bar{u}_1}{\partial x_2}-\frac{\partial}{\partial x_2}\overline{u_2'\left(\frac{p'}{\rho}+\frac{q^2}{2}\right)}-\nu\overline{\left(\frac{\partial u_i'}{\partial x_j}+\frac{\partial u_j'}{\partial x_i}\right)\frac{\partial u_i'}{\partial x_j}}
\end{aligned} \tag{11-20}$$

当接近边界层的外边界时,相关函数 R_{12}变得很小,而且$\dfrac{\partial \bar{u}_1}{\partial x_2}$也变得很小,因此产生项将可以忽略。耗散项也将变得很小,可以想见,只有时均流动的迁移项和脉动迁移项互相平衡。

由于量测了紊流脉动动能,紊流切应力和耗散从而可以由式(11-16)或式(11-20)得到紊流平板边界层中脉动能量的平衡图,如图 11-10 所示。图 11-10 同样为汤森[5]所绘制。由图可见,对于脉动动能而言,产生项和耗散项最重要。对于脉动动能,产生项为正值,即增长。而耗散项为负值,即损失。在近壁区,产生项和耗散项均有最大数值,而且两项数值基本相同,说明紊流自时均流动取得能量然后通过耗散转变为热能而损失。时均流动对能量的传递,外区比内区稍大,但在整

个断面上数值均较小。脉动迁移项在边界层下部为损失而在边界层上部为增长，说明脉动能量通过脉动由边界层下部向边界层上部传递。

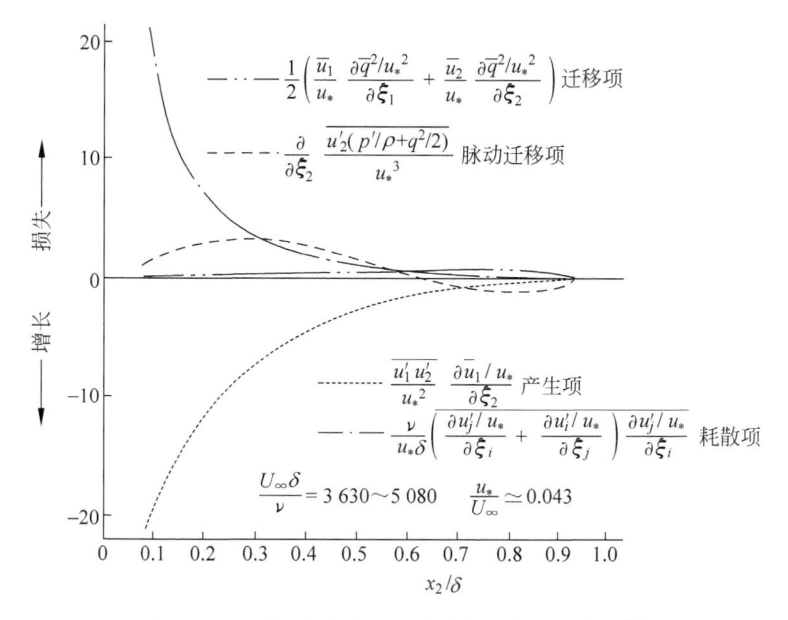

图 11-10　平板紊流边界层脉动能量断面平衡图[5]

统观图 11-9 及图 11-10 可以对边界层中各种能量的转换，增长和损失得到清晰的物理图案，同时对紊流边界层中各个流层的不同特点得到更深入的理解。

11.4　紊流平板边界层的厚度和阻力

紊流平板边界层中，如采用(x,y)坐标系，流速为u,v的基本方程式可由式(11-5)中$\frac{dp}{dx}=0$得到：

$$\bar{u}\frac{\partial\bar{u}}{\partial x}+\bar{v}\frac{\partial\bar{u}}{\partial y}=\nu\frac{\partial^2\bar{u}}{\partial y^2}-\frac{\partial\overline{u'v'}}{\partial y}$$

$$\frac{\partial\bar{u}}{\partial x}+\frac{\partial\bar{v}}{\partial y}=0 \qquad (11\text{-}3)$$

但由于方程仍为非线性，求其精确解仍十分困难。特别是由于紊流边界层中存在分区结构，因而紊流边界层更难于完全从理论上得到解答，只能采用近似和经验的方法。紊流平板边界层的计算具有重要的实用意义，例如在流体机械的转轮叶片流场与阻力的计算中，船舶摩擦阻力的计算，飞机机翼和机身的绕流流场和阻力计算等都以紊流平板边界层的计算为基础。

首先考虑光滑平板紊流边界层。计算时假定自平板的前缘($x=0$)开始即为紊流边界层。仍采用边界层坐标,顺流方向为 x,垂直壁面的法线方向为 y。令 b 为板宽。普朗特的一个基本假设是平板边界层中的流速分布与圆管内的流速分布相同。这里只要把圆管中心最大流速换成边界层外自由流速 U_∞,圆管半径 r_0 以边界层厚度 δ 代替即可。当然这样做并不是十分准确,因为在平板边界层中存在尾流区,另外圆管紊流中流速分布主要决定于压强梯度而平板边界层中压强梯度为零。不过流速分布的微小差别对阻力计算影响不大。这些都已被实验所证实。

紊流平板边界层的动量积分方程:

$$\frac{\mathrm{d}\delta_2}{\mathrm{d}x} = \frac{\tau_0}{\rho U_\infty^2} \tag{11-21}$$

将上式积分,得

$$\int \tau_0 \, \mathrm{d}x = \rho U_\infty^2 \delta_2(x)$$

$$\text{平板阻力:} D(x) = b\int_0^x \tau_0(x')\,\mathrm{d}x' = b\rho U_\infty^2 \delta_2(x) \tag{11-22}$$

$$\text{切应力:} \tau_0(x) = \frac{1}{b}\frac{\mathrm{d}D}{\mathrm{d}x} = \rho U_\infty^2 \frac{\mathrm{d}\delta_2}{\mathrm{d}x} \tag{11-23}$$

由圆管中流速分布的$\frac{1}{7}$次方律得到光滑壁面平板边界层内的流速分布为

$$\frac{u}{U_\infty} = \left(\frac{y}{\delta}\right)^{1/7} \tag{11-24}$$

平板边界层的壁面切应力 τ_0 也可从圆管紊流的式(10-30)导出,

$$\frac{\tau_0}{\rho U_\infty^2} = 0.0225\left(\frac{\nu}{U_\infty \delta}\right)^{1/4} \tag{11-25}$$

利用流速分布公式(11-24),可由式(3-28)及式(3-30)推出边界层位移厚度 δ_1 及动量厚度 δ_2 与边界层厚度 δ 的关系:

$$\delta_1 = \int_0^\delta \left(1 - \frac{u}{U_\infty}\right)\mathrm{d}y = \frac{\delta}{8} \tag{11-26}$$

$$\delta_2 = \int_0^\delta \frac{u}{U_\infty}\left(1 - \frac{u}{U_\infty}\right)\mathrm{d}y = \frac{7}{72}\delta \tag{11-27}$$

由式(11-23)可知

$$\frac{\tau_0}{\rho U_\infty^2} = \frac{\mathrm{d}\delta_2}{\mathrm{d}x} = \frac{7}{72}\frac{\mathrm{d}\delta}{\mathrm{d}x} \tag{11-28}$$

比较式(11-25)与式(11-28),得

$$\frac{7}{72}\frac{\mathrm{d}\delta}{\mathrm{d}x} = 0.0225\left(\frac{\nu}{U_\infty \delta}\right)^{1/4}$$

上式为边界层厚度 $\delta(x)$ 的微分方程式。假定自平板前缘即为紊流边界层，当 $x=0$，$\delta=0$，积分此式得

$$\delta(x)=0.37\frac{x}{Re_x^{1/5}},\quad Re_x=\frac{U_\infty x}{\nu} \tag{11-29}$$

即紊流平板边界层厚度沿 x 方向的计算公式。与式(4-27)的层流边界层厚度公式比较，可见在紊流边界层中边界层厚度与 x 的 $\frac{4}{5}$ 次方成正比，而层流边界层中 $\delta(x)\sim x^{1/2}$。紊流边界层中厚度沿流动方向增长比层流边界层更为迅速。边界层动量厚度 δ_2 的计算公式为

$$\delta_2(x)=\frac{7}{72}\delta(x)=0.036\frac{x}{Re_x^{1/5}} \tag{11-30}$$

平板摩擦阻力由式(11-22)可知：

$$D=0.036\rho U_\infty^2 bl\left(\frac{U_\infty l}{\nu}\right)^{-1/5} \tag{11-31}$$

式中，l 为平板长度；b 为平板宽度。可见在紊流中，平板阻力与 $U_\infty^{9/5}$ 成比例，并与 $l^{4/5}$ 成比例。而在层流中平板阻力则与 $U_\infty^{3/2}$ 和 $l^{1/2}$ 成比例。

$$\text{切应力系数：}C_f=\frac{\tau_0}{\frac{1}{2}\rho U_\infty^2}=2\frac{\mathrm{d}\delta_2}{\mathrm{d}x}=0.0576\left(\frac{U_\infty x}{\nu}\right)^{-1/5} \tag{11-32}$$

$$\text{阻力系数：}C_D=\frac{D}{\frac{1}{2}\rho U_\infty^2 bl}=0.072\left(\frac{U_\infty l}{\nu}\right)^{-1/5} \tag{11-33}$$

式中的系数可根据试验数据稍加修正，得出

$$C_D=0.074Re_l^{-1/5}\quad\left(5\times10^5<Re_l=\frac{U_\infty l}{\nu}<10^7\right) \tag{11-34}$$

图 11-11 为光滑平板紊流边界层阻力系数各家公式与实测数据的比较。图中①为层流边界层的布拉休斯公式，$C_D=1.328(Re_l)^{-1/2}$，参见式(4-34)。②为普朗特紊流边界层公式(11-34)。本节开始曾假设自平板前缘 $x=0$ 即为紊流边界层，但事实上，不管雷诺数多大，平板首部总有一部分为层流边界层。因此对上述阻力计算须作修正。修正的方法是假定流态在某一断面处由层流转变为紊流，从全部的紊流阻力中减去转捩断面以前部分的紊流阻力而代以这部分的层流阻力。

转捩断面前紊流阻力与层流阻力的差值为

$$\Delta D=\frac{\rho}{2}U_\infty^2 bx_{\mathrm{crit}}(C_{D\mathrm{t}}-C_{D\mathrm{l}})$$

式中，x_{crit} 为转捩断面的位置；$C_{D\mathrm{t}}$ 为自 $x=0$ 至 $x=x_{\mathrm{crit}}$ 这一段平板的紊流阻力系

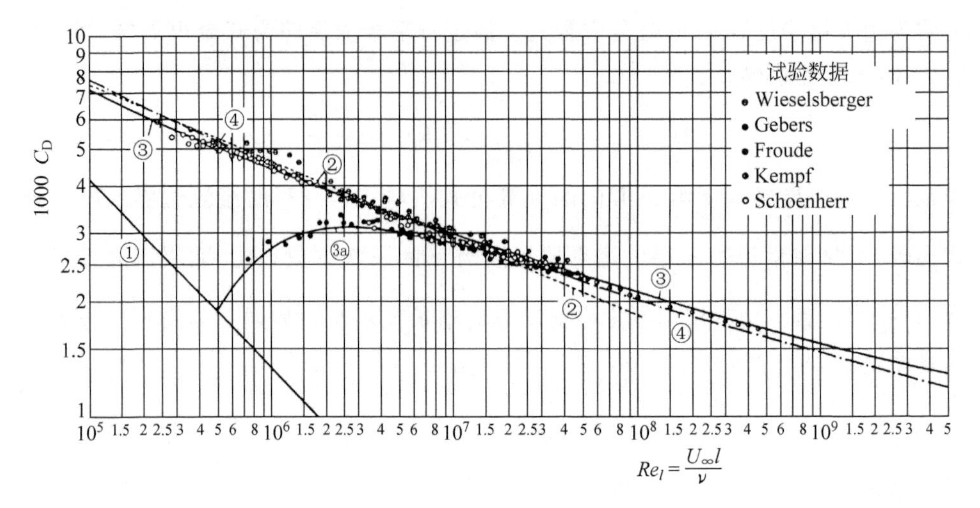

图 11-11 平板阻力系数[4]

数；C_{Dl}为这一段平板的层流阻力系数。阻力系数的差值为

$$\Delta C_D=\frac{\Delta D}{\frac{1}{2}\rho U_\infty^2 bl}=\frac{x_{\text{crit}}}{l}(C_{Dt}-C_{Dl})$$

$$=\frac{Re_{x,\text{crit}}}{Re_l}(C_{Dt}-C_{Dl})$$

$$=\frac{A}{Re_l}$$

则

$$A=Re_{x,\text{crit}}(C_{Dt}-C_{Dl}) \tag{11-35}$$

平板的实际的阻力系数为

$$C_D=\frac{0.074}{Re_l^{1/5}}-\frac{A}{Re_l}\quad(5\times10^5<Re_l<10^7) \tag{11-36}$$

表 11-1 中列出了各种不同的 $Re_{x,\text{crit}}$值时相应的 A 值。在计算 A 值时采用 $C_{Dt}=\frac{0.074}{Re_{x,\text{crit}}^{1/5}}$，$C_{Dl}=\frac{1.328}{Re_{x,\text{crit}}^{1/2}}$。

表 11-1

$Re_{x,\text{crit}}$	3×10^5	5×10^5	10^6	3×10^6
A	1050	1700	3300	8700

在工程实践中，平板雷诺数 Re_l 往往大于 10^7，因此式(11-36)不敷应用，需要找到一个适用于更大雷诺数范围的阻力公式。为此只要用流速的对数分布公式替

代流速的$\frac{1}{7}$次方指数分布公式，沿用前述方法即可得出大雷诺数情况下平板阻力系数的公式。由流速的对数分布公式直接推导阻力公式将十分复杂，因此施利希廷根据计算结果给出一个紊流阻力的经验公式：

$$C_D = \frac{0.455}{(\lg Re_l)^{2.58}} \tag{11-37}$$

如图 11-11 中的曲线③，上式可适用的雷诺数范围达到 10^9。整个平板的阻力系数可以类似式(11-36)的形式得出：

$$C_D = \frac{0.455}{(\lg Re_l)^{2.58}} - \frac{A}{Re_l} \quad (Re_l < 10^9) \tag{11-38}$$

图 11-11 中还给出了假定 $Re_{x,\mathrm{crit}}=5\times10^5$ 时流态由层流转变为紊流的情形下阻力系数的情况（曲线③a），此时 $A=1700$。图 11-11 中的曲线④为舒尔茨-格鲁诺(F. Schultz-Grunow)[6]的阻力公式：

$$C_D = 0.427(\lg Re_l - 0.407)^{-2.64} \tag{11-39}$$

此外还有一些其他的平板阻力公式，此处不一一列举。

11.5　粗糙平板紊流边界层

工程实践中粗糙平板比光滑平板更为普遍。粗糙的定义仍如圆管紊流中对粗糙的定义，即当粗糙雷诺数$\frac{k_s u_*}{\nu}<5$时，由于粗糙高度 k_s 掩没在粘性底层以内而对紊流流动不产生影响而称之为水力光滑。只有当$\frac{k_s u_*}{\nu}>70$时才称得上为水力粗糙。在水力光滑与水力粗糙之间存在过渡区。但在粗糙平板的紊流边界层中有一点与粗糙圆管紊流有着重要的区别，即在圆管中，沿程的相对粗糙度$\frac{k_s}{r_0}$和边界层厚度 $\delta=r_0$，保持常数，粘性底层的厚度 $\delta'\approx5\frac{\nu}{u_*}$也保持不变。在紊流粗糙平板边界层中，由于边界层厚度 δ 沿程增长，相对粗糙度$\frac{k_s}{\delta}$将沿程减小。而粘性底层厚度 δ'，由于 δ 沿程增长，u_* 沿程减小，故 δ' 沿程增长。这样，对于粗糙高度 k_s 一定的粗糙平板，在平板的前部可能是完全粗糙的情形，随着流程 x 的增加，经历一段过渡段，在距前缘相当距离后，平板可能变为水力光滑的情形。

粗糙平板紊流边界层的流速分布与粗糙圆管中的流速分布一样，与光滑平板流速分布只差一个常数 $\Delta u^+=\frac{\Delta u}{u_*}$，即

$$u^+ = \frac{1}{\kappa}\ln y^+ + C - \Delta u^+ \tag{11-40}$$

可参见图 10-10。卡门常数在粗糙平板中与光滑平板可取相同的数值,一般情况下 $\kappa=0.4$。

$$\Delta u^{+}=\frac{1}{\kappa}\ln k_{s}^{+}+C' \tag{11-41}$$

式中,$k_{s}^{+}=\dfrac{k_{s}u_{*}}{\nu}$为粗糙雷诺数。由式(11-40)及式(11-41)也可导出粗糙平板紊流边界层的流速分布公式为

$$u^{+}=\frac{1}{\kappa}\ln\frac{y}{k_{s}}+B \tag{11-42}$$

式中,常数 B 决定于粗糙的高度、形状及分布。图 11-12 为克劳泽(F. H. Clauser)[7] 给出的 Δu^{+} 与 k_{s}^{+} 关系的一组试验资料。由图可以看出,当$\dfrac{k_{s}u_{*}}{\nu}<5$ 时,Δu^{+} 趋近于零。说明对于粗糙平板紊流边界层中的水力光滑区,粗糙对流速分布并无影响,与光滑平板紊流边界层相同。在 $k_{s}^{+}>70$ 的水力粗糙区,Δu^{+} 与 $\ln k_{s}^{+}$ 成正比,其比例常数为$\dfrac{1}{\kappa}$。不同的粗糙情况 Δu^{+} 分布的垂向位置不同,说明式(11-41)中有不同的 C' 值。在水力光滑与水力粗糙之间的过渡区,Δu^{+} 既不为零,也不是与 $\ln k_{s}^{+}$ 成正比,目前还找不到一个明确的规律。粗糙平板紊流边界层的流速分布还存在一个理论零点(theoretical datum),即相当于 $u=0$ 点的位置问题。一般说来,$u=0$ 的位置应该在 $y=0$ 与 $y=k_{s}$ 之间。第 12 章将对这一问题进行详细讨论。

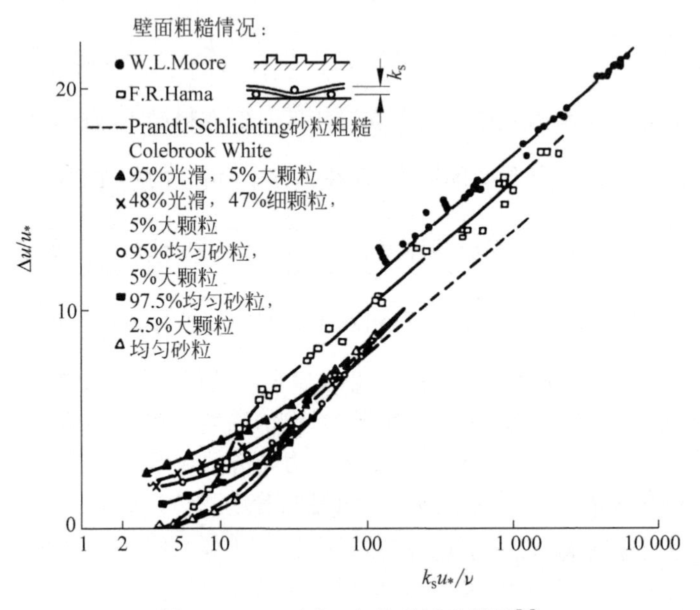

图 11-12 Δu^{+} 与 k_{s}^{+} 关系试验结果[7]

科尔辛和基斯特勒[8]曾对粗糙平板紊流边界层流动的紊流度分布进行了量测。量测只是在近壁区以外进行的，其结果表示在图 11-13 中。对比图 11-13 与图 11-4 中克莱巴诺夫在光滑平板紊流边界层中量测的结果可以看出，粗糙平板紊流边界层中紊流度的数值较高。但是粗糙与光滑平板紊流边界层紊流度的比值大体上与二者的壁面切应力之比值相同，因此如果用 u_* 对二者进行无量纲化，可得到大体相同的紊流度在断面内的分布。

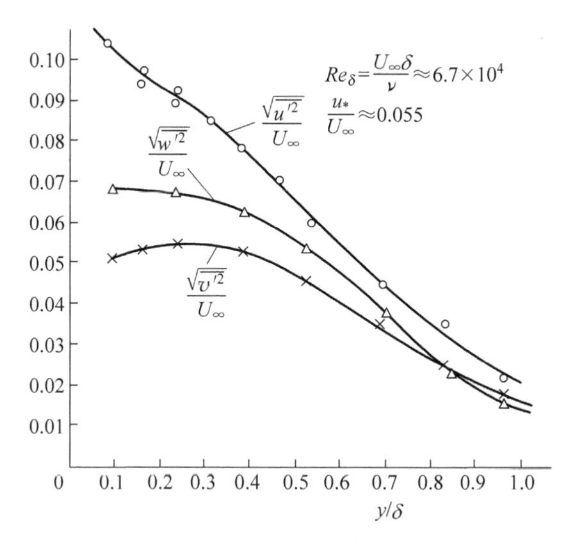

图 11-13　粗糙平板近壁区外紊流度分布图[8]

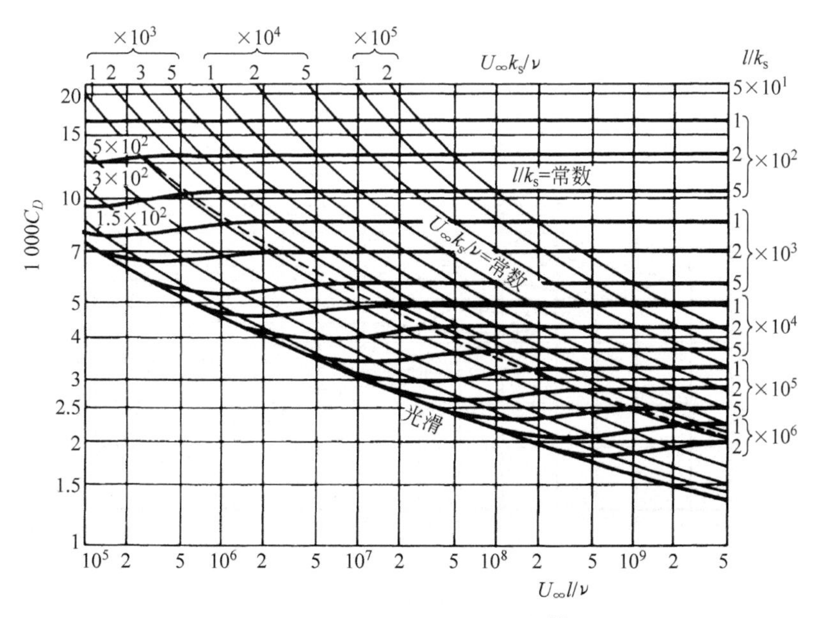

图 11-14　粗糙平板阻力系数[4]

普朗特和施利希廷[9]根据尼古拉兹人工砂粒粗糙的实验结果进行了粗糙平板紊流边界层的阻力计算。其结果由图 11-14 及图 11-15 表示。图 11-14 为粗糙平板阻力系数 C_D 与$\frac{U_\infty l}{\nu}$的关系。图中有两组曲线,一组以板长 l 与粗糙度 k_s 的比值$\frac{l}{k_s}$为参数,另一组则以$\frac{U_\infty k_s}{\nu}$为参数。对于各种不同的相对光滑度$\frac{l}{k_s}$,只要保持$\frac{l}{k_s}$为定值,当板上流速变化时,其阻力系数沿$\frac{l}{k_s}$=常数曲线变化。反之如果板长变化而$\frac{U_\infty k_s}{\nu}$保持不变,则阻力系数沿$\frac{U_\infty k_s}{\nu}$=常数曲线变化。同样地,图 11-15 表示粗糙平板的切应力系数 C_f 与$\frac{U_\infty x}{\nu}$的关系。通过两组曲线可以给出平板上各点的切应力系数 $C_f(x)$。这两张图均是在假设从平板首端 $x=0$ 即为紊流边界层的情况。图中的虚线表示水力粗糙区的界限。对于某一相对光滑度$\frac{l}{k_s}$或$\frac{x}{k_s}$,在水力粗糙区 C_D 与 C_f 的值与雷诺数$\frac{U_\infty l}{\nu}$或$\frac{U_\infty x}{\nu}$无关。在水力粗糙区也可用下列经验公式计算切应力系数与阻力系数:

$$C_f = \left(2.87 + 1.58\lg\frac{x}{k_s}\right)^{-2.5} \tag{11-43}$$

$$C_D = \left(1.89 + 1.62\lg\frac{l}{k_s}\right)^{-2.5} \tag{11-44}$$

上式适用于 $10^2 < l/k_s < 10^6$。

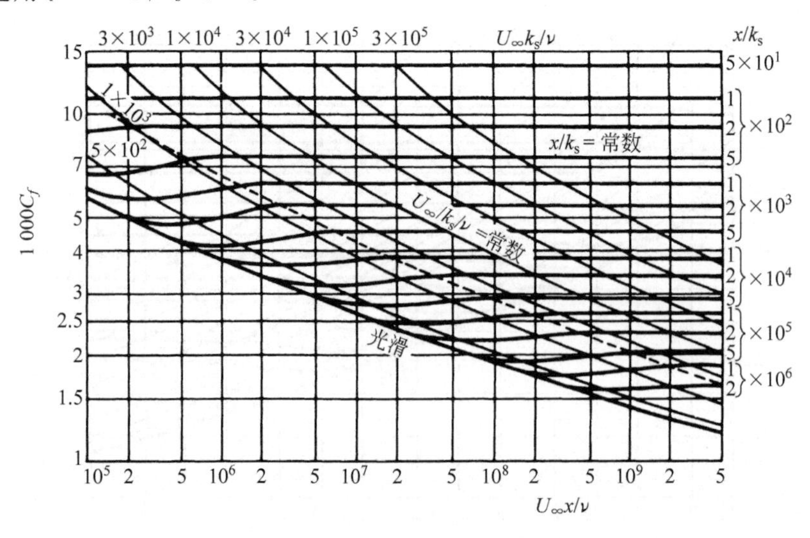

图 11-15 粗糙平板切应力系数[4]

如果对于实用粗糙情况进行阻力计算，则需参考表 10-1 确定当量粗糙度 k_s。

参考文献

[1] Coles D. The law of the wake in the turbulent boundary layer. JFM,1956,1：191

[2] Runstadler P W. Kline S J. Reynolds W C. An experimental investigation of the flow structure of the turbulent boundary layer. Rep. MD-8，Stanford Univ.，Mech. Eng. Dept.，Stanford，California,1963

[3] Klebanoff P S. Characteristics of turbulence in a boundary layer with zero pressure gradient，TN 3178 NACA,1954

[4] Taylor G I. Correlation measurements in turbulent flow through a pipe. Proc. Roy. Soc. A 157,1936

[5] Townsend A A. The structure of turbulent shear flow. Cambridge：Cambridge University Press,1956

[6] Schultz-Grunow F. Neues Widerstandsgesetz für glatte platten. Luftfahrtforschung,1940，17：239,1940；NACA TM 986,1941

[7] Clauser F H. The turbulent boundary layer. Advan Appl Mech,1956,4：1

[8] Corrsin S,Kistler A L. The free stream boundaries of turbulent flows，NACA Tech. Note No. 3133,1954

[9] Prandtl L,Schlichting H. Das widerstandsgesetz rauher platten. Werft，Reederei，Hafen 1～4,1934

第 12 章

明槽紊流

天然河流，引水和灌溉渠道，人工运河以及很多水工建筑物中的流动都属于明槽流动(open channel flow)，是自然界和人类现实生活中最常见的一种流动。明槽流动最主要的一个特点是它具有一个暴露于大气之中的自由水面。自由水面不受固体边界的约束而可以自由变动。作用在自由水面上有大气压力。明槽流动水流中的主要作用力除阻力以外，主要是重力。在管道流动中重力的作用表现为压强的降落而明槽流动中则表现为水面的高程变化。考虑水流的相似时，在管道流动中主要为雷诺数，而明槽流动则除雷诺数以外，弗劳德数具有重要的意义。明槽流动中流动的固体边界其形状和构成具有更为复杂的多样性。

由于生产实践和人类生活的需要，对明槽流动的研究和认识具有悠久的历史。1769 年谢才(A. de Chézy)建立的明槽均匀流公式一直沿用至今。近年来随着科学和技术的进步和生产的发展，例如泥沙的运动，污染物质在河流中的扩散，水工建筑物中的空化、空蚀和掺气现象，这些都促使人们不仅需要了解明槽流动中流速的断面平均值而且还需要知道流速及其他有关物理量在时间上和空间上的分布，从而发展了对明槽紊流的研究。在紊流理论中，明槽紊流与管道紊流和紊流边界层一样均属于壁面紊流，因而它们具有不少共同的特点。

12.1 明槽紊流的分区结构与流速分布

作为研究明槽紊流的基础，首先讨论明槽流动中时均流速在空间上的分布。早期人类对明槽流动的认识只局限于明槽中断面平均流速。1938 年，科尔干(G. H. Keulegan)[1]在普朗特和卡门紊流半经验理论所得壁面紊流对数流速分布的基础上，总结巴赞(H. Bazin)的大量实测数据提出了明槽紊流的对数流速分布公式。后来的大量研究表明，明槽紊流断面时均流速的分布虽可用对数分布来表示，但对于对数公式中的两个常数却存在不少差异，并且发现在自由水面附近存在速度下降(velocity dip)的现象。20 世纪 60 年代以来随着试验技术的进步，在明槽紊流研究中使用了热膜流速仪(hot film velocimeter)。70 年代以来激光测速(laser Doppler anemometer)技术广泛地应用于明槽紊流的研究。大量试验结果表明，在明槽紊流中像管道紊流和紊流边界层流动一样存在着分区结构，即在最贴近固体壁面处存在粘性底层，向上依次存在过渡区，对数区，而在明槽紊流的上部存在尾流律区。

12.1.1　二维明槽均匀紊流理论分析

明槽流动中，常以宽深比(aspect ratio)来判断流动的二维性，但不同的研究者确定的二维明槽流动的宽深比有所不同，一般可以认为当宽(W)深(H)比 $W/H>(5\sim10)$时，明槽流动为二维流动，即流动在槽宽方向的变化可以忽略。

利用图 12-1 所示的坐标系，二维、恒定明槽紊流的雷诺方程为

$$u\frac{\partial u}{\partial x}+v\frac{\partial u}{\partial y}=g\sin\theta-\frac{1}{\rho}\frac{\partial p}{\partial x}+\frac{\partial}{\partial x}(-\overline{u'^2})+\frac{\partial}{\partial y}(-\overline{u'v'})+\nu\nabla^2 u \tag{12-1}$$

$$u\frac{\partial v}{\partial x}+v\frac{\partial v}{\partial y}=-g\cos\theta-\frac{1}{\rho}\frac{\partial p}{\partial y}+\frac{\partial}{\partial x}(-\overline{u'v'})+\frac{\partial}{\partial y}(\overline{-v'^2})+\nu\nabla^2 v \tag{12-2}$$

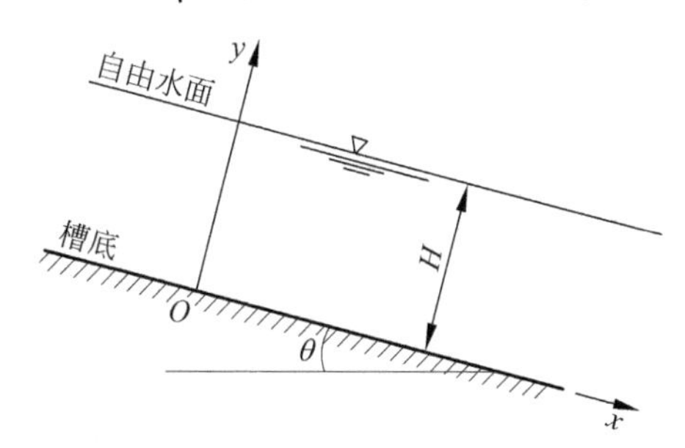

图 12-1　二维明槽均匀流动

明槽均匀紊流中，各物理量，如流速与压强等的时均值沿 x 方向均不再变化，即对 x 的偏导数的值为零。同时假设在明槽紊流中垂向时均流速 v 的数值很小，可以忽略，式(12-1)和式(12-2)可简化为

$$0=g\sin\theta+\frac{\partial}{\partial y}(\overline{-u'v'})+\nu\frac{\partial^2 u}{\partial y^2} \tag{12-3}$$

$$0=-g\cos\theta-\frac{1}{\rho}\frac{\partial p}{\partial y}+\frac{\partial}{\partial y}(-\overline{v'^2}) \tag{12-4}$$

式(12-3)沿 y 向积分，有

$$C = gy\sin\theta - \overline{u'v'} + \nu\frac{\partial u}{\partial y}$$

在槽底壁面处，$y=0$，边界条件为$-\overline{u'v'}=0$，$\nu\dfrac{\partial u}{\partial y}=\dfrac{\tau_0}{\rho}$，$\tau_0$ 为壁面切应力。可知积分常数 $C=\dfrac{\tau_0}{\rho}$，得

$$\frac{\tau_0}{\rho} = gy\sin\theta - \overline{u'v'} + \nu\frac{\partial u}{\partial y} \tag{12-5}$$

在自由水面处，$y=H$，明槽紊流应满足$-\overline{u'v'}=0$，$\dfrac{\partial u}{\partial y}=0$，从而式(12-5)化为

$$\frac{\tau_0}{\rho} = gH\sin\theta = u_*^2 \tag{12-6}$$

联立式(12-5)与式(12-6)得到

$$-\overline{u'v'} + \nu\frac{\partial u}{\partial y} = gH\sin\theta\left(1-\frac{y}{H}\right) = u_*^2\left(1-\frac{y}{H}\right) \tag{12-7}$$

由此可见，明槽均匀紊流中切应力$\left(-\overline{u'v'}+\nu\dfrac{\partial u}{\partial y}\right)$沿水深为线性分布。由于流速梯度$\dfrac{\partial u}{\partial y}$只是在壁面附近较大，而在距壁面较远处迅速减小，即粘性切应力在切应力中所占比例随距壁面距离的增加而迅速减小，可见雷诺切应力($-\rho\overline{u'v'}$)在断面上的分布除壁面附近区域外为线性分布。图 12-2 为祢津(I. Nezu)和罗迪(W. Rodi)[2]实测明槽紊流中切应力在断面上的分布。图中实线为计算曲线。尽管试验点略呈分散，但仍说明不管是哪一种流动情况，在距壁面一定距离后，雷诺切应力呈线性分布。

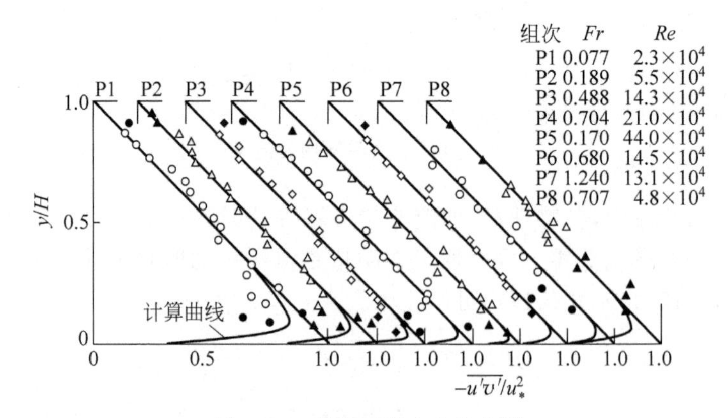

图 12-2 明槽雷诺应力分布[2]

由于底坡 $J=\sin\theta$ 已反映于壁面切应力之中，因此用剪切流速 u_* 作为流速的无量纲尺度后，坡度 J 并不在方程式中出现，从而使明槽流动在用剪切流速对时

均流速进行无量纲化后得到的流速分布将与底坡无关。这里仅对光滑壁面而言，如果明槽壁面为粗糙壁面则情况将复杂得多。

对式(12-7)进行如下变换：

$$\frac{-\overline{u'v'}}{u_*^2}+\frac{\nu}{u_* H}\frac{\mathrm{d}(u/u_*)}{\mathrm{d}(y/H)}=\left(1-\frac{y}{H}\right) \tag{12-8}$$

$$\frac{-\overline{u'v'}}{u_*^2}+\frac{\mathrm{d}(u/u_*)}{\mathrm{d}(yu_*/\nu)}=1-\frac{\nu}{u_* H}\cdot\frac{yu_*}{\nu} \tag{12-9}$$

令 $\eta=\frac{y}{H}$，$\frac{u}{u_*}=u^+$，$\frac{yu_*}{\nu}=y^+$，$Re_*=\frac{u_* H}{\nu}$,则上述两式可写为

$$\frac{-\overline{u'v'}}{u_*^2}+Re_*^{-1}\frac{\mathrm{d}u^+}{\mathrm{d}\eta}=1-\eta \tag{12-10}$$

$$\frac{-\overline{u'v'}}{u_*^2}+\frac{\mathrm{d}u^+}{\mathrm{d}y^+}=1-Re_*^{-1}y^+ \tag{12-11}$$

方程(12-11)中，当 $Re_*\to\infty$ 而 y^+ 保持为有限值(如 $y^+\leqslant 10^2$)，即在明槽流动的近壁区，则 $Re_*^{-1}y^+\to 0$，方程简化为

$$\frac{-\overline{u'v'}}{u_*^2}+\frac{\mathrm{d}u^+}{\mathrm{d}y^+}=1 \tag{12-12}$$

单位质量雷诺切应力 $-\overline{u'v'}$ 可用普朗特混掺长度假设来模拟，即 $-\overline{u'v'}=l^2\left(\frac{\mathrm{d}u}{\mathrm{d}y}\right)^2$。无量纲的混掺长度 l^+ 为

$$l^+=\frac{lu_*}{\nu} \tag{12-13}$$

应用范德里斯特公式[3]：

$$l^+=\kappa y^+\left[1-\exp\left(-\frac{y^+}{A^+}\right)\right] \tag{12-14}$$

式中，A 为阻尼系数(damping length constant)，$A^+=\frac{Au_*}{\nu}=26$。代入式(12-12)，有

$$l^{+2}\left(\frac{\mathrm{d}u^+}{\mathrm{d}y^+}\right)^2+\left(\frac{\mathrm{d}u^+}{\mathrm{d}y^+}\right)=1 \tag{12-15}$$

解出：

$$\frac{\mathrm{d}u^+}{\mathrm{d}y^+}=\frac{-1+\sqrt{1+4l^{+2}}}{2l^{+2}}=\frac{2}{1+\sqrt{1+4l^{+2}}} \tag{12-16}$$

积分式(12-16)，可得在断面近壁区内的流速分布公式：

$$u^+=\int_0^{y^+}\frac{2}{1+\sqrt{1+4l^{+2}}}\mathrm{d}y^+ \tag{12-17}$$

由于边界条件：$y^+=0$ 时，$u^+=0$，因此积分常数为零。上式对于明槽近壁区的粘性底层、过渡区以及对数区都是适用的。例如：

(1) 当 $y^+ \ll A^+$，$l^+ \to 0$，由式(12-17)得

$$u^+ = y^+ \tag{12-18}$$

即为粘性底层的情形，流速为线性分布。

(2) 当 $A^+ \ll y^+ \to \infty$，由式(12-14)，$l^+ = \kappa y^+ \gg 1$，由式(12-17)得

$$u^+ = \frac{1}{\kappa}\ln y^+ + C \tag{12-19}$$

即对数分布公式，积分常数 C 常根据壁面情况由试验确定。光滑壁面时，$C=5.29$。κ 为卡门常数，$\kappa=0.4$。

(3) 在这两种极限状况之间式(12-17)仍能较好地反映流速分布，是为过渡区。因此式(12-17)为一表示近壁区时均流速连续分布的公式，与试验数据相比相当符合。

对于式(12-10)，若 $Re_* \to \infty$，η 保持与 1 为同量级，则可写为

$$\frac{-\overline{u'v'}}{u_*^2} = 1 - \eta \tag{12-20}$$

在明槽流动中，这个区域常称为外区。此式表明在外区，无量纲的紊流切应力是 $\eta = y/H$ 的线性函数。

12.1.2 分区结构与流速分布

根据祢津和罗迪[2]的试验结果，在明槽均匀紊流中，近壁区(也称为内区)的范围是 $0 \leqslant y/H \leqslant 0.2$。内区分为三层：

(1) 粘性底层，$0 \leqslant y^+ \leqslant (5\sim10)$。

流速分布为线性分布

$$u^+ = y^+ \tag{12-18}$$

(2) 过渡层，$(5\sim10) \leqslant y^+ \leqslant 30$。

流速分布可用公式(12-17)计算。

(3) 对数区或称充分发展紊流区，$30 \leqslant y^+ \leqslant 0.2Re_*$。

$$u^+ = 2.5\ln y^+ + 5.29 \tag{12-21}$$

对于外区$\left(\dfrac{y}{H} > 0.2\right)$，自科尔干以来，多认为对数律仍是适用的，但卡门常数和积分常数需作一些调整以使试验数据与对数公式符合。祢津和罗迪[2]则认为在明槽流动的外区，像在边界层流动中一样，存在一个尾流区，这一区域中科尔斯的尾流律能较好地表达外区的流速分布与对数分布的差值。尾流律公式为

$$W(\eta)=\frac{2\Pi}{\kappa}\sin^2\left(\frac{\pi}{2}\eta\right) \tag{11-10}$$

式中，$\eta=\dfrac{y}{H}$。外区的流速分布写为流速差值形式则有

$$\frac{u_{\max}-u}{u_*}=-\frac{1}{\kappa}\ln\left(\frac{y}{H}\right)+\frac{2\Pi}{\kappa}\sin^2\left(\frac{\pi}{2}\frac{y}{H}\right) \tag{12-22}$$

根据祢津和罗迪[2]的试验，当 $\kappa=0.412$，$C=5.29$ 时，Π 值与明槽流动的雷诺数 $Re_H=\dfrac{4Hu_m}{\nu}$（u_m 为明槽流动的断面平均流速）有关，如图 12-3 所示。当 $Re_H>10^5$，$\Pi=0.2$。这一数值比在零压梯度的紊流边界层中 $\Pi=0.55$(19) 的数值要小。目前对这一区域的流速分布，试验结果并不一致，例如卡多索（A. H. Cardoso）和格拉夫（W. H. Graf）[4]的试验数据表明在 $0.2<\dfrac{y}{H}<0.7$ 的区域内 $\kappa=0.413$，而 Π 值则更小，为 $\Pi=0.08$。在距离水面更近的区域，一般认为在 $0.8<\dfrac{y}{H}\leqslant 1.0$ 时，由于自由水面附近的二次流（secondary flow），其流速分布尚无明确的表达式。图 12-4 为祢津和罗迪[2]给出的明槽流动断面流速分布的量测结果。由图可见，在 $y/H\geqslant 0.2$ 以后的区域，试验所得断面流速分布与对数分布有所偏离，但偏离的数值大小各家试验结果尚不一致。

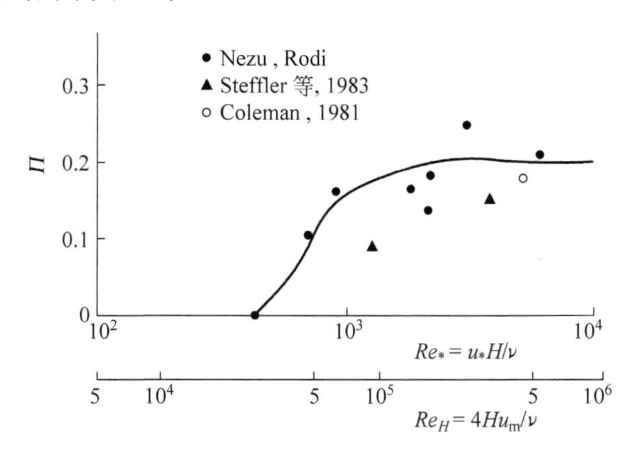

图 12-3　尾流强度与雷诺数关系图[2]

图 12-5 为卡多索和格拉夫[4]给出的明槽流动断面流速分布的示意图。他们认为在自由水面附近，由于微弱的二次流动所产生的对流动的阻滞作用，使外区的流速分布并不像尾流律那样发展，观测所得的流速分布更接近于对数分布。从工程实践的角度看，可以认为在整个断面为对数分布。祢津和中川（H. Nakagawa）[5]曾建议根据明槽流动的紊流特征将明槽紊流分为下述三个区域，参见图 12-6：

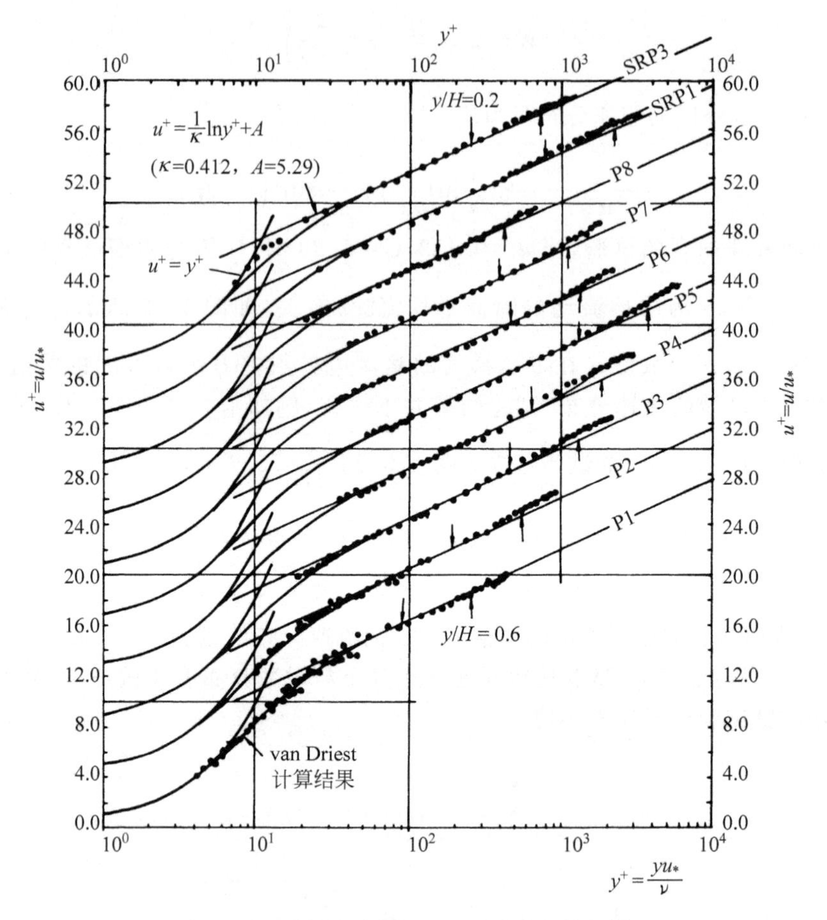

图 12-4 明槽流动断面流速分布量测结果[2]

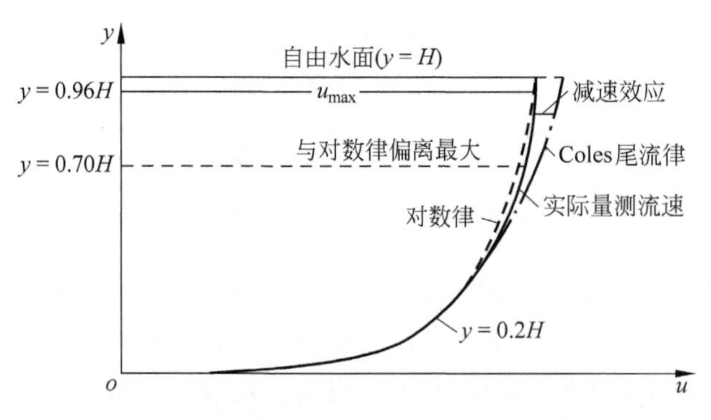

图 12-5 明槽流动断面流速分布示意图[4]

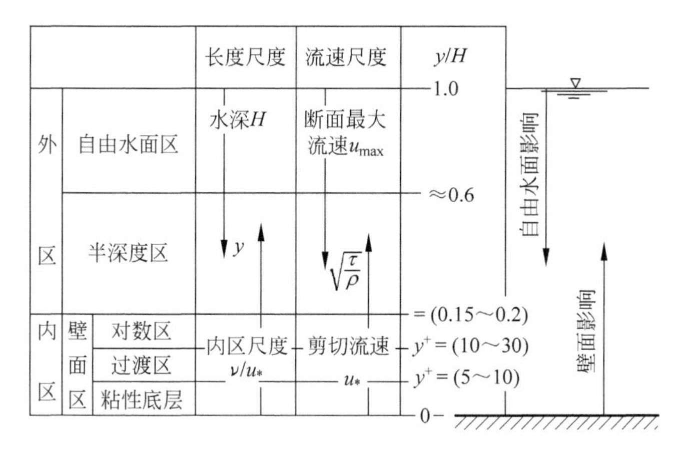

图 12-6　明槽紊流分区图

(1) 壁面区域(wall region),$y/H<(0.15\sim0.2)$。这个区域也就是边界层流动中的内区。这一区域主要受壁面的影响。通常以 ν/u_* 作为长度尺度而以 u_* 作为流速尺度。这一区域又再分为粘性底层、过渡区和对数区。猝发现象发生在壁面附近约 $y^+<50$ 的区域,这里紊流的产生项大于耗散项。

(2) 自由水面区(free surface region),$0.6<\dfrac{y}{H}\leqslant1.0$。这个区域的紊流结构由外部变量所决定,长度尺度为水深 H,流速尺度则为断面最大流速 $u_{\max}$。产生项小于耗散项,因此必然通过紊流扩散项将能量由壁面区传递到这一区域。紊动特性将受自由水面的影响,例如表面波动、表面张力等。特别是垂向脉动将受到自由水面的制约。

(3) 半深度区域(intermediate region),$(0.15\sim0.2)\leqslant y/H\leqslant0.6$。这一区域是一个过渡性质的区域。壁面的影响由下向上传播而自由水面的影响自上向下传播,在这一区域二者的影响均已减弱。长度尺度为 y 而流速尺度为 $\sqrt{\tau/\rho}$。在这一区域,紊流的产生项与耗散项基本平衡。

自由水面区和半深度区又统称外区,相当边界层流动中的外区。

12.2　明槽紊流的阻力

像圆管流动一样,明槽流动中也存在阻力和能量的损失。考虑到在明槽流动中能量的损失表现为水面高程的降落,与管道中表现为压强的沿程降低不同,由圆管紊流的方程式:

$$\tau_0=\gamma RJ \tag{10-21}$$

式中,R 为水力半径;J 为水面坡度。在明槽均匀流动中,水面坡度、水力坡度与

底坡三者相同。与式(10-23)联立,可得

$$u_{\mathrm{m}}=\sqrt{\frac{8g}{\lambda}RJ} \tag{12-23}$$

令 $C=\sqrt{\frac{8g}{\lambda}}$,则式(12-23)即可写为 $u_{\mathrm{m}}=C\sqrt{RJ}$,即著名的谢才公式(chezy formula)。事实上,谢才系数 C 不仅与阻力系数 λ 有关,而且与流动雷诺数、壁面粗糙、断面形状等因素有关。特别是对于明槽紊流,其断面形状及壁面粗糙的多样性,使得人们对于 C 值的认识远不及对管道紊流中 λ 值的认识全面。

由美国土木工程师协会组织的对明槽水流阻力进行的研究[6]发现,对于小型的,壁面较为光滑的明槽,断面形状对 C 值影响较小,可以忽略。C 值可以较好地与管道中的 λ 值通过 $C=\sqrt{\frac{8g}{\lambda}}$ 联系起来。在尼古拉兹、科尔布鲁克和怀特(F. M. White)试验资料的基础上可绘出 C 值与 $Re=\frac{4u_{\mathrm{m}}R}{\nu}$ 的关系曲线,如图 12-7 所示。由图可见,在明槽紊流中同样存在光滑、粗糙与过渡三个流区。对于水力光滑壁面,如图 12-7 中最上面的曲线所示,其 C 值为

$$当Re<10^5,\qquad C=28.6\,Re^{1/8} \tag{12-24}$$

$$当 Re>10^5,\ C=4\sqrt{2g}\lg\left(\frac{Re\sqrt{8g}}{2.51C}\right) \tag{12-25}$$

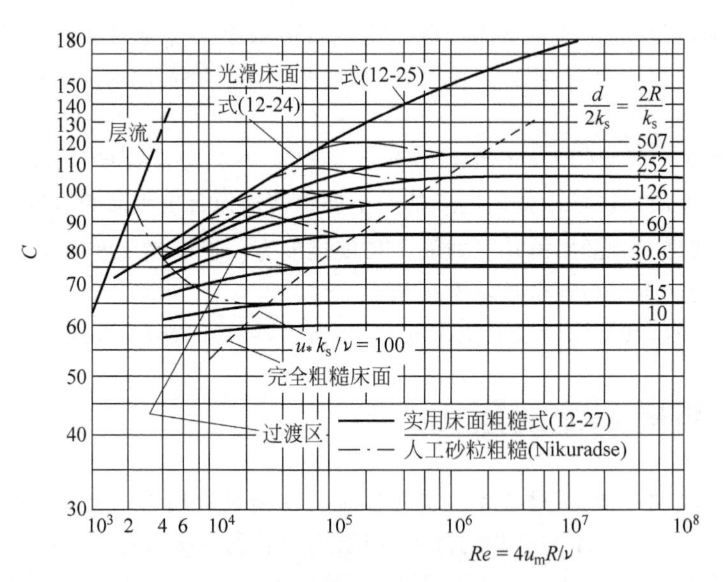

图 12-7 谢才系数与雷诺数关系曲线[7]

C 值须经过试算得到。对于水力粗糙明槽：

$$\frac{C}{\sqrt{8g}}=2\lg\left(\frac{12R}{k_s}\right) \tag{12-26}$$

式中，k_s 为当量粗糙度，对于混凝土或圬工壁面可查有关表格。例如抹光的混凝土表面 $k_s=0.0016\mathrm{ft}$，土渠表面 $k_s=0.01\mathrm{ft}$，粗糙的混凝土表面 $k_s=0.014\mathrm{ft}$ 等。由于 C 为有量纲量，这里只能适用英制。对于过渡区，则对圆管流动中的科尔布鲁克公式中的常数稍做修正即可得到明槽过渡区的阻力公式：

$$\frac{C}{\sqrt{8g}}=-2\lg\left(\frac{k_s}{12R}+\frac{25}{Re\sqrt{\lambda}}\right) \tag{12-27}$$

分区的界限与圆管流动中相类似，仍以粗糙雷诺数$\frac{k_s u_*}{\nu}$进行判别。$0\leqslant\frac{u_* k_s}{\nu}\leqslant 4$为水力光滑区，$4<\frac{u_* k_s}{\nu}<100$ 为过渡区，$\frac{u_* k_s}{\nu}\geqslant 100$ 为水力粗糙区。

在工程实践中确定 C 值，到目前为止应用得最广泛的仍是曼宁(Irishman R. Manning)公式(Manning formula)，可查一般水力学书籍。

12.3　明槽紊流的紊动特性

明槽紊流作为壁面紊流的一种，其紊动特性与管道流动和紊流平板边界层流动的紊动特性基本相同。其差别主要表现在自由水面附近的区域，但对于这一区域流动的紊动特性则由于量测上的困难，还没有充分的论证。

12.3.1　涡粘度与混掺长度

祢津和罗迪[2]对明槽紊流的紊动特性做了比较充分的研究。由式(7-29)可知涡运动粘度 ν_t 的定义，代入式(12-7)，得

$$\nu_t\frac{\mathrm{d}u}{\mathrm{d}y}+\nu\frac{\mathrm{d}u}{\mathrm{d}y}=u_*^2(1-\eta) \tag{12-28}$$

又

$$u^+=\frac{1}{\kappa}\ln y^+ + C + W(\eta) \tag{11-9}$$

$$W(\eta)=\frac{2\Pi}{\kappa}\sin^2\left(\frac{\pi}{2}\eta\right) \tag{11-10}$$

当 $Re_*=\frac{u_* H}{\nu}\gg 1$，可得

$$\frac{\nu_t}{u_* H}=\kappa(1-\eta)\left[\frac{1}{\eta}+\pi\Pi\sin(\pi\eta)\right]^{-1} \tag{12-29}$$

图 12-8 绘出了由公式(12-29)计算所得的$\frac{\nu_t}{u_* H}$沿明槽水深分布的曲线和多组不

同试验组次的试验点。图中还绘出了由侯赛因(A. K. M. F. Hussain)等人[8]得到的矩形二维管流中$\frac{\nu_t}{u_* H}$的分布曲线，在管流中 H 指管道高度的一半，$y/H=1.0$ 表示管道中心处。由图可以看出虽然试验点比较分散，但基本上与式(12-29)计算曲线符合。计算中尾流强度取 $\Pi=0.0$，$\Pi=0.1$，$\Pi=0.2$ 三种情况。在明槽的半深度区域，Π 值对涡运动粘度的影响最大，而在壁面及自由水面附近，不同 Π 值的 $\nu_t/(u_* H)$-y/H 曲线几乎重合。另外由图 12-8 可以看出明槽紊流与封闭的管道流动有一个重要的区别。在明槽中，接近自由水面的区域 $\nu_t/(u_* H)$ 趋近于零而在管道流动中，管道中心区域的 $\nu_t/(u_* H)$ 值只是比其最大值略小。不过在明槽流动中，很接近自由水面处由于难于量测，目前还没有充分的论证。

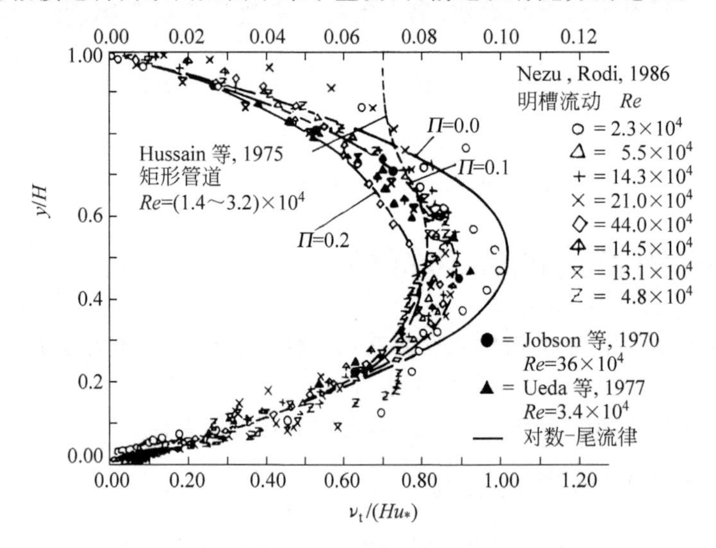

图 12-8 $\frac{\nu_t}{u_* H}$沿明槽水深分布曲线[16]

由混掺长度 l 的定义式(7-32)和断面流速分布公式可得到在断面上有

$$\frac{l}{H}=\kappa\sqrt{1-\eta}\left[\frac{1}{\eta}+\pi\Pi\sin(\pi\eta)\right]^{-1}\left[1-\exp\left(-\frac{y^+}{A^+}\right)\right] \tag{12-30}$$

图 12-9[2]绘出三种不同 Π 值的由上式得出的理论计算曲线和八组不同试验组次的试验点。试验点与理论曲线基本符合。和图 12-8 一样，只是在明槽的半深度区曲线$\frac{l}{H}$依 Π 值的不同而不同，而在壁面和自由水面附近，不同 Π 值的$\frac{l}{H}$曲线互相重合。在壁面附近的区域 $l=\kappa y$ 为线性关系。图中还绘出尼古拉兹在管流中得到的混掺长度沿断面的分布。在管道中心区域$\frac{l}{H}$值并不趋近于零，与明槽自由水面附近的情况完全不同。

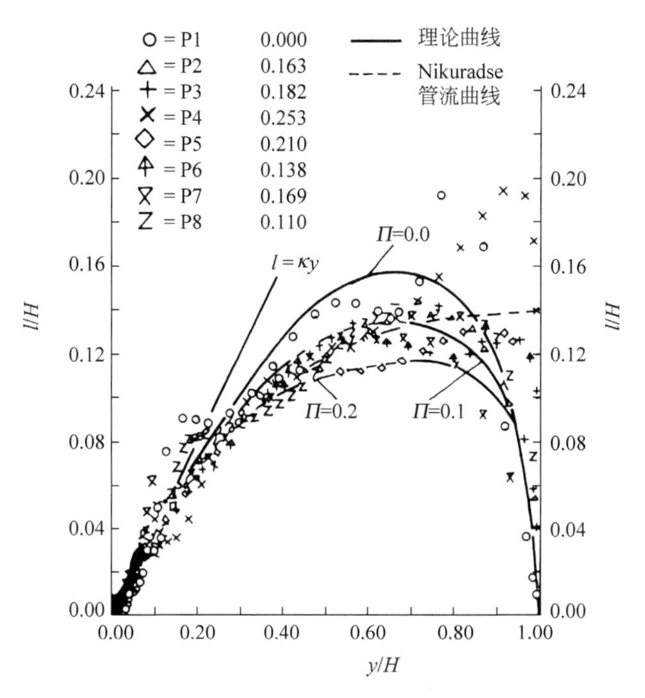

图 12-9 不同紊流度的$\frac{l}{H}$沿断面分布图[2]

12.3.2 紊流度

20 世纪 60 年代以来一些学者量测了明槽紊流中沿流向 x 的紊流度$\sqrt{\overline{u'^2}}$。而沿三个不同轴向的紊流度$\sqrt{\overline{u'^2}}$,$\sqrt{\overline{v'^2}}$,$\sqrt{\overline{w'^2}}$则首先在 1975 年由中川等人做了量测。中川和祢津[9]建议用下述半经验公式来表示在 $50<y^+<0.6Re_*$ 的区域,即紊流的产生项与耗散项基本平衡的能量平衡区的紊流度:

$$\frac{\sqrt{\overline{u'^2}}}{u_*}=D_u\exp(-C_k\eta) \tag{12-31}$$

$$\frac{\sqrt{\overline{v'^2}}}{u_*}=D_v\exp(-C_k\eta) \tag{12-32}$$

$$\frac{\sqrt{\overline{w'^2}}}{u_*}=D_w\exp(-C_k\eta) \tag{12-33}$$

式中,D_u,D_v,D_w 和 C_k 均为经验常数。

紊流度在近壁区($y^+\leqslant 50$)的分布则更为复杂。一些试验成果得到在粘性底层中:

$$\frac{\sqrt{\overline{u'^2}}}{u_*}=Cy^+ \tag{12-34}$$

而 C 值约等于 0.3。由式(12-31)到式(12-34)的中间区域可以用下式表示：

$$\frac{\sqrt{\overline{u'^2}}}{u_*}=D_u\exp\left(-\frac{y^+}{Re_*}\right)\left[1-\exp\left(-\frac{y^+}{A^+}\right)\right]$$
$$+Cy^+\left\{1-\left[1-\exp\left(-\frac{y^+}{A^+}\right)\right]\right\}\tag{12-35}$$

不过此处 A^+ 约等于 10。

图 12-10 中分别表示了三个轴向的紊流度分量，试验中弗劳德数 $Fr=0.46\sim3.12$，包括了缓流(subcritical flow)和急流(supercritical flow)的情况。由图 12-10 可得各经验常数的值为

$$C_k=1.0,\ D_u=2.30,\ D_v=1.27,\ D_w=1.63\tag{12-36}$$

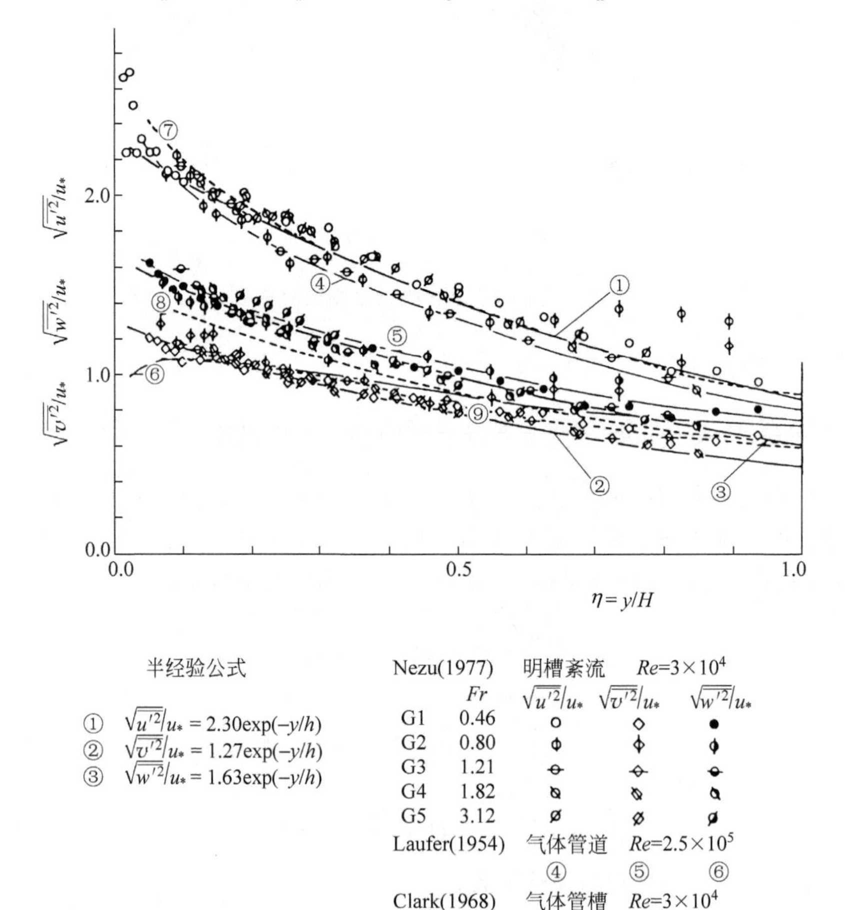

图 12-10 紊流度沿断面分布[16]

从而可得

$$\frac{\sqrt{\overline{u'^2}}}{u_*}=2.30\exp\left(-\frac{y}{H}\right) \tag{12-37}$$

$$\frac{\sqrt{\overline{v'^2}}}{u_*}=1.27\exp\left(-\frac{y}{H}\right) \tag{12-38}$$

$$\frac{\sqrt{\overline{w'^2}}}{u_*}=1.63\exp\left(-\frac{y}{H}\right) \tag{12-39}$$

可见：$\frac{\sqrt{\overline{v'^2}}}{\sqrt{\overline{u'^2}}}=0.55$，$\frac{\sqrt{\overline{w'^2}}}{\sqrt{\overline{u'^2}}}=0.71$，$\sqrt{\overline{u'^2}}>\sqrt{\overline{w'^2}}>\sqrt{\overline{v'^2}}$。虽然不同学者得到的数据略有不同，但这些数据在实用上是可行的。它们对除近壁区以外的整个断面均适用而且与雷诺数和弗劳德数无关。对于近壁区也有不少研究，中川等人得到在 $y^+=17$ 附近 $\sqrt{\overline{u'^2}}/u_*$ 具有最大值为 2.8。以后随着 y^+ 的增加 $\sqrt{\overline{u'^2}}/u_*$ 值缓慢降低。

董曾南和丁元[10]用激光测速仪量测了光滑床面明槽紊流。图 12-11～图 12-13 分别绘出了明槽紊流的紊流度，偏差系数(skewness factor)和峰凸系数(flatness factor)沿断面的分布。其中：

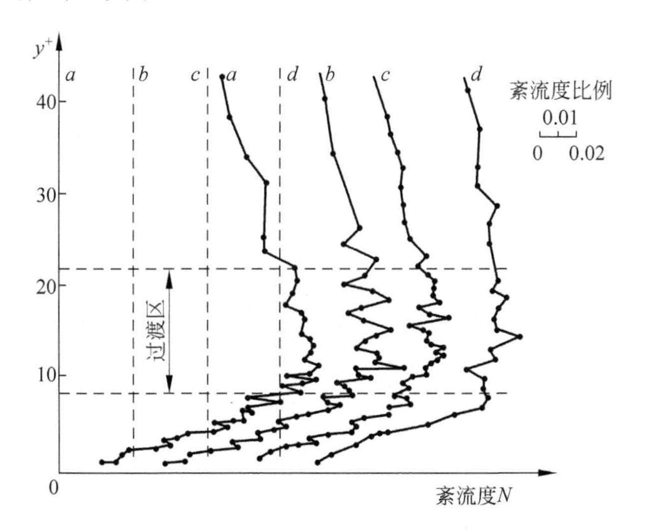

图 12-11　紊流度分布图[10]

(a：H=15mm，x=4.85m；b：H=20mm，x=5.00m；c：H=30mm，x=4.85m；d：H=40mm，x=4.80m；编号虚线为对应曲线的基线)

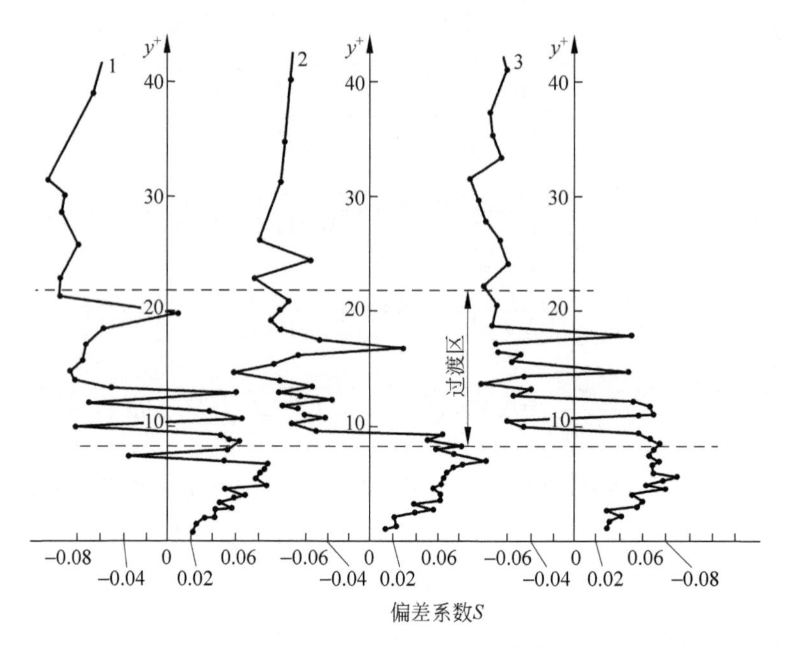

图 12-12 偏差系数分布图[10]

(1：$H=15\text{mm}, x=5.00\text{m}$；2：$H=20\text{mm}$，$x=5.00\text{m}$；3：$H=30\text{mm}$，$x=5.00\text{m}$)

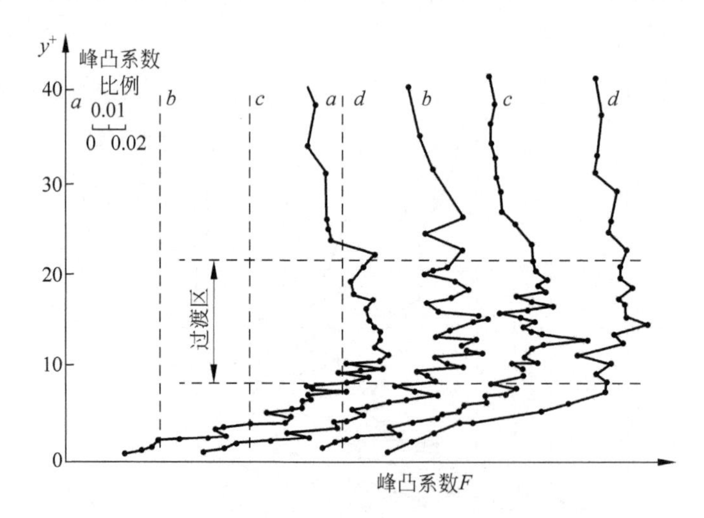

图 12-13 峰凸系数分布图[10]

(a：$H=15\text{mm}, x=4.85\text{m}$；$b$：$H=20\text{mm}, x=5.00\text{m}$；$c$：$H=30\text{mm}$，$x=4.85\text{m}$；$d$：$H=40\text{mm}$，$x=4.80\text{m}$；编号虚线为对应曲线的基线)

紊流度

$$N=\frac{\sqrt{\overline{u'^2}}}{u_{\mathrm{m}}} \tag{12-40}$$

偏差系数(三阶矩)

$$S=\frac{\sqrt[3]{\overline{u'^3}}}{u_{\mathrm{m}}} \tag{12-41}$$

峰凸系数(四阶矩)

$$F=\frac{\sqrt[4]{\overline{u'^4}}}{u_{\mathrm{m}}} \tag{12-42}$$

式中,u_{m} 为断面平均流速。由图可以看出,在水流沿断面深度的不同分区中紊流特性明显不同。壁面附近的粘性底层内紊流度和峰凸系数沿高度急剧单调递增,偏差系数在粘性底层内为正值。在流动的上部紊流区(对数区)内紊流度和峰凸系数均缓慢减小,偏差系数为负值且分布比较均匀。在粘性底层与紊流区之间有一过渡区,在过渡区中则紊流度和峰凸系数均呈现复杂的大幅度变化,且最大值均处于此一层内。而偏差系数在此层内出现跳跃、变号,数值不稳定。图 12-14 为粘性底层及紊流区(对数区)中典型的瞬时流速概率分布曲线。可以清楚地看出粘性底层中概率的峰值向左偏,对应于正的偏差系数而在紊流对数区内概率峰值向右偏,对应于负的偏差系数。如将偏差系数出现正负号改变的区间的界限进行统计平均,得到其范围是

$$9\leqslant y^{+}\leqslant 21 \tag{12-43}$$

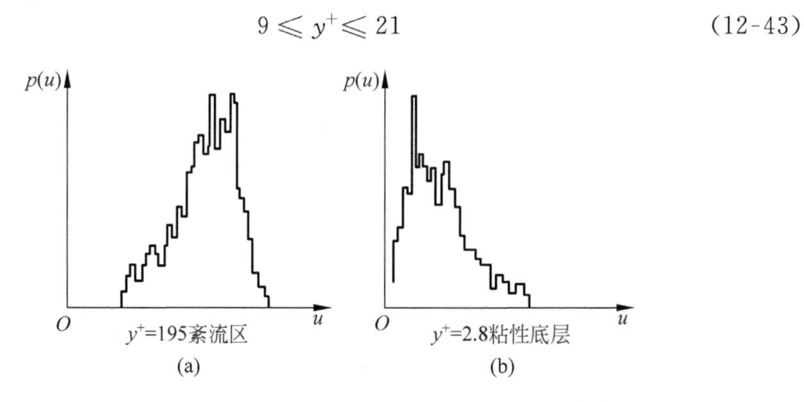

图 12-14　粘性底层及紊流区瞬时流速概率分布曲线[10]

说明粘性底层在 $y^{+}<9$,过渡区为 $9\leqslant y^{+}\leqslant 21$,而对数区则 $y^{+}>21$。这与图 12-6 所表示的分区界限基本一致。紊流度与峰凸系数出现最大值的位置基本重合,其平均位置的无量纲高度在 $y^{+}=13.7$,显然此点位于过渡区内。断面最大紊流度

$N_{\max}=0.14$。由此可见,明槽紊流中确实存在分区结构,各个分区内不仅时均流速的分布规律不同,而且紊流特性也各具特点。

12.3.3 明槽紊流的能量平衡

由紊流的脉动能量方程(7-14)出发,考虑在二维恒定均匀的明槽流动中,除 x 方向时均流速 $\bar{u}$ 外,其他两个方向的时均流速均为零,即 $\bar{v}=0,\bar{w}=0$。另各种时均量在 x 和 z 方向应无变化,即 $\frac{\partial}{\partial x}=0$, $\frac{\partial}{\partial z}=0$,从而得出二维恒定均匀明槽紊流中脉动能量方程为

$$P_r = \varepsilon + (T_D + P_D) + V_D \tag{12-44}$$

式中:

产生项
$$P_r = -\overline{u'v'}\frac{\partial \bar{u}}{\partial y} \tag{12-45}$$

耗散项
$$\varepsilon = \varepsilon_1 + \varepsilon_2 + \varepsilon_3 \tag{12-46}$$

$$\varepsilon_i = \nu\left\{\overline{\left(\frac{\partial u_i'}{\partial x}\right)^2} + \overline{\left(\frac{\partial u_i'}{\partial y}\right)^2} + \overline{\left(\frac{\partial u_i'}{\partial z}\right)^2}\right\} \tag{12-47}$$

脉动扩散项
$$T_D = \frac{\partial}{\partial y}\left(\frac{1}{2}\overline{v'q^2}\right) \tag{12-48}$$

压力扩散项
$$P_D = \frac{\partial}{\partial y}\left(\overline{\frac{p'}{P}v'}\right) \tag{12-49}$$

粘性扩散项
$$V_D = -\nu\frac{\partial^2}{\partial y^2}\left(\frac{1}{2}\overline{q^2}\right) \tag{12-50}$$

图 12-15 绘出了光滑壁面明槽紊流的能量平衡图。在雷诺数较高的情况下,粘性扩散项在极靠近壁面处以外均可忽略。在 $\frac{y}{H}<0.6$ 的区域紊流产生项 P_r 与耗散项 ε 相等,当然产生项为脉动能量的增长而耗散项为脉动能量的损失。脉动扩散项与压力扩散项基本平衡。在 $\frac{y}{H}>0.6$ 的自由水面区则耗散项几乎与脉动扩散项 T_D 相平衡。此区内产生项 P_r 与压力扩散项均甚小。产生项与耗散项相等的区域,其最低位置约在 $y^+=50$ 处。在 $y^+<50$ 的近壁区域内 $P_r>\varepsilon$,而在自由水面附近 $\varepsilon>P_r\approx 0$,为能量亏损区。二者中间的过渡区(基本上是半深度区)脉动能量由壁面附近向自由水面传递,$P_r\approx\varepsilon$。

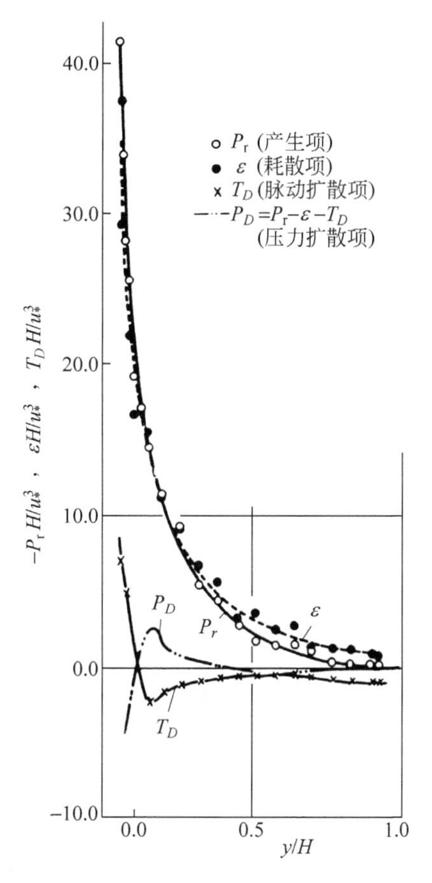

图 12-15　光滑明槽脉动动能平衡图[16]

12.4　粗糙壁面明槽紊流

自然界与工程中的明槽紊流,其壁面多为粗糙壁面。壁面粗糙的大小,形状和分布都是随机变化的,因此粗糙壁面明槽紊流较之光滑壁面明槽紊流要复杂得多。近 20 年来,许多学者对粗糙壁面明槽紊流进行了量测及研究,但由于流动情况的复杂性,有些问题尚待进一步探明。

12.4.1　粗糙壁面的理论零点

明槽水流的流速以及其他流动要素在空间上的分布都要以槽底壁面作为参考坐标系原点。但粗糙壁面凹凸不平,只能定出一个按时均流速的对数分布律找到的流速为零的位置作为某一断面的理论零点,如图 12-16 所示。则粗糙壁面时均流速的对数分布公式为

$$\frac{\bar{u}}{u_*}=\frac{1}{\kappa}\ln\frac{y_T+y_0}{k_s}+B \tag{12-51}$$

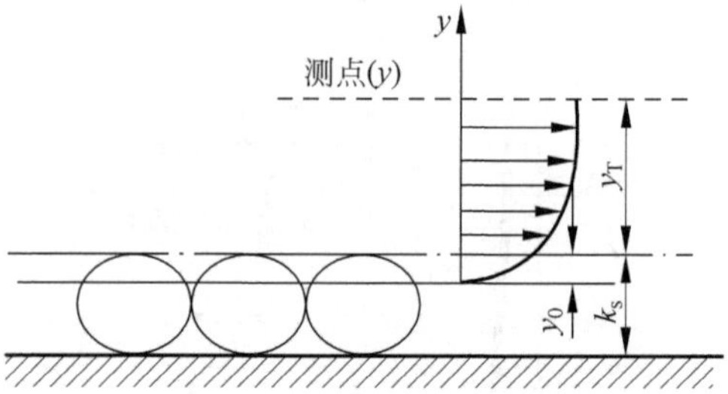

图 12-16　粗糙壁面理论零点定义

式中，$\bar{u}$为某测点时均流速，今后仍以 u 表示；y_T 为测点距离粗糙颗粒顶部的距离；y_0 为理论零点在粗糙颗粒顶点以下的距离；k_s 为粗糙高度；κ 为卡门常数，一般 $\kappa=0.4$；B 为与表面有关的积分常数。

表 12-1 为不同粗糙情况的 y_0 值。

表 12-1　理论零点的不同取值[11]

研究人员(日期)	粗糙形式	结　论
Einstein 和 El-Samni (1949)	半球形	$y_0=0.20k_s$
O'Laughlin 和 Macdonald (1964)	沙 $k_s=0.29$cm	$y_0=0.27k_s$
Blinco 和 Partheniades (1971)	碳化硅 $k_s=0.245$cm	$y_0=0.27k_s$
Grass (1971)	圆形卵石 $k_s=0.9$cm	$y_0=0.18k_s$
Zippe 和 Graf (1983)	椭圆形的塑料颗粒 $k_s=0.29$cm	$-0.2<\frac{y_0}{k_s}<0.8$
Tu 等 (1988)	天然砾石 $k_s=2.35$cm	$-0.3<\frac{y_0}{k_s}<0.8$
Cheng 和 Clyde (1972)	球形粗糙 $k_s=30.48$cm	$y_0=0.15k_s$
Bayazit (1976)	半球形粗糙 $k_s=2.3$cm	$y_0=0.35k_s$
Pyle 和 Novak (1981)	天然石块 $k_s=15$cm	$\frac{y_0}{k_s}=0.3\sim1.0$ 与分布密度有关
Dong 等 (1991)	天然砾石 $k_s=1.0$cm	$\frac{y_0}{k_s}=0.273$

由表 12-1 可见，y_0/k_s的取值一般是在 0.15～0.3 之间。对于各种不同的粗糙壁面，粗糙高度 k_s的确定很重要但又有相当的难度。对于均匀粗糙颗粒紧密地布满壁面的情形，则颗粒直径可以作为 k_s。对于多数粗糙情况则只能确定一个当量粗糙高度。

12.4.2　粗糙壁面明槽紊流的流速分布

粗糙壁面明槽均匀紊流内区（$y/H \leqslant 0.2$）流速为对数分布，分布公式为式(12-51)。一般认为卡门普适常数 κ 仍为 0.4，而反映壁面情况的积分常数 B 的数值目前尚无定论。根据不同的粗糙形式，不同的研究者得到的 B 值有所不同。格拉夫[12]得到 $B=8.47\pm0.90$，可见数据的分散程度较大。董曾南和王晋军[13]对卵砾石壁面进行的试验得到 $B=9.40$。对于 $y/H>0.2$ 的外区，流速分布逐渐偏离对数律。考虑尾流律可以较好地反映试验量测数据。但是尾流强度的数值则不同研究者的结果有所不同。格拉夫[12]对 $k_s=23$mm 的卵石床面所做试验得到 $\Pi=-0.03$，而对于 $k_s=4.8$mm 的粗糙壁面得到尾流强度为 $\Pi=0.09$。董曾南和王晋军[13]则对于 $k_s=10$mm 的卵砾石床面得到 $\Pi=0.23$。断面平均流速 u_m 为

$$\frac{u_m}{u_*}=5.75\lg\frac{H}{k_s}+6.9+\frac{\Pi}{\kappa} \tag{12-52}$$

科尔干未考虑尾流律区，认为在整个断面上为对数分布，得到当相对光滑度$\dfrac{R}{k_s}>20$时，断面平均流速 u_m 为

$$\frac{u_m}{u_*}=5.75\lg\frac{H}{k_s}+6.25 \tag{12-53}$$

R 为水力半径，对于二维明槽流动 $R\approx H$。而对于很小的相对光滑度格拉夫[17]给出 $R/k_s<4$ 时，$B=3.25$。图 12-17 绘出断面平均流速$\dfrac{u_m}{u_*}$与相对光滑度 R/k_s的关系曲线。阻力系数 λ 则可以由$\lambda=8\left(\dfrac{u_*}{u_m}\right)^2$的关系得出。

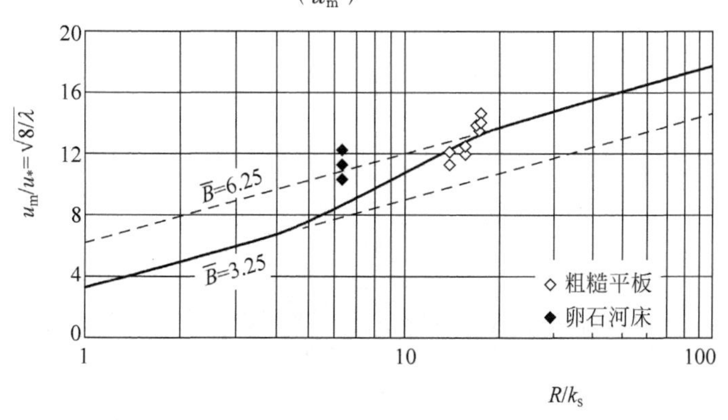

图 12-17　断面平均流速与相对光滑度关系曲线[12]

12.4.3 粗糙壁面明槽紊流的紊流度分布

对于粗糙壁面明槽均匀紊流的紊流度分布还研究得不够充分，但是根据现有试验结果仍可得到一些明确的结论。图12-18所示是祢津[15]使用热膜流速仪和格拉斯(A. J. Grass)[16]使用氢气泡技术量测的紊流度$\sqrt{\overline{u'^2}}/u_*$，$\sqrt{\overline{v'^2}}/u_*$和$\sqrt{\overline{w'^2}}/u_*$分布图。无量纲的粗糙高度用$k_s^+$表示，$k_s^+=\dfrac{k_s u_*}{\nu}$。壁面粗糙一般按以下情况分为三类。

$$\left.\begin{array}{ll}\text{水力光滑壁面：} & k_s^+<5\\ \text{非完全粗糙(过渡粗糙)壁面：} & 5\leqslant k_s^+\leqslant 70\\ \text{完全粗糙壁面：} & k_s^+>70\end{array}\right\}\tag{12-54}$$

分类方法与管道粗糙的分类完全一致。

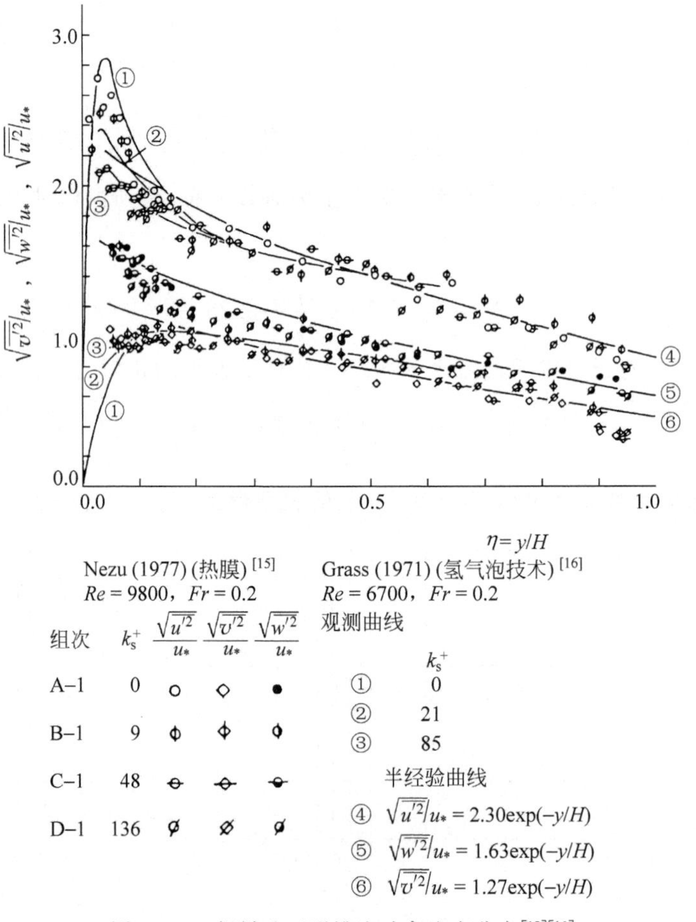

图12-18 粗糙壁面明槽流动紊流度分布[15][16]

由图可以看出，当 $y/H>0.3$，粗糙对紊流度并无影响。粗糙壁面明槽均匀紊流的紊流度与光滑壁面紊流度的半经验公式(12-37)～式(12-39)相一致。在壁面附近，当 $y/H<0.3$ 时，粗糙的影响很明显。图 12-19 进一步表示了壁面附近紊流度的分布。由图可以看出，当 k_s^+ 增加时，$\sqrt{\overline{u'^2}}/u_*$ 的值逐渐减小，但是 $\sqrt{\overline{v'^2}}/u_*$ 和 $\sqrt{\overline{w'^2}}/u_*$ 所受影响较小。在光滑壁面中，$\sqrt{\overline{u'^2}}/u_*$ 的最大值为 2.8，而在完全粗糙壁面时则为 2.0。

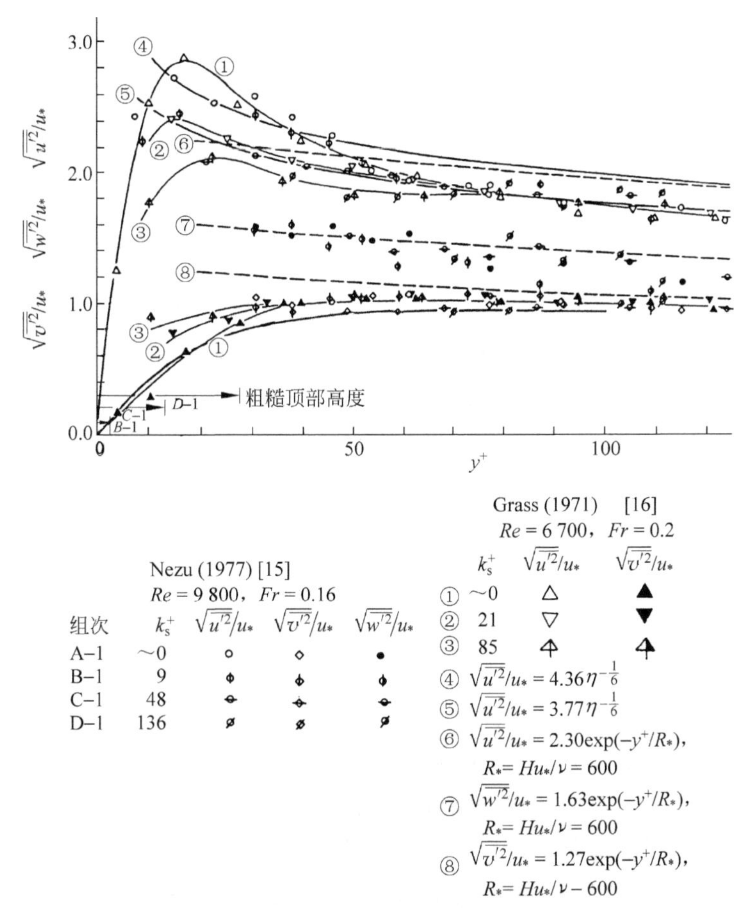

图 12-19　粗糙壁面明槽紊流近壁区紊流度分布[15][16]

王晋军等[17]对粗糙壁面明槽紊流的紊流度进行了量测。定义 H/k_s 为相对光滑度，根据流动特性，粗糙壁面明槽流动可以按相对光滑度分为三种类型：

$$\left.\begin{aligned}&\text{小尺度粗糙：} && H/k_s>5.0\\&\text{中间尺度粗糙：} && 1.0\leqslant H/k_s\leqslant 5.0\\&\text{大尺度粗糙：} && H/k_s<1.0\end{aligned}\right\}\tag{12-55}$$

对于大尺度粗糙情况,紊流度的分布比较均匀。说明粗糙对整个断面的流动均有影响。中间尺度粗糙的情况则随着相对光滑度的增加,其紊流度分布情况逐渐向光滑壁面情况的半经验曲线靠近。在 $H/k_s=1.36\sim3.31$ 的区间内,在 $y/H\leqslant 0.2$ 的壁面附近区域,紊流度仍比较均匀地分布但$\sqrt{\overline{u'^2}}/u_*$的数值逐渐增加。小尺度粗糙壁面在 $y/H\leqslant0.2$ 的近壁区域其紊流度分布接近光滑壁面的情形,但$\sqrt{\overline{u'^2}}/u_*$的最大值则远小于光滑壁面,约为 2.0。随着相对粗糙程度的增加,$\sqrt{\overline{u'^2}}/u_*$呈减小的趋势。

粗糙壁面脉动能量平衡见图 12-20。由图可见粗糙壁面和光滑壁面的能量平衡基本相似。在整个断面上产生项 P_r 与耗散项 ε 基本相抵,只是在 $y/H>0.4$ 以后耗散项略大于产生项而由脉动扩散项 T_D所平衡。

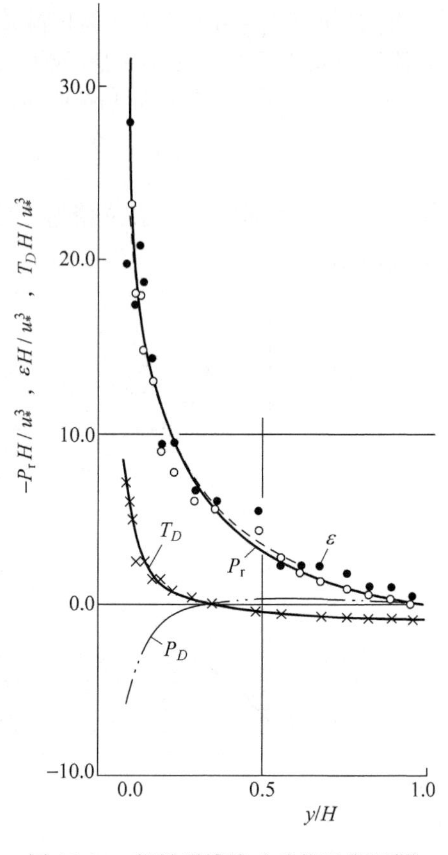

图 12-20 粗糙明槽脉动动能平衡图[16]

12.4.4 河流中的紊流

河流中的流动由于其几何尺度和流速均较试验室水槽流动大得多,雷诺数常可达 $10^6\sim10^7$ 的量级,所以一般均为紊流。河流中的紊流量测与试验室工作相比更为困难。也有其有利的一面,即对仪器的要求,如响应频率和传感器尺寸等均较试验室中的要求可以降低。图 12-21 所示为麦奎威(R. S. McQuivey)[18]对 650ft 宽的密苏里河($Re\approx10^6$)、64ft 宽的 Rio Grand 运河($Re\approx10^6$)和 8ft 宽的水槽($Re\approx6\times10^5$)进行紊流量测的结果。河床为平坦的冲积河床。u_* 是由 $u_*=\sqrt{gRJ}$计算得到,R 为水力半径,J 为水力坡度或河床坡度。考虑到河流紊流量测野外作业的精确程度较低,图中的量测点与按半经验公式(12-37)计算所得的$\sqrt{\overline{u'^2}}/u_*$-$y/H$ 曲线相比略显分散,但基本规律相同。

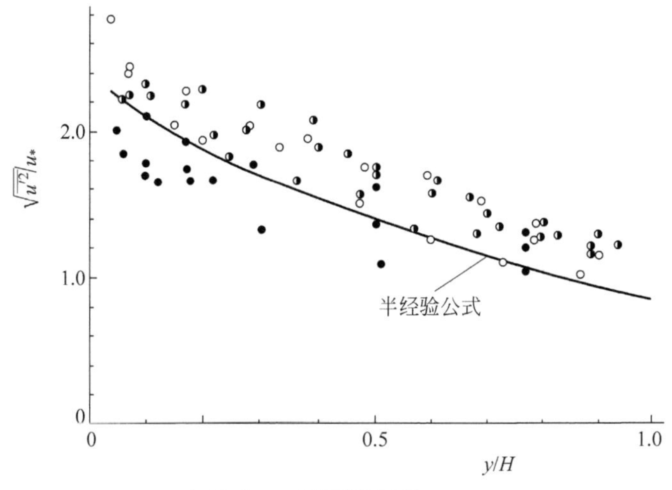

McQuivey(1973)冲积河床

◑ 2.44m宽明槽，$Re=(4\sim8)\times10^5$

○ 19.5m宽，Rio Grande运河，$Re=10^6$

● 198m宽，Missouri河，$Re=5\times10^6$

图 12-21　河流中的紊流强度[18]

参考文献

[1] Keulegan Garbis H. Laws of turbulent flow in open channels. Research paper RP 1151, U. S. Department of Commerce, National Bureau of Standard, 1938

[2] Nezu I, Rodi W. Open channel flow measurements with a laser Doppler anemometer, J. of Hydraulic Engineering Proc ASCE, 1986, 112(5): 335～355

[3] Van Driest E R. On turbulent flow near a wall. J of Aeronaut sci, 1956, 23: 1007

[4] Cardoso A H, Graf W H, Gust G. Uniform flow in a smooth open channel. J. of Hydraulic Research, vol. 27, No. 5, 1989

[5] Nezu I, Nakagawa H. Turbulence in Open Channel Flows. IAHR Monograph, A. A. Balkema Publishers, 1993

[6] Report ASCE. Task force on friction factors in open channels. Proc ASCE, 1963, 89 (HY2): 97

[7] Henderson F M. Open Channel Hydraulics. Macmillan Publishing Co., Inc. Collier Macmillan Publishers, 1966

[8] Hussain A K M F, Reynolds W C. Measurements in fully developed turbulent channel flow. J Fluids Eng, ASME, 1975, 97: 568～580

[9] Nakagawa H. Nezu I, Ueda H. Turbulence of Open Channel Flow over Smooth and Rough Beds. Proc of Japan Soc Civil Engrs, 1975. 241

[10] 董曾南,丁元.光滑壁面明渠均匀紊流水力特性.中国科学 A 辑,1989,(11):1208~1218
[11] 董曾南,陈长植,李新宇. 明槽均匀紊流的水力特性.水动力学研究与进展 A 辑,第 9 卷第 1 期,1994
[12] Kironots B, Graf W H. Turbulence Characteristics in Rough Uniform Open Channel Flow. Rep. Annual 1991, Laboratoire de Recherches Hydrauliques, EPFL
[13] Dong Z, Wang J, Chen C, Xia Z. Hydraulic Characteristics of Open Channel Flows over Rough Beds Science in China (Series A) Vol. 35, No. 8, 1992
[14] Graf W H. Flow Resistance for Steep Mobile Channels, Seminar Idraulica del Territorio Montano, Bressanone, Univ. Padova, Italy, 1984
[15] Nezu I. Turbulence Intensities in Open Channel Flows. Proc of Japan Soc Civil Engrs, 1977,261: 67~76
[16] Grass A J. Structural Features of Turbulent Flow over Smooth and Rough Boundaries. JFM, 1971, 50: 233~255
[17] Wang J, Dong Z, Chen C, Xia Z. The Effect of Bed Roughness on the Distribution of Turbulent Intensities in Open Channel Flow. J. of Hydraulic Research, 1993. Vol. 31, No. 1
[18] McQuivey R S. Summary of Turbulence Data from Rivers, Conveyance Channels and Laboratory Flumes. U. S. Geological Survey, Prof. Paper 1973. 802-B

附　录

场论与张量基本运算知识

1. 标量、向量与张量

在流体力学中所处理的各种物理量，可分为标量(scalar)、向量(vector)与张量(tensor)。标量只须1个数量及单位来表示，它独立于坐标系的选择。流体的温度，密度等均是标量。向量则不仅有数量的大小而且有指定的方向，它必须由某一空间坐标系的3个坐标轴方向的分量来表示。常用黑体字母 $\boldsymbol{x}$，$\boldsymbol{u}$ 表示空间坐标位置向量和流速向量。对于笛卡儿坐标，$\boldsymbol{x}$ 的3个分量为 x_1，x_2，x_3。而三个坐标方向的单位向量分别用 $\boldsymbol{e}_1$，$\boldsymbol{e}_2$，$\boldsymbol{e}_3$ 表示。有时也常用 $\boldsymbol{i}$，$\boldsymbol{j}$，$\boldsymbol{k}$ 表示。因此位置向量可以写为

$$\boldsymbol{x} = x_1\boldsymbol{e}_1 + x_2\boldsymbol{e}_2 + x_3\boldsymbol{e}_3 \tag{1}$$

三维空间中的二阶张量必须用9个分量才能完整的表示，例如一点的应力，变形速率等均是二阶张量。在三维空间中 n 阶张量由 3^n 个分量组成，所以实质上标量和向量均可作为低阶张量而归入张量的范畴。标量为零阶张量而向量为一阶张量。

2. 场

场(field)的概念是同研究流体运动的欧拉方法相联系的。欧拉的观点就是场的观点。场的定义是：如果对应于某一几何空间或某一部分几何空间中的每一点都对应着物理量的一个确定的值，就称为在这个空间上或这个部分空间上确定了该物理量的一个“场”。如果这个物理量是标量则称这个场为标量场，如温度场、浓度场、密度场等。若这个物理量是向量则称这个场为向量场，如速度场、力场等。若这个物理量是张量则称这个场为张量场，如应力场、应变场等。不讨论各种场具体的物理内容，只从数学上研究场的一般规律的学科即为“场论”。

3. 标量场的梯度

标量场 ϕ 中任一点 M,过 M 点的任意方向 $\boldsymbol{n}$,在 $\boldsymbol{n}$ 上某点 M',若极限 $\lim\limits_{|MM'|\to 0}\dfrac{\phi(M')-\phi(M)}{|MM'|}$ 存在,称之为标量场 ϕ 在 M 点处沿 $\boldsymbol{n}$ 方向的变化率。在过 M 点所有可能的方向中存在一个 ϕ 的变化率最大的方向。梯度(gradient)就是这样的一个向量,它的方向即为 ϕ 变化率最大的方向而其大小则为这个最大变化率的数值。它是标量场不均匀性的量度,记为 $\mathrm{grad}\phi$。直角坐标系中:

$$\begin{aligned}\mathrm{grad}\phi &= \frac{\partial\phi}{\partial x_1}\boldsymbol{e}_1+\frac{\partial\phi}{\partial x_2}\boldsymbol{e}_2+\frac{\partial\phi}{\partial x_3}\boldsymbol{e}_3\\ &=\left(\boldsymbol{e}_1\frac{\partial}{\partial x_1}+\boldsymbol{e}_2\frac{\partial}{\partial x_2}+\boldsymbol{e}_3\frac{\partial}{\partial x_3}\right)\phi\equiv\nabla\phi\end{aligned}\tag{2}$$

式中,∇是一个算子(operator),它具有向量与微分的双重性质,称为哈密顿算子(Hamilton operator),读作 nabla。

物理量沿任一方向(其单位向量为 $\boldsymbol{n}_0$)的变化率为

$$\boldsymbol{n}_0\cdot\mathrm{grad}\phi\tag{3}$$

式中,“·”表示点乘。两个向量的点乘定义为一个标量:

$$\begin{aligned}\boldsymbol{u}\cdot\boldsymbol{v}&=\boldsymbol{v}\cdot\boldsymbol{u}\\ &=(u_1\boldsymbol{e}_1+u_2\boldsymbol{e}_2+u_3\boldsymbol{e}_3)\cdot(v_1\boldsymbol{e}_1+v_2\boldsymbol{e}_2+v_3\boldsymbol{e}_3)\\ &=u_1v_1+u_2v_2+u_3v_3\\ &=u_iv_i\end{aligned}\tag{4}$$

梯度的基本运算法则有

$$\nabla(C\phi)=C\,\nabla\phi\qquad(C\text{ 为常数})\tag{5}$$

$$\nabla(\phi_1\pm\phi_2)=\nabla\phi_1\pm\nabla\phi_2\tag{6}$$

$$\nabla(\phi_1\phi_2)=\phi_1\,\nabla\phi_2+\phi_2\,\nabla\phi_1\tag{7}$$

$$\nabla f(\phi)=f'(\phi)\,\nabla\phi\tag{8}$$

4. 向量场的散度

向量场 $\boldsymbol{A}$ 中任一点 M,包围 M 作一微小体积 ΔV,其表面积为 ΔS,若极限 $\lim\limits_{\Delta V\to 0}\dfrac{\iint_{\Delta S}\boldsymbol{A}\cdot\boldsymbol{n}\mathrm{d}_S}{\Delta V}$ 存在,称为向量场 $\boldsymbol{A}$ 在 M 点处的散度(divergence),记为 $\mathrm{div}\boldsymbol{A}$。散度为向量 $\boldsymbol{A}$ 通过界面 ΔS 的通量并除以微元体积 ΔV。在直角坐标系中,若

$$\boldsymbol{A}=A_1\boldsymbol{e}_1+A_2\boldsymbol{e}_2+A_3\boldsymbol{e}_3$$

则

$$\operatorname{div}\boldsymbol{A}=\frac{\partial A_1}{\partial x_1}+\frac{\partial A_2}{\partial x_2}+\frac{\partial A_3}{\partial x_3}\equiv\nabla\cdot\boldsymbol{A} \tag{9}$$

式中，$\operatorname{div}\boldsymbol{A}\equiv 0$ 的场称为无源场。散度的基本运算法则为

$$\nabla\cdot(\boldsymbol{A}_1\pm\boldsymbol{A}_2)=\nabla\cdot\boldsymbol{A}_1\pm\nabla\cdot\boldsymbol{A}_2 \tag{10}$$

$$\nabla\cdot(\phi\boldsymbol{A})=\phi\,\nabla\cdot\boldsymbol{A}+\boldsymbol{A}\cdot\nabla\phi \tag{11}$$

5. 向量场的旋度

向量场 $\boldsymbol{A}$ 中任一点 M，过 M 点任一方向 $\boldsymbol{n}$，以 $\boldsymbol{n}$ 为法向作一微小面积 ΔS，其边界为 Δl。若极限 $\lim\limits_{\Delta S\to 0}\dfrac{\int_{\Delta l}\boldsymbol{A}\cdot\mathrm{d}\boldsymbol{l}}{\Delta S}$ 存在，称为向量场 $\boldsymbol{A}$ 在 M 点处沿 $\boldsymbol{n}$ 方向上的环量面密度。在过 M 点的所有方向中存在一个环量面密度最大的方向。旋度(curl)就是这样一个向量，它的方向即环量面密度最大的方向，其大小即为这个最大的环量面密度的值，记为 rot $\boldsymbol{A}$ 或 curl $\boldsymbol{A}$。在直角坐标系中：

$$\operatorname{rot}\boldsymbol{A}=\begin{vmatrix}\boldsymbol{e}_1 & \boldsymbol{e}_2 & \boldsymbol{e}_3\\ \dfrac{\partial}{\partial x_1} & \dfrac{\partial}{\partial x_2} & \dfrac{\partial}{\partial x_3}\\ A_1 & A_2 & A_3\end{vmatrix}\equiv\nabla\times\boldsymbol{A} \tag{12}$$

式中，“×”表示叉乘。两个向量 $\boldsymbol{u}$ 和 $\boldsymbol{v}$ 的叉乘为一个向量 $\boldsymbol{w}$，其数值为 $uv\sin\theta$（θ 为 $\boldsymbol{u}$ 与 $\boldsymbol{v}$ 的夹角），其方向垂直 $\boldsymbol{u}$ 与 $\boldsymbol{v}$ 两个向量形成的平面。从而 $\boldsymbol{u},\boldsymbol{v},\boldsymbol{w}$ 形成一个右手系统。显然 $\boldsymbol{u}\times\boldsymbol{v}=-\boldsymbol{v}\times\boldsymbol{u}$，单位向量之间则有 $\boldsymbol{e}_1\times\boldsymbol{e}_2=\boldsymbol{e}_3$。旋度的基本运算法则为

$$\nabla\times(\boldsymbol{A}_1\pm\boldsymbol{A}_2)=\nabla\times\boldsymbol{A}_1\pm\nabla\times\boldsymbol{A}_2 \tag{13}$$

$$\nabla\times(\phi\boldsymbol{A})=\phi\,\nabla\times\boldsymbol{A}+\nabla\phi\times\boldsymbol{A} \tag{14}$$

6. 高斯公式

高斯公式(Gauss's theorem)将体积分与面积分联系起来，在流体力学中十分有用。令 V 为一由封闭面积所包围的体积。考虑一无穷小的面积元 $\mathrm{d}S$，其外法线方向为 $\boldsymbol{n}$。向量 $\boldsymbol{n}\mathrm{d}S$ 具有 $\mathrm{d}S$ 的数值和 $\boldsymbol{n}$ 的方向。令 $\boldsymbol{A}(\boldsymbol{x})$ 表示一个标量场或者向量场、张量场，则高斯公式为

$$\iiint_V\nabla\cdot\boldsymbol{A}\mathrm{d}V=\iint_S\boldsymbol{A}\cdot\boldsymbol{n}\mathrm{d}S \tag{15}$$

推广的高斯公式还可以写为

$$\iiint_V\nabla\phi\,\mathrm{d}V=\iint_S\boldsymbol{n}\phi\,\mathrm{d}S \tag{16}$$

$$\iiint_V\nabla\times\boldsymbol{A}\mathrm{d}V=\iint_S\boldsymbol{n}\times\boldsymbol{A}\mathrm{d}S \tag{17}$$

$$\iiint_V (\boldsymbol{B} \cdot \nabla)\boldsymbol{A}\mathrm{d}V = \iint_S (\boldsymbol{B} \cdot \boldsymbol{n})\boldsymbol{A}\mathrm{d}S \tag{18}$$

$$\iiint_V (\nabla \cdot \nabla)\phi \mathrm{d}V = \iint_S \boldsymbol{n} \cdot \nabla\phi \mathrm{d}S \tag{19}$$

由这些公式可以看出,只要把体积分中的哈密顿算子∇换成法向单位向量 $\boldsymbol{n}$ 即是面积分的被积函数。

7. 张量的表示法,二阶张量

某些物理量,例如一点的应力,要用张量来描述。物理量是一种客观存在,坐标系为人为的描述物理量变化的工具,因此物理量以及描述这种物理量的张量均不依赖坐标系而存在。在一个坐标系下张量可以用一些张量分量的集合来表示。对于一个确定的张量,其各个张量分量也是确定的。但是对于不同的坐标系,张量本身是确定不变的,但是其各个分量则随坐标系的不同而变化。不过在不同坐标系下张量分量之间必然有确定的变换规律。

为简明起见,首先研究一个位置向量在坐标旋转情况下其各个分量之间的关系。如图 1 所示,令 x_1, x_2, x_3 为原始坐标 1,2,3 中向量 $\boldsymbol{x}$ 的分量,而 x_1', x_2', x_3'则为坐标系旋转到 1′,2′,3′后同一位置向量$\boldsymbol{x}$ 在新坐标轴上的各个分量。即令 x_i 和 x'_i分别表示新老坐标系中 $\boldsymbol{x}$ 向量的各个分量,i 由 1 到 3 变化。并令 C_{ij} 表示老的 i 轴与新的 j 轴之间的夹角的余弦。显然 $C_{ij} \neq C_{ji}$。从几何关系可以看出旋转后坐标系中各个分量与原坐标系中各分量的关系:

$$x_j' = C_{1j}x_1 + C_{2j}x_2 + C_{3j}x_3 = \sum_{i=1}^{3} C_{ij}x_i \tag{20}$$

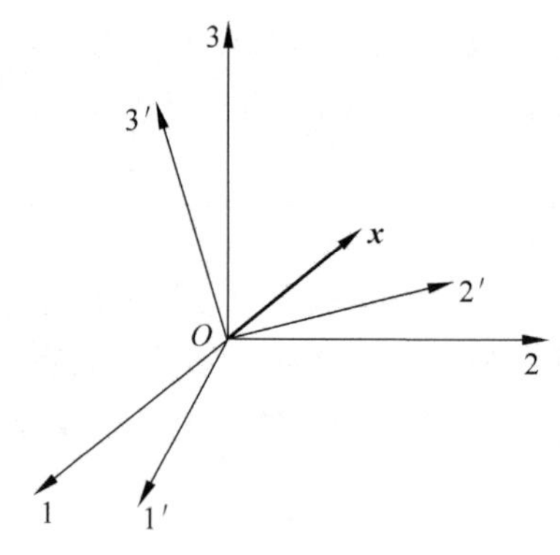

图 1

图 2 是式(20)在一二维坐标中的证明。此时令 α_{ij} 表示老坐标系 i 轴与新坐标系 j 轴之间的夹角,于是 $C_{ij} = \cos\alpha_{ij}$。在图 2 中:

$$\begin{aligned} x_1' &= OD = OC + CD = OC + AB \\ &= x_1 \cos\alpha_{11} + x_2 \sin\alpha_{11} \end{aligned}$$

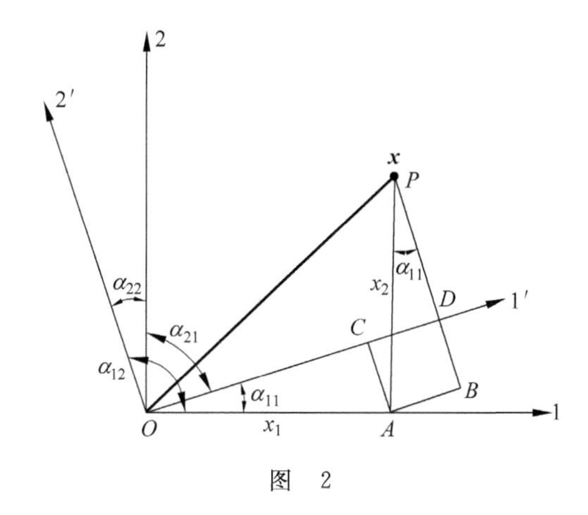

图　2

由于 $\alpha_{11}=90°-\alpha_{21}$，所以 $\sin\alpha_{11}=\cos\alpha_{21}=C_{21}$，上式写为

$$x_1' = x_1 C_{11} + x_2 C_{21} = \sum_{i=1}^{2} C_{i1} x_i \tag{a}$$

同理可得

$$x_2' = PD = PB - DB = x_2\cos\alpha_{11} - x_1\sin\alpha_{11}$$

而 $\alpha_{11}=\alpha_{22}=\alpha_{12}-90°$，所以，

$$x_2' = x_2\cos\alpha_{22} + x_1\cos\alpha_{12} = \sum_{i=1}^{2} x_i C_{i2} \tag{b}$$

在二维情况下，当 $j=1$，式(20)化为式(a)，$j=2$ 时，式(20)化为式(b)，因此可以证明式(20)的成立。

注意在式(20)等号右侧，同一项中下标 i 重复出现两次，而它表明须将所有这个下标的取值各项相加。这种表示方法在张量运算中经常出现，称为爱因斯坦求和约定。例如 $a_ib_i=a_1b_1+a_2b_2+a_3b_3$。这种下标称为重复指标(repeated index)或哑标。反之，当在一项中某一下标只出现一次，则它可表示 1，2，3，这种下标称为自由指标(free index)。

这样式(20)可直接写为

$$x_j' = C_{ij} x_i \tag{20′}$$

而不须写明求和符号 $\sum$。显然，哑标可使用任意字母，其意义不变。例如 $C_{ij}x_i$ 可写为 $C_{kj}x_k$，$C_{mj}x_m$ 等，它们均代表 $C_{1j}x_1+C_{2j}x_2+C_{3j}x_3$。当然，自由指标也可由其他字母来表示，例如式(20′)中的 j，只要方程式两侧的自由指标均采用同一字母。它们都表示一组包含 3 个不同方向的方程式。

同理也可以用旋转后的新坐标系中的分量来表示老坐标系中的分量，

$$x_j = C_{ji} x_i' \tag{21}$$

当然,任何向量均可应用式(20′)和式(21)来确定它们在新老坐标系中各个分量之间的关系,不只是位置向量 $\boldsymbol{x}$。因此可写为普遍的形式:

$$u'_j = C_{ij} u_i \tag{22}$$

标量只由一个数字表示,向量在直角坐标系中由三个数字表示。而某些物理量,例如一点的应力则必须由9个数字来表示。因为要表示一点的应力,必须明确两个方向,一是应力作用面的方向,一是应力的方向。例如在外法线方向为 i 的作用面上 j 方向的应力可表示为 σ_{ij}。图1-13表示了流体中一点的应力状态,图中画出一个微六面体,其各个面上的表面应力包括有法向的正应力和切向的剪应力。

正如前述在坐标变换过程中向量可以由一个坐标系中的三个分量完全确定一样,一点的应力可以由某一坐标系中的9个分量完全确定。当坐标变换时,可以由老坐标系中的9个分量确定新坐标系中的各个分量。因此只要确定在直角坐标系图1-13中的9个应力分量,则任意方向作用面上的应力均可求出。应力的9个分量写为矩阵的形式:

$$\boldsymbol{\sigma} = \begin{bmatrix} \sigma_{11} & \sigma_{12} & \sigma_{13} \\ \sigma_{21} & \sigma_{22} & \sigma_{23} \\ \sigma_{31} & \sigma_{32} & \sigma_{33} \end{bmatrix} \tag{23}$$

为了寻求任意方向平面上的应力,可采用旋转坐标系的办法,使新坐标系1′,2′,3′中的一个坐标轴与所求平面垂直。新老坐标系中各应力分量的关系为

$$\sigma'_{mn} = C_{im} C_{jn} \sigma_{ij} \tag{24}$$

式(24)与式(22)很近似。例如在式(22)中,C 的第一个下标是哑标而第二个下标是自由指标。式(24)是相似的,只是出现两次。凡符合式(24)的变换规律的物理量称为二阶张量。注意张量与矩阵不同,只有满足式(24)的变换规律时矩阵的各个元素表示张量的各个分量。

张量可以有各种不同的阶(order)。事实上标量可考虑为零阶张量,而向量则可认为是一阶张量,可写为 u_i。自由指标的数字相应于张量的阶数,例如 A 如果是一个四阶张量,则它必然有四个自由指标,而其81个分量的变换规律可表示为

$$A'_{mnpq} = C_{im} C_{jn} C_{kp} C_{lq} A_{ijkl} \tag{25}$$

在三维空间中,每个下标可取1,2,3之值,因此 n 阶张量有 3^n 个分量。

8. 单位张量 δ 和置换张量 ε_{ijk}

单位张量 $\boldsymbol{\delta}$(Kronecker Delta)定义为

$$\delta_{ij} = \begin{cases} 1 & 如\ i = j \\ 0 & 如\ i \neq j \end{cases} \tag{26}$$

写为矩阵形式

$$\boldsymbol{\delta} = \begin{bmatrix} 1 & 0 & 0 \\ 0 & 1 & 0 \\ 0 & 0 & 1 \end{bmatrix} \tag{27}$$

$\boldsymbol{\delta}$ 的基本性质有

$$\delta_{ij} = \delta_{ji} \tag{28}$$

$$a_i \delta_{ij} = a_j \tag{29}$$

$$a_{ik}\delta_{kj} = a_{ij} \quad (\delta_{ik}\delta_{kj} = \delta_{ij}) \tag{30}$$

两个基向量 $\boldsymbol{e}_i$，$\boldsymbol{e}_j$ 的点积：

$$\boldsymbol{e}_i \cdot \boldsymbol{e}_j = \delta_{ij} \tag{31}$$

由定义可见，δ_{ij} 是各向同性张量，也就是说当坐标系转动后，张量的分量不变，即 $\delta'_{ij} = \delta_{ij}$。各向同性张量可以有不同的阶。但是不存在一阶各向同性张量而 δ_{ij} 是唯一的二阶各向同性张量。唯一的三阶各向同性张量为置换张量 ε_{ijk} (alternating tensor)，其定义为

$$\varepsilon_{ijk} = \begin{cases} 1, & \text{如果 } ijk \text{ 为偶排列，如 } 123, 231, \cdots \\ -1, & \text{如果 } ijk \text{ 为奇排列，如 } 132, 321, \cdots \\ 0, & \text{除以上两种排列之外} \end{cases} \tag{32}$$

经常用到的 ε-δ 关系为

$$\varepsilon_{ijk}\varepsilon_{klm} = \delta_{il}\delta_{jm} - \delta_{im}\delta_{jl} \tag{33}$$

置换张量可以应用于下列表示式：

$$\boldsymbol{a} \times \boldsymbol{b} = \varepsilon_{ijk} a_j b_k \boldsymbol{e}_i \tag{34}$$

$$|a_{ij}| = \varepsilon_{ijk} a_{i1} a_{j2} a_{k3} \tag{35}$$

9. 二阶对称张量与二阶反对称张量

二阶张量当其下标 i，j 互换后所代表的分量仍不变，即 $A_{ij} = A_{ji}$，称为二阶对称张量。二阶张量的矩阵表示形式中各元素对于对角线对称从而只有六个独立元素。二阶反对称张量则 $A_{ij} = -A_{ji}$，其对角线各元素为零从而只有三个独立元素。任一二阶张量均可唯一地分解为一个二阶对称张量和一个二阶反对称张量之和。因为如果将张量 A_{ij} 分解为下列形式：

$$A_{ij} = \frac{1}{2}(A_{ij} + A_{ji}) + \frac{1}{2}(A_{ij} - A_{ji}) \tag{36}$$

当变换 i，j 后，上式等号右侧第一项不变，第二项则改变符号。因而 $\frac{1}{2}(A_{ij} + A_{ji})$ 为张量 A_{ij} 的对称部分，而 $\frac{1}{2}(A_{ij} - A_{ji})$ 为张量 A_{ij} 的反对称部分。

10. 并矢

在直角坐标系中,若 $\boldsymbol{a}=a_i\boldsymbol{e}_i$,$\boldsymbol{b}=b_i\boldsymbol{e}_i$ 为两个向量,定义两个向量的并矢(dyad)为

$$\boldsymbol{ab}=a_ib_j=\begin{bmatrix} a_1b_1 & a_1b_2 & a_1b_3 \\ a_2b_1 & a_2b_2 & a_2b_3 \\ a_3b_1 & a_3b_2 & a_3b_3 \end{bmatrix} \tag{37}$$

并矢是一个二阶张量。坐标单位向量的两两并矢称为并基。三维空间的二阶并基共有9个。任何一个并矢都可用并基表示:

$$\boldsymbol{ab}=(a_ib_j)\boldsymbol{e}_i\boldsymbol{e}_j \tag{38}$$

11. 二阶张量的代数运算

(1) 张量相等

$$A_{ij}=B_{ij} \tag{39}$$

两个张量相等则各分量一一对应相等。若两个张量在某一笛卡儿坐标系中相等,则它们在任意一个(笛卡儿)坐标系中也相等。如

$$A'_{mn}=C_{im}C_{jn}A_{ij}$$

$$B'_{mn}=C_{im}C_{jn}B_{ij}$$

如果 $A_{ij}=B_{ij}$,则 $A'_{mn}=B'_{mn}$。

(2) 张量加减

$$\boldsymbol{A}=A_{ij},\ \boldsymbol{B}=B_{ij},\ \boldsymbol{A}\pm\boldsymbol{B}=A_{ij}\pm B_{ij} \tag{40}$$

张量的加减为其同一坐标系下对应元素相加减。两张量必须同阶方能加减。

(3) 张量数乘

二阶张量 $\boldsymbol{A}$ 乘以标量 λ,$\boldsymbol{B}=\lambda\boldsymbol{A}$,则

$$B_{ij}=\lambda A_{ij} \tag{41}$$

张量数乘等于以该数乘所有的张量分量。

(4) 二阶张量的点积与双点积

$$\boldsymbol{A}=A_{ij}\boldsymbol{e}_i\boldsymbol{e}_j,\ \boldsymbol{B}=B_{mn}\boldsymbol{e}_m\boldsymbol{e}_n,$$

定义点积“·”为

$$\begin{aligned}\boldsymbol{A}\cdot\boldsymbol{B}&=(A_{ij}\boldsymbol{e}_i\boldsymbol{e}_j)\cdot(B_{mn}\boldsymbol{e}_m\boldsymbol{e}_n)\\&=A_{ij}B_{mn}\delta_{jm}\boldsymbol{e}_i\boldsymbol{e}_n\\&=A_{ij}B_{jn}\boldsymbol{e}_i\boldsymbol{e}_n\end{aligned} \tag{42}$$

二阶张量点积即并矢中相邻单位向量的点积，得到一个新的张量。二阶张量与向量的点积则定义为

$$\begin{aligned}\boldsymbol{a}\cdot\boldsymbol{B}&=(a_i\boldsymbol{e}_i)\cdot(B_{mn}\boldsymbol{e}_m\boldsymbol{e}_n)\\&=a_iB_{mn}\delta_{im}\boldsymbol{e}_n\\&=a_iB_{in}\boldsymbol{e}_n\end{aligned}\tag{43}$$

$$\begin{aligned}\boldsymbol{B}\cdot\boldsymbol{a}&=(B_{mn}\boldsymbol{e}_m\boldsymbol{e}_n)\cdot(a_i\boldsymbol{e}_i)\\&=B_{mn}a_i\delta_{in}\boldsymbol{e}_m\\&=B_{mn}a_n\boldsymbol{e}_m\end{aligned}\tag{44}$$

二阶张量的双点积有两种形式，分别定义为

并联式 $$\begin{aligned}\mathbf{A}:\mathbf{B}&=(A_{ij}\boldsymbol{e}_i\boldsymbol{e}_j):(B_{mn}\boldsymbol{e}_m\boldsymbol{e}_n)\\&=A_{ij}B_{mn}\delta_{im}\delta_{jn}\\&=A_{ij}B_{ij}\end{aligned}\tag{45}$$

串联式 $$\begin{aligned}\mathbf{A}\cdot\cdot\boldsymbol{B}&=(A_{ij}\boldsymbol{e}_i\boldsymbol{e}_j)\cdot\cdot(B_{mn}\boldsymbol{e}_m\boldsymbol{e}_n)\\&=A_{ij}B_{mn}\delta_{jm}\delta_{in}\\&=A_{ij}B_{ji}\end{aligned}\tag{46}$$

12. 雅可比行列式

雅可比行列式(Jacobian)定义为

$$J(t)=\det\left|\frac{\partial x_i}{\partial \xi_j}\right|\tag{47}$$

例如一个三维的雅可比行列式为

$$J(t)=\frac{\partial(x_1,x_2,x_3)}{\partial(\xi_1,\xi_2,\xi_3)}=\begin{vmatrix}\dfrac{\partial x_1}{\partial\xi_1}&\dfrac{\partial x_1}{\partial\xi_2}&\dfrac{\partial x_1}{\partial\xi_3}\\\dfrac{\partial x_2}{\partial\xi_1}&\dfrac{\partial x_2}{\partial\xi_2}&\dfrac{\partial x_2}{\partial\xi_3}\\\dfrac{\partial x_3}{\partial\xi_1}&\dfrac{\partial x_3}{\partial\xi_2}&\dfrac{\partial x_3}{\partial\xi_3}\end{vmatrix}$$

在坐标系变化时，雅可比行列式有重要作用。例如对一个二维流动，流速的导数：

$$\frac{\partial(u_1,u_2)}{\partial(x_1,x_2)}=\begin{vmatrix}\dfrac{\partial u_1}{\partial x_1}&\dfrac{\partial u_1}{\partial x_2}\\\dfrac{\partial u_2}{\partial x_1}&\dfrac{\partial u_2}{\partial x_2}\end{vmatrix}\tag{a}$$

如果要表示在另一坐标系(ξ_j)中流速的导数，则为

$$\frac{\partial(u_1,u_2)}{\partial(\xi_1,\xi_2)}=\frac{\partial(u_1,u_2)}{\partial(x_1,x_2)}\frac{\partial(x_1,x_2)}{\partial(\xi_1,\xi_2)}$$

其中

$$\frac{\partial(x_1,x_2)}{\partial(\xi_1,\xi_2)}=\begin{vmatrix}\dfrac{\partial x_1}{\partial\xi_1} & \dfrac{\partial x_1}{\partial\xi_2}\\ \dfrac{\partial x_2}{\partial\xi_1} & \dfrac{\partial x_2}{\partial\xi_2}\end{vmatrix}=J(t) \tag{b}$$

即雅可比行列式。而在新坐标系(ξ_i)中流速的导数

$$\frac{\partial(u_1,u_2)}{\partial(\xi_1,\xi_2)}=\begin{vmatrix}\dfrac{\partial u_1}{\partial\xi_1} & \dfrac{\partial u_1}{\partial\xi_2}\\ \dfrac{\partial u_2}{\partial\xi_1} & \dfrac{\partial u_2}{\partial\xi_2}\end{vmatrix} \tag{c}$$

这个行列式中的每一项均可按行列式相乘的法则由行列式(a)与(b)求出,例如:

$$\frac{\partial u_1}{\partial\xi_1}=\frac{\partial u_1}{\partial x_1}\frac{\partial x_1}{\partial\xi_1}+\frac{\partial u_1}{\partial x_2}\frac{\partial x_2}{\partial\xi_1}$$

等。雅可比行列式的另一个重要作用是当多重积分中要改变积分变量时,例如为简单起见仍研究一二维流动,运动的某一属性$F(x_1,x_2)$,流场的面积为S,如果变换到一个新的坐标系(ξ_1,ξ_2)中去,

$$x_1=x_1(\xi_1,\xi_2),\qquad x_2=x_2(\xi_1,\xi_2) \tag{d}$$

则

$$\mathbf{d}\boldsymbol{x}_1=\frac{\partial x_1}{\partial\xi_1}\mathbf{d}\boldsymbol{\xi}_1+\frac{\partial x_1}{\partial\xi_2}\mathbf{d}\boldsymbol{\xi}_2,$$

$$\mathbf{d}\boldsymbol{x}_2=\frac{\partial x_2}{\partial\xi_1}\mathbf{d}\boldsymbol{\xi}_1+\frac{\partial x_2}{\partial\xi_2}\mathbf{d}\boldsymbol{\xi}_2.$$

微元面积

$$\begin{aligned}\mathbf{d}\boldsymbol{x}_1\times\mathbf{d}\boldsymbol{x}_2&=\left(\frac{\partial x_1}{\partial\xi_1}\frac{\partial x_2}{\partial\xi_2}-\frac{\partial x_1}{\partial\xi_2}\frac{\partial x_2}{\partial\xi_1}\right)\mathbf{d}\boldsymbol{\xi}_1\times\mathbf{d}\boldsymbol{\xi}_2\\&=J\ \mathbf{d}\boldsymbol{\xi}_1\times\mathbf{d}\boldsymbol{\xi}_2\end{aligned}$$

二重积分在不同坐标系中的变换可写为

$$\begin{aligned}&\iint_S F(x_1,x_2)\mathrm{d}x_1\mathrm{d}x_2\\&=\iint_{S'}F[x_1(\xi_1,\xi_2),x_2(\xi_1,\xi_2)]\frac{\partial(x_1,x_2)}{\partial(\xi_1,\xi_2)}\mathrm{d}\xi_1\mathrm{d}\xi_2\end{aligned} \tag{48}$$

式中,$\dfrac{\partial(x_1,x_2)}{\partial(\xi_1,\xi_2)}$即二维雅可比行列式;$S'$为($\xi_j$)坐标系中通过(d)式关系将($x_i$)坐标系中$S$面积变换而得的面积。

例:由直角坐标系变换为极坐标系。

式(d)的变换关系为

$$x_1=r\cos\theta,\qquad x_2=r\sin\theta$$

此时,$\xi_1\sim r$,$\xi_2\sim\theta$。由式(b)可知$J(t)=r$,在ξ_1,ξ_2平面中微元面积可以表示为$r\mathrm{d}r\mathrm{d}\theta$。

参考书目

(1) Currie I G. Fundamental Mechanics of Fluids. McGraw-Hill book company, 1974
(2) 清华大学工程力学系. 流体力学基础(上,下册). 北京: 机械工业出版社, 1980
(3) 夏震寰. 现代水力学(三)紊动力学. 北京: 高等教育出版社, 1992
(4) Schlichting H. Boundary Layer Theory. 7th ed. McGraw-Hill book company, 1979
(5) 张捷迁, 章光华, 陈允文. 真实流体力学(上册). 北京: 清华大学出版社, 1986
(6) Hinze J O. Turbulence. 2nd ed. McGraw-Hill book company, 1975
(7) Tennekes H, Lumley J L. A First Course in Turbulence. MIT Press, 1972
(8) 余常昭. 环境流体力学导论. 北京: 清华大学出版社, 1992
(9) Batchelor G K. An Introduction to Fluid Dynamics. Cambridge University Press, 1967
(10) White Frank M. Viscous Fluid Flow. Third edition. McGraw-Hill book company, 2006
(11) 钱伟长. 奇异摄动理论及其在力学中的应用. 北京: 科学出版社, 1981
(12) 周光炯等. 流体力学. 北京: 高等教育出版社, 1993
(13) 窦国仁. 紊流力学. 北京: 高等教育出版社, 1985
(14) Tritton D J. Physical Fluid Dynamics. Van Nostrand Reinhold Company, 1977
(15) 是勋刚. 湍流. 天津: 天津大学出版社, 1994
(16) Nezu I, Nakagawa H. Turbulence in Open-Channel Flows. IAHR Monograph, A A Balkema, 1993
(17) Fisher H B, Imberger J, List E J, Koh R C Y, Brooks N H. Mixing in Inland and Coastal Waters. Academic Press, 1979
(18) Kundu Pijush K. Fluid Mechanics. Academic Press, 1990
(19) Cebeci T, Smith A M O. Analysis of Turbulent Boundary Layers. Academic Press, 1974
(20) Rajaratnam N. Turbulent Jets. Elsevier Scientific Publishing Company, 1976
(21) Cebeci T, Bradshaw P. Momentum Transfer in Boundary Layers. McGraw-Hill book company, 1977
(22) Aris R. Vectors, Tensors, and the Basic Equations of Fluid Mechanics. Prentice-hall Inc, 1962
(23) Massey B S. Mechanics of Fluids. 6th ed. Van Nostrand Reinhold (International), 1989

名词索引

（按汉语拼音顺序排列）

A

B

C

D

E

L

M

N

O

P

Q

R

S

X

Y

Z

人名索引①

（按汉语拼音顺序排列）

A

B

D

① 人名译名主要依据：新华社译名室编，世界人名翻译大词典，中国对外翻译出版公司，1993。并参照：全国自然科学名词审定委员会公布，力学名词，科学出版社，1993。

F

G

H

J

K

Q

R

S

T

W

X

Y

Z